ÉLECTROPHYSIOLOGIE COMPARÉE

DU MÊME AUTEUR

Éditions anglaises :

Response in the living and non living.

Plant response as a means of physiological investigation.

Comparative Electrophysiology (1re édition).

Researches en the irritability of plants.

Life movements of plants (Transactions of the Bose Research Institute. Calcutta. 3 v.).

The physiology of the ascent of sap.

The physiology of the photosynthesis.

The nervous mechanism of plantes.

The mecanism of plant response *(sous presse)*.

GAUTHIER-VILLARS ET Cie

Éditions françaises :

Réactions de la matière vivante et non vivante, traduit par ÉDOUARD MONOD-HERZEN.

Électrophysiologie comparée (nouvelle édition, entièrement remaniée), traduit par P. LEHMANN.

Physiologie de l'ascension de la sève, traduit par NICOLAS DENIKER.

Physiologie de la Photosynthèse, traduit par M. DUFRÉNOY, préface de M. MANGIN.

ÉLECTROPHYSIOLOGIE COMPARÉE

PAR

Sir JAGADIS CHUNDER BOSE

(A.A.; D.Sc.; L.L.D.; F.R.S.; C.S.I.; C.I.E.)

TRADUIT

Par le Dr Pierre LEHMANN

GAUTHIER-VILLARS et Cie, Imprimeurs-Éditeurs
55, Quai des Grands-Augustins, 55. — PARIS (6e)
1927

PRÉFACE.

Ce livre sert de conclusion à mes recherches sur les
phénomènes réactionnels en général, que j'avais commen-
cées par la publication d'un mémoire (¹) au Congrès international de Physique de Paris, 1900. Dans cette première
publication sur ce sujet, j'essayais de montrer l'analogie
des réactions de la matière inorganique et de celles des
tissus vivants. La méthode que j'employais alors pour
enregistrer ces réactions était la méthode des variations
de la conductibilité. Pour montrer que cette analogie des
réactions était en rapport avec une réaction moléculaire
fondamentale, commune à toutes les formes de la matière
en général, et par conséquent décelable par toutes les
méthodes permettant d'enregistrer des réactions, j'essayai
ensuite d'enregistrer les variations électromotrices consécutives à une excitation. Comme je croyais à l'existence
d'une continuité entre tous ces phénomènes réactionnels,
j'eus recours aux mêmes procédés d'expérimentation qui

(¹) « De la généralité des phénomènes moléculaires produits par
l'électricité sur la matière inorganique et sur la matière vivante »
(*Travaux du Congrès international de Physique*, Paris 1900). —
Voir aussi « De l'analogie des effets de l'excitation électrique sur la
matière inorganique et sur la matière vivante », (*Report Brit.
Assoc.*, Bradford, septembre 1900).

m'avaient servi à obtenir les réactions électriques des substances inorganiques, pour voir si des végétaux ordinaires, également considérés comme dépourvus de sensibilité, présenteraient une réaction électrique à l'excitation. L'excitation employée était une excitation mécanique, et mesurable, ce qui évitait bien des causes de complication. Je pus, à l'aide de cette méthode, montrer que chaque plante, et chaque organe de chaque plante, présentait une véritable réaction électrique à l'excitation. Je cite ici le résumé de mes conclusions, d'après le compte rendu préliminaire que j'en présentai à la Société Royale, le 7 mai, et que je lus ensuite, en le faisant suivre d'une démonstration expérimentale devant la Société, le 6 juin 1901.

« Une transition intéressante entre les réactions présentées par la matière inorganique et celles des tissus animaux se trouve dans les réactions des tissus végétaux. Par des méthodes analogues à celles que j'ai déjà décrites, j'ai obtenu des plantes une réaction électrique intense à une excitation mécanique. Cette réaction n'est pas particulière aux plantes sensitives, telles que le *Mimosa*, mais elle constitue un phénomène général. C'est ainsi que j'ai pu l'obtenir avec des racines, des tiges et des feuilles, entre autres, de marronnier d'Inde, de vigne, de lis blanc, de rhubarbe, et de raifort. Le *courant de lésion* est en général dirigé du point lésé vers le point intact. On peut observer également une variation négative. J'ai pu obtenir à volonté des secousses électriques isolées, ou du tétanos. Les effets de la fatigue, de la température, des excitants et des toxiques, sont également très intéressants. Des zones déterminées, tuées par un toxique, ne présentent pas de réaction, tandis que des parties voisines intactes présentent la réaction normale (¹). »

Il est bon de rappeler ici qu'au moment où était faite cette communication, la notion que des plantes ordinaires sont excitables, et réagissent à des excitations mécaniques par des variations électromotrices définies, était considérée comme paradoxale. Dans la discussion qui suivit la lecture de ma communication, le 6 juin 1901, Sir John Burdon Sanderson alla jusqu'à dire que cette réaction des plantes communes à une excitation mécanique était une impossibilité.

Je cherchai ensuite si les phénomènes de réaction, dont j'avais montré l'existence dans les plantes communes, ne pouvaient pas être décelés ·par une réaction mécanique visible, écartant ainsi définitivement la distinction couramment admise entre les plantes sensitives, et celles considérées comme non sensitives.

Ces résultats ont été publiés dans mon travail sur les *Réactions des plantes* (²), où les effets des divers excitants externes sur les divers organes des plantes ont été montrés par les mouvements de réaction qu'ils déterminent. Bien des effets anormaux, attribués jusque-là à des sensibilités spécifiques, ont pu être rapportés à l'excitabilité différentielle de tissus anisotropiques, et aux effets opposés des excitations externes et internes. J'ai montré en particulier

---

(¹) On trouvera un exposé plus complet dans le compte rendu de mon ⋆ Discours du vendredi soir » devant la Royal Institution, 10 mai 1901, et dans le *Journal of the Linnean Society*, vol. XXXV, p. 275.

(²) Les réactions des plantes, méthode d'exploration physiologique, 1906.

que l'excitation interne provient en réalité de sources externes, et que le terme de réaction autonome est un terme impropre, puisque tous les mouvements sont dus soit aux effets immédiats de l'excitation externe, soit à une excitation préalablement emmagasinée, et latente dans la plante, qui se manifeste ultérieurement. J'ai aussi montré que, non seulement des mouvements mécaniques visibles, mais aussi d'autres mouvements invisibles, sont provoqués par l'excitation, qu'une excitation externe, loin de causer invariablement une perte d'énergie, détermine plus souvent une accumulation d'énergie dans la plante et que les diverses manifestations d'activité, telles que l'ascension de la sève et la croissance, sont en réalité des réactions diverses à l'action excitante de l'énergie fournie par le milieu extérieur.

Les conclusions auxquelles je suis ainsi arrivé sont en contradiction avec l'opinion courante, d'après laquelle l'effet produit par une excitation est toujours disproportionnée avec celle-ci. Par suite de l'analogie spécieuse avec le coup de fusil, que l'on provoque en pressant la détente, ou avec l'action d'une machine à vapeur, on s'est habitué à admettre que toute réaction à une excitation doit avoir le caractère d'un phénomène chimique explosif, s'accompagnant inévitablement d'une dépense d'énergie. Cette hypothèse ne tient pas compte de ce fait évident, que la plante n'est pas détruite par les excitations incessantes et multiples venues du milieu extérieur. C'est plutôt, comme nous le savons tous, l'énergie venue du milieu extérieur, qui transforme l'embryon microscopique en un gigantesque banyan. Et il est évident que cela n'est possible

que si l'énergie fournie par les excitations externes a été
conservée en grande partie.

Dans le présent ouvrage, je n'ai pas seulement confirmé,
à l'aide des réactions électriques, les divers résultats que
j'avais déjà établis pour les végétaux à l'aide des réactions
mécaniques; mais j'ai aussi étendu la méthode électrique
dans diverses directions, de manière à pouvoir l'appliquer
à des problèmes moins connus, ayant trait à l'irritabilité
des tissus vivants. Je pensais d'abord limiter mes recherches
à l'Électrophysiologie végétale. Mais, ayant trouvé que
les résultats obtenus pouvaient s'appliquer aussi aux animaux, je répétai avec ces derniers les mêmes expériences
et les mêmes méthodes d'exploration. J'ai ainsi pu déterminer la différenciation graduelle des diverses réactions
particulières, caractéristiques de chaque tissu, depuis les
types les plus simples des végétaux, jusqu'aux types les
plus complexes des animaux. La valeur d'une telle méthode
comparative est évidente pour l'étude des problèmes biologiques en général (¹). On peut critiquer le point de vue
peu classique d'où diverses questions ont été envisagées,
Mais il ne faut pas oublier que cet ouvrage a pour but
d'expliquer les phénomènes de réaction en général d'après
les réactions moléculaires fondamentales qui s'observent
même pour la matière inorganique. Ma méthode d'exploration a donc été déterminée par la nécessité d'aller du
simple au complexe, et par la croyance que j'avais dans la
continuité de cette progression. On verra par cet essai que
divers résultats qui, d'après l'hypothèse vitaliste, parais-

(¹) Biedermann, *Électrophysiologie*, traduction anglaise, 1896.

saient anormaux, sont en fait susceptibles d'une explication simple et satisfaisante. Il faut aussi se rendre compte que ce travail a été fait surtout sur les réactions électriques des plantes, et que son extension à l'électrophysiologie animale a été décidée pour montrer la continuité qui existe entre les deux ordres de phénomènes. Il était donc impossible, dans l'étroit espace dont je disposais, de faire plus que de rapides allusions aux diverses théories en cours sur les réactions des tissus animaux. On en trouvera le détail dans l'excellent ouvrage de Biedermann (¹).

Pour plus de clarté, j'indiquerai seulement ici quelques-unes des différences entre les notions classiques et les résultats expérimentaux que je présente dans ce livre. Il était courant de considérer les plantes comme incapables de transmettre une excitation vraie. J'ai montré qu'il n'en était pas ainsi. Des expériences relatées ici montrent que la réaction du nerf végétal isolé ne se distingue pas de celle du nerf animal, comme le montre une longue série de variations parallèles des conditions d'expérimentation. Cette similitude est si complète, entre les réactions de la plante et celles de l'animal, que la découverte d'un caractère donné de la réaction chez l'un est un guide sûr pour sa recherche chez l'autre, et que l'explication d'un phénomène, dans les conditions plus simples de la plante, a paru suffisante pour l'expliquer aussi dans les conditions plus complexes de l'animal.

Bien des anomalies apparentes de la réaction de certains tissus animaux viennent de ce qu'on n'a pas tenu compte de l'excitabilité différentielle des organes aniso-

---

(¹) *Loc. cit.*

tropiques. C'est une question qui, dans le cas simple d'un organe végétal, est susceptible d'une étude très exacte. J'ai pu montrer que cette excitabilité différentielle est un facteur important pour la détermination du caractère des réactions spéciales, et qu'elle trouve son expression la plus complète dans les organes électriques de certains poissons.

Dans les conclusions du travail que j'ai lu devant la Réunion de Bradford de la British Association en 1900, je disais :

« Dans les phénomènes que j'ai décrits, il n'y a guère de solution de continuité. Il est difficile d'établir une démarcation entre les processus physiques et les processus physiologiques, entre les réactions de la matière inorganique, et celles de la matière vivante, entre les phénomènes physiques, physiologiques et psychiques.

» Nous pouvons expliquer chacun des ordres de phénomènes ci-dessus en faisant un certain nombre d'hypothèses indépendantes; ou bien, en trouvant certaines propriétés de la matière commune aux tissus vivants et à la matière inorganique, essayer, grâce à ces propriétés communes, d'expliquer tous les phénomènes qui d'abord paraissaient si différents. Aussi peut-on dire que la tendance de la science a toujours été de chercher, chaque fois que les faits le permettent, à trouver une unité sous leur diversité apparente. »

C'est pour montrer cette unité que j'ai commencé ces recherches il y a sept ans. En les publiant à présent, qu'il me soit permis d'espérer, non seulement qu'elles contribueront à montrer plus nettement cette unité, mais aussi qu'elles ouvriront de nouveaux champs de recherches, qui avaient paru jusqu'ici rester en dehors des limites de l'expérimentation.

J. C. Bose.

Presidence College, Calcutta.

Août 1906.

PRÉFACE

DE L'ÉDITION FRANÇAISE.

Depuis la publication de l'édition anglaise de l'*Électro-physiologie comparée*, j'ai fait de nombreuses recherches nouvelles, qui sont venues confirmer et étendre mes premiers résultats. On les trouvera dans cette édition remaniée. Des questions moins importantes traitées dans l'édition originale ont été laissées de côté pour éviter une trop grande extension de cet ouvrage.

Je suis heureux d'avoir constaté l'intérêt avec lequel mes recherches ont été suivies par mes collègues en France. J'adresse mes remerciements à Messieurs Gauthier-Villars, qui ont bien voulu se charger de l'édition française de cet ouvrage et des autres.

J. C. BOSE.

Institut Bose, Calcutta.

Octobre 1924.

TABLE DES MATIÈRES.

CHAPITRE I.

L'IRRITABILITÉ MOLÉCULAIRE DE LA MATIÈRE.

CHAPITRE II.

LA RÉACTION ÉLECTROMOTRICE DES PLANTES AUX DIVERSES FORMES D'EXCITATION.

CHAPITRE III.

L'APPLICATION D'UNE EXCITATION QUANTITATIVE ET LE RAPPORT ENTRE L'EXCITATION ET LA RÉACTION.

CHAPITRE IV.

ÉTUDE DES RÉACTIONS ÉLECTRIQUES DES PLANTES A L'AIDE DU RHÉOTOME.

CHAPITRE V.

LES MANIFESTATIONS ÉLECTRIQUES DES VARIATIONS DE TURGESCENCE POSITIVES ET NÉGATIVES.

CHAPITRE VI.

LES DIVERS TYPES DE RÉACTION.

CHAPITRE VII.

DÉMONSTRATION D'UNE ANISOTROPIE PHYSIOLOGIQUE A L'AIDE DES RÉACTIONS ÉLECTRIQUES.

CHAPITRE VIII.

LE COURANT NATUREL ET SES VARIATIONS.

CHAPITRE IX.
VARIATION D'EXCITABILITÉ SOUS L'INFLUENCE
DES AGENTS CHIMIQUES.

CHAPITRE X.
DÉTERMINATION DES VARIATIONS D'EXCITABILITÉ
PAR LA MÉTHODE DES INTERFÉRENCES.

CHAPITRE XIII.

EFFET DE LA TEMPÉRATURE SUR LES RÉACTIONS ÉLECTRIQUES.

CHAPITRE XIV.

LE SPASME ÉLECTRIQUE DE MORT.

CHAPITRE XV.

RÉACTIONS ÉLECTRIQUES MULTIPLES ET AUTONOMES.

CHAPITRE XVI.

LES RÉACTIONS DES FEUILLES.

CHAPITRE XVII.

LA FEUILLE, ORGANE ÉLECTRIQUE.

CHAPITRE XVIII.

LA THÉORIE DES ORGANES ÉLECTRIQUES.

CHAPITRE XIX.
DÉTERMINATION DES DIFFÉRENCES D'EXCITABILITÉ PAR L'EXCITATION ÉLECTRIQUE.

CHAPITRE XX.
LES RÉACTIONS DES TÉGUMENTS ANIMAUX ET VÉGÉTAUX.

CHAPITRE XXI.

RÉACTION DE L'ÉPITHÉLIUM ET DES GLANDES.

CHAPITRE XXII.

RÉACTION DES ORGANES DIGESTIFS.

CHAPITRE XXIII.

L'ASCENSION DE LA SÈVE DANS LES PLANTES.

CHAPITRE XXIV.
RÉACTION A L'EXCITATION LUMINEUSE.

CHAPITRE XXV.

RÉACTION ÉLECTRIQUE DES FEUILLES VERTES
A LA LUMIÈRE.

CHAPITRE XXVI.

RÉACTION DE LA RÉTINE A L'EXCITATION LUMINEUSE.

CHAPITRE XXVII.

RÉACTION GÉOÉLECTRIQUE.

CHAPITRE XXVIII.

EFFETS POLAIRES DU COURANT ÉLECTRIQUE
DANS L'EXCITATION DES PLANTES.

CHAPITRE XXIX.

DÉTERMINATION DE LA VITESSE DE TRANSMISSION
DE L'EXCITATION CHEZ LES VÉGÉTAUX.

La transmission de l'excitation dans les plantes n'est pas due
à une perturbation hydromécanique, mais à une modifi-

CHAPITRE XXX.

UNE NOUVELLE MÉTHODE D'EXCITATION QUANTITATIVE DU NERF.

CHAPITRE XXXVI.

LA MÉTHODE DES QUADRANTS POUR L'ÉTUDE DE LA RÉACTION A LA LUMIÈRE PAR UNE VARIATION DE LA RÉSISTANCE.

CHAPITRE XXXVII.

L'ÉLECTROTONUS.

CHAPITRE XXXVIII.

CONTROLE ÉLECTRIQUE DE L'INFLUX NERVEUX.

CHAPITRE XXXIX.

MODIFICATIONS DE LA RÉACTION SOUS L'INFLUENCE DE VARIATIONS MOLÉCULAIRES CYCLIQUES.

CHAPITRE XL.

LA MÉMOIRE.

Pages.

ÉLECTROPHYSIOLOGIE

COMPARÉE

CHAPITRE I.

L'IRRITABILITÉ MOLÉCULAIRE DE LA MATIÈRE.

Réaction à l'excitation par un changement de forme. — Variations
de perméabilité. — Variations de solubilité. — Méthode des
variations de résistance : *a*. Variation positive; *b*. Variation
négative. — Inversion du signe de la réaction sous l'influence
de diverses modifications moléculaires. — Réaction des tissus
végétaux par variation de leur résistance électrique. — Réaction
par variation électromotrice des substances inorganiques. —
La méthode d'arrêt. — Réactions positives et réactions négatives. — Réactions analogues dans les tissus vivants. — Effets
de la fatigue, des excitants et des toxiques sur les réactions des
corps inorganiques et des tissus organisés. — Méthode des
dépressions relatives, ou variation négative.

L'étude des propriétés des tissus vivants nous montre qu'une
des plus caractéristiques est leur irritabilité. Après cessation
de l'excitation, le tissu excité revient à son état primitif. Le
changement ainsi provoqué par l'excitation est dû essentiellement à la rupture de l'équilibre normal des molécules du tissu
vivant, qui se rétablit après cessation de l'excitation. L'état
d'excitation se manifeste parfois par un changement de forme;
tel est le raccourcissement du muscle par l'excitation (*fig.* 1)
On peut le comparer au raccourcissement du caoutchouc
tendu, à la suite d'une excitation thermique (*fig.* 2).

Il est évident que la modification moléculaire qui suit l'exci-

tation doit amener diverses modifications physiques concomitantes, et il serait possible théoriquement de déceler et de
mesurer cette modification moléculaire en enregistrant certaines variations concomitantes. C'est ainsi que la lumière peut
produire dans un corps une modification moléculaire qui
peut à son tour déterminer une variation de la perméabilité
de ce corps aux liquides : la gélatine bichromatée devient
moins perméable sous l'action de la lumière. La solubilité

Fig. 1. — Série de réactions   Fig. 2. — Réaction du caoutchouc.
contractiles du muscle.

Excitations thermiques durant 1 seconde, à des intervalles
de deux minutes.

d'une substance peut aussi subir des variations sous l'effet d'une
excitation externe : c'est ainsi que le soufre, habituellement
soluble dans le sulfure de carbone, est rendu insoluble par
l'action de la lumière.

Il faudrait donc, pour étudier à fond l'effet d'une excitation
donnée, pouvoir déterminer et mesurer l'importance des
changements produits. Les deux effets dont nous venons de
parler ne sont pas, comme on le verra, susceptibles d'une
mesure très précise. Mais les procédés électriques nous offrent
des méthodes d'exploration et de mesure des modifications
moléculaires dont la commodité et la sensibilité ne laissent
rien à désirer. Deux de ces méthodes peuvent être employées,
celle des variations de résistance et celle des variations électromotrices. Dans la méthode des variations de résistance,
la substance à étudier est placée dans un circuit électrique

comprenant un galvanomètre de précision et une force électromotrice convenable, susceptible de produire une légère
déviation du galvanomètre. Au moment de l'excitation la
substance étudiée subit une modification moléculaire qui
entraîne une variation de sa résistance, en plus ou en moins
suivant les substances. Après cessation de l'excitation externe,
la substance revient à son état antérieur, en même temps
qu'elle retrouve sa conductibilité primitive. Ainsi, dans le cas
du sélénium, la conductibilité augmente, ou la résistance

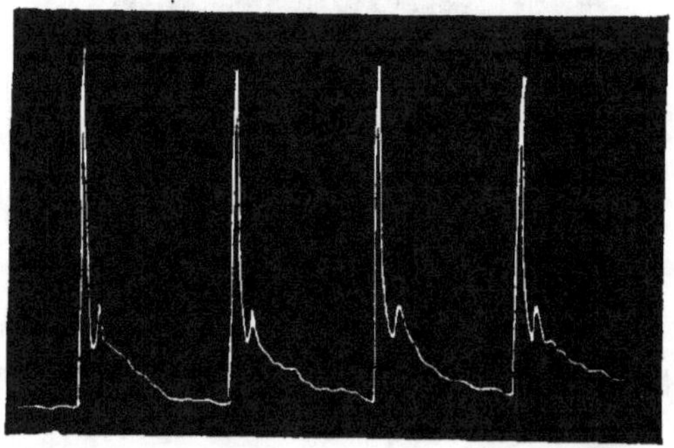

Fig. 3. — Réaction du sélénium à l'excitation lumineuse
(méthode de la variation de résistance).

décroît, sous l'action de la lumière. La figure 3 montre un
certain nombre de réactions à l'excitation lumineuse, produites par une série d'expositions durant une seconde chacune,
les périodes intermédiaires nécessaires au retour à l'état primitif étant chacune d'une minute. Ces réactions étaient obtenues
en enregistrant la déviation due à la diminution de résistance
produite par l'action de la lumière, et le retour à l'état antérieur. Nous pouvons arbitrairement considérer ces réactions
par diminution de la résistance comme *négatives*. Des réactions
analogues sont fournies par une masse métallique soumise
à des radiations électriques. La figure 4 montre plusieurs
de ces réactions négatives fournies par la galène avec cet
excitant.

Il y a d'autre part des substances qui donnent des réactions *positives :* leur résistance augmente, ou leur conductibilité diminue, sous l'action de l'excitation. La déviation du galvanomètre entretenue par une force électromotrice constante diminue alors pendant l'action de l'excitant. De telles réactions

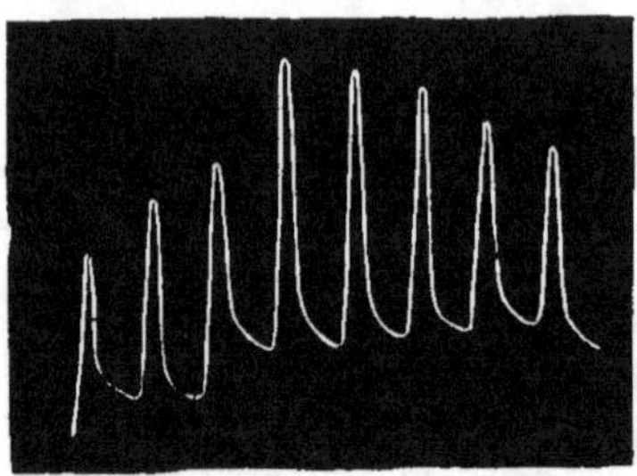

Fig. 4. — Réaction négative de la *galène* aux radiations hertziennes (méthode de la variation de résistance).

positives s'obtiennent avec le potassium et le sodium. Le signe de la réaction ne dépend pas de l'état positif ou négatif de la substance : tandis que le potassium, électropositif, donne une réaction positive, le bioxyde de plomb, électronégatif, donne

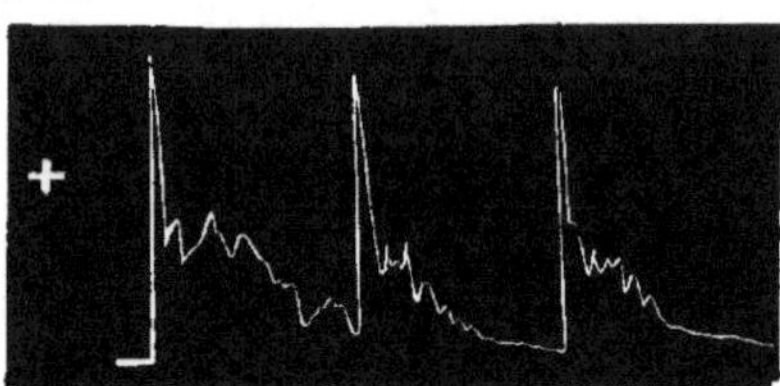

Fig. 5. — Réaction positive de l'Ag' aux radiations électriques.

une réaction de même signe. Le magnésium, l'aluminium, le fer donnent une réaction négative.

On constate en outre que le même corps, suivant son état moléculaire, pourra présenter des réactions de signes opposés. C'est ainsi que l'argent, sous une forme allotropique particulière Ag', présente une réaction positive (*fig.* 5), tandis que l'argent ordinaire présente une réaction négative. Et tandis que l'argent allotropique présente normalement une réaction positive, le signe de cette réaction redevient progressivement négatif, sous l'action d'une excitation vive et prolongée. Par l'emploi de cette même méthode des variations de résistance, j'ai pu obtenir également des tracés de réactions des tissus vivants à l'excitation. Le détail en sera donné plus loin.

La réaction électrique employée pour déceler la réaction des tissus vivants à l'excitation dépend de la variation électromotrice de la substance produite par l'excitation. Cette réaction électrique a été considérée comme un phénomène biologique et non physique. Mais j'ai montré que des réactions semblables se présentent également pour des corps inorganiques. C'est-à-dire que l'excitabilité moléculaire dont dépend le phénomène de la réaction n'est pas propre aux tissus animaux seuls, mais commune à toutes les formes de la matière, organique ou non. Si donc nous voulons comprendre les réactions fondamentales qui traduisent la réaction des tissus vivants, il sera bon d'observer leur production dans le cas beaucoup plus simple des corps inorganiques ([1]).

Si nous prenons un corps inorganique, par exemple un fil métallique, et que sa structure moléculaire soit la même dans toute sa longueur, il est évident que ses propriétés physiques seront les mêmes dans toute sa longueur également. Son état électrique sera donc également le même en tous ses points, il sera isoélectrique. Mais si une partie de ce fil vient à subir une modification moléculaire, par exemple par martèlement, l'état physique de cette portion deviendra différent de celui du reste du fil. Il y aura donc une différence électrique, et le fil ne sera plus isoélectrique. On peut vérifier ce fait en établissant des connexions convenables entre les portions modifiées et celles qui ne l'ont pas été, et un galvanomètre : on verra l'aiguille dévier, montrant une différence de potentiel provoquée par la rupture de l'équilibre moléculaire dans les diverses parties

---

([1]) **Voir** pour plus de détails BOSE, *Réactions de la matière, vivante et non vivante.*

du fil. Je décrirai à présent la méthode par laquelle on peut
obtenir des réactions électriques de corps inorganiques à
des perturbations moléculaires. Pour cela deux méthodes
peuvent être employées, la méthode d'arrêt et la méthode de
dépression relative. Dans la première de ces méthodes, le fil
à étudier est serré en son milieu, et deux de ses points, A et B,.

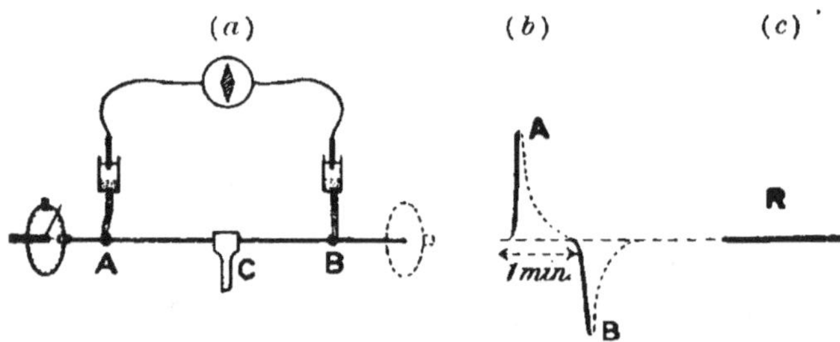

Fig. 6. — Réactions électriques des métaux.

a. Méthode d'arrêt; b. Réactions égales et opposées par excitation
des extrémités A et B; les parties pointillées de la courbe montrent
le retour à la normale; c. Effet de compensation, quand les
deux extrémités sont excitées simultanément.

sont reliés à un galvanomètre par deux électrodes impolarisables (*fig.* 6).

Nous pouvons alors exciter l'extrémité A du fil en lui impri-
mant un mouvement de torsion; l'arrêt médian empêche la
perturbation moléculaire d'arriver jusqu'à B. Par cette méthode,.
j'ai obtenu avec plusieurs corps deux types différents de réaction, positive et négative. Dans le type positif, le courant
de réaction va dans le fil du point intact au point excité, qui
devient ainsi électriquement positif. Des réactions de ce type
sont fournies par l'étain, le zinc, le platine, et d'autre métaux.
La figure 7 montre une série uniforme de ces réactions à des
excitations uniformes. L'intensité de la réaction ne paraît
pas dépendre de l'activité chimique du corps observé. La
réaction de l'étain, chimiquement inactif, est plus énergique
que celle du zinc, chimiquement actif. Le platine, bien que
très peu actif, donne une réaction vive, bien que les contacts
électrolytiques soient pris avec de l'eau pure.

La réaction électromotrice peut être aussi obtenue par d'autres modes d'excitation moléculaire. C'est ainsi qu'au lieu d'une torsion, on peut employer une vibration longitudinale. Il est intéressant de noter alors la concomitance de la réaction électrique avec la réaction sonore de la tige et la cessation de la réaction électrique en même temps que du bruit musical Plus la vibration moléculaire est intense, plus intense est le son, et plus intense est la réaction.

Fig. 7. — Réactions électriques uniformes de l'étain.

La méthode des variations de conductibilité nous a montré que quand un corps subit une modification moléculaire, le signe de la réaction tend à s'inverser. Ainsi, nous avons vu l'argent ordinaire, Ag, présenter une réaction positive, et l'argent modifié, Ag', une réaction négative. Mais après une excitation vive et prolongée, la réaction de ce dernier redevient positive. De même, par la méthode des variations électromotrices, nous voyons la réaction positive normale de l'étain ou du platine devenir négative à la suite d'une modification moléculaire de ces corps, pour redevenir positive, sous l'influence d'une excitation prolongée.

Il y a d'autres corps, dont la réaction normale est négative. C'est ainsi qu'un fil de plomb bromuré, convenablement préparé, réagit par un courant qui va du point excité au point intact, s'éloignant du point excité qui est négatif.

Ces réactions électriques des corps inorganiques ont ainsi les mêmes caractères que celles qui ont été observées avec les tissus animaux. Certains tissus très excitables, comme le

nerf et le muscle, présentent une réaction négative, le point
excité devenant négatif. D'autres, tels que la peau, présentent
une réaction positive. Les réactions normales sont aussi quelquefois inversées à la suite de modifications moléculaires, et
redeviennent normales sous l'influence d'une excitation prolongée.

Les réactions électriques des métaux peuvent aussi augmenter
ou diminuer d'amplitude comme celles des tissus animaux

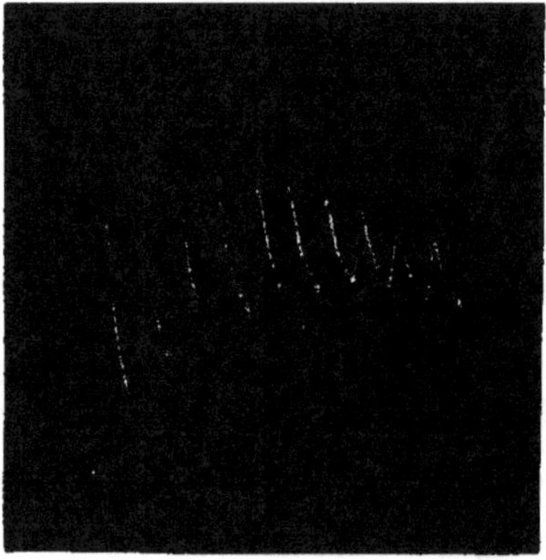

Fig. 8. — La fatigue dans les réactions électriques des métaux.

dans des circonstances analogues. La fatigue diminue l'amplitude de la réaction des corps inorganiques comme des tissus
vivants (*fig.* 8). Pour les métaux comme pour les tissus vivants,
certains produits chimiques agissent comme excitants et
augmentent l'amplitude de la réaction (*fig.* 9) ; d'autres, comme
dépresseurs, et une troisième classe, où l'on trouve l'acide
oxalique, agit comme toxique, abolissant toute réaction (*fig.* 10).

En utilisant cette dernière propriété, nous avons un second
moyen d'obtenir une réaction, c'est la méthode de dépression
relative. Si les deux contacts A et B sont également excités,
c'est-à-dire soumis à une excitation diffuse, les courants de
réaction seront de sens opposé et s'annuleront, et il n'y aura
pas de déviation du galvanomètre. On obtenait cette déviation,

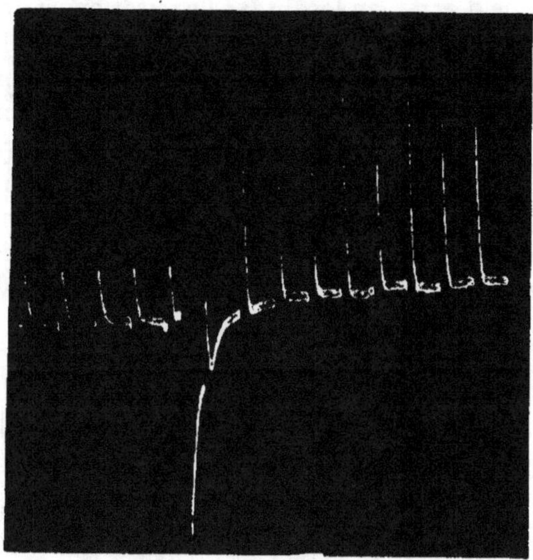

Fig. 9. — Action excitante de $CO^3 Na^2$ sur la réaction électrique
du platine.
On voit, à gauche, les réactions avant l'application du réactif;
à droite, après l'application.

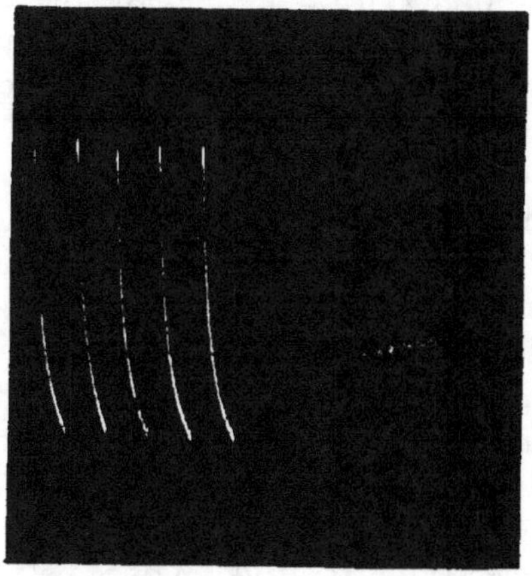

Fig. 10. — Abolition de la réaction d'un métal par l'acide oxalique.

dans la méthode d'arrêt, en localisant l'excitation en un point A ;
mais nous pourrions neutraliser l'effet contraire en B en abolissant l'excitabilité en ce point par une application d'acide
oxalique, A restant normal. Si le fil est alors soumis à une
excitation diffuse par une vibration d'ensemble, on observera
une réaction consécutive. Mais l'application d'acide oxalique
à un contact a produit un courant de repos, permanent, dans
le circuit. Le courant d'action produit par l'excitation est de
sens opposé à celui de ce courant de repos, il en provoque une

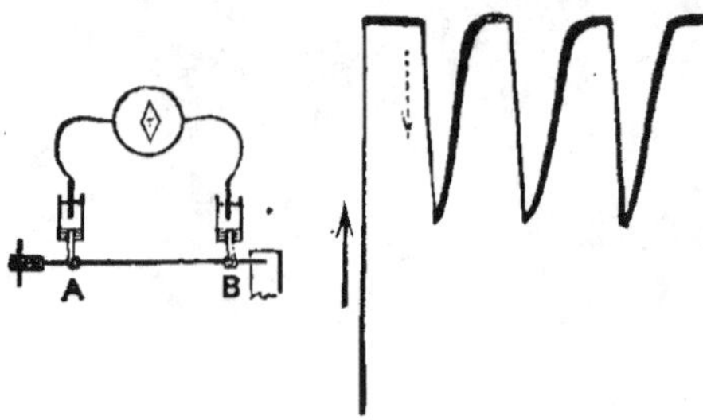

Fig. 11. — Réactions par la méthode de dépression relative.

↑ représente le courant de repos ; ↓ représente le courant d'action

variation négative (*fig.* 11). La méthode de réaction par variation négative, qui est employée en général dans l'étude des
réactions des tissus animaux, est en réalité, comme nous le
verrons plus loin, une forme de cette méthode de dépression
relative.

Des procédés divers ont été décrits, au cours de ce Chapitre,
pour déceler et enregistrer les modifications amenées par la
rupture de l'équilibre moléculaire due à une excitation et le
retour consécutif à l'état antérieur. La réaction peut s'exprimer
de plusieurs manières. Elle peut, dans le cas des tissus vivants,
se traduire par une contraction mécanique, ou par une variation
électrique négative. Le changement inverse, représenté au
point de vue mécanique par une expansion, s'accompagnera
d'une variation électrique positive. Mais il ne faut pas perdre
de vue qu'aucune de ces expressions n'est la conséquence de
l'autre. Il serait aussi inexact de penser que l'effet électrique
dépend de l'effet mécanique que d'admettre que l'effet méca-

nique a été produit par l'électrique. Ce sont deux expressions différentes de la même modification moléculaire fondamentale provoquée par le choc résultant de l'excitation.

Ces divers phénomènes réactionnels, et leurs modifications, qui sont le sujet de notre étude, peuvent être obtenus par divers agents externes. Dans certaines conditions, les réactions de la matière vivante sont abolies, changement que nous associons à la mort. Pour la matière inorganique également, nous pouvons observer une abolition analogue de l'irritabilité.

La mort dans le cas de la matière vivante n'est donc pas due à un passage de l'état organisé à l'état inorganique, mais à une certaine transformation moléculaire. Et la nature de cette transformation mystérieuse pourra être un jour expliquée par une étude détaillée des modifications qui surviennent dans la matière inorganique, quand elle perd son irritabilité.

Le mot « physiologique » est généralement appliqué aux phénomènes que l'on croit appartenir exclusivement à la matière vivante. Mais à mesure que croît notre puissance d'investigation, ces phénomènes semblent de plus en plus se résoudre en des processus physico-chimiques. J'emploierai donc le mot « physiologique » en l'appliquant aux réactions des tissus végétaux ou animaux, mais non par opposition avec le mot « physique ».

Nous étudierons dans les Chapitres suivants les effets de l'excitation sur les tissus vivants, et leurs variations sous diverses influences, en utilisant les méthodes de réactions électriques. Ces phénomènes seront étudiés plus en détail dans le cas des végétaux, et nous verrons qu'il n'y a pas un type de réaction des tissus animaux, qui n'ait son équivalent pour les végétaux. Les anomalies même qui ont été observées dans les réactions de l'animal seront expliquées par l'étude des phénomènes analogues dans le cas plus simple de la plante. Et nous essaierons enfin d'arriver à une généralisation, qui montrera la continuité entre les types de réactions les plus simples des corps inorganiques, et les plus complexes qui s'observent pour les tissus animaux les plus différenciés.

CHAPITRE II.

LA RÉACTION ÉLECTROMOTRICE DES PLANTES
AUX DIVERSES FORMES D'EXCITATION.

Historique. — Difficultés d'exploration. — Réaction électrique du renflement moteur du Mimosa. — Tracés mécaniques et électriques simultanés. — Division arbitraire des plantes en « ordinaires » et « sensitives ». — Réaction électrique et mécanique des plantes ordinaires. — Excitation directe et excitation transmise. — Toutes les formes d'excitation produisent une variation électrique négative.

Il est classique de distinguer les plantes d'après leur irritabilité en deux groupes, les « plantes communes » et les « plantes sensitives ». Ces dernières seulement, comprenant des plantes comme le Mimosa et la Dionée, étaient considérées comme excitables. Aussi l'attention des observateurs, qui voulaient étudier les réactions électriques des végétaux, était surtout attirée vers les réactions manifestées par ces plantes. Les expériences de Kunkel, Burdon-Sanderson et Munk sont connues. Burdon-Sanderson et Munk ont étudié les feuilles sensitives de Dionée, et Kunkel, celles du Mimosa ([1]).

Ces auteurs ont observé pour toutes ces plantes des variations électromotrices après excitation, mais leurs conclusions ne concordent pas. Burdon-Sanderson et Munk ont trouvé que le courant de repos entre deux points de Dionée présente une variation, après excitation d'un point de la feuille. Ils obtenaient ainsi des réactions à deux et quelquefois à trois

---

([1]) Pour plus de détails, *cf.* BIEDERMANN, *Electrophysiologie*, trad. anglaise, vol. II, 1898, p. 1-31.

phases, consistant en variations positives et négatives. Des résultats plus précis furent obtenus par Burdon-Sanderson dans les variations du courant normal de la feuille, allant d'un point proximal à un point distal de la nervure médiane Après excitation du limbe, ce courant subissait une diminution, ou variation négative. Mais le courant dans le pétiole subissait une variation inverse, positive. Kunkel, étudiant le renflement moteur du Mimosa, trouva que l'excitation provoquait une série d'oscillations électriques opposées. Il trouva aussi que des variations électromotrices étaient produites par flexion ou lésion de tiges quelconques. Il pensa que tous ces phénomènes électriques étaient la conséquence d'une perturbation hydrostatique, ou d'un mouvement de liquide.

Kunkel essaya d'expliquer par cette migration de liquide tous les phénomènes électriques des organes végétaux. La différence de potentiel entre les diverses parties d'un organe était due pour lui à la différence de leur pouvoir d'absorption des liquides. Une plus grande faculté d'absorption 'd'un point, provoquant une migration de liquide plus grande, rendait ce point électropositif. Mais, au contraire, Haake remarqua des différences de potentiel entre plusieurs points, même dans des plantes submergées, comme *Valisnaria* et *Nitella*, où l'on ne pouvait admettre des différences dans le pouvoir d'absorption. Cette différence pour lui doit être attribuée à un processus vital, puisque la force électromotrice varie chaque fois que la respiration est arrêtée, par exemple en substituant l'hydrogène à l'oxygène.

Nous étudierons plus loin en détail les conditions dont dépend le courant de repos. Mais la variation électrique produite par l'excitation est plus importante. Nous avons dit que Kunkel a trouvé des variations oscillantes du courant par excitation de la feuille du Mimosa. Ces variations alternantes étaient difficiles à concilier avec sa théorie du déplacement actif de liquide, en une phase, qu'il observa, et il supposa que la première oscillation négative observée pouvait être due à la perturbation du processus de diffusion, par suite d'altérations du protoplasme.

Munk essaya d'expliquer les effets électriques complexes qu'il observa dans la Dionée en supposant l'existence de deux espèces d'éléments électromoteurs, réagissant inversement, la variation maxima se faisant dans un groupe plus tôt que dans l'autre. Ainsi, d'après lui, pouvait-on expliquer l'existence de variations positives et négatives, la couche parenchymateuse supérieure de la feuille et la nervure médiane supérieure subissant la variation négative, et la couche inférieure et la nervure inférieure, la variation positive.

Burdon-Sanderson, dans son expérience fondamentale sur le limbe de la Dionée, avait son circuit principal relié aux faces supérieure et inférieure d'un lobe, l'excitation étant appliquée sur l'autre. Dans les expériences qu'il rapporte dans les *Phil. Trans.* de 1882, il trouva que la face supérieure ou interne de la feuille devient positive après excitation. Il considéra ce phénomène comme le véritable changement dû à l'excitation. Le contact supérieur au bout de quelque temps devenait négatif, ce que Burdon-Sanderson considérait comme un effet secondaire. Il attribuait cet effet secondaire aux variations électriques causées par cette migration de liquide qu'avait observée Kunkel. Mais au sujet de la variation positive qui précède, il dit :

« La perturbation qui suit immédiatement l'excitation est un changement moléculaire brusque, explosif qui, par son mode d'origine, la soudaineté de son apparition et sa rapidité de propagation, se distingue de tous les phénomènes autres que celui avec lequel je l'ai identifiée, qui est le processus correspondant dans les tissus animaux excitables, ... Le sens de l'effet de l'excitation dans l'expérience fondamentale est tel, que les cellules excitées deviennent positives par rapport aux autres restées intactes, tandis que dans les tissus animaux, les parties excitées deviennent négatives par rapport aux autres (¹). »

Dans une série d'expériences ultérieures, publiées dans les

(¹) *Phil. Trans.*, vol. CLXXIII.

Phil. Trans. de 1888, Burdon-Sanderson trouve que les réactions des feuilles sont en principe différentes. Une phase négative énergique succédait à l'excitation, mais précédée d'une brève réaction positive. Ces résultats seront discutés plus loin en détail, mais nous pouvons dire ici que, d'après les graphiques de Burdon-Sanderson, il est difficile de savoir ce qui, dans les diverses phases de la réaction, relève de l'excitation vraie, et ce qui relève d'une autre cause.

On voit ainsi que les résultats obtenus et les théories proposées par les divers observateurs sont en désaccord sur ce point. La cause doit en être dans les difficultés qu'il y a à distinguer la réaction fondamentale d'avec les divers effets secondaires qui peuvent venir s'y superposer. Les principales de ces difficultés sont : 1º le fait que les variations positives et négatives sont généralement mesurées par rapport à un courant de repos existant. Mais, en pratique, ces variations négatives et positives en apparence opposées, ne correspondent pas toujours à des réactions opposées. Car une même réaction à l'excitation en s'ajoutant algébriquement au courant de repos peut paraître, suivant les cas, positive ou négative. Il y a aussi : 2º la difficulté de séparer deux effets électriques opposés, dont l'un est dû, comme je le montrerai, à l'excitation vraie, et l'autre au gonflement produit mécaniquement par la migration de liquide. Dans des conditions différentes, l'un ou l'autre de ces effets peut être prédominant. J'espère arriver à montrer que chacun d'eux est défini, et se distingue de l'autre.

Au sujet des réactions des plantes en général, il est bon de dire ici que la première chose à montrer dans cet ouvrage est que les réactions qu'on observe dans le cas des plantes sensitives, comme la Dionée, ne sont pas exceptionnelles, mais se retrouvent dans des circonstances analogues, même dans des plantes ordinaires, et qu'ils sont communs à tous les organes végétaux. Je montrerai même qu'on peut en donner une explication beaucoup plus simple que la théorie des molécules électromotrices. Je prouverai aussi que la réaction électrique due à l'excitation vraie est tout à fait distincte de celle produite par la perturbation hydrostatique, étant de signe opposé.

On verra que cette réaction électrique à l'excitation vraie est modifiée par toutes les conditions qui affectent l'état physiologique du tissu étudié. Enfin on verra qu'il y a continuité entre les réactions électriques des végétaux et celles des animaux, car non seulement le signe de la réaction dans les deux

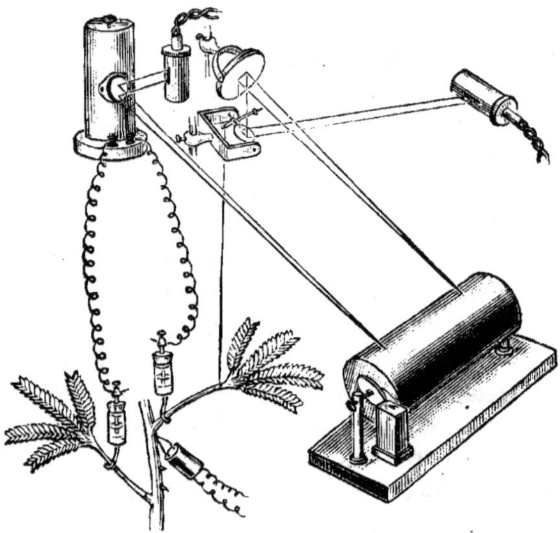

Fig. 12. — Dispositif montrant des réactions mécaniques
et électriques simultanées.

Feuille excitée à l'aide d'un excitateur électrothermique. Le tracé mécanique est obtenu par l'excursion de la tache lumineuse réfléchie par le levier optique, qui tombe sur le côté droit du cylindre. — Le tracé électrique est obtenu par l'excursion de la tache lumineuse du galvanomètre, qui tombe sur le côté gauche du cylindre.

cas est le même, mais encore chaque type de réaction et chaque modification des réactions qui s'observe dans les tissus animaux se retrouve dans des conditions analogues également dans les végétaux.

Pour déterminer les caractères de la réaction électrique à l'excitation, nous étudierons d'abord une plante sensitive, comme le Mimosa; car là, l'affaissement de la feuille nous donne une indication visible de la réaction à l'excitation. Il faut dire ici ce que nous entendons par « excitation vraie ». Nous savons qu'un muscle soumis à une excitation réagit par une contraction. Celle-ci est universellement considérée comme la manifestation de l'excitation et elle s'accompagne électriquement d'une variation négative. Ayant ainsi appelé excitation la cause de cet aspect particulier de la réaction du tissu vivant, il est important de le distinguer d'avec la réaction inverse, qui est une expansion, avec variation électrique positive concomitante. Après excitation, il y a contraction, et expulsion de liquide du renflement moteur excité, qui amène l'affaissement de la feuille. On suppose en général que seule la moitié inférieure du renflement moteur est excitable. En réalité, les deux moitiés, supérieure et inférieure, sont excitables, et se contractent sous l'influence de l'excitation. Si une excitation localisée est appliquée à la face supérieure, celle-ci se contracte, et par suite de la concavité ainsi produite, la feuille se redresse. Mais l'excitabilité de la face inférieure est 80 fois plus grande; aussi une excitation diffuse produit-elle une contraction plus énergique de cette moitié. L'affaissement de la feuille est donc dû à l'inégale contraction des deux côtés de l'organe. La réaction de l'organe à l'excitation est donc une contraction, expulsion de liquide avec diminution de turgescence consécutive, ou variation négative de turgescence, et affaissement de la feuille.

Pour étudier le phénomène électrique qui accompagne cette réaction, nous établirons des connexions électriques convenables, par des électrodes impolarisables, avec un galvanomètre. L'une de ces connexions est prise avec le renflement moteur dont on veut étudier l'excitation, et l'autre avec un point éloigné indifférent. Nous pouvons ainsi obtenir l'effet d'excitation au renflement moteur, isolé de celui du point distal. Une tache lumineuse, réfléchie par le miroir du galvanomètre, est projetée sur le cylindre enregistreur. Cette tache, d'abord immobile, indique par sa déviation l'apparition de l'excitation.

Pour montrer la concomitance des réactions électrique et

mécanique, et pour déceler avec certitude le moment exact
du début de la première, on a recours à un dispositif ampli-
ficateur, en reliant l'extrémité de la feuille à un levier optique.
La poussée exercée par l'affaissement de la feuille fait tourner
la tige d'appui, entraînant un petit miroir. La tache lumineuse
de ce miroir se déplace verticalement et celle du galvanomètre
horizontalement ou latéralement. Pour pouvoir les enregistrer
simultanément, il est nécessaire que les deux mouvements
se fassent dans le même sens. Le mouvement de haut en bas
de la tache du miroir optique est donc transformé en un

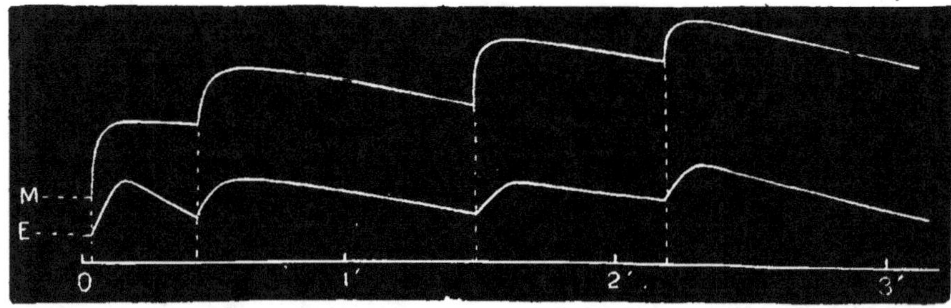

Fig. 13. — Réactions simultanées mécanique (M)
et électrique (E) du *Biophytum*.

On voit que ces réactions sont concomitantes.

mouvement transversal, par réflexion sur un second miroir,
convenablement incliné.

L'excitation peut être provoquée dans le voisinage du renflement moteur par un excitateur électrothermique, qui offre
l'avantage de ne pas produire de perturbation mécanique.
Il consiste en un fil de platine en V, chauffé brusquement par
le passage d'un courant.

Avec ce mode d'excitation, on trouve que les deux réactions,
électrique et mécanique, se produisent en même temps, l'affaissement de la feuille coïncidant avec la variation électrique.
*Le point excité devient électronégatif : la variation électromotrice
produite dans le végétal est donc la même que pour un tissu animal.*
Je donne ci-après une série de tracés simultanés de réactions

mécaniques et électriques (*fig.* 13) obtenus avec le *Biophytum*, dont les folioles latérales donnent les indications motrices. On verra que l'affaissement de la foliole, et son relèvement ultérieur, sont synchrones avec la variation électrique négative et sa disparition. Pour faciliter les comparaisons, je représenterai toujours, à moins de spécifier le contraire, les réactions normales d'affaissement mécanique et de variation négative par des courbes ascendantes, le mouvement érectile et la variation positive par des lignes descendantes.

Nous devons dire quelques mots du synchronisme entre les deux formes de réaction. La modification moléculaire due à l'excitation est immédiate, et la variation électromotrice est rigoureusement concomitante. On le voit par la méthode rhéotomique (*cf.* Chap. IV). On verra qu'il s'est déjà produit une variation électromotrice considérable, moins de $\frac{1}{100}$ de seconde après réception de l'excitation par le tissu. Ainsi, dans la réaction électrique des tissus très excitables, il n'y a pratiquement pas de période latente. Mais si cette variation électrique est enregistrée par le galvanomètre, il y aura un retard de la réaction dû à l'inertie de l'aiguille du galvanomètre. De même, ponr la réaction mécanique, bien que la réaction à l'excitation soit immédiate, la réaction motrice est retardéc par les actions antagonistes des moitiés supérieure et inférieure du renflement moteur, la lenteur de réaction du tissu étudié, et l'inertie mécanique de la feuille indicatrice. La période latente de la réaction mécanique d'un *Mimosa* vigoureux, sous l'influence de tous ces facteurs, m'a paru être de $0^s,08$ environ. Mais elle peut être encore allongée si le tissu est hypoexcitable. On voit ainsi que, même si la réaction fondamentale à l'excitation est instantanée, sa manifestation extérieure, mécanique ou électrique, subit un retard par suite de l'inertie de l'indicateur correspondant.

Il convient de rappeler que ces deux formes de réaction, électrique et mécanique, sont des indications indépendantes entre elles de la réaction fondamentale à l'excitation, et qu'aucune n'apparaît comme la conséquence de l'autre. Ainsi, quand la réaction mécanique est empêchée par un obstacle,

la réaction électrique n'en a pas moins lieu. Une expérience
peut illustrer ce fait.

Une feuille de *Mimosa* réagit à une forte excitation par un
affaissement complet, et le retour à l'état antérieur demande
un temps assez long, de 5 à 18 minutes suivant la saison. Pour

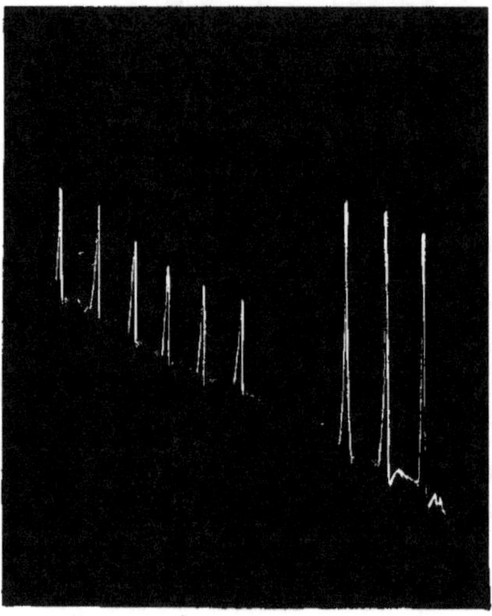

Fig. 14. — Tracé photographique de la réaction électrique négative
du renflement moteur du Mimosa, quand on met obstacle à
l'affaissement de la feuille. La première série comporte des
réactions à des excitations uniformes; la seconde série, à des
excitations deux fois plus fortes.

obtenir une série de réactions suivies de retours à la normale
dans un temps suffisamment court, il faut recourir à des excitations modérées. Il y a alors un affaissement modéré, mais non
complet, de la feuille, et le retour à la normale est rapide.
Pour montrer que la réaction électrique se produit, même quand
on empêche la réaction mécanique de se produire, je fixai
le pétiole dans une pince, et obtins la série des réactions électriques de la figure 14. La première série de réactions de ce
tracé correspond à des excitations uniformes d'une intensité
donnée; la seconde, à des excitations d'une intensité double.

Nous pouvons voir là comment la réaction croît avec l'intensité de l'excitation. Une particularité à noter dans la figure est la descente de la limite inférieure de la courbe, montrant l'existence d'une variation positive croissante du renflement moteur. Pour obtenir un tracé photographique, l'expérience avait été faite dans une chambre noire; et dans ces conditions le renflement moteur subit une augmentation de turgescence, ou variation positive. Nous verrons plus loin qu'elle s'accompagne d'une variation électrique positive, de même qu'une diminution de turgescence s'accompagne d'une variation électrique négative.

La constatation des mouvements de la feuille de *Mimosa* a fait admettre que seules les plantes qui présentent des mouvements analogues doivent être regardées comme excitables. J'ai déjà montré ailleurs que l'affaissement de la feuille est un signe très trompeur de sensibilité. Un tel effet mécanique est possible seulement quand les deux moitiés d'un organe sont inégalement contractiles; il y a alors, à la suite de l'excitation, une expulsion de liquide plus abondante de l'une des moitiés que de l'autre. Si ces conditions ne sont pas réalisées, même le *Mimosa*, plante dite sensitive, paraîtra dépourvu de sensibilité. Ainsi, si nous plaçons dans l'eau une branche coupée de *Mimosa*, les renflements moteurs des feuilles se gonflent au maximum par suite de l'absorption énergique qui se fait par l'extrémité sectionnée, et les feuilles se redressent énergiquement. En appliquant alors une excitation, on n'obtient pas de réaction motrice; ce fait est dû à la difficulté de l'expulsion de liquide du tissu gorgé. La réaction électrique à l'excitation se produit néanmoins malgré l'absence d'une réaction mécanique.

Le fait que la réaction électrique persiste même en l'absence d'une réaction motrice nous fournit un critérium pour apprécier l'excitabilité d'une plante en dehors de toute indication motrice. Grâce à cet artifice, j'ai trouvé que non seulement les plantes sensitives, mais toutes les plantes, et tous les organes végétaux, réagissent à l'excitation. J'ai été ainsi amené à trouver qu'une plante commune, contrairement à l'opinion courante, présente aussi une réaction motrice, sous forme d'une contraction mécanique. L'erreur qui a fait considérer ces plantes comme non sensitives, est née du fait que, dans un organe à structure radiée, une excitation diffuse provoque des contractions égales dans tous les sens : les mouvements qui dépendent d'une différence de contraction, et qu'on observe si nettement pour l'affaissement de la feuille de *Mimosa*, ne peuvent être constatés dans ces cas. Mais la preuve que l'organe dans son ensemble réagit par une contraction est fournie par l'enregistrement du raccourcissement qu'il subit dans sa longueur. Cette contraction longitudinale est quelquefois considérable; dans la couronne de filaments de *Passiflora* elle peut aller jusqu'à 20 pour 100 de la longueur primitive.

Le fait que toutes les plantes sont excitables peut être également démontré à l'aide de leurs réactions électriques. Pour étudier l'effet de l'excitation sur des plantes communes, il faut savoir qu'il y a deux moyens d'exciter un point donné : soit localement, directement, soit par transmission d'une excitation à distance. Les tissus conducteurs peuvent être excités par ces deux méthodes; mais les tissus faiblement conducteurs doivent être soumis à une excitation locale, puisque l'effet d'une excitation appliquée à distance ne peut pas, dans ce cas, atteindre le point qui doit réagir. Les organes qui contiennent des éléments fibrovasculaires sont très bons conducteurs, et une excitation appliquée à 1 ou 2^{cm} du point à exciter l'atteindra facilement. Mais il ne faut pas oublier que l'excitation est affaiblie par sa transmission à travers un long trajet, son effet à grande distance étant négligeable. Les tissus parenchymateux sont mauvais conducteurs de l'excitation qui, dans leur cas, doit donc être appliquée directement.

Nous étudierons d'abord l'excitation indirecte. Prenons un pétiole ou une tige, et après avoir établi des connexions électriques convenables (*fig.* 15), appliquons une excitation en mettant un fil chauffé au contact du point marqué ×. Après un court intervalle de temps, nécessaire pour permettre à l'excitation de parcourir la distance intermédiaire, on obtient une réaction électrique négative. On voit que la réaction électrique des plantes communes est la même que pour les plantes sensitives, et que dans les deux cas elle est semblable à celle des tissus animaux.

Je vais établir à présent un point très important : toutes les formes efficaces d'excitation déterminent une réaction identique, qui est une variation électrique négative. Tout changement brusque des conditions du milieu extérieur peut constituer une excitation suffisante. Tels sont : une élévation brusque de température; une variation de pression, tension ou com-

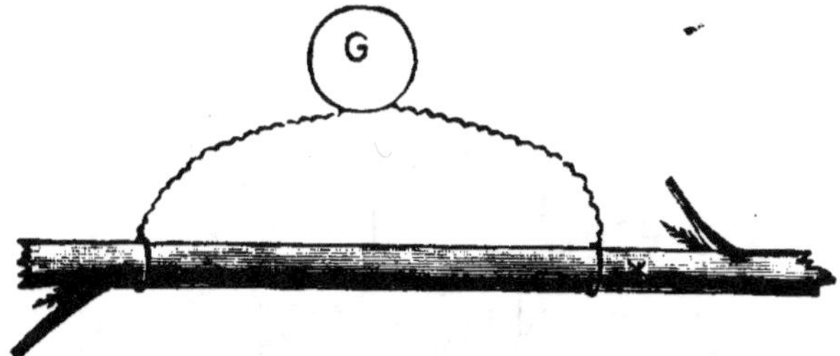

Fig. 15. — Méthode de l'excitation transmise.
L'excitation est appliquée à droite en ×. Elle atteint d'abord le contact de droite, où elle détermine une variation négative.

pression; des chocs mécaniques ou une torsion; une piqûre ou une section; l'application d'un agent chimique tel qu'un acide; l'action de la lumière; l'application ou les variations d'un courant électrique; enfin l'action de la pesanteur. L'action excitante de tous ces agents a déjà été montrée dans mon travail sur les « Réactions des plantes » (1), où je montrais que l'excitation détermine des mouvements mécaniques appropriés. Dans ce Livre, je m'occuperai plus particulièrement des réactions électriques qu'ils déterminent. Les effets de l'action excitante des courants électriques, de la lumière, de la pesanteur, seront étudiés dans des Chapitres spéciaux, tandis que je montrerai ici les effets des autres agents d'excitation que j'ai énumérés.

---

(1) Bose, *Les réactions des plantes, procédé d'exploration physio-logique,* 1906.

Nous avons déjà parlé de la réaction provoquée par l'appli-
·cation brusque d'un fil chauffé. Nous pouvons à présent étudier
les effets des diverses formes d'excitation mécanique, et, d'abord,
de l'excitation produite par une tension brusque. La tige est
serrée fortement en son milieu, de sorte que, si la moitié supérieure subit une poussée brusque, elle sera seule soumise à
une augmentation de tension, la moitié inférieure n'étant

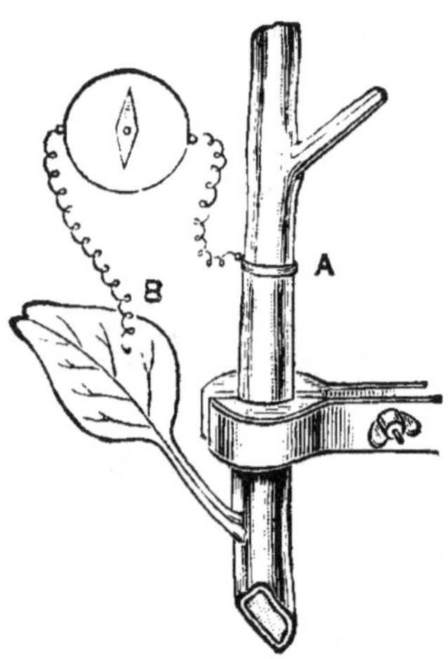

Fig. 16. — Excitation par tension brusque.

La plante est solidement fixée. Quand elle est poussée brusquement,
la tension détermine une variation négative en A.

pas affectée. Dans ces conditions, il se produit une réaction
électrique, A devenant électronégatif. Le point A est ensuite
soumis à une compression mécanique; pour cela le linge humide
qui entoure la plante, et établit la connexion électrique en A,
est placé entre les deux moitiés d'un bouchon fendu. Le tissu
de la plante subit alors en A une compression brusque, dès
qu'on serre les deux moitiés du bouchon. On obtient ainsi la
même réaction électrique que ci-dessus.

Le fait, que la tension et la compression donnent lieu à des
réactions électriques négatives semblables, peut être également
démontré, en établissant d'abord une connexion électrique

entre A et la face supérieure de la tige (*fig.* 17). Quand le tissu en A est brusquement courbé, cette face supérieure devient convexe, et est ainsi soumise à une tension, ce qui donne lieu

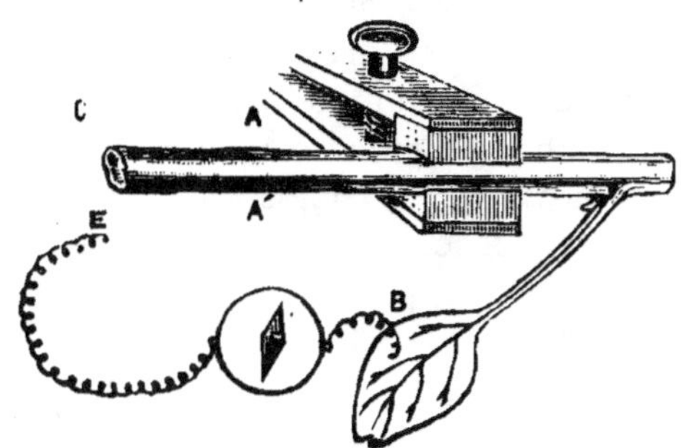

Fig. 17. — Réaction d'excitation à une tension et à une compression.

Quand E est relié au point supérieur A, une flexion brusque détermine une tension en A. Quand la connexion est établie en A′, la même flexion détermine une compression en A′. Dans les deux cas, on observe une variation électrique négative.

à une réaction électrique négative. La connexion électrique de A est ensuite transportée vers la face inférieure de la plante, en un point A′. En répétant la flexion brusque, A′ subit une

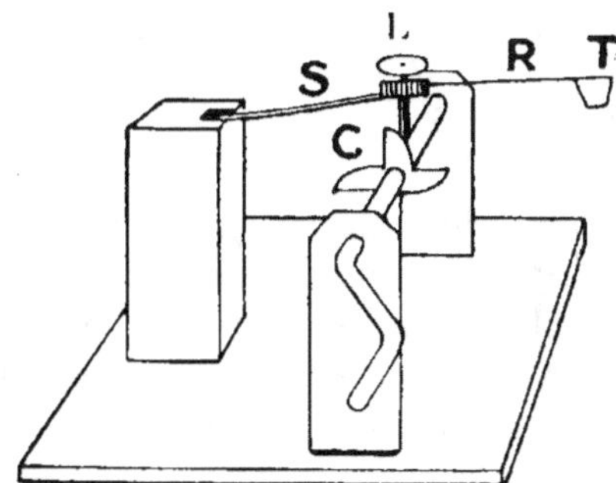

Fig. 18. — Le percuteur mécanique.

compression au lieu d'une tension. Il se produit également une réaction électrique négative.

L'excitation peut encore être produite par un choc brusque

en un point. Ce choc peut être appliqué par un percuteur à
ressort (*fig.* 18), où S est le ressort, et où la tige R porte à son
extrémité le marteau percuteur T. Le levier L passe à travers SR.
Il est muni d'un pas de vis, qui permet de le faire descendre
à volonté. On peut avec ce dispositif faire varier la hauteur
ou l'intensité du choc. Quand une des dents de la roue C rencontre L en tournant, le ressort est tendu, puis relâché, et T
frappe un coup brusque. La course du marteau, et par conséquent l'intensité du choc, est mesurée sur une échelle graduée

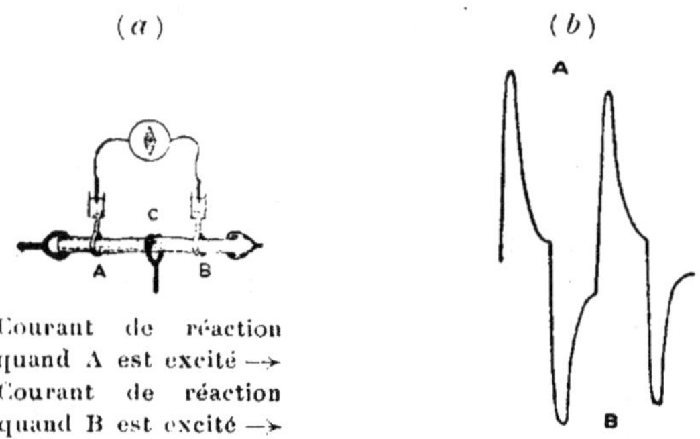

Fig. 19. — Le torseur.

a. La plante est serrée en C, entre A et B; *b*. Réactions obtenues
par excitations alternatives des deux extrémités. L'excitation
de A donne lieu à une réaction ascendante; celle de B, à une
réaction descendante.

qui n'est pas représentée sur la figure. On peut augmenter
notablement l'énergie du choc en augmentant la longueur du
levier par un crochet mobile. On peut produire des chocs
isolés, ou les répéter dans une succession rapide, suivant que
la roue tourne rapidement ou lentement.

On peut encore utiliser comme excitant la piqûre d'une
aiguille ou d'une épingle dans le voisinage de A. La réaction
est encore une variation négative. Une série de piqûres produira
une série de réactions.

La plante peut encore être soumise à une torsion. Elle est
fixée en son milieu par une pince, et une de ses extrémités

subit une torsion. L'excitation de A rend ce point électroné-gatif, le courant allant vers A dans le circuit extérieur, et s'en éloignant à l'intérieur du tissu. Une vibration en B produit une réaction négative de B (*fig.* 19), le courant se dirigeant en sens inverse du précédent. Dans les cas dont nous venons de parler, on remarquera que l'excitation est appliquée direc-tement. Cette méthode s'applique donc particulièrement à l'étude de l'excitabilité des tissus mauvais conducteurs de l'excitation, avec lesquels la méthode de l'excitation trans-mise est inapplicable.

Pour observer l'effet de l'excitation chimique, l'agent étudié (acide sulfurique ou chlorhydrique) est appliqué en $\times$ à peu de distance du contact proximal. La transmission de l'exci-tation se manifeste par une variation électrique négative en ce point. On voit donc que, quelle que soit la forme d'excita-tion employée, elle donne lieu à une réaction électrique déter-minée et invariable, et qui est toujours de signe négatif.

Nous avons ainsi montré dans ce Chapitre que la modifica-tion produite par l'excitation dans les plantes « sensitives » est caractérisée par une contraction, par une variation de tension négative, par un affaissement mécanique de la feuille, et par une variation électrique négative, tous les effets étant concomitants. Nous avons montré aussi que la réaction élec-trique est indépendante de la réaction mécanique, et qu'elle se produit même quand la feuille est immobilisée.

La même réaction électrique négative s'obtient également avec les tissus des plantes dites communes. Et ces réactions électriques des tissus végétaux sont de même signe que les réactions correspondantes des tissus animaux.

Toutes les formes d'excitation, du reste, mécanique, ther-mique, lumineuse, chimique et électrique, produisent la même réaction électrique négative.

CHAPITRE III.

L'APPLICATION D'UNE EXCITATION QUANTITATIVE
ET LE RAPPORT ENTRE L'EXCITATION ET LA RÉACTION.

Les conditions de production d'une réaction uniforme. — L'excitation par torsion. — La méthode d'arrêt. — Rapports de l'intensité effective de l'excitation avec la rapidité de la vibration. — Sommation d'excitations faibles. — Appareil enregistreur des réactions. — Réactions électriques uniformes. — Liste des organes végétaux étudiés. — L'excitateur thermique. — Seconde méthode servant à limiter l'excitation à un contact. — Réactions croissantes à des excitations croissantes. — Tétanos.

Nous avons montré dans le Chapitre précédent que les divers modes d'excitation donnaient lieu dans les tissus végétaux à l'apparition d'une variation électrique négative. La réaction électrique est ainsi une manifestation de l'état d'excitation, et, dans les conditions normales, elle sera d'intensité uniforme, si les excitations sont également uniformes. Si l'on admet que cette condition idéale est réalisée, il est évident que les modifications physiologiques produites par divers agents se manifesteront par une modification correspondante de la réaction. Les conditions essentielles d'une telle excitation uniforme sont : 1º que l'excitation puisse être répétée uniformément; 2º qu'elle puisse être augmentée ou diminuée dans des proportions déterminées; 3º qu'elle ne puisse pas provoquer de lésion susceptible de modifier d'une manière indéterminée l'excitabilité des tissus. Ces conditions, d'où dépend le succès de l'exploration électrophysiologique, sont très difficiles à réaliser. Ainsi, une excitation chimique ne peut pas être répétée uniformément. Une excitation électrique, qui a l'avantage de pouvoir être facilement mesurée quantitativement, offre l'inconvénient de produire des actions électriques secondaires. Comme la réaction est électrique, il est évident que pour obtenir des résultats indiscutables, un mode d'excitation non électrique est presque une nécessité ; et ce n'est qu'après s'être gardé contre les diverses causes d'erreur qu'on pourrait utiliser un excitant électrique. Quant à l'excitation par des chocs mécaniques, elle peut être renouvelée avec une intensité uniforme ; mais le point frappé est soumis à une altération

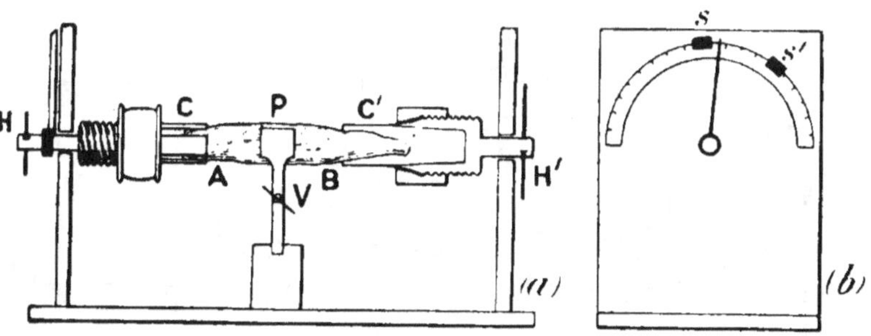

Fig. 20. — L'excitateur vibratoire.

La plante P est solidement fixée dans l'étau V. Les deux extrémités sont maintenues dans les tenons CC'. A l'aide des poignées HH', on peut imprimer une vibration à l'une des extrémités A ou B de la plante. La vue de l'extrémité (b) montre comment l'amplitude de la vibration est réglée à l'aide des arrêts mobiles, SS'.

croissante, et son excitabilité variera ainsi d'une manière indéterminée.

J'ai pu réaliser deux modes d'excitation, avec lesquels ces difficultés ont été résolues avec succès. Ce sont : 1º la torsion, et 2º l'application d'excitations thermiques. Pour obtenir des réactions irréprochables, il faut ajouter qu'une autre condition est encore nécessaire : il faut, pour obtenir l'effet isolé de l'excitation en un point A, que l'excitation n'atteigne pas le second contact B, ce qui pourrait donner lieu à des effets d'interférence indéterminés. On peut l'empêcher à l'aide de la méthode des dépressions relatives, ou méthode par variation négative, que nous décrirons plus loin. Mais la méthode que je vais décrire, où un arrêt est interposé entre A et B, est beaucoup plus parfaite. Dans ce cas, la plante est fortement serrée en son milieu, ce qui empêche pratiquement l'excitation d'une extrémité d'atteindre l'autre.

L'excitation est produite par une torsion. La tige, ou le

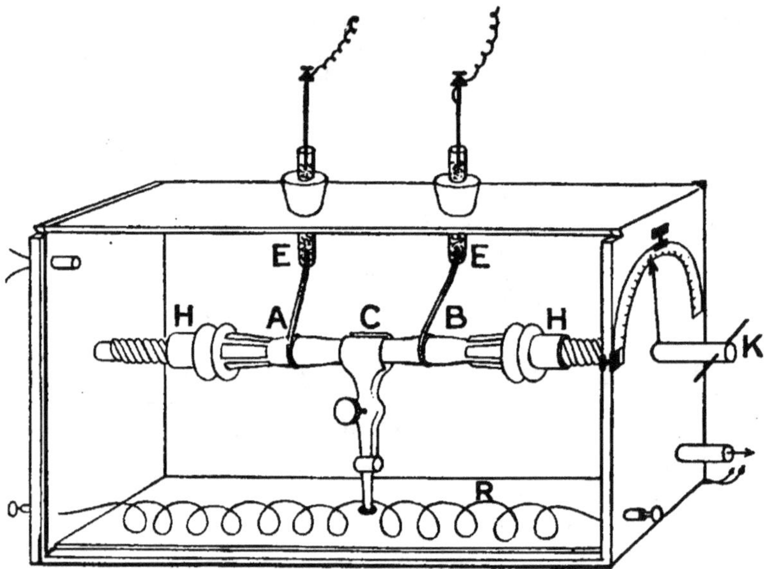

Fig. 21. — Dispositif complet pour la méthode d'arrêt
et l'excitation vibratoire.

L'amplitude de la vibration qui règle l'intensité de l'excitation est mesurée à l'aide du cercle gradué qu'on voit à droite. La température est réglée à l'aide de la spirale électrique chauffante R. Pour les expériences sur l'action des anesthésiques, on fait arriver des vapeurs de chloroforme par le tube latéral.

pétiole, est fixée en son milieu dans une pince à vis, V, ses extrémités libres étant maintenues dans des tubes, *cc'*, chacun muni de trois mâchoires. On peut ainsi imprimer une torsion à l'une des extrémités de la tige à l'aide des poignées H et H' (*fig.* 20). L'amplitude de la vibration qui règle l'intensité de l'excitation peut être mesurée exactement sur le cercle gradué, et déterminée à l'avance à l'aide des crans d'arrêt mobiles S et S'. L'appareil complet qui nous a permis nos recherches par vibration est représenté figure 21. Des tampons de coton humide, en relation avec les électrodes impolarisables EE, assurent des contacts électriques parfaits avec A et B. Pour étudier les effets de la température, il y a une résistance chauffante R dans la caisse de l'appareil. Pour l'étude des effets des divers gaz, des tubes d'arrivée et de départ

Fig. 22. — Influence de la soudaineté de l'excitation sur son efficacité.

Les courbes *a*, *b*, *c*, *d* représentent des réactions à des vibrations de même amplitude, 30°. En *a*, la vibration était lente; en *b*, moins lente; elle était rapide en *c*, et très rapide en *d*.

permettent le passage d'un courant du gaz ou de la vapeur étudié à travers l'enceinte.

Si l'extrémité A de la tige étudiée est brusquement tordue, d'un certain nombre de degrés, il se produit une réaction électromotrice, qui disparaît ensuite peu à peu. Si ensuite l'extrémité tordue est ramenée brusquement à sa position d'origine, on obtient une seconde réaction électromotrice, semblable à la première. Dans le cas d'une série de torsions vibratoires, les réactions s'additionnent, et nous avons cet avantage, qu'à la fin de l'opération, le tissu est revenu à sa condition physique initiale.

Pour que des excitations successives aient des effets égaux, il ne faut pas seulement que l'amplitude des vibrations reste constante, mais il faut tenir compte aussi de la rapidité d'établissement de la vibration. En appliquant à des plantes des

excitations vibratoires, j'ai trouvé que l'amplitude de la réaction
dépend en partie de la rapidité avec laquelle la vibration est
produite. Je donne ci-dessous des tracés de réactions à des excitations successives, produites par des vibrations d'égale amplitude, mais appliquées avec des vitesses croissantes (*fig. 22*).
On voit que la réaction augmente en même temps que l'amplitude de la vibration, jusqu'à une certaine limite. Pour maintenir
constante l'intensité effective de l'excitation, deux conditions

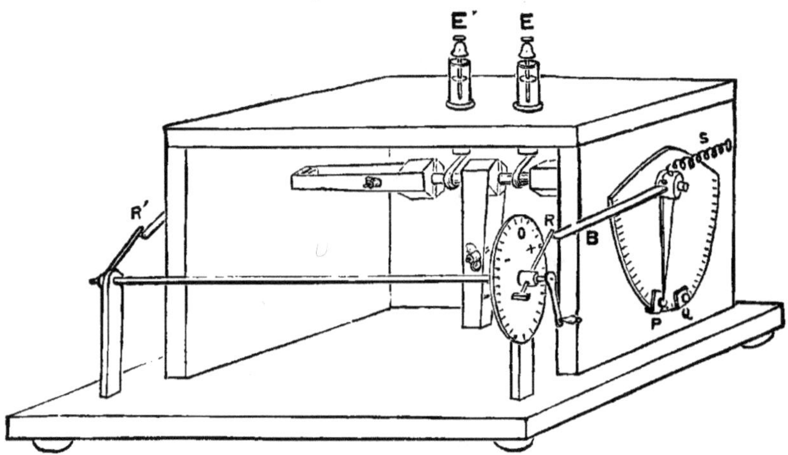

Fig. 23. — Dispositif à ressort donnant des vibrations
de rythme uniforme.

sont donc nécessaires. D'abord, l'amplitude de la vibration
doit rester constante, ce qui est facile grâce au cercle gradué
et aux crans d'arrêt mobiles; ensuite, la période de la vibration
doit rester constante. On peut satisfaire à cette dernière condition grâce au dispositif de la figure 23.

La vis de torsion est maintenue par un ressort spiral d'acier
tendu, S. De cette vis de torsion part une lame élastique de
cuivre B. R est un butoir qui permet d'appliquer des chocs
rapides à B, par rotation de la manivelle. On produit ainsi
un mouvement vibratoire rapide, par les chocs appliqués à la
lame B, maintenue d'autre part par l'action antagoniste du

ressort S. L'amplitude de la vibration angulaire est en même temps réglée à l'aide des crans d'arrêt P et Q. Pour certaines expériences sur les différences d'excitabilité, un second butoir R′ peut être fixé à l'autre extrémité de l'appareil, et ainsi les deux contacts opposés reliés à E et E′ peuvent être excités simultanément.

Pour obtenir des réactions d'une grande amplitude, il est nécessaire d'augmenter l'amplitude de la vibration. Mais on peut provoquer ainsi de la fatigue. Pour l'éviter, on peut

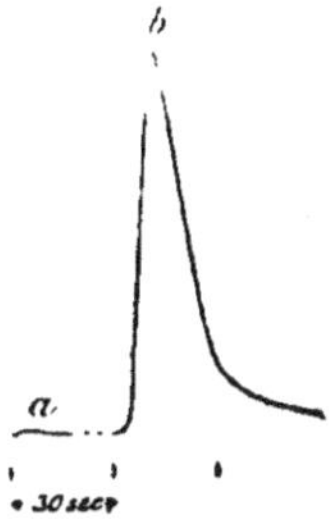

Fig. 24. — Effet d'addition.

a. Une seule excitation à l'aide d'une vibration de 3° produisait peu ou pas d'effet; mais la même excitation répétée rapidement trente fois de suite la réaction ample *b* (Pétiole de Navet.)

augmenter l'amplitude de la réaction par l'addition d'excitations faibles répétées. Dans la réaction électrique des plantes, une excitation subminimale, inactive isolément, devient active si elle est répétée, par un phénomène d'addition. On le voit par la figure 24, où une seule excitation vibratoire de 3°, inactive, produit une réaction ample si elle est répétée rapidement 30 fois de suite.

Pour produire ces excitations égales et rapides, je substitue au simple butoir R une roue à 8 dents, dont un tour complet produit un effet d'addition déterminé; et une série de réactions à de elles excitations additionnées est uniforme. Le galvanomètre utilisé dans ces expériences est un galvanomètre apériodique de d'Arsonval. La sensibilité de cet appareil est telle, qu'un courant de 10 ^{9} ampère produit une déviation de 1^{mm}, à une distance de 1^m. Pour obtenir rapidement des tracés précis, .j'ai employé le dispositif enregistreur suivant. Les courbes sont obtenues directement, en inscrivant l'excursion de la tache lumineuse du galvanomètre sur un cylindre tournant (*fig.* 25). Ce cylindre, sur lequel est tendu le papier qui doit recevoir le graphique, est mû par un mouvement d'horlogerie. On peut faire varier la vitesse de rotation, en

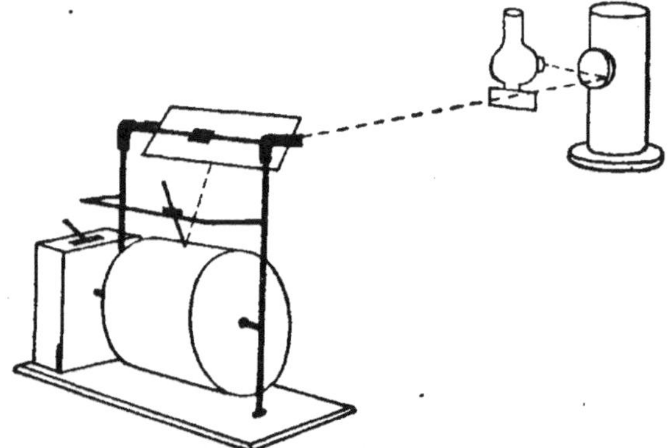

Fig. 25. — Enregistreur des réactions.

ajoutant un régulateur à ailettes, ou en changeant les dimensions de la roue motrice. La tache lumineuse du galvanomètre est projetée sur le cylindre par le miroir incliné M. La déviation du galvanomètre se fait dans un plan perpendiculaire à celui de la rotation du papier; une plume stylographique fixée à un support repose sur le cylindre. Le support glisse le long d'une tringle parallèle au cylindre. Comme nous l'avons dit, la déviation du galvanomètre est parallèle à l'axe du cylindre, et, avant qu'il y ait excitation, le style, coïncidant avec la tache immobile du galvanomètre, décrit une ligne droite sur le papier. Si, après l'excitation, nous inscrivons la déviation de la tache lumineuse, en déplaçant le support du style, nous aurons la partie ascendante de la courbe. La tache lumineuse reviendra ensuite plus ou moins rapidement à sa position primitive, et la descente de la courbe ainsi tracée correspond au retour à l'état antérieur. L'ordonnée dans ces courbes représente la variation électromotrice, et l'abscisse, le temps.

Nous pouvons mesurer la valeur de la déviation, en appliquant au circuit une force électromotrice connue, par exemple de 0,1 volt, et en notant la déviation obtenue. Nous avons ainsi la valeur de l'ordonnée. La valeur de l'abscisse, qui représente les temps est fixée par la distance dont tourne la surface du cylindre pendant l'unité de temps. On a ainsi facilement

Fig. 26. — Tracé photographique de réactions uniformes (Radis).

des tracés précis. L'observateur peut en outre voir immédiatement si la plante étudiée est utilisable pour ses recherches. On peut, par ce procédé, prendre un grand nombre de tracés en relativement peu de temps.

Il est également facile de prendre des tracés photographiques en enroulant une pellicule autour du cylindre.

La figure 26 représente une série de réactions de la racine de Radis (*Raphanus sativus*) à des excitations appliquées à des intervalles d'une minute. On voit comment, avec des précautions convenables, les réactions peuvent être parfaitement uniformes. On voit ici encore que les réactions électriques négatives normales sont représentées toujours dans ce Livre, à moins que le contraire ne soit spécifié, par des courbes ascendantes, et les positives, par des courbes descendantes. Ces

réactions négatives à l'excitation s'obtiennent avec toutes les
plantes et avec tous les organes de chaque plante.

Le tableau ci-dessous donne une liste de spécimens avec lesquels l'excitation a produit des effets électromoteurs notables,
allant jusqu'à 0,1 volt :

Organe.	Plante.
Racine	Carotte (*Daucus carota*) Radis (*Raphanus sativus*)
Tige	Géranium (*Pelargonium*) Vigne (*Vitis vinefera*) Amaranthe (*Amaranthus*)
Pétiole	Marronnier d'Inde (*Aesculus hippocastanum*) Navet (*Brassica Napus*) Chou-fleur (*Brassica oleracea*) Céleri (*Apium graveolens*) Lis (*Eucharis amazonica*)
Pédoncule.......	Arum (*Ricardia Africana*)
Fruit..........	Aubergine (*Solanum melongena*)

Ces réactions varient d'intensité suivant l'état de l'exemplaire étudié. La même plante, qui fournit une réaction électrique énergique au printemps ou en été, peut ne réagir que
faiblement en automne ou en hiver. Nous verrons aussi plus
loin que tout facteur qui diminue l'activité physiologique
diminue aussi l'intensité de la réaction électrique; enfin la
mort abolit la réaction normale.

Je vais décrire une seconde méthode d'excitation, aussi
parfaite que la précédente, celle des chocs thermiques. Nous
avons vu qu'une variation thermique brusque agit comme un
excitant, j'ai aussi montré dans les « Réactions des Plantes »
qu'une variation thermique agit comme un excitant, et provoque une contraction.

Si donc un tissu est entouré d'un fil de platine que peut
chauffer un courant électrique, ce tissu pourra être soumis à
une variation thermique brusque par le chauffage du filament.
Si dans des expériences successives la durée et l'intensité

du courant chauffant sont maintenues constantes, les excitations ainsi produites seront également constantes. Nous avons dit que le fil chauffé entoure le tissu, mais il ne doit pas le toucher, pour éviter tout risque de lésion du tissu. Le courant est réglé de manière à porter au rouge le fil de platine, et le circuit est fermé pendant une demi-seconde à la fois. Pour obtenir des réactions plus énergiques, on peut recourir à l'effet de sommation d'un certain nombre de chocs thermiques, ou mettre l'excitant thermique au contact même du tissu, en

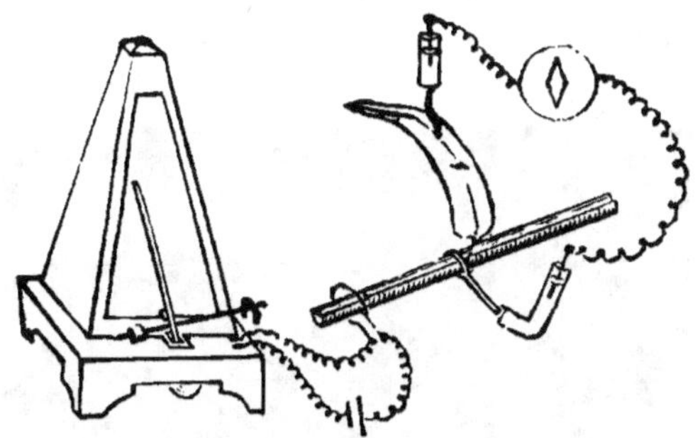

Fig. 27. — Excitation par choc thermique.

prenant soin que l'élévation de température ne soit pas suffisante pour déterminer une lésion.

On réussit à assurer une durée égale à chaque choc en utilisant un interrupteur actionné par un métronome (*fig.* 27). Une seconde tige est fixée à angle droit au pendule du métronome, et porte une pièce de cuivre en forme de fourche. A chaque oscillation, les dents plongent dans deux auges remplies de mercure, fermant ainsi le circuit pendant un intervalle déterminé. Un second interrupteur, qui ne se voit pas sur la figure, permet d'interrompre le circuit. On appuie sur ce dernier, et l'on compte, par exemple, cinq battements du métronome, puis on rouvre le circuit. On obtient ainsi la sommation de cinq chocs thermiques égaux. On recommence avec des intervalles d'une minute par exemple, qui permettent au tissu de revenir à l'état de repos.

Avec le dispositif représenté (*fig.* 27), l'excitation est limitée à un contact du circuit qui réagit. Le procédé qui empêche l'excitation d'atteindre le contact distal est important. Je montrerai dans cet ouvrage que le parenchyme du limbe de la feuille ou d'une foliole est mauvais conducteur de l'excitation. Si donc le second contact du circuit est pris avec ce tissu, l'excitation n'atteint pas le point distal. Il est vrai qu'une faible partie de l'excitation pourrait être transmise par le canal fibrovasculaire de la nervure médiane. On peut l'éviter en pratiquant une section transversale de cette nervure sur la face correspondant au contact.

Ces précautions étant prises, on peut soumettre le tissu à

Fig. 28. — Tracé photographique de réactions uniformes
à une excitation transmise dans un pétiole de Fougère.

l'action d'excitations uniformes. La régularité des réactions obtenues se voit dans la figure 28, qui montre une série de réactions obtenues avec un pétiole de fougère par des chocs thermiques successifs, espacés de minute en minute.

Nous avons jusqu'ici étudié les réactions à des excitations uniformes. Nous allons à présent étudier comment la réaction augmente avec l'excitation.

On trouve en général pour les tissus animaux que des excitations croissantes produisent des effets croissants, mais que cette croissance a une limite; et l'on constate qu'il en est de même pour les plantes. Pour obtenir des effets simples, purs de tout phénomène secondaire, il est nécessaire de choisir des spécimens peu exposés à la fatigue. Dans le premier cas, l'excitation était appliquée avec le marteau à ressort. La première excitation était obtenue par la chute du heurtoir d'une hauteur h la seconde, d'une hauteur $2\,h$; la troisième, d'une hauteur $3\,h$.

Fig. 29. — Chocs d'intensité croissante 1, 2, 3, 4, produisant des réactions croissantes dans un pétiole de Navet.

Les courbes des réactions (*fig.* 24) montrent l'accroissement des effets produits par ces excitations croissantes.

Dans la seconde série, il s'agissait d'une excitation vibratoire, croissant de 2°,5 à 12°,5 par bonds de 2°,5 à la fois. La figure 30 montre comment l'intensité de la réaction tend dans ces conditions à se rapprocher d'une limite. Le tableau suivant indique en valeur absolue les réactions électromotrices obtenues :

Tableau montrant l'accroissement des variations électriques dû à l'accroissement de l'excitation.

Angle de vibration.	Force électromotrice induite.
2°5	0,044
5	0,075
7,5	0,090
10	0,100
12,5	0,106

Dans ces cas normaux, il y a toujours augmentation de la réaction quand l'excitation augmente. Cependant on peut observer quelquefois une diminution de la réaction quand l'excitation augmente; mais il s'agit alors d'un effet secondaire dû à la fatigue. Les tracés de la figure 31 en donnent l'explication. Ils ont été obtenus avec des pétioles de chou-fleur, dont l'un (A) présentait de la fatigue, tandis que l'autre n'en présentait pas (B). Dans le premier échantillon, le retour à

Fig. 30. — Réaction croissante avec des excitations vibratoires croissantes (pied de Chou-fleur).

Le trait vertical = 0,1 volt. Les excitations étaient séparées par des intervalles de trois minutes.

l'état antérieur était complet après chaque excitation. Chaque réaction de cette série part donc d'une position d'équilibre, et la hauteur de chaque réaction isolée augmente avec l'intensité de l'excitation. Dans le second cas, la perturbation moléculaire produite par l'excitation n'a pas complètement disparu entre deux excitations consécutives de la série. On le reconnaît par l'ascension graduelle du pied des courbes des réactions. Dans le premier cas, les pieds de ces courbes étaient sur une ligne horizontale, correspondant à l'équilibre normal; dans le second cas, ils sont sur une ligne ascendante, ou ligne d'équilibre modifié. Mais même dans ce cas, si l'on mesure les hauteurs de chaque réaction en partant de la ligne horizontale d'équilibre absolu, on les voit augmenter avec

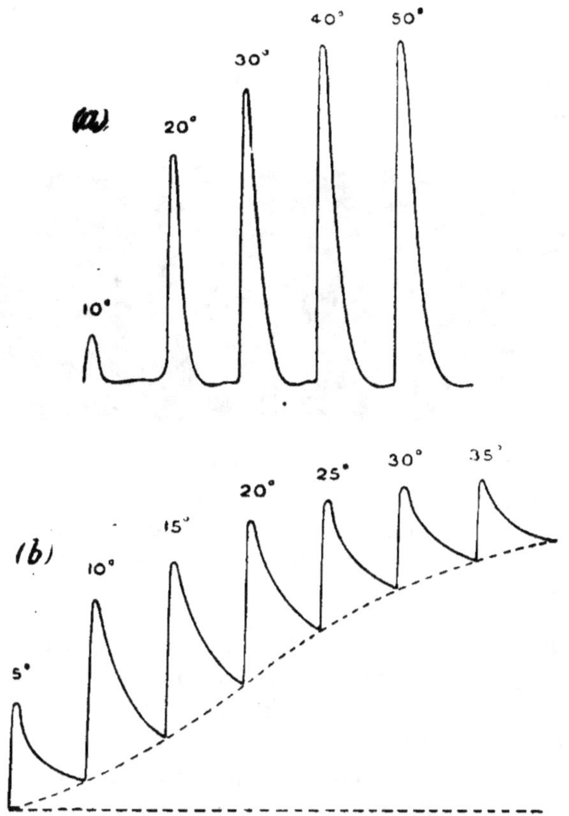

Fig. 31. — Réactions à des intensités croissantes de deux pieds de Chou-fleur.

En *a*, le retour à l'état antérieur est complet; en *b*, il est incomplet.

l'intensité de l'excitation. En général, on ne tient pas compte du déplacement de la ligne de base, les réactions étant mesurées à partir de la ligne d'équilibre modifié; elles subissent ainsi une diminution apparente.

Il m'a été donné d'observer un phénomène curieux relatif aux réactions à des excitations croissantes. Quand l'excitation croissait graduellement à partir d'une valeur faible, il n'y avait pas de réaction. Mais dès qu'on atteignait une certaine valeur. critique, on obtenait brusquement une réaction, qui atteignait d'emblée son maximum, et dont l'amplitude n'augmentait pas, même si l'on continuait à faire croître l'excitation. Il y a là un cas analogue au principe du « tout ou rien » comme

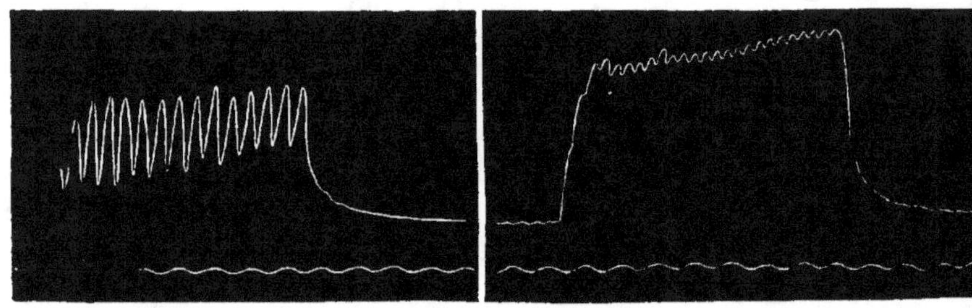

Fig. 32. — Mécanisme du tétanos dans le muscle.

Le tracé de gauche montre un tétanos incomplet, avec une fréquence moyenne d'excitation. Le tracé de droite montre un tétanos plus complet, avec une plus grande fréquence d'excitation (Brodie).

en physiologie animale. Pour le muscle cardiaque par exemple, il y a une intensité minima d'excitation nécessaire pour produire une réaction, et l'effet produit n'augmente pas si l'on dépasse cette intensité.

Quand un tissu est soumis à une succession rapide d'excitations, les effets d'excitation se superposent. Dans le muscle par exemple, l'effet contractile de la seconde excitation s'ajoute à celui de la première, avant que celui-ci ait eu le temps de disparaître. Il en résulte une sommation plus ou moins complète des effets, qui atteignent un maximum. Avec une fréquence d'excitation moyenne, cet effet tétanique est incomplet; il tend à devenir plus complet avec l'accroissement de la fréquence des excitations (*fig.* 32). J'ai obtenu des résultats comparables avec la réaction mécanique des plantes ordinaires.

La figure 33 montre un tracé photographique de tétanos
obtenu avec les réactions motrices longitudinales du style
de *Datura alba*. Des effets tétaniques analogues peuvent être
également obtenus pour les réactions électriques des plantes,
comme le montre la figure 34.

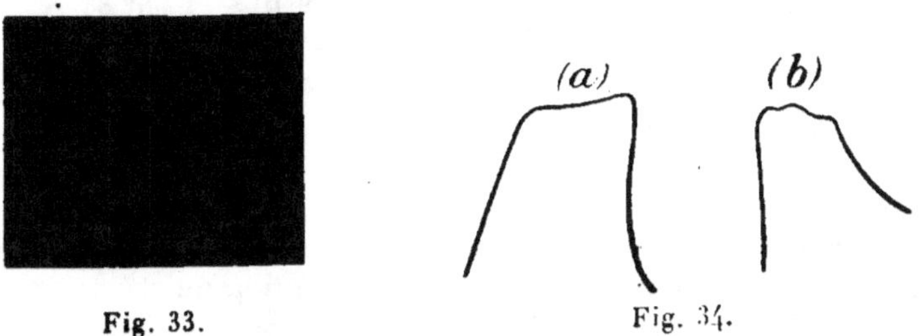

Fig. 33.   Fig. 34.

Fig. 33. — Tracé photographique du mécanisme du tétanos dans
la réaction mécanique des plantes (style de *Datura alba*).

Fig. 34. — Fusion des effets d'excitations à succession rapide.

a. dans le Muscle; *b.* dans la Carotte.

Les difficultés de l'observation quantitative des réactions
électriques ont été ainsi surmontées par l'emploi de deux
méthodes différentes d'excitation, la torsion et les chocs
thermiques. Dans le premier cas, nous avons vu que l'intensité
de l'excitation dépend de l'amplitude de la vibration. Dans
le second, elle dépend de l'intensité de la variation thermique,
qui est elle-même réglée par l'intensité et par la durée du
courant électrique chauffant. Nous avons vu également qu'il
est important d'empêcher l'excitation d'un contact d'atteindre
l'autre et qu'on y parvient de deux manières : soit en interposant un obstacle physique entre les deux contacts, soit en
prenant le contact distal sur le tissu non conducteur d'une
feuille latérale. En observant ces précautions, nous avons
trouvé que des excitations uniformes donnent lieu à des réactions uniformes. Les excitations qui étaient inefficaces isolément se sont montrées efficaces par leur répétition. Un effet
tétanique s'obtient par la superposition rapide des excitations.

CHAPITRE IV.

ÉTUDE DES RÉACTIONS ÉLECTRIQUES DES PLANTES
A L'AIDE DU RHÉOTOME.

Courbe d'une réaction montrant les relations générales de temps
entre ses éléments. — Excitation mécanique instantanée par
un dispositif électromagnétique. — Description du rhéotome. —
Tableau montrant les résultats des observations rhéotomiques. —
Réactions multiples rythmiques.

Pour prendre des tracés des réactions électriques des plantes
il faut un galvanomètre d'une très grande sensibilité. Un
appareil qui donne une déviation de 1^{mm} à une distance de 1^m
avec un courant de 10^{-9} ampère, est, comme nous l'avons déjà
dit, très convenable pour la pratique. Je me suis servi pour
la plupart des expériences de ce travail d'un galvanomètre
apériodique de d'Arsonval. La période naturelle d'oscillation
de ces galvanomètres est assez longue, et les tracés des réactions
sont ainsi en retard sur les variations électromotrices produites
par l'excitation.

Pour étudier les caractères chronologiques d'une réaction
électromotrice survenant dans une plante après la réception
du choc excitant, il est nécessaire d'employer un mode d'exploration rhéotomique. J'en ferai l'exposé dans ce Chapitre,
ainsi que des résultats obtenus. L'effet secondaire de l'excitation est assez persistant, et sa durée varie suivant les plantes
observées. Dans certains cas, le retour à la normale est complet
en très peu de temps; dans d'autres il demande un temps
plus long. Pour donner une idée générale de cette différence,
je donne ici deux tracés de réactions dont l'une a été obtenue
avec une tige d'*Amaranthe*, à réactions rapides (*fig.* 35) et l'autre

avec la *Colocasia*, à réactions plus lentes. On voit que tandis que
dans la première, le retour à la normale était complet après
15 secondes, dans l'autre il n'était pas terminé même après
40 secondes : il n'était même pas complet après plusieurs
minutes. Le caractère du tissu est aussi un facteur important
dans la détermination du temps nécessaire au retour à la normale. Nous montrerons ainsi que dans un tissu végétal fonction-

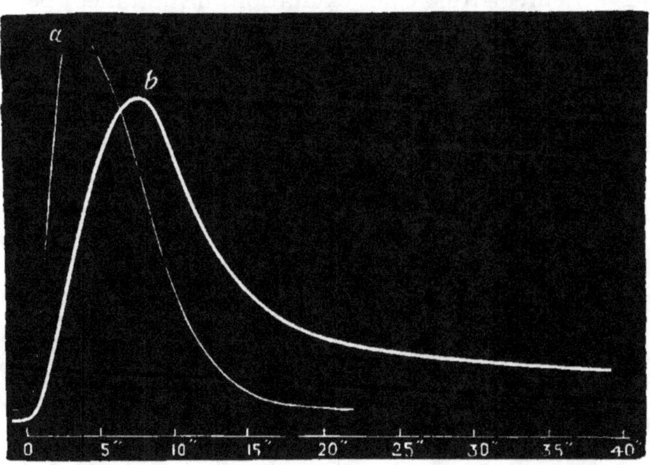

Fig. 35. — Réactions de : *a*. L'*Amaranthe*, à réactions rapides;
b. La *Colocasia*, à réactions lentes.

nant comme nerf, le retour à la normale est beaucoup plus
rapide que dans un tissu ordinaire.

L'influence de la saison se voit dans le fait que la réaction
et le retour à la normale sont plus rapides en été qu'en hiver.
Cette différence se voit aussi dans la réaction mécanique, car
pour celle de la feuille de *Mimosa*, comme nous l'avons dit,
on trouve que, tandis qu'en été la période est de 6 minutes,
en hiver elle atteint 18 minutes, soit trois fois plus.

Dans l'étude chronologique des réactions, nous pouvons
éviter les inconvénients résultant de l'inertie du galvanomètre
grâce à une modification du rhéotome imaginée par Bernstein.
Les valeurs relatives de la variation électrique obtenue, à

divers intervalles après l'application de l'excitation, peuvent
être trouvées en prenant de courts contacts galvanométriques
de périodes égales, aux intervalles requis.

La difficulté de cette recherche réside dans l'application
instantanée d'une excitation à un moment déterminé, et
dans le réglage convenable de l'intervalle consécutif pendant
lequel le courant de réaction doit être envoyé dans le galvanomètre et enregistré. Une excitation instantanée peut, il
est vrai, être obtenue par un choc électrique. Mais la polarisation et d'autres perturbations qu'elle produit pourraient

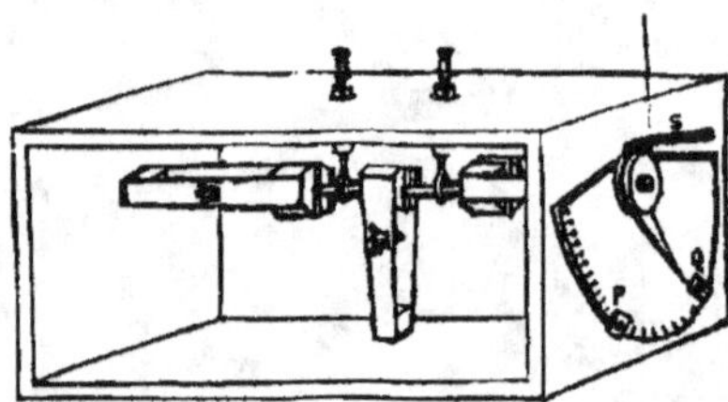

Fig. 36. — Dispositif pour l'excitation instantanée.

L'axe de torsion maintenu par un fil contre le butoir Q est brusquement libéré par le dispositif électromagnétique de la figure 37.

donner naissance à des variations inconnues de la réaction,
Il est donc préférable, en enregistrant la réaction électrique,
d'employer autant que possible une forme non électrique
d'excitation. Et c'est seulement après avoir utilisé avec succès
une telle méthode irréprochable, que nous pouvons avoir
confiance dans l'emploi de l'excitation électrique, comme nous
le décrirons plus loin, mais avec des précautions convenables.
Un autre obstacle à écarter est l'élimination de l'inconnue représentée par le temps nécessaire à la transmission de l'excitation,
quand elle est appliquée à distance du point qui réagit. On
ne peut y remédier qu'en appliquant l'excitation au point
même qui réagit. J'ai résolu heureusement toutes ces difficultés
en employant le mode mécanique d'excitation, que je vais
décrire à présent. Nous avons vu qu'une excitation d'une
intensité donnée peut être obtenue par une torsion brusque,

dans un sens ou dans l'autre, ou dans les deux sens alternativement. Nous avons vu que l'intensité de cette excitation dépend
de l'angle de torsion, et reste constante, tant que cet angle
reste constant. J'ai employé pour cela l'appareil de torsion
déjà décrit, en pratiquant des excitations successives d'un
seul côté, par exemple à droite .L'axe de torsion est commandé

Fig. 37. — Dispositif général pour une observation rhéotomique.

A, B, barres fixées au disque rhéotomique tournant; K_1, clef
commandant le relâchement électromagnétique du torseur;
K_2 met en circuit le galvanomètre G; E, électro-aimant avec
son armature qui maintient l'axe de vibration à un angle de
torsion défini; N_1, N_2, électrodes impolarisables établissant les
contacts avec la plante; C, compensateur.

par la traction d'un fil vertical, par lequel l'index est arrêté
contre le butoir Q. La traction du fil vertical est contrariée
par l'action antagoniste du ressort spiral S (*fig.* 36). Pendant
la traction, qui se fait lentement, il y a une légère excitation,
mais on attend qu'elle disparaisse. Le fil vertical qui commande
l'axe de torsion est tendu par un dispositif électromagnétique
que montre la figure 37, où l'on voit l'électro-aimant main-

tenir une armature de fer doux à l'extrémité du fil. Au moment où l'excitation doit se produire, le courant qui alimente l'électro-aimant est interrompu par un dispositif automatique que nous décrirons plus loin. La rupture du courant détermine le relâchement de l'armature, et il se produit brusquement une demi-vibration de l'axe de torsion, dont l'amplitude a été déterminée à l'avance par un réglage convenable du butoir P. On peut ainsi appliquer au tissu étudié des excitations successives d'égale intensité chaque fois qu'on le voudra.

Il convient aussi d'établir un dispositif automatique, qui assure des connexions galvanométriques avec le tissu étudié pendant un intervalle de temps très court, par exemple $0^s,01$. Pour étudier les variations des réactions électromotrices, ces contacts brefs doivent être établis dans des expériences successives à des intervalles régulièrement croissants de $0^s,01$, $0^s,02$, $0^s,03$, etc., après excitation.

Il faut à ce propos rappeler que les réactions des tissus végétaux sont beaucoup plus lentes que celles des animaux. Les intervalles de temps adoptés sont donc ici même plus courts qu'il n'aurait été nécessaire.

Le plan général du dispositif de cette recherche est représenté (*fig.* 37). Le disque tournant du rhéotome porte deux barres, A et B, dont A est fixé, tandis que B peut décrire un angle variable avec A. La barre A, frappant la clef K_1, interrompt le circuit électromagnétique E, et produit ainsi une excitation. Pendant ce temps, le galvanomètre est court-circuité par la clef K_2, et c'est seulement quand la barre B met en circuit le galvanomètre, en venant frapper K_2, que le courant de réaction peut agir sur le galvanomètre. C est le potentiomètre compensateur, dont nous allons expliquer l'objet.

Le disque du rhéotome est actionné par un moteur, muni d'un régulateur parfait, la période d'une rotation complète étant réglée à une seconde. La circonférence du disque est de 100^{cm}. Un centimètre de cette circonférence représente donc un intervalle de temps de $0^s,01$. La largeur de la barre B est également de 1^{cm}; elle passera donc sur un point donné en $0^s,01$. Ces barres fixées au disque viennent heurter, comme nous l'avons dit, deux clefs électriques K_1 et K_2, qui sont disposées le long du même rayon du disque. K_1 est une clef à bascule, dont une extrémité porte une fourche de métal à deux pointes, qui plongent chacune dans une goutte de mercure, complétant ainsi le circuit électrique. Un choc appliqué par la barre A sur une tige saillante fixée à K_1 relève cette fourche, et le circuit est ouvert. La barre B frappe alors la seconde clef K_2. Ici, la pointe est maintenue abaissée par un ressort S, et le circuit est rétabli dès que la largeur de la barre B

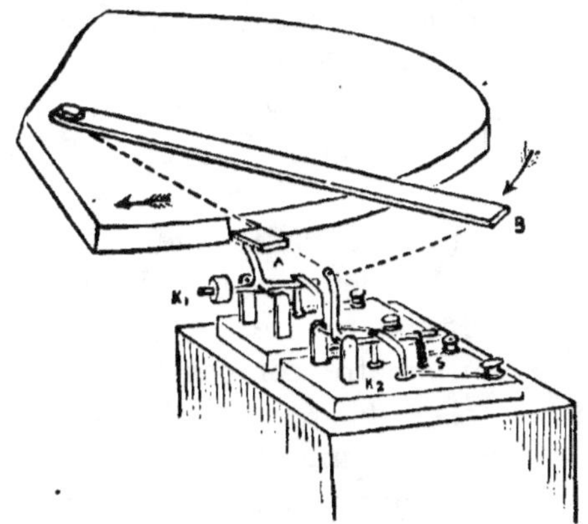

Fig. 38. — Vue agrandie des clefs à bascule.
K_1, actionné par la tige A; K_2, par la tige B.

a franchi la tige saillante, c'est-à-dire en $0'',01$ (*fig.* 38). L'intervalle de temps, qui sépare le fonctionnement des deux clefs, et la rupture successive des deux circuits électriques, peut être graduellement augmenté, en augmentant l'angle entre A et B.

La clef K_1, comme nous l'avons déjà dit, commande l'électro-aimant qui, en se relâchant, produit instantanément l'excitation mécanique du tissu. La rotation du disque du rhéotome ne devient pas uniforme aussitôt après la mise en marche du moteur, mais le devient après une révolution complète. Les observations expérimentales ne doivent donc pas être faites avant que la vitesse soit devenue constante. En appuyant sur la clef K_3 pendant le premier tour (*fig.* 37), l'action de rupture de A sur K_1 est retardée, K_3 est donc ouvert ensuite, et l'excitation se produit au tour suivant.

Pour obtenir l'effet galvanométrique de l'excitation à de courts intervalles de temps déterminés après l'excitation, le circuit du galvanomètre est, comme nous l'avons dit, interrompu à ces intervalles. Le réglage de la tige frappante B par rapport à A nous permet d'interrompre le circuit pendant $0^s,01$ à des intervalles croissants. Quand la tige B est à 1^{cm} de A, le circuit est interrompu après $0^s,01$; à 2^{cm}, après 0^s02, etc. Ainsi, dans le dispositif que nous avons décrit, le galvanomètre est en court circuit, excepté aux intervalles donnés nécessaires pour l'observation. Dans un second dispositif, le galvanomètre reste en circuit, et le circuit est fermé seulement pendant $0^s,01$ aux intervalles de temps croissants requis.

Il peut y avoir dans la plante une différence de potentiel préexistante, entre les deux points de contact galvanométrique N_1 et N_2. Pour éviter cette cause d'erreur, on emploie un dispositif de potentiomètre compensateur C. Le curseur du compensateur est réglé de manière à compenser exactement la différence de potentiel initiale du spécimen étudié. Dans ces conditions, l'introduction ou la suppression du galvanomètre dans le circuit ne produit pas de déviation. Et cet équilibre est rétabli pour chaque expérience de la série.

Je donne ci-après des tableaux qui résument les observations rhéotomiques faites avec des échantillons de pétiole de Chou-fleur. Par les intervalles successifs d'une longueur donnée, il faut toujours entendre l'intervalle moyen : c'est-à-dire la période comprise entre l'application de l'excitation et le milieu de la rupture du circuit. Ainsi, pour l'intervalle moyen de $0^s,02$, le milieu de la tige frappante B, dont la largeur est de 1^{cm}, est placé à une distance de 2^{cm} de A. Le galvanomètre est donc en circuit pendant $0^s,01$, dans la période de $0^s,015$ à $0^s,025$ après l'excitation. Dans les deux premières séries de résultats que nous donnons ici, on voit que les observations ont été prises à des intervalles assez longs de $0^s,1$.

Spécimen I.		Spécimen II.	
Intervalle moyen après excitation.	Déviation du galvanomètre.	Intervalle moyen après excitation.	Déviation du galvanomètre.
s	div.	s	div.
0,1	70	0,1	26
0,2	100	0,2	100
0,3	310	0,3	70
0,4	220	0,4	64
0,5	104	0,5	56
1,0	70	1,0	42
2,0	15	2,0	24
		6,0	4

Dans une troisième série, que nous rapporterons plus loin, les résultats ont été enregistrés à des intervalles de 0^s,01.

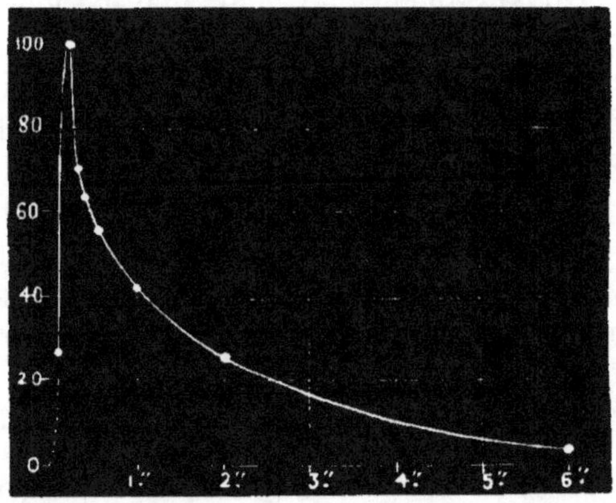

Fig. 39. — Courbe montrant l'augmentation et la diminution d'une réaction électromotrice, à la suite d'une excitation d'intensité moyenne.

En ordonnée, la déviation du galvanomètre; en abscisse, les temps.

Une grande division = 1 seconde (Pétiole de Chou-fleur).

On voit par les observations faites avec le premier spécimen que l'effet électromoteur maximum a été atteint au bout de $\frac{3}{10}$ de seconde après l'excitation.

Dans le second cas, le maximum a été atteint après $\frac{2}{10}$ de seconde. La courbe de la figure 39 montre avec quelle rapidité la variation électromotrice atteint un maximum, et avec quelle rapidité elle descend après avoir atteint ce point. Il semble qu'il n'y ait pas pratiquement de période latente, l'apparition de l'effet électromoteur étant en apparence immédiate. On le verra par les résultats donnés dans la série suivante.

Pour l'expérience suivante, je pris une tige d'Amaranthe, qui m'a paru plus excitable, et réagissant plus rapidement que le pétiole du Chou-fleur. L'intensité de l'excitation était ici plus grande que dans le dernier cas. Je puis dire ici ce que je montrerai plus loin plus complètement, qu'une forte excitation donne souvent lieu, non à une réaction isolée, mais à des réactions multiples. J'avais déjà décelé ces réactions multiples à l'aide des indications mécaniques et galvanométriques, et trouvé qu'elles avaient une périodicité variant de 15 secondes environ à plusieurs minutes. Si elles avaient été beaucoup plus rapides, elles auraient pu passer inaperçues, par suite de l'inertie des folioles mobiles ou de l'aiguille du galvanomètre.

Par l'emploi de la méthode rhéotomique, j'ai pu cependant déceler des réactions multiples ayant une périodicité de l'ordre du $\frac{1}{10}$ de seconde. Toutes les expériences faites avec l'*Amaranthe* donnaient deux ou trois ondes électromotrices, dont on comprendra le caractère par le tableau et la courbe qui suivent (*fig.* 40) :

Intervalle moyen après excitation. s	Déviation du galvanomètre. div.
0,01	63
0,05	77
0,15	82
0,20	68
0,30	76
0,40	75
0,60	104
0,70	86
0,80	67

On voit que même après $\frac{1}{100}$ de seconde, il s'était déjà produit une variation électromotrice considérable. Le premier maximum se produisait après 0ˢ,15; le second après 0ˢ,03, et le troisième après 0ˢ,6. Nous voyons ainsi qu'il y a un rythme dans ces réactions multiples, les maximums successifs sur-

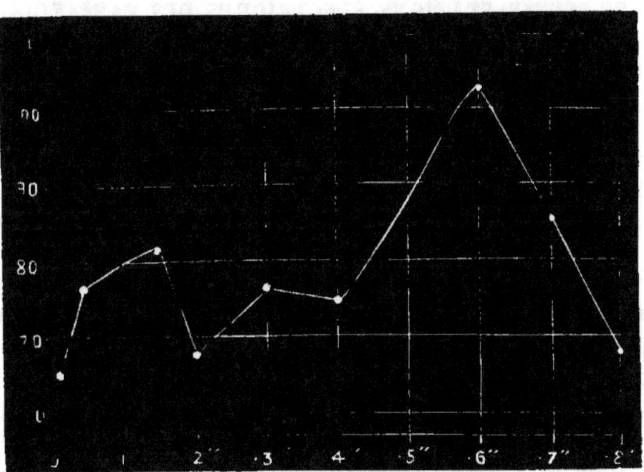

Fig. 40. — Courbe des réactions d'une tige d'*Amaranthe*
à une excitation intense, prise après des observations rhéotomiques.
Noter la multiplicité des réactions.
Une grande division de l'abscisse = 0,1 seconde.

venant à des périodes qui sont des multiples de 0ˢ,15. Le troisième de ces rythmes peut être supposé manquant, par suite du fait qu'il n'a pas été pris d'observation à 0ˢ,45, parce qu'au moment où j'ai fait ces expériences, je ne connaissais pas l'existence de ces rythmes. C'est par les courbes prises depuis lors que mon attention a été attirée de ce côté.

On voit ainsi que la variation électromotrice apparaît en pratique au moment de l'excitation de l'organe étudié. Avec une excitation moyenne, la variation maxima est atteinte en 0ˢ,2; et cette période peut être encore abrégée par l'emploi, soit d'un tissu à réactions plus rapides, soit d'une plus grande intensité d'excitation. Une forte excitation peut donner lieu à des réactions rythmiques multiples.

CHAPITRE V.

LES MANIFESTATIONS ÉLECTRIQUES DES VARIATIONS
DE TURGESCENCE POSITIVE ET NÉGATIVE.

Réactions motrices de signes opposés, caractéristiques des variations de turgescence positives et négatives. — L'effet hydraulique indirect de l'excitation donne lieu à une expansion et à une érection de la feuille. — Travail positif et travail négatif. — L'onde d'hypertension hydraulique est transmise avec une vitesse relativement plus grande que l'onde d'excitation vraie. — Méthode de dissociation des effets hydropositifs et des effets d'excitation. — L'effet indirect de l'excitation donne lieu à une variation de turgescence positive, et à une force électromotrice positive. — Éléments antagonistes dans la réaction électrique. — Dissociation de l'effet hydropositif et de l'effet d'excitation vraie à l'aide d'un arrêt physiologique.

A présent que j'ai décrit la réaction électrique négative fondamentale qui est caractéristique de l'excitation, je vais m'occuper d'un type de réaction inverse, la variation positive. La combinaison de ces deux facteurs, dans des proportions variables, dans les réactions électriques des plantes, a été l'origine de longues discussions, et a conduit les observateurs à des résultats contradictoires. Et ce n'est qu'en les isolant, et en déterminant les conditions dans lesquelles chacune d'elles se produit, qu'on peut connaître avec précision ces réactions électriques.

Nous avons vu que l'excitation du renflement moteur du *Mimosa* donne lieu à une variation de turgescence négative, avec affaissement de la feuille, et variation électrique négative. Comment se manifesterait donc un accroissement de turgescence, une variation de tension positive ?

Pour ce qui est, d'abord, de sa manifestation mécanique,

nous pouvons l'étudier expérimentalement. L'extrémité coupée
d'une branche de *Mimosa*, portant ses feuilles, est fixée d'une
manière étanche, à l'extrémité d'un tube en U rempli d'eau,
dont l'autre extrémité est en relation avec une pompe aspi-
rante et foulante, qui peut produire à volonté une augmentation
ou une diminution de pression. On peut ainsi aspirer du liquide,
ou le refouler dans la plante et ses organes, et y produire à

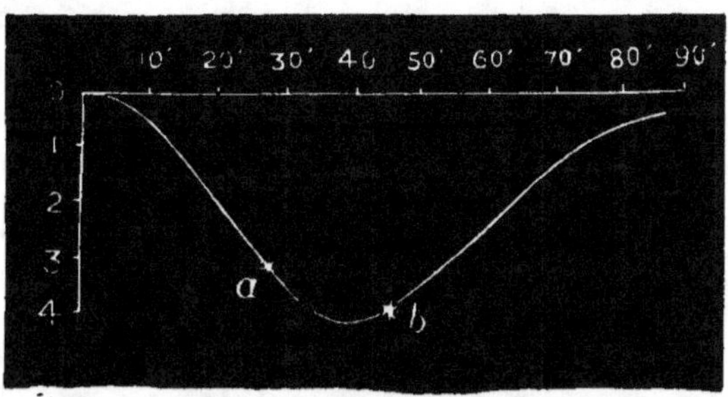

Fig. 41. — Réaction hydraulique artificielle du *Mimosa*.

La plante était soumise à une diminution de pression jusqu'en *a*,
  puis à une pression normale jusqu'en *b*, puis on augmentait la
  pression. L'affaissement de la feuille dû à la diminution de la
  pression continuait pendant quelque temps. L'ordonnée représente le mouvement du sommet de la feuille en centimètres;
  l'abscisse représente les temps.

volonté des variations de turgescence positives ou négatives.
Quand la turgescence diminue, la feuille indicatrice s'affaisse.
C'est ce qui se produit aussi à la suite de la variation de turgescence négative provoquée par l'excitation. Quand au contraire la turgescence augmente (*fig.* 41), la feuille se redresse.
Ainsi, pour le *Mimosa* et le *Biophytum*, la manifestation mécanique de l'augmentation de turgescence est une érection de la
feuille ou du foliole. Nous allons à présent étudier la manifestation électrique caractéristique de cette augmentation de
turgescence.

Nous avons déjà dit que l'application directe de l'excitation
en un point *y* donne lieu à une variation de turgescence néga-

tive. Nous allons voir si, dans certains cas, l'excitation peut déterminer une variation de turgescence positive. Si nous appliquons une excitation d'intensité moyenne à une tige de *Mimosa*, à une certaine distance au-dessous du renflement moteur, l'excitation donnera lieu à une expulsion de liquide au niveau du point directement excité. Cette expulsion de liquide aura évidemment pour conséquence une onde hydraulique avec augmentation de pression, qui se propagera avec une vitesse

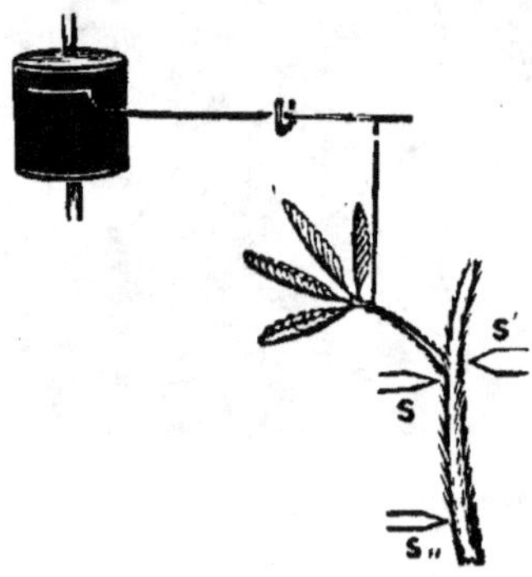

Fig. 42. — Dispositif expérimental pour la prise de tracés sur un cylindre noirci, des réactions de la feuille de *Mimosa* à des excitations directes et indirectes.

L'excitateur thermique en S produit une excitation directe, d'où un affaissement de la feuille. Une excitation d'intensité moyenne, en un point éloigné S', donne lieu à un effet indirect d'érection.

relativement considérable. Cette augmentation de pression, comme nous l'avons vu, donne lieu à un accroissement de turgescence dans le renflement moteur, qui devrait produire un redressement de la feuille. Mais, bien que cette perturbation hydrostatique se propage avec une grande vitesse, un certain temps est nécessaire pour le refoulement du liquide dans le renflement moteur, qui déterminerait l'érection de la feuille. Après le passage de l'onde hydraulique, survient l'onde d'excitation protoplasmique vraie, qui donne lieu à la variation de turgescence négative caractéristique. Quand cette onde d'excitation atteint le renflement moteur, elle devrait y déterminer une dépression et un affaissement de la feuille, à la place du mouvement d'érection précédente.

La figure 42 montre le dispositif d'une expérience faite avec le *Mimosa* pour vérifier ces données. Une excitation thermique d'intensité moyenne est appliquée en S, à une certaine distance

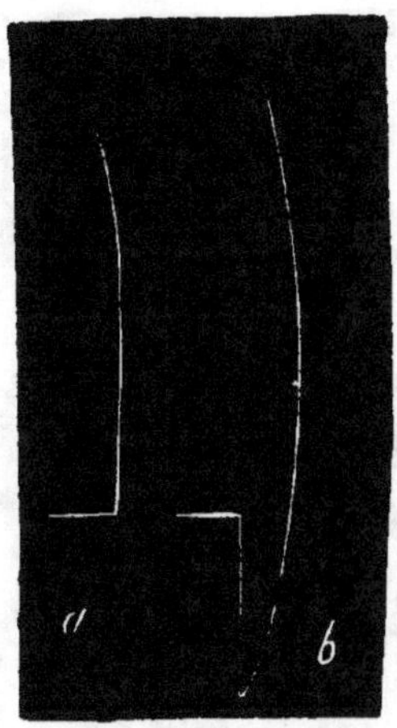

Fig. 43. — Réactions mécaniques de la feuille de *Mimosa*.

a. Tracé de la réaction par affaissement, quand l'excitation est appliquée près de l'organe qui réagit; *b*. Réaction à une excitation appliquée du même côté, mais à plus grande distance, S''. Dans ce cas, on voit une réaction érectile préalable, suivie de la dépression due à l'excitation vraie : elle est due à l'effet indirect, transmis le premier, et suivi de l'effet direct. Si l'excitation appliquée avait été plus faible, on aurait obtenu seulement la première partie de la courbe, due à l'effet indirect d'érection.

au-dessous de la feuille témoin. Celle-ci est reliée par un fil à un levier inscripteur qui enregistre la réaction sur un cylindre noirci. Quand l'excitation est appliquée en un point S, très près du renflement moteur, la réaction est une variation négative avec affaissement concomitant de la feuille représentée (*fig.* 43 *a*) par une courbe ascendante.

Quand une excitation d'intensité moyenne est appliquée

à une distance plus grande S″, l'onde hydraulique qui produit la variation de tension positive détermine une contraction érectile. Celle-ci est suivie d'un affaissement, quand l'excitation vraie atteint l'organe (*fig.* 43 *b*).

Nous avons ainsi montré qu'en séparant le point qui réagit

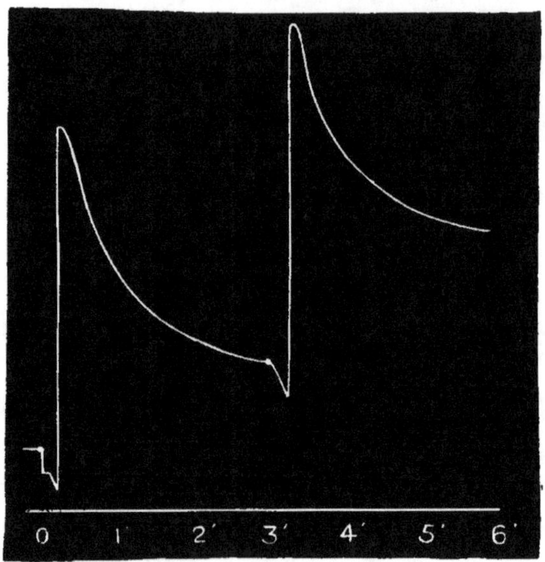

Fig. 44. — Réaction mécanique de *Biophytum*
à une excitation thermique.

L'excitation était appliquée à distance de la foliole qui réagissait. L'oscillation érectile préliminaire est due à ce que la perturbation hydraulique arrive la première. Les points représentent les moments où est appliquée l'excitation.

du point excité, on peut isoler deux effets différents produits par l'excitation. Il est même très important de distinguer ces deux facteurs, qui sont l'effet direct de l'excitation, se traduisant par une contraction, et son effet indirect, qui est une expansion. Nous avons vu que l'excitation directe et l'excitation transmise donnent lieu toutes deux à une contraction, à une variation de turgescence négative, et à un affaissement de la feuille. Malheureusement, en physiologie animale, on a pris l'habitude d'appeler *indirecte* une excitation appliquée à distance. Et l'on n'a pas remarqué qu'une telle excitation peut amener des résultats diamétralement opposés, suivant que l'effet d'excitation vraie atteint, ou n'atteint pas l'organe qui réagit. Quand le tissu intermédiaire est très conducteur, l'effet transmis produit le même résultat qu'une excitation appliquée directement. Mais nous verrons que dans les plantes, il y a divers types de tissus, les uns conducteurs, les autres semi-conducteurs ou non conducteurs. Quand le tissu intermédiaire n'est pas ou n'est que peu conducteur, l'excitation vraie n'est pas transmise, et l'effet qui se manifeste au point qui réagit est dû à l'onde hydraulique, produisant une variation de turgescence positive, avec l'effet d'expansion concomitant, et, dans le cas du *Mimosa*, l'érection de la feuille. Cette variation de turgescence positive avec expansion, je l'appellerai *effet indirect* de l'excitation et non *excitation indirecte*, comme on le dit en général. J'appellerai toujours celle-ci *excitation transmise*. Si le tissu intermédiaire est moyennement conducteur, nous aurons, comme dans les expériences sur le *Mimosa*, d'abord une contraction érectile, due à l'effet indirect de l'excitation, suivie d'un affaissement, par suite de la transmission de l'effet d'excitation vraie. La figure 44 montre cette double expression des effets indirects de l'excitation, obtenue avec la foliole de *Biophytum* : la première sera dite hydropositive, et la seconde, onde d'excitation négative.

Ces deux ondes, hydropositive et d'excitation négative, provoquent, comme nous l'avons vu, des réactions opposées. Mais celle qui est due à l'excitation vraie est en général prédominante. Aussi, quand ces deux ondes arrivent à l'organe qui réagit presque simultanément, par exemple quand le point excité est très rapproché, l'effet d'excitation masque l'effet hydrostatique. Pour isoler ces deux effets, nous pouvons employer plusieurs méthodes. D'abord, dans le cas de tissus très conducteurs, l'excitation doit être appliquée à une distance suffisante pour que l'onde d'excitation, moins rapide, ait un retard convenable sur l'onde hydraulique, plus rapide. Ou bien nous pouvons choisir un sens de transmission de l'excitation qui soit assez lent. J'ai trouvé que la transmission est beaucoup plus lente dans le sens transversal d'une tige que dans sa longueur. En appliquant donc une excitation d'intensité moyenne en S' (*fig.* 42), en un point diamétralement opposé au renflement moteur de la feuille, on trouve que l'excitation atteint le renflement moteur seulement après un intervalle de temps mesurable, tandis que l'effet hydraulique amène une réaction érectile beaucoup plus tôt. Ainsi dans une expérience donnée, enregistrée sur un cylindre à mouvement rapide (*fig.* 45), la réaction érectile se produisait $0^s,6$ après l'excitation, tandis que l'affaissement dû à l'excitation vraie ne survenait que $3^s,45$, après l'excitation, c'est-à-dire $2^s,85$ après la réaction érectile. Il faut savoir qu'il s'écoule un certain temps même après l'arrivée de chaque onde, jusqu'à ce que la variation de turgescence puisse donner une indication motrice.

Examinons à présent les résultats sur le tissu qui réagit de l'effet indirect de l'excitation. Le point récepteur éloigné se contracte après l'excitation, et envoie à l'organe qui réagit une onde hydraulique, qui refoule du liquide dans le tissu, et le gonfle. Du travail est ainsi produit *sur* le tissu, et augmente sa réserve d'énergie. L'effet indirect diffère en cela de l'effet typique direct de l'excitation. Celui-ci produit un affaissement de la feuille, qui représente un travail produit *par* le tissu, et une dépense d'énergie. Il faut donc distinguer deux effets de réaction différents, suivant que le travail effectué est positif, produit dans le tissu, ou *négatif*, produit par le tissu. Les manifestations respectives de ces deux processus sont une expansion et une contraction.

Nous allons voir à présent s'il existe une différence analogue entre les expressions électriques des variations de turgescence positive et négative. Pour cette recherche, j'ai pris un échantillon de *Biophytum*, et ai appliqué l'excitation à distance de la foliole dont je voulais observer les réactions, disposant tout de manière à enregistrer à la fois les réactions électrique et mécanique. La figure 46 montre que la secousse érectile préliminaire, due à la variation de turgescence positive, s'accompagne d'une variation électrique positive; et elle est suivie dans les deux tracés du phénomène inverse : contraction avec affaissement de la foliole, et variation électrique négative due à l'excitation vraie. On voit ainsi que l'accroissement

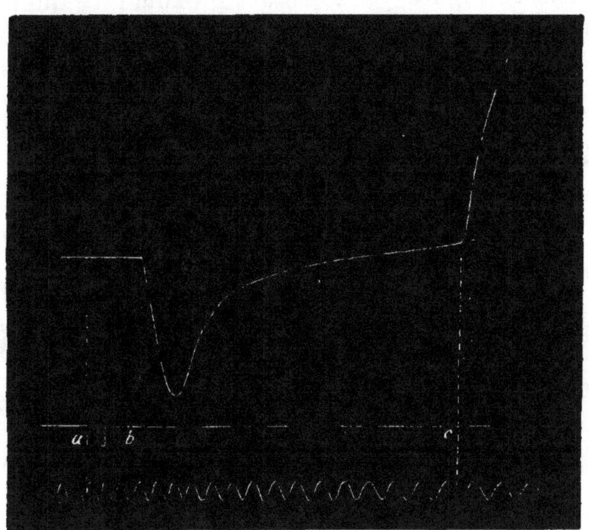

Fig. 45. — Tracé de la réaction de la feuille de *Mimosa*,
pris sur un cylindre à rotation rapide.

L'excitation est appliquée au moment *a*, en un point de la tige diamétralement opposé à la feuille qui réagit. Une réaction érectile hydropositive se produit en *b*, $\frac{6}{10}$ de seconde après l'application de l'excitation. La réaction d'excitation vraie par affaissement de la feuille se produit en *c*, 3″,45 après l'application de l'excitation. La courbe inférieure des temps représente des $\frac{1}{5}$ de seconde.

d'énergie interne, avec sa variation de turgescence positive, se traduit électriquement par une variation positive. La perte d'énergie et la variation de turgescence négative, produites par l'excitation, sont au contraire accompagnées d'une réaction électrique négative.

Pour montrer l'expression électrique des effets hydropo-

sitifs de l'excitation dans les plantes communes, j'ai pris un
pétiole de Chou-fleur, et ai établi un contact, le proximal,
sur lui, et l'autre, sur un point indifférent de la surface du
limbe. Pour obtenir l'effet hydraulique net, le pétiole était
brusquement serré, à 6^{cm} du contact proximal, ce qui donnait
naissance (*fig. 47 a*) à une réaction positive, représentée par
une ligne descendante. J'appliquais ensuite une excitation

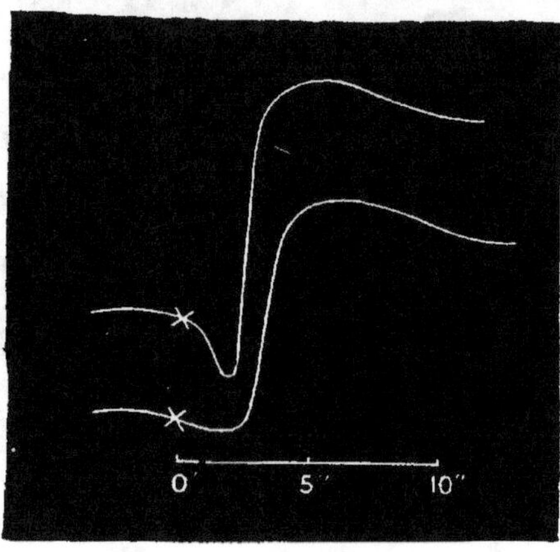

Fig. 46. — La phase positive anormale précédant la phase négative
normale dans les réactions mécanique et électrique du *Biophytum*.

× représente le moment de l'application de l'excitation. Le tracé
supérieur est celui de la réaction mécanique; l'inférieur, celui
de la réaction électrique. La partie descendante du tracé indique
l'érection de la feuille, et la phase électrique positive.

thermique à une distance de 4^{cm} du point qui réagissait. Dans
ce cas, l'effet hydraulique, puis l'effet d'excitation, se succé-
daient à peu de distance l'un de l'autre, comme dans l'expérience sur le *Mimosa*, et le tracé montrait une réaction diphasique, la positive, hydraulique, étant suivie de la réaction
négative d'excitation (*fig. 47 b*).

Nous avons déjà parlé de l'observation de Burdon-Sanderson
qui a constaté que, dans le limbe de la feuille de *Dionée*, la
réaction électrique immédiate est positive. Confondant cette

réaction avec l'effet d'excitation vraie, il concluait que la réaction de la plante était de signe inverse de celle de l'animal. L'expérience que nous venons de rapporter montre que l'effet observé était dû, en réalité, non à l'excitation vraie, mais à la réaction hydraulique, ou à l'effet indirect de l'excitation.

Fig. 47. — Tracé photographique de la réaction électrique
du pétiole de Chou-fleur.

a Réaction hydropositive; *b*. Réaction diphasique;
c. réaction négative à l'excitation.

Dans le dernier tracé (*fig.* 47 *c*) nous voyons l'effet d'une excitation appliquée plus près, soit à une distance de 2^{cm} du contact proximal. Par suite de la proximité du point d'excitation, les deux réactions ne sont pas suffisamment distinctes, et la réaction négative à l'excitation masque complètement l'effet hydraulique positif.

On voit ainsi que, comme nous l'avons dit, un moyen d'isoler et de déceler ces deux effets est d'appliquer l'excitation assez loin du contact proximal pour qu'il y ait un intervalle de temps entre l'arrivée des deux ondes, hydrostatique et d'excitation. Il est évident que, si le tissu étudié est bon conducteur de l'excitation, il faut placer le point d'excitation loin de la pre-

Fig. 48. — Tracé photographique des réactions électriques du tubercule de Pomme de terre.

a. Réaction positive à une excitation appliquée à distance;
b. Réaction négative à une excitation moins éloignée.

mière électrode, pour que l'effet d'excitation ait assez de retard sur l'onde hydraulique. Dans un tissu mauvais conducteur de l'excitation, l'effet indirect seul atteindra le contact proximal, à moins que l'excitation ne soit appliquée très près, et ne soit très intense.

Les tissus très conducteurs se caractérisent par une continuité protoplasmique plus ou moins complète. Donc les éléments fibrovasculaires contenant le liber sont relativement bons conducteurs, et les tissus parenchymateux, mauvais conducteurs de l'excitation. Les cellules du tubercule de la pomme de terre sont ainsi mauvais conducteurs de l'excitation. Si donc on excite un tel tissu en appliquant un fil métallique chauffé à 1^{cm} du contact proximal, l'effet hydropositif seul atteint ce contact, et donne lieu à une réaction positive. Ce n'est qu'avec une excitation très rapprochée, à 3^{mm}, qu'on obtient dans ce cas la réaction négative d'excitation vraie (*fig.* 48).

On voit que, quand un point donné est soumis à une excitation transmise, il se produit deux effets électriques antagonistes, l'un positif, dû à l'action hydropositive ; l'autre négatif, dû à l'excitation vraie. Si l'excitant est près du point qui réagit, ou se confond avec lui, le tissu est soumis à une succession rapide de variations de turgescence positive et négative, et, l'indication électrique de celle-ci étant la plus intense, elle masque la première : la réaction résultante est la somme algébrique des deux. Avec un échantillon vigoureux, très excitable, la réaction électrique négative à l'excitation masque la positive. La réaction électrique résultante est, en général, exprimée par la formule $N_E - P_{II}$, où N_E désigne la variation négative due à l'effet d'excitation vraie, et P_{II} la variation positive due à l'effet hydropositif qui la précède immédiatement. Ainsi, dans la réaction électrique des tissus végétaux à l'excitation, on peut rencontrer deux types :

Condition.	Facteurs élémentaires.	Réaction résultante.
Grande excitabilité......	$N_E > P_{II}$	Réaction électrique négative
Excitabilité diminuée, ou presque abolie........	$N_E < P_{II}$	Réaction électrique positive

Ainsi, sous l'influence des modifications physiologiques, dues à divers agents, la réaction négative normale d'un tissu peut subir une diminution, ou même une inversion. Nous avons admis, pour simplifier, que les deux effets antagonistes agissent simultanément sur l'exemplaire étudié.

Mais en fait, dans certaines circonstances, leurs relations chronologiques peuvent être modifiées. De là des effets d'interférences variés, donnant lieu à des réactions diphasiques, par exemple une réaction positive suivie d'une négative, ou inversement. Ou même, on peut voir des réactions polyphasiques, et nous montrerons qu'une excitation très forte peut amener une série de réactions, au lieu d'une réaction isolée. Quelques-uns de ces effets seront décrits en détail plus loin.

Je décrirai ici une autre méthode qui, à l'aide d'un arrêt physiologique sélectif, permet de révéler l'effet positif dans la réaction électrique négative ordinaire. La transmission hydraulique de l'effet indirect de l'excitation n'est pas sensiblement affectée par la perte de l'excitabilité du tissu. Mais la transmission de l'excitation vraie peut être arrêtée sélectivement dans un tissu par l'application de divers agents dépresseurs, tels que les anesthésiques, sans affecter sensiblement le passage de l'onde d'hypertension hydraulique.

Pour cette expérience, je me suis servi d'une feuille de fougère, et ai établi la connexion électrique proximale avec le pétiole, la distale avec un point indifférent d'une foliole. A l'aide de l'excitateur thermique (p. 38), j'appliquais des excitations uniformes à des intervalles d'une minute, à une distance de $1^{cm},5$ au-dessous du contact proximal.

Les trois premières réactions de la série paraissent plus ou moins uniformes, et négatives (*fig.* 49). De telles réactions sont dues, comme nous l'avons montré, à la sommation de deux effets antagonistes, dont l'effet d'excitation est prédominant. Pour éliminer de cette réaction résultante la composante due à l'excitation, j'appliquai du chloroforme sur une bande étroite intermédiaire entre le point d'excitation et le contact proximal. Les trois réactions suivantes montrent que l'effet hydropositif représenté par les courbes descendantes est ainsi décelé. L'application de chloroforme agit donc ici comme un obstacle sélectif, l'onde d'hypertension étant transmise, tandis qu'il arrête l'onde d'excitation vraie.

Mais l'onde hydraulique elle-même était due à la contraction du point distal produite par l'excitation. L'abolition de l'excitabilité d'un point intermédiaire n'arrêtait pas, comme nous l'avons vu, l'onde hydropositive.

Si donc l'excitant est rapproché, et placé en deçà de la zone fortement anesthésiée, l'expulsion de liquide due à l'excitation vraie ne peut plus se produire. Avec ce dispositif, nous trouvons

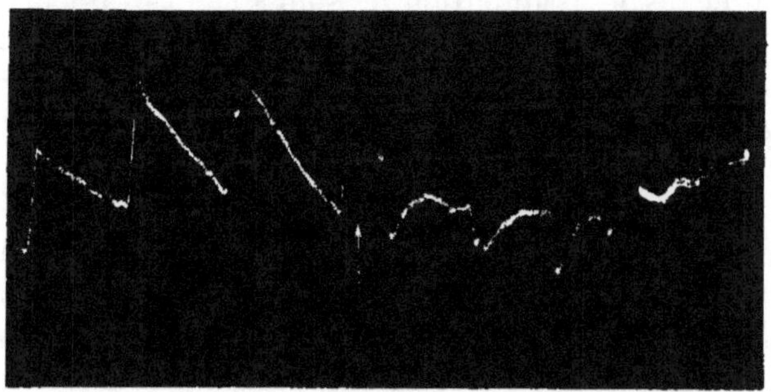

Fig. 49. — Tracé photographique de la réaction électrique du pétiole de Fougère.

La première partie du tracé montre les réactions négatives normales ; la seconde partie montre la réaction positive démasquée par l'arrêt physiologique sélectif du chloroforme ; la troisième partie montre l'abolition de la réaction quand l'excitation est appliquée au niveau même de la zone anesthésiée.

que ni l'effet négatif d'excitation vraie, ni l'effet hydropositif, ne se manifestent au point qui réagit. La réaction est ainsi totalement abolie.

Nous voyons ainsi que l'excitation incidente produit une double réaction dans le tissu végétal, la positive étant associée à une augmentation de turgescence, à une expansion, et à une variation électrique positive. Nous la désignerons comme la réaction A, qui produit un accroissement de l'énergie du tissu. La réaction négative, ou réaction D, est associée à une diminution ou à une perte d'énergie, avec diminution de turgescence, et variation électrique négative. Nous verrons plus loin que l'accroissement d'énergie potentielle peut également résulter d'un processus d'édification, par exemple pour l'assimilation de CO_2 dans les feuilles vertes sous l'action de la lumière. Ici aussi l'accroissement d'énergie est accompagné d'une variation électrique positive. La perte d'énergie consécutive à l'excitation avec augmentation de l'activité respiratoire détermine au contraire une variation électrique négative.

Il ne faut pas perdre de vue que ces réactions inverses d'assimilation et de désassimilation ne sont que des cas particuliers d'un phénomène de réaction plus général; et nous verrons que les réactions inverses, positives et négatives, se retrouvent aussi avec les corps inorganiques.

L'effet transmis de l'excitation dans les plantes comprend deux ondes distinctes, l'onde hydropositive et l'onde négative d'excitation. La variation électrique négative due à la variation de turgescence négative est en général plus intense. Quand les deux ondes se succèdent rapidement sur un tissu, la négative masque la positive. L'onde hydropositive a une vitesse de transmission plus grande que l'onde d'excitation vraie. L'onde hydropositive peut être transmise à travers des tissus dont l'excitabilité a été diminuée ou abolie, tandis que l'onde d'excitation vraie est arrêtée par l'interposition d'un arrêt physiologique.

CHAPITRE VI.

LES DIVERS TYPES DE RÉACTION.

Théorie chimique de la réaction. — Insuffisance de la théorie
de l'assimilation et de la désassimilation. — Réactions analogues
observées avec la matière inorganique. — Modifications de la
réaction suivant l'état moléculaire. — Réactions en escalier,
réactions uniformes, fatigue. — Absence de démarcation entre
les phénomènes physiques et les phénomènes chimiques. —
Effet électrochimique et effets accessoires. — Fatigue rapide
après une excitation continue. — Dans un tissu à tonicité
diminuée, l'excitation augmente la tonicité et l'excitabilité. —
Types de réactions analogues dans les tissus végétaux et animaux, et dans la matière inorganique.

D'après les théories en cours, la matière vivante est maintenue
dans un état d'équilibre par les deux processus inverses d'assimilation et de désassimilation. On suppose que l'excitation
cause une perte, ou une désassimilation, qui est compensée
pendant le repos par un gain, ou une assimilation.

Dans le cas des réactions uniformes, ces deux processus
se compensent. Dans cette théorie, quand la perte est plus
grande que le gain, l'énergie potentielle du système tombe
au-dessous de la moyenne. Il en résulte une diminution
d'amplitude de la réaction, traduisant la fatigue, qui paraît
être encore augmentée par l'accumulation des déchets toxiques
dus à la fatigue. La disparition de la fatigue après une
période de repos s'explique par l'action rénovatrice de l'afflux
sanguin, qui est aussi regardé comme servant à éliminer les
déchets dus à la fatigue.

Une objection sérieuse à ces explications vient du fait que
même des muscles isolés et privés de sang réparent les altéra-

tions dues à la fatigue après une période de repos. Dans des tissus végétaux isolés également, qui ne sont pas renouvelés par une circulation active, les mêmes effets s'observent, ainsi que leur disparition après une période de repos. Il est ainsi assez difficile d'expliquer la fatigue par des considérations purement chimiques; mais ces difficultés sont encore plus grandes quand nous arrivons au phénomène de l'escalier, caractéristique du muscle cardiaque, où des réactions successives à des excitations uniformes présentent une augmentation d'amplitude progressive.

Les résultats obtenus ici sont en opposition directe avec la théorie précédente, car dans ce cas nous avons à expliquer que la même excitation, qui paraît causer habituellement un déficit chimique, devienne capable de produire un effet exactement inverse.

Des deux éléments antagonistes de la réaction électrique, on admet que c'est le positif qui est associé à l'assimilation, et le négatif à la désassimilation. Si cette hypothèse était exacte, il serait naturel de penser que la réaction positive est prédominante dans les tissus à croissance rapide, où l'assimilation doit être à son maximum. Au contraire, les tissus fatigués, où la désassimilation doit être prédominante, devraient avoir une réaction caractéristique négative; des tissus en voie de mortification, par contraste avec les tissus à croissance active, devraient avoir aussi une réaction négative. En réalité, c'est l'inverse qu'on observe. Dans les tissus vigoureux, la réaction normale est négative, et c'est le tissu fatigué, ou en voie de mortification, qui présente une réaction positive.

Il serait difficile de parler d'assimilation et de désassimilation dans le cas de la matière inorganique. Cependant, même dans ce cas, nous trouvons reproduits tous les types de réaction, observés avec les tissus vivants : la réaction uniforme, le phénomène de l'escalier, et la fatigue. La réaction étant due essentiellement à une rupture de l'équilibre moléculaire, nous voyons quelles différentes formes peut revêtir la réaction, suivant les diverses conditions moléculaires du moment, que peut présenter le corps étudié. Un des facteurs les plus

importants, dans la détermination du caractère de la réaction,
est l'état moléculaire même du corps. Les nombreuses anomalies rencontrées jusqu'ici dans notre interprétation des
phénomènes de réaction ont toutes leur origine dans l'erreur
qui consiste à ne pas tenir compte du rôle de l'état moléculaire. Pour une exposition détaillée de l'influence qu'elle
exerce sur la réaction, je renverrai le lecteur au Chapitre XXXIX.

Du fait qu'on peut obtenir tous les types de réaction même
avec la matière inorganique, où l'assimilation et la désassimilation chimiques sont évidemment hors de cause, on peut
conclure que le phénomène fondamental doit dépendre de réactions moléculaires. Il faut toutefois ne pas oublier que, bien
que les phénomènes de réaction et leurs modifications soient
certainement avant tout des phénomènes d'ordre physique
et moléculaire, il n'y a cependant pas de limite précise entre
la physique et la chimie. Par exemple, le phosphore jaune se
transforme, sous l'action excitante de la lumière, en une variété
allotropique, le phosphore rouge. Cette modification moléculaire s'accompagne d'une modification concomitante de
l'activité chimique, le phosphore sous sa forme allotropique
étant moins actif que le jaune. Il est même possible dans
certaines circonstances d'avoir une série de réactions chimiques secondaires, à la suite d'une inégalité de contrainte
moléculaire. Un tissu vivant homogène, quand il n'est pas
excité, est isoélectrique. Quand il est excité, il se produit une
différence de potentiel entre le point excité et les points non
excités du tissu. Il en résulte un courant électrique, s'accompagnant de modifications électrochimiques. Par suite d'une
telle action électrochimique prolongée, des produits secondaires (déchets dus à la fatigue ?) peuvent s'accumuler, et
avoir une action déprimante sur l'activité du tissu. Aussi,
de même qu'après une réaction électrique d'une durée prolongée, il est nécessaire de renouveler l'élément actif, et de
changer l'électrolyte chargé de produits secondaires, de même,
après une période d'activité prolongée d'un tissu vivant, le
processus de rénovation sera nécessaire. On voit comment

au dérangement moléculaire fondamental peut succéder une série de phénomènes chimiques secondaires très divers. Et ce n'est qu'en allant ainsi jusqu'à la véritable origine du phénomène, que nous pouvons éviter les nombreuses contradictions, auxquelles nous expose la théorie chimique.

Fig. 50. — Tracé photographique de la réaction en escalier dans le tissu végétal.

Au premier abord, les divers types de réactions que peut présenter une substance irritable sont très différents, et il ne paraît pas y avoir de relation entre eux. Nous allons trouver que la réaction est profondément modifiée par l'état moléculaire de la substance au moment de l'excitation. Si nous considérons d'abord seulement les tissus vivants, nous voyons que la suppression de l'excitation normale du milieu extérieur les ramène à un état d'hypotonicité extrême. L'action d'une excitation incidente détermine une transformation continuelle de la tonicité. On peut reconnaître cinq stades dans cette transformation.

Dans le premier stade, d'hypotonicité extrême, la réaction à l'excitation est une variation électrique positive. Une série d'excitations successives relève la tonicité du tissu, ce qui transforme la réaction positive anormale en une réaction négative normale, avec contraction et variation électrique négative.

Je trouve aussi qu'une excitation subminimale donne naissance à une réaction de signe opposé à celle d'une excitation d'intensité moyenne.

Ainsi, dans les organes en voie de croissance, une excitation d'intensité moyenne provoque une réaction contractile qui retarde la vitesse normale de croissance.

Fig. 51. — Tracé photographique de réactions uniformes.

Une excitation très faible, au contraire, provoque une réaction inverse, accélération de la croissance.

La tonicité d'un tissu très hypotonique est, comme nous l'avons déjà dit, relevée par l'action même de l'excitation, la réaction prenant ainsi le type négatif normal. Nous décrirons cette transformation comme caractéristique du second stade, où la tonicité est encore au-dessous de la moyenne normale.

L'excitation à ce stade continue à relever la tonicité, et, par suite, à augmenter l'excitabilité. La réaction présente ainsi un accroissemen en escalier sous l'action d'une série d'excitations uniformes (fig. 50).

Nous arrivons ensuite au troisième stade, ou stade optimum, où la tonicité et l'excitabilité atteignent toutes deux leur

maximum sous l'action d'une excitation moyenne : les réactions
successives sont uniformes (*fig.* 51).

Au quatrième et au cinquième stade, une excitation excessive
ou trop prolongée a amené un changement inverse. Il y a une
contrainte moléculaire excessive, et le retour à la normale
est incomplet. L'amplitude des réactions successives va en
diminuant : il y a fatigue. Dans les cas très prononcés, le signe

(a)   . (b)   .   (c)

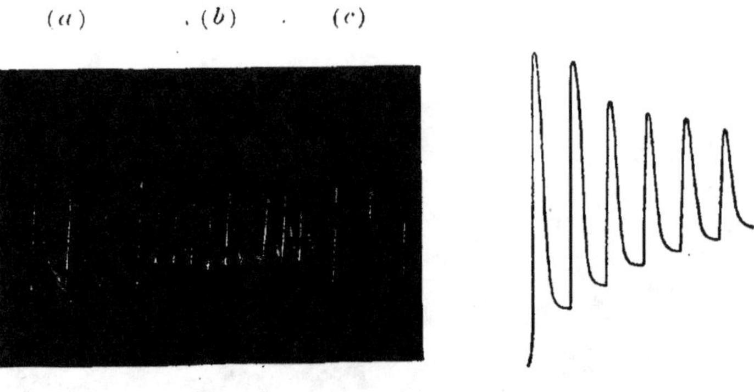

Fig. 52.   Fig. 53.

Fig. 52. — Tracé montrant la diminution de la réaction, quand
on ne ménage pas un temps suffisant pour le retour complet
à l'état antérieur.

En *a*, les excitations étaient appliquées avec des intervalles d'une
minute; en *b*, les intervalles étaient réduits à une demi-minute;
il en résultait une diminution de la réaction; en *c*, le rythme
initial était rétabli, et la réaction augmentait et redevenait
normale (Radis).

Fig. 53. — La fatigue dans la réaction électrique du Céleri.

Vibrations de 30°, avec des intervalles d'une demi-minute.

de la réaction peut même s'inverser, et la contraction avec
variation électrique négative faire place à une expansion
avec variation positive. La figure 52 *a* montre des réactions
uniformes à des excitations uniformes, appliquées à des intervalles d'une minute.

L'examen du tracé montre qu'il y a dans ces cas un retour
complet à la normale, l'état moléculaire restant à la fin ce qu'il

était avant l'excitation. Le rythme'de l'excitation était ensuite changé, les intervalles étant d'une demi-minute, au lieu d'une minute, tandis que l'intensité des excitations restait la même. On notera (*fig.* 52 *b*) que les réactions sont alors d'amplitude beaucoup moindre, bien que l'intensité des excitations n'ait pas été modifiée. L'examen de la figure montre aussi que, quand on augmente la fréquence des excitations, le tissu n'a pas le temps de revenir complètement à l'état de repos. Il en résulte une diminution d'amplitude de la réaction.

Fig. 54. — Tracé photographique montrant la fatigue dans un fil d'étain qui a été excité pendant plusieurs jours sans interruption.

Le rythme primitif d'une minute était ensuite rétabli et les tracés suivants (*fig.* 52 *c*) montrent un accroissement de la réaction, qui revient à l'amplitude initiale.

La contrainte résiduelle paraît être ainsi une des principales causes de la diminution de la réaction, ou fatigue. On la voit aussi dans un tracé que j'ai obtenu avec un pétiole de Céleri (*fig.* 53). On remarquera ici que, par suite du retour incomplet à l'état antérieur, pendant les temps de repos, l'amplitude des réactions successives subit une diminution continue.

Le fait, que la fatigue est due en définitive à une contrainte moléculaire excessive, est démontré par la constatation des effets semblables sur les substances inorganiques. On le voit par la réaction électrique de l'étain, qui présente de la fatigue à la suite d'une excitation prolongée (*fig.* 54).

Il est évident que la contrainte résiduelle sera, toutes choses égales d'ailleurs, plus grande, si les excitations ont été trop fortes. On le voit dans la figure 55, où la première série de ces réactions, A, correspond à une excitation mécanique obtenue par des vibrations de 45°, et la seconde série, B, d'amplitude

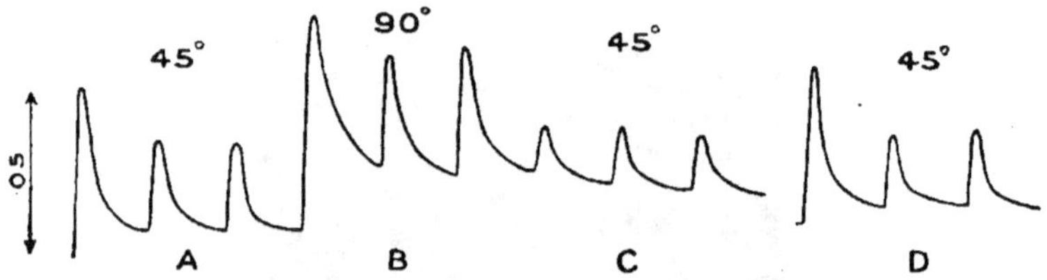

Fig. 55. — Rôle d'une contrainte excessive dans la production de la fatigue.

Excitations se succédant à des intervalles d'une minute. L'intensité de l'excitation en C est la même qu'en A, mais les réactions sont plus faibles du fait de l'excès d'excitation antérieur. La fatigue a en grande partie disparu après un repos de 15 minutes, et les réactions sont plus fortes en D qu'en C. La flèche verticale représente 0,05 volt (pétiole de Navet).

plus grande, à des vibrations de 90°. Quand on revient, en C, aux vibrations de 45°, les réactions paraissent subir une grande diminution, par rapport même à la première série A. Ce changement est dû à la contrainte excessive due aux excitations précédentes trop fortes. Mais nous devons nous attendre à ce que l'effet de cette contrainte disparaisse avec le temps, et à ce que les réactions reprennent leur amplitude initiale, après une période de repos. Pour le vérifier, je répétai donc les excitations (avec une intensité de 45°), un quart d'heure après C. On voit par le tracé D comment la fatigue a disparu pendant cet intervalle.

Une particularité à noter dans ces courbes est que, par suite de l'existence d'une contrainte relativement restreinte, la première réaction de chaque série est assez ample. Les réactions suivantes sont à peu près égales, quand la contrainte résiduelle reste la même. On le voit par la première réaction de la figure 55 A, qui avait été précédée d'une longue période

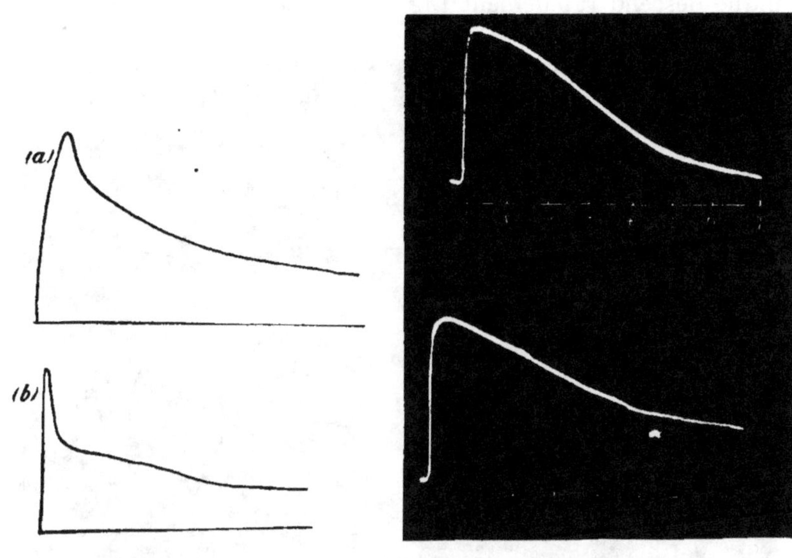

Fig. 56. Fig. 57.

Fig. 56. — Fatigue rapide après une excitation continue dans : *a*, le Muscle; *b*, le pétiole de Céleri (réaction électrique).

Fig. 57. — Tracé photographique de la réaction mécanique normale du Mimosa à une excitation isolée (en haut) et à une excitation prolongée (en bas).
Dans le second cas, la feuille reste érigée malgré la prolongation de l'excitation.

de repos. On le voit par la première réaction de B, parce que là on passe pour la première fois à une plus forte intensité d'excitation. On ne le voit pas sur la première réaction de C, à cause de la forte contrainte résiduelle qu'a laissée l'excitation trop forte qui précédait. On le voit de nouveau sur la première réaction de D, où la contrainte a disparu à la suite du repos de 15 minutes.

La diminution ou l'inversion due à la fatigue se retrouve d'une manière frappante dans la courbe du tétanos obtenu par une excitation continue.

Ainsi, dans certains muscles, le sommet de la courbe tétanique descend rapidement (*fig.* 56 *a*). La contraction normale

Fig. 58. — Action d'une vibration continue (de 50°)
sur la Carotte.

Dans les trois premiers tracés, une excitation de 2 minutes est suivie de 2 minutes de repos. Le dernier tracé a été pris après un repos de 5 minutes. La réaction, par suite de la disparition de la fatigue après le repos, est plus ample.

présente alors une inversion avec expansion. De même, dans les plantes sensitives, dans le *Mimosa*, une excitation continue par des chocs électriques donne lieu à des résultats identiques. On verra qu'après l'affaissement de la feuille dû à la réaction elle revient à sa position relevée primitive, malgré la continuation de l'excitation. Ici, comme dans le cas correspondant du muscle, nous voyons se succéder habituellement : 1° une contraction normale, et 2º une expansion due à la fatigue (*fig.* 57).

Dans la réaction électrique à une excitation continue, la variation négative normale diminue ou disparaît également. On le voit dans la figure 56 *b*, qui montre la diminution de la réaction électrique, à la suite d'une excitation continue d'un pétiole de Céleri. La fatigue dans la réaction mécanique

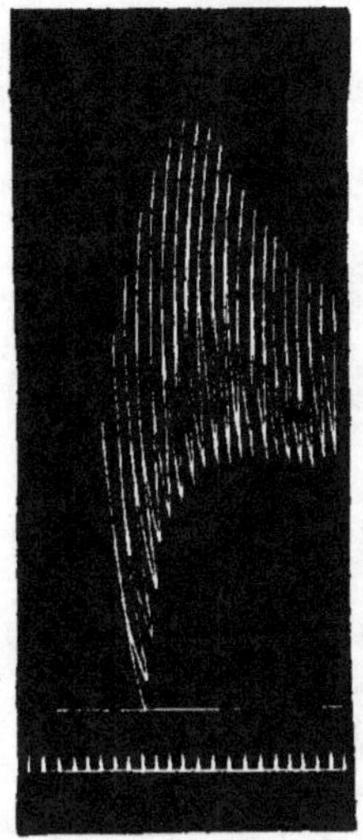

Fig. 59. — Réaction en escalier, suivie de fatigue,
observée sur le Muscle (Brodie).

du muscle dans des conditions analogues est représentée en *a* pour la comparaison. L'effet du repos, qui rétablit la condition moléculaire antérieure, et fait ainsi disparaître la fatigue, est illustré par la série des tracés ci-contre (*fig.* 58). Le premier montre la courbe de la réaction électrique obtenue avec une plante fraîche. On voit qu'après une excitation continue de 2 minutes, la réaction atteint d'abord une grande amplitude, puis décroît, sous l'action de la fatigue. Après 2 minutes de repos, nous voyons qu'il se produit un retour partiel à l'état antérieur. On répétait ensuite l'excitation pendant les 2 minutes suivantes, qui étaient encore suivies de 2 minutes de repos. La réaction paraît alors nettement plus faible que la première. On retrouve les mêmes effets dans la troisième réaction. Ensuite, on laissait s'écouler une période de 5 minutes de repos, et la courbe obtenue après cette période, avec la même excitation de 2 minutes, montre une réaction plus ample que la précédente, par suite de la disparition partielle de la contrainte résiduelle.

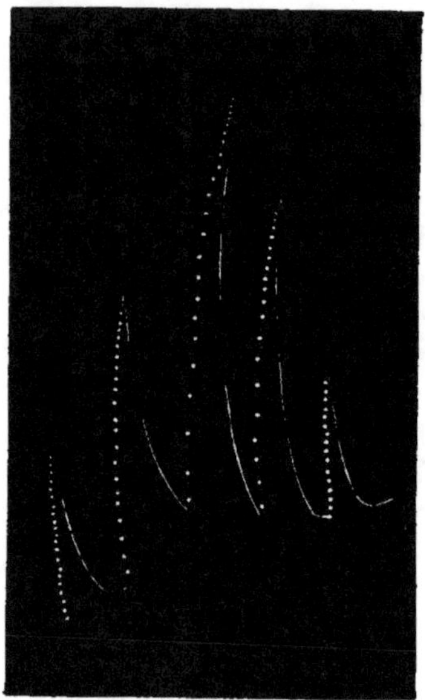

Fig. 60. — Réaction en escalier, suivie de fatigue, dans le *Mimosa*.

J'ai montré que ces changements cycliques, amenés par les modifications intimes dues à l'excitation, ne sont pas caractéristiques d'une variété de tissu déterminée, mais sont communs à tous les tissus. Car nous obtiendrons des types de réaction différents avec un même tissu, suivant les transformations intimes que peut produire l'action même de l'excitation. On peut expliquer ainsi certaines anomalies observées dans les phénomènes de réaction. Ainsi, dans le muscle, comme nous l'avons déjà dit, la réaction peut présenter les modifications dues à la fatigue, et jamais le phénomène de l'escalier, parce que la désassimilation produite dans ce cas paraît être prédominante. Mais la réaction mécanique du muscle à une série d'excitations égales présente la succession des modifications suivantes : d'abord un accroissement en escalier, ensuite des réactions uniformes, et enfin la diminution due à la fatigue (*fig.* 59). On peut expliquer ainsi la diversité des réactions présentées par un même tissu. Un muscle isolé arrive à un état d'hypotonicité qui souvent se manifeste par un léger relâche-

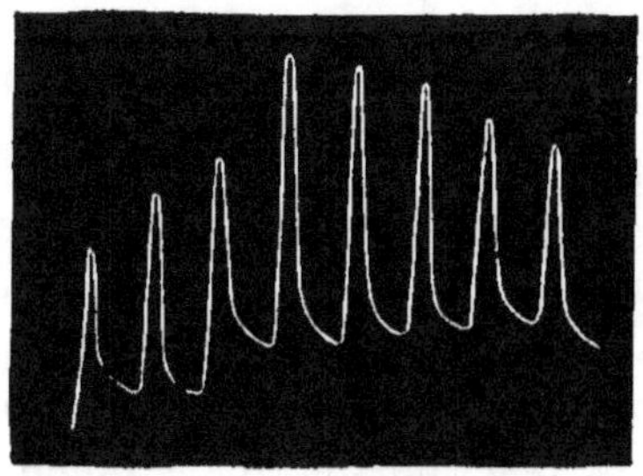

Fig. 61. — Réaction en escalier, suivie d'accroissement, puis de fatigue, par l'action des radiations hertziennes sur la *Galène* (méthode des variations de résistance).

ment. Des excitations successives améliorent le tonus, ce dont on peut se rendre compte de deux manières. Le tissu atonique et relâché se contracte légèrement, comme le montre l'ascension du pied des courbes, correspondant à une contraction résiduelle. L'accroissement de la tonicité se voit aussi à l'ascension en escalier des réactions successives. La tonicité s'élève ensuite à son plus haut degré, au troisième stade, les réactions atteignant alors leur maximum.

Puis, au quatrième stade, la fatigue apparaît. Nous voyons ainsi dans le même tissu les divers stades de transformation se caractériser par des modifications des réactions propres à chaque stade.

La série des réactions du *Mimosa* que montre la figure 60 présente un parallélisme frappant avec celles du muscle. Nous voyons le même cycle de contraction résiduelle croissante, suivie de relâchement, et le même accroissement en escalier atteignant un maximum, suivi d'une diminution par la fatigue.

Le fait, que ces modifications des réactions doivent en définitive être rapportées à des transformations moléculaires, est démontré par le tracé des réactions d'un corps inorganique, la galène (*fig.* 61). Nous voyons là aussi une succession analogue d'accroissement en escalier, suivi d'un maximum, et d'une diminution par la fatigue.

On peut résumer ainsi les résultats de ce Chapitre :

Le signe de la réaction dépend de l'intensité de l'excitation.

Une excitation subminimale produit souvent un effet inverse de celui d'une excitation forte.

Le caractère de la réaction dépend du degré de tonicité du tissu. A un degré d'hypotonicité extrême, la réaction est une réaction anormale, positive.

Des excitations successives transforment le tissu et l'amènent à un stade où la réaction anormale prend le type normal. Des excitations successives à ce second stade donnent lieu à une ascension en escalier des réactions. L'état optimum est atteint au troisième stade, où la réaction est maxima. Plus loin, au quatrième et au cinquième stade, une excitation trop forte produit la diminution et l'inversion résultant de la fatigue.

Toutes ces réactions caractéristiques s'obtiennent, non seulement avec les tissus animaux ou végétaux, mais avec la matière inorganique.

CHAPITRE VII.

DÉMONSTRATION D'UNE ANISOTROPIE PHYSIOLOGIQUE A L'AIDE DES RÉACTIONS ÉLECTRIQUES.

Anomalies des réactions mécaniques et des réactions électriques. — Réaction résultante déterminée par des différences d'excitabilité. — Courant de réaction, dirigé du point le plus excitable vers le moins excitable. — Lois des réactions dans un organe anisotropique. — Démonstration à l'aide d'une excitation mécanique. — Excitation vibratoire. — Excitation par pression. — Excitation quantitative par des chocs thermiques.

Dans la réaction électrique des tissus vivants, animaux et végétaux, nous rencontrons de nombreuses anomalies. Ces contradictions apparentes sont souvent dues, comme nous le verrons, à *l'excitabilité différentielle* des tissus anisotropiques, facteur du problème qui était resté jusqu'ici en partie méconnu. Une étude de ce sujet exige donc que nous découvrions d'abord un moyen de déterminer l'excitabilité relative des diverses parties d'un tissu.

Comme exemple simple d'un ensemble anisotropique, nous pouvons prendre un bâton composé d'ébonite et de caoutchouc, collés ensemble sur toute leur longueur. Le caoutchouc est plus contractile; et quand l'ensemble du bâton est soumis à une excitation thermique périodique, la contraction qui traduit la réaction est plus forte du côté du caoutchouc. Si le bâton est tenu de façon que le caoutchouc soit en bas, la réaction se traduira par une concavité de la face inférieure. La figure 62 montre une série de ces réactions du bâton, enregistrées par un levier inscripteur sur une surface fumée.

Dans les organes mobiles anisotropiques, tels que le renflement moteur de Mimosa, la réaction se manifeste par une

contraction différentielle, la face la plus excitable subissant
sous l'influence d'une excitation diffuse la contraction la
plus forte, et devenant concave. Si nous appliquons une excitation très modérée et localisée sur la moitié supérieure du
renflement moteur, nous verrons qu'à la suite de la contraction
de cette moitié, provoquée par l'excitation, la feuille se redresse.
Il se produit un effet contractile analogue, mais plus intense,
quand une excitation localisée est appliquée à la moitié inffé-
rieure du renflement moteur, et dans ce cas la feuille s'abaisse.

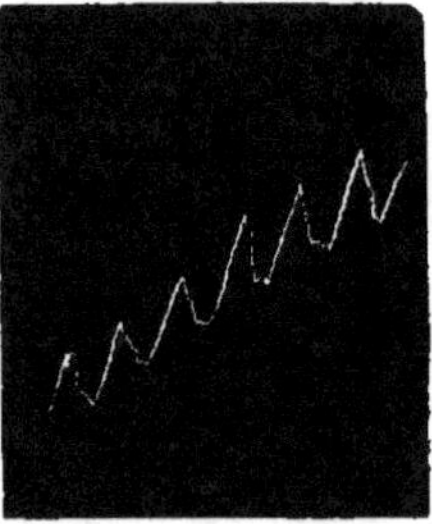

Fig. 62. — Réaction contractile différentielle d'un bâton artificiel.

Si l'on excite simultanément les deux moitiés, supérieure et
inférieure, on voit, par l'abaissement de la feuille qu'en résulte
que la contraction doit être plus forte du côté de la moitié
inférieure, qui est donc la plus excitable des deux moitiés.
Cette expérience peut être réalisée très facilement en utilisant
l'excitation lumineuse. La figure 63 montre les résultats
observés : en (a) le mouvement de redressement produit par
une excitation de la moitié supérieure; en (b) celui d'abaissement causé par une excitation d'égale intensité de la moitié
inférieure; en (c) l'abaissement dû à l'excitation simultanée
des deux moitiés. Dans le cas de la réaction mécanique nous
trouvons donc vérifié le fait que la réaction se manifeste par
une contraction plus forte du côté le plus excitable.

Nous allons à présent examiner quel est le mode de réaction
électrique pour un tissu anisotropique, c'est-à-dire inégalement
excitable sur ses deux faces. Pour cela, nous pouvons prendre

encore le renflement moteur de Mimosa, et établir des connexions électriques en deux points diamétralement opposés sur les moitiés supérieure et inférieure du renflement moteur respectivement. Nous rappellerons que l'excitation provoque une réaction électrique, que la feuille reste libre de ses mouvements, ou qu'elle subisse une contrainte physique. Nous pouvons donc la maintenir fixée; et cette précaution est utile,

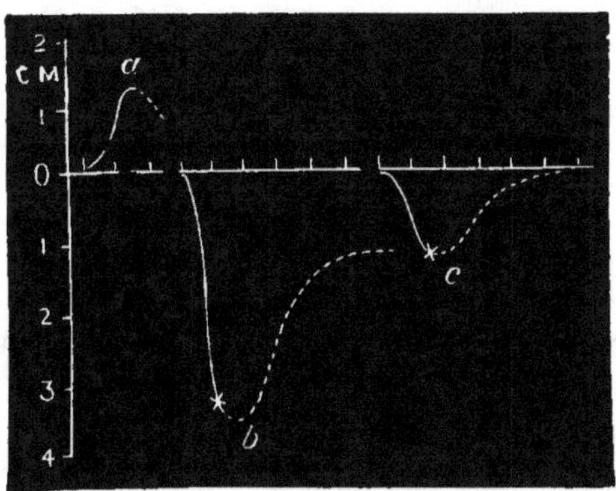

Fig. 63. — Réaction du *Mimosa* à une exposition solaire
de durée limitée.

a. La lumière agit d'en haut sur le renflement moteur; *b*. La lumière agit d'en bas sur le renflement moteur; *c*. La lumière agit à la fois sur les deux faces. La ligne pointillée représente le retour à l'état antérieur après cessation de la lumière.

pour éviter le déplacement des contacts électriques, qui pourrait se produire si on laissait la feuille s'abaisser.

Les deux contacts sont pris avec deux fins brins de paille remplis d'une pâte de kaolin imprégnée par une solution salée normale. En appliquant ensuite une série d'excitations thermiques sur le pétiole, près du renflement moteur, j'ai obtenu les réactions de la figure 64. On voit que le courant de réaction va, dans le tissu, de la moitié inférieure, plus excitée, à la supérieure, moins excitée.

Nous arrivons ainsi à une loi compréhensive de la réaction

mécanique et de la réaction électrique des organes anisotropiques :

*Une excitation diffuse détermine une contraction plus forte
et une variation électrique négative plus grande du côté le plus
excitable.*

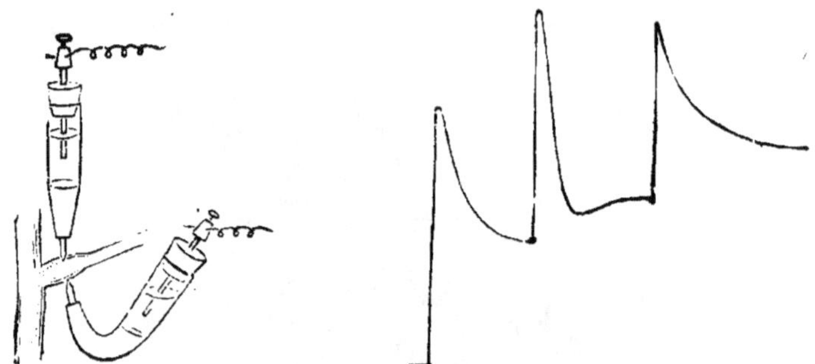

Fig. 64. — Réaction transversale du renflement moteur de *Mimosa*.

Le pétiole est solidement fixé pour éviter tout mouvement, et
des contacts électriques sont établis aux extrémités d'un même
diamètre sur les faces supérieure et inférieure du renflement
moteur. Le courant de réaction est dirigé de la face inférieure
vers la supérieure.

Les lois de la réaction électrique des organes anisotropiques
peuvent se résumer comme il suit :

1º *Après excitation simultanée de deux points* A *et* B, *le courant de réaction est dirigé dans le tissu du point le plus excité
vers le point le moins excité.*

2º *Inversement, si, après une excitation simultanée, le courant
de réaction est dirigé de* B *vers* A, B *doit être considéré comme le
plus excitable des deux points.*

Il ne faut voir là qu'un cas de la loi générale, d'après laquelle
un courant de réaction est toujours dirigé du point le plus
excité vers le point le moins excité.

Car si un point B est soumis à une variation localisée, et est
par conséquent le point le plus excité, le courant de réaction
est dirigé de ce point vers un point neutre ou indifférent,

qui sera un point éloigné quelconque, pourvu que le tissu ne soit pas conducteur. S'il est conducteur, la neutralité de A peut être maintenue par l'interposition d'un arrêt. Si l'excitation n'est pas localisée, mais diffuse, on peut encore obtenir une réaction en lésant ou en détruisant le point A, et en diminuant ou en abolissant ainsi son excitabilité. Après excitation, le point B est alors nécessairement le plus excité et le courant de réaction est encore dirigé de B vers A. Enfin, par suite d'une anisotropie physiologique, B pourra être naturellement plus excitable que A, et, après excitation, le courant de réaction sera encore dirigé du point B plus excité vers le point A moins excité.

La comparaison des excitabilités des points A et B se réduit donc à appliquer des excitations identiques aux deux points simultanément, et à déterminer le sens du courant de réaction.

Nous pourrions pour cela utiliser n'importe quelle forme d'excitation, et il est intéressant de constater que, malgré la diversité des formes d'excitation, les résultats obtenus demeurent identiques. Nous avons ici non seulement un moyen de démonstration qualitative, mais quelquefois même quantitative.

Si nous prenons une tige de *Courge*, organe radial et isotropique, nous verrons que ses faces latérales sont partout également excitables. En prenant donc deux contacts diamétralement opposés, on n'obtiendra pas de réaction après une excitation diffuse. Mais si cette tige est couchée, la face supérieure, étant alors constamment exposée à la lumière, est fatiguée par cette excitation trop prolongée, et il en résulte une diminution de son excitabilité. Il en est ainsi seulement quand l'excitation a été trop forte ou trop prolongée; car une excitation d'intensité moyenne peut quelquefois augmenter l'excitabilité. L'action unilatérale de la lumière a donc transformé cet organe radial en un organe anisotropique, la face inférieure devenant alors plus excitable.

En montant cette tige dans l'appareil vibrateur (*fig.* 65) et en prenant des contacts diamétralement opposés sur les deux surfaces anisotropiques, nous trouvons qu'en provoquant une vibration les deux faces sont soumises à une même excitation simultanément, et le courant de réaction est dirigé à travers le tissu de la face inférieure vers la face supérieure. La face inférieure est donc, comme il fallait s'y attendre, plus excitable. Comme avec les vibrations nous pouvons mesurer l'intensité des excitations, on voit que nous avons ainsi une méthode d'exploration quantitative. En outre, comme l'excitation est appliquée directement, elle est applicable, non seu-

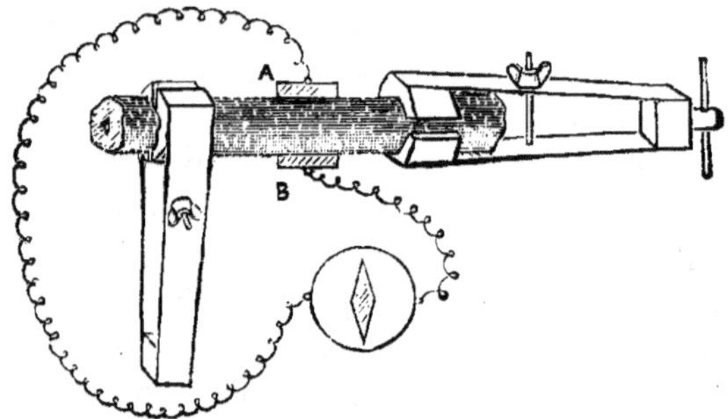

Fig. 65. — Méthode diamétrale d'excitation
d'un organe anisotropique.

Des contacts diamétralement opposés sont établis en A et B,
et le tissu est soumis à une excitation vibratoire.

lement aux tissus conducteurs, mais même aux tissus non conducteurs.

Si nous prenons ensuite une tige radiale, ou un pétiole de *Courge*, et que nous le fendions longitudinalement, chacune des moitiés comprend une surface interne et une externe. Comme une de ces surfaces est restée exposée à la lumière, et que l'autre a été soustraite à son action, nous pourrons constater l'existence d'une anisotropie physiologique. Comme un tel spécimen se prête mal à une excitation vibratoire, nous pourrons recourir à une pression. Deux linges humides, reliés à deux électrodes impolarisables, passent à travers deux morceaux de liège fixés en deux points diamétralement opposés de chaque surface, externe et interne. Quand le tissu interposé est soumis à une pression brusque, ses deux surfaces sont soumises à une excitation simultanée, et nous voyons que le courant de réaction est dirigé de la surface interne, concave, vers la surface externe, convexe, ce qui montre que la première est la plus excitable.

Nous pourrions nous servir aussi d'un excitant chimique, et les résultats obtenus par ce procédé seront décrits dans le Chapitre suivant. Mais ces formes d'excitation — pression ou agent chimique — ne sont pas susceptibles d'une mesure exacte. Il est donc nécessaire pour des observations quantitatives d'employer une autre forme d'excitation, et l'excitation électrique nous offre à ce point de vue de nombreux avantages. Il y a cependant dans ce cas bien des influences perturbatrices à considérer, qui toutes doivent être éliminées avec soin avant que la méthode puisse être utilisée avec fruit.

Nous verrons plus loin comment on y parvient. Je décrirai seulement ici une autre méthode d'excitation, que j'ai pu amener à un grand degré de perfection, et qui permet d'exciter simultanément deux points d'un organe anisotropique par une série d'excitations d'intensité uniforme ou croissante.

Ce mode d'excitation, par des chocs thermiques, pourra satisfaire à toutes les exigences. Le variateur thermique, qui sert aux excitations, est un fil de maillechort, enroulé en une spirale d'environ 3^{cm} de diamètre.

Le circuit électrique, à travers lequel est envoyé le courant de chauffage, est fermé périodiquement pour un temps donné à l'air d'un métronome (*fig.* 66). Les variations de température à l'intérieur de la bobine peuvent être commandées par un réglage convenable de la batterie, ou par la durée du passage du courant, ou par ces deux moyens. Le tissu étudié est maintenu dans une pince d'ébonite C, fixée à un chariot S sur la même table que la spirale chauffante. Ce chariot est tiré pour le réglage. Des morceaux carrés ou circulaires de mousseline humide servent à prendre des contacts avec des surfaces égales des deux faces opposées du tissu étudié, et sont reliés d'autre part à des électrodes impolarisables, E et E'. Après que tout a été préparé, le chariot est poussé jusqu'à ce que le tissu arrive au centre de la bobine. Quand le circuit

est fermé pendant un court espace de temps, les deux faces A
et B sont soumises à la même variation brusque de température, qui agit comme un excitant.

Comme les deux contacts sont ainsi pratiquement élevés
à la même température, il n'y aura pas de perturbation thermo-électrique. Le courant de réaction sera donc dû à la diffé-

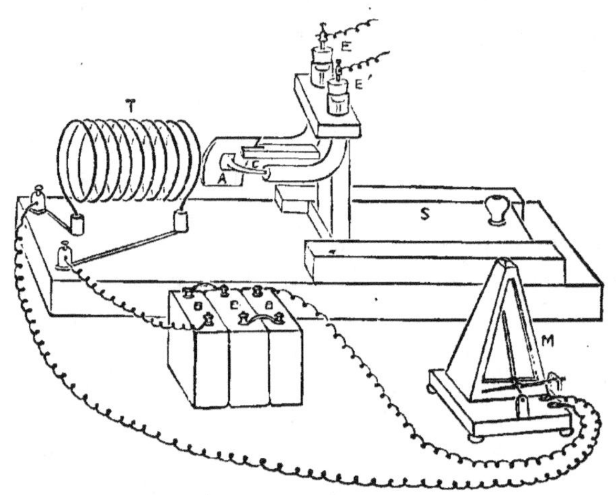

Fig. 66. — Le variateur thermique.

Le tissu anisotropique du pétiole de *Musa* est maintenu dans
une pince d'ébonite C; E, E' sont des électrodes reliées aux
faces opposées. La plante après réglage est introduite dans la
spire chauffante T, à l'aide du chariot S. La spire est chauffée
périodiquement par fermeture du circuit électrique par le
métronome M.

rence d'excitabilité qui pourra exister entre A et B. La spirale
émet aussi des radiations thermiques qui agissent comme une
excitation supplémentaire. C'est la variation thermique,
et non la température elle-même, qui agit comme excitant :
en effet, quand le tissu est soumis à une température plus élevée
d'une manière continue, la déviation du galvanomètre se fait
en sens inverse de celle que produisent les chocs thermiques.

Cette expérience peut être réalisée avec le pétiole engainant de *Musa;* on le détache, et on le monte dans l'appareil,

la surface concave étant par exemple en B, et la convexe en A.
Le pétiole de *Musa* m'a paru convenir pour cette expérience,
parce que je n'ai pas trouvé, à l'état frais, de signes de fatigue
dans ses réactions. Il y a beaucoup d'autres pétioles engai-
nants, qui sans doute répondraient plus ou moins parfaitement
au même objet.

Sur les tracés obtenus avec ce tissu, le courant de réaction
est dirigé à travers le pétiole, de la surface interne concave B

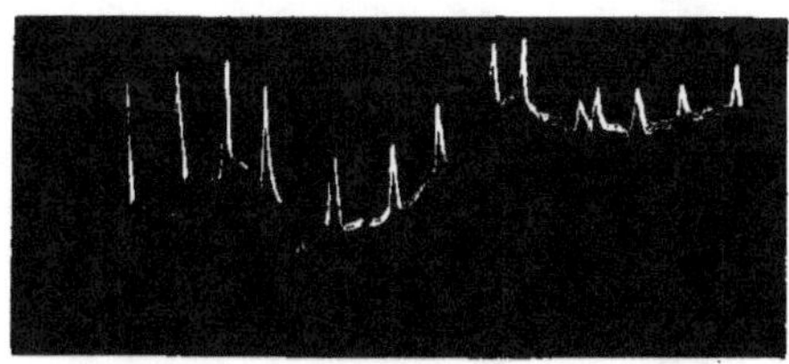

Fig. 67. — Courant de réaction dans le pétiole de *Musa*,
allant de la face concave vers la face convexe.

La première série est normale; dépression après application
de chloroforme.

vers la surface externe convexe A, si bien que la surface interne
apparaît ainsi comme la plus excitable. Des excitations uniformes de courte durée étaient appliquées avec des intervalles d'une minute. Les réactions obtenues paraissent absolument uniformes (*fig.* 67). Le tissu était ensuite soumis à
l'action anesthésiante du chloroforme, qui déterminait une
diminution marquée de la réaction.

Nous avons ainsi montré que, de même que la contraction
plus forte et la concavité dans un organe mobile nous permet
de reconnaître la face la plus excitable, de même aussi la face
la plus excitable est celle qui, après une excitation diffuse,
présente par rapport à l'autre une variation électrique négative.
Il devient donc possible de déterminer l'excitabilité relative
d'organes anisotropiques, même s'ils sont dépourvus de mobilité, et par conséquent incapables de présenter une réaction
mécanique visible.

Nous avons réussi à appliquer une excitation égale et mesurable, sur les deux faces simultanément, grâce à l'excitation vibratoire, et à la méthode des chocs thermiques. Ainsi une réaction définie nous est apparue déterminée par les différences d'excitabilité de deux parties du tissu étudié. Nous montrerons plus loin qu'il devient ainsi possible d'expliquer bien des anomalies apparentes des réactions électriques.

CHAPITRE VIII.

LE COURANT NATUREL ET SES VARIATIONS.

Le courant naturel, dirigé dans un organe anisotropique, du point le moins excitable vers le plus excitable. — Une excitation extérieure donne lieu à un courant de réaction de sens opposé. — L'augmentation de turgescence donne lieu à une variation positive, la diminution, à une variation négative, du courant naturel. — Effet des variations de la température sur le courant naturel. — Effet d'une variation brusque. — Variations du courant naturel sous l'influence d'agents chimiques, rapportées à une réaction physiologique. — Les agents qui rendent le tissu excitable donnent lieu à la variation positive; ceux qui causent une excitation, à la variation négative. — Action de l'acide chlorhydrique. — Action du carbonate de soude. — Modifications de l'effet suivant la dose. — Effet de l'acide carbonique et des vapeurs d'alcool. Le courant naturel et ses variations. — Extrême infidélité de la variation dite négative comme témoin de la réaction à l'excitation. — Inversion du courant naturel sous l'influence de l'excitation. — Inversion de la réaction normale sous l'action d'une diminution de la tonicité ou de la fatigue.

Nous avons vu qu'à la suite d'une excitation diffuse, la moitié inférieure, la plus excitable, du renflement moteur du *Mimosa*, subit une contraction plus forte et une diminution de turgescence en même temps qu'elle présente une variation électrique négative. Le retour à l'état antérieur s'accompagne du changement inverse : accroissement de turgescence de la moitié inférieure du renflement moteur, avec expansion et érection de la feuille. Cet accroissement de turgescence avec expansion s'accompagne, comme le montrent les résultats expérimentaux, d'une variation électrique positive de la moitié inférieure du renflement moteur : en effet, dans les conditions normales, cette moitié inférieure, plus excitable, est électriquement positive par rapport à la supérieure, moins excitable, et le courant de repos normal est dirigé à travers le renflement moteur de la face inférieure, plus excitable, vers la supérieure.

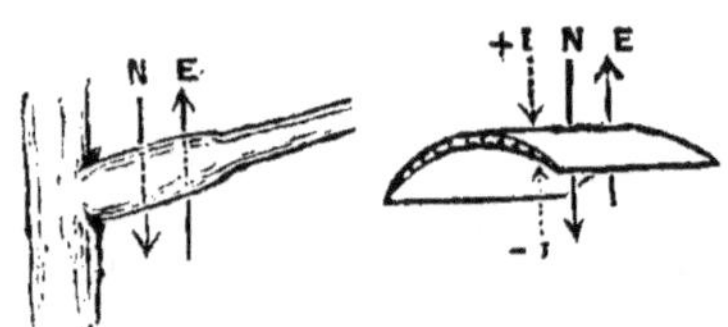

Fig. 68. — Parallélisme entre le courant naturel du renflement moteur de *Mimosa* et celui du pétiole engainant de *Musa*.

La face supérieure, moins excitable, du premier, correspond à la face externe, convexe, du second. Le courant naturel, N, est dans les deux cas dirigé de la face la moins excitable vers la plus excitable. Dans les deux cas, le courant résultant de l'excitation, E, est de sens opposé, dirigé de la face la plus excitable vers la moins excitable. Dans *Musa*, une augmentation de turgescence donne lieu à une variation positive $+\downarrow$, et une diminution, à une variation négative $-\uparrow$ du courant naturel.

Dans les tissus dépourvus de motilité, les mêmes conclusions sont valables.

Nous avons vu que dans le pétiole engainant de *Musa*, la face concave est plus excitable que la face convexe. La face concave est donc normalement positive par rapport à la face convexe, et le courant naturel est dirigé à travers le tissu de celle-ci vers celle-là. Au contraire, une excitation externe donne lieu à un courant de réaction dirigé en sens inverse, du point le plus excité vers le point le moins excité, constituant une variation négative du courant de repos (*fig.* 69).

Pour plus de simplicité, nous nous occuperons seulement de la moitié la plus active d'un organe anisotropique. Tout accroissement de turgescence rendra cette moitié excitable électriquement positive, tandis qu'une diminution de turgescence, comme celle que peut produire une excitation externe la rendra électriquement négative. Une variation de turgescence peut être également la conséquence d'un changement de température, une élévation de température produisant un accroissement, et une baisse de température, une diminution

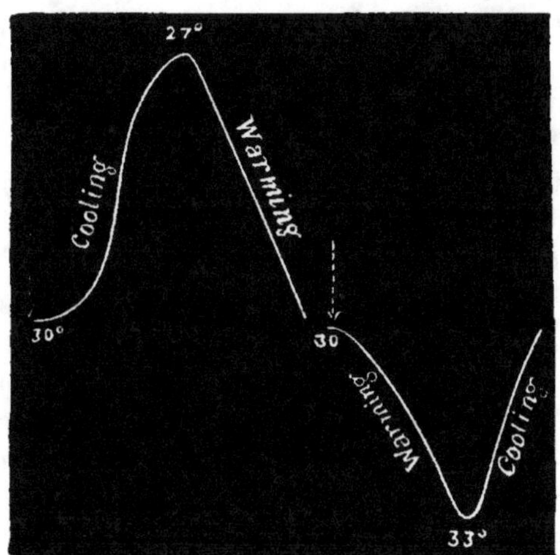

Fig. 69. — Effet d'une variation de la température sur le courant naturel ↓, dirigé dans le pétiole de *Musa* de la face concave vers la face convexe.

Effet d'un refroidissement de 30° à 27° C. : il produit (*cf.* à gauche) une variation négative du courant naturel. Le courant retrouve sa valeur primitive après retour à la température extérieure. Le chauffage produit une variation positive (*cf.* à droite). Dans cette figure et dans les suivantes de ce Chapitre, ↓ indique la direction du courant naturel de repos.

de turgescence. On le démontre facilement par la réaction mécanique du Mimosa, où une élévation de température provoque un mouvement d'érection de la feuille, dû à l'accroissement de turgescence produit dans le renflement moteur. Un abaissement de température donne lieu à l'effet inverse.

Nous étudierons à présent l'effet d'une variation de température sur le courant de repos. Pour cette expérience, un échantillon de *Musa* est placé dans une enceinte, et l'on prend deux contacts diamétralement opposés sur les surfaces externe et interne, qu'on relie à un galvanomètre. Pour étudier d'abord l'action d'un refroidissement, on fait passer dans l'enceinte à travers un tube creux un courant d'eau glacée, qui abaisse la température, par exemple de 30° à 27° C.

On voit par la courbe de gauche de la figure 69 qu'il a pour résultat de déterminer une diminution du courant naturel de repos dans le tissu, dont le sens est indiqué par la flèche pointillée ↑. Cette diminution du courant de repos cesse quand la température de l'enceinte revient à la normale.

Pour étudier, au contraire, l'effet d'une élévation de température, l'enceinte est chauffée graduellement à l'aide de la spirale électrique chauffante que nous avons déjà décrite. On constate alors, comme le montre la courbe de droite de la figure 69, une augmentation de l'intensité du courant naturel de repos qui disparaît avec le retour à la température initiale. Ces effets sont dus à des variations électromotrices, et non à des changements de résistance, comme on le voit par le fait qu'ils persistent même quand la force électromotrice initiale est exactement compensée par un potentiomètre.

Nous avons dit que ces observations relatives à l'effet des variations thermiques ne s'appliquent qu'à des variations durables. Dans le cas d'une élévation de température, nous avons vu qu'une élévation durable détermine une augmentation de l'intensité du courant de repos. Mais, comme une variation thermique brusque agit comme un excitant, nous aurons, dans un stade préliminaire, une réaction d'excitation, avec diminution passagère du courant de repos. Elle sera suivie, quand l'élévation de température se stabilisera, par une augmentation d'intensité de ce courant. Je donne ici (*fig.* 70) un tracé photographique de ces effets inverses. Dans la première partie de la courbe, nous voyons une ascension brusque du tracé, correspondant à l'élévation de température brusque. Cette ascension est si ample, que la courbe se prolonge en dehors du champ du cliché. Nous voyons donc là une diminution brusque du courant naturel consécutive à l'excitation. Dans le stade suivant, pendant que la température s'élève régulièrement, nous observons une inversion de la courbe, et le courant naturel s'élève au-dessus de la normale. Si nous laissons ensuite la température de l'enceinte redescendre à son point de départ, le courant naturel paraît revenir à peu près à sa valeur normale.

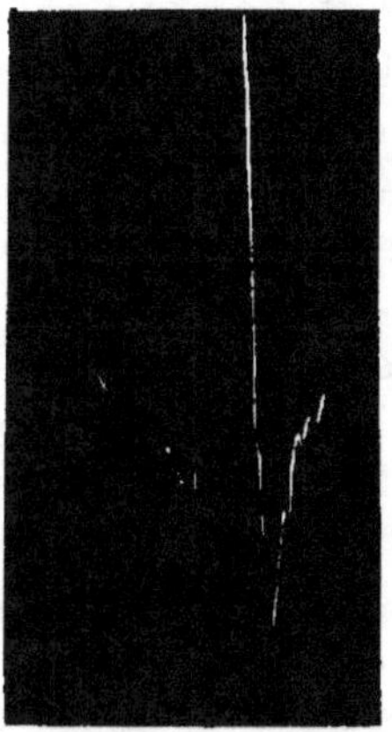

Fig. 70. — Tracé photographique montrant l'effet d'une élévation de température, brusque et durable, sur le courant naturel, ↓, de *Musa*.

Au moment d'une variation brusque de la température, il se produit une variation négative du courant naturel due à l'excitation causée, comme le montre la première courbe ascendante; quand l'élévation de la température devient permanente, il se produit une variation positive, que montre la partie descendante de la courbe; après retour à la température extérieure, le courant naturel revient à sa valeur primitive.

Nous allons à présent étudier l'action des agents chimiques sur le courant naturel. Pour cela, on applique l'agent à étudier sur les deux contacts à la fois. S'il s'agit d'un liquide, on peut se servir d'une pipette. S'il s'agit d'un gaz, la plante est placée dans une enceinte à travers laquelle circule le gaz ou la vapeur. Les effets observés avec les divers agents paraissent au premier abord embarrassants. Certaines substances par exemple paraîtront amener une diminution du courant naturel, et d'autres une augmentation. Les effets paraîssent même différents suivant les doses employées. Ainsi, un agent qui, à une dose donnée, détermine une diminution du courant naturel, peut souvent amener une augmentation de ce courant, s'il est convenablement dilué. Cette étude est très importante, car elle se rattache directement à bien des problèmes obscurs de la pratique médicale, où les effets des médicaments se montrent différents suivant les doses.

Ces questions semblent moins obscures si l'on considère les réactions électriques des agents chimiques comme dues à leur action physiologique.

Si une goutte d'acide chlorhydrique est appliquée sur le renflement moteur du Mimosa, la feuille s'abaisse, c'est-à-dire que l'excitation a produit une contraction plus forte du côté le plus excitable. Nous avons vu également que quand une goutte de cet acide est appliquée sur un tissu dans le voisinage d'un contact électrique, mais sans le toucher directement, l'excitation produit une variation électrique négative. Si d'autre part nous l'appliquons en solution à 10 pour 100 sur les deux contacts diamétralement opposés de *Musa*, nous devons prévoir que la plus forte réaction à l'excitation se produisant sur la face concave donnera lieu sur cette face à une variation électrique négative du courant de repos.

L'expérience montre qu'il en est bien ainsi; le courant de réaction est dirigé en sens inverse du courant de repos, et va du côté concave, moins excité, au côté convexe, plus excité.

C'est en considérant les agents chimiques au point de vue de leur action physiologique que nous pouvons expliquer la diversité de leurs effets, suivant la dose et suivant la durée de leur application. Nous avons vu que, tandis qu'une forte excitation détermine une réaction négative, une excitation faible détermine inversement une réaction positive. Cette réaction positive anormale, sous l'action prolongée d'une excitation modérée, est transformée en une réaction négative normale. Un produit chimique, qui, à une certaine dose, agit nettement comme un excitant, agit, s'il est convenablement dilué, comme un excitant faible, et donne lieu à une réaction positive. Si le même agent est appliqué avec une concentration un peu plus forte, son effet immédiat peut être positif, pour être remplacé, après la prolongation de l'excitation, par l'effet négatif normal.

Nous pourrions ainsi nous attendre, en utilisant une solution

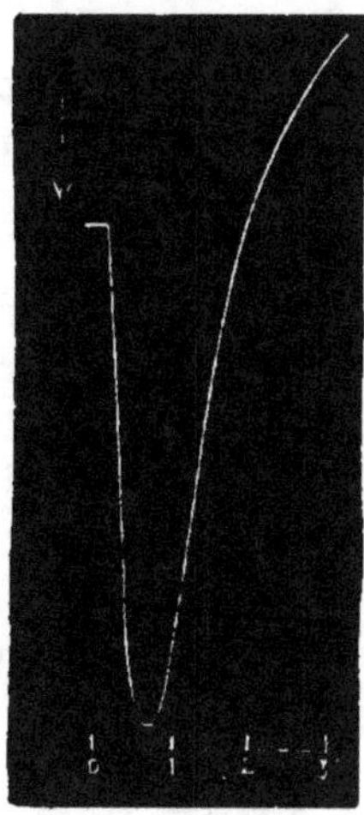
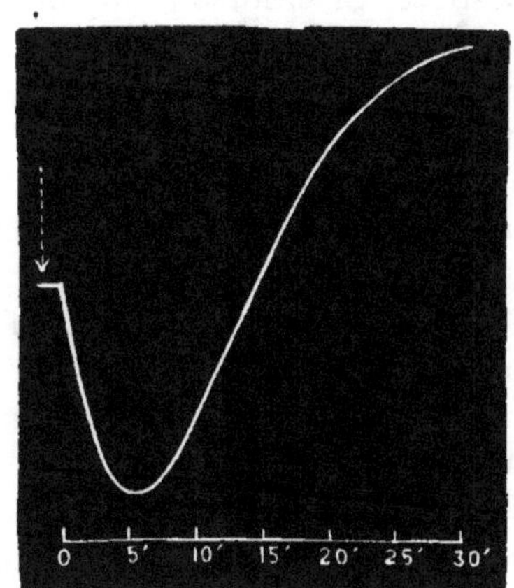

Fig. 71.		Fig. 72.

Fig. 71. — Action d'une solution à 7 pour 100 de $CO^3 Na^2$ sur le courant naturel de *Musa*.

Variation positive préliminaire représentée par une descente de la courbe, suivie d'une inversion, 50 secondes après l'application.

Fig. 72. — Effet de CO^2 sur le courant naturel de *Musa*.

La variation positive initiale est suivie d'une variation négative, 5 minutes après l'application.

concentrée d'un agent chimique donné, à obtenir une variation négative du courant de repos; avec une solution étendue, une variation positive; enfin, avec une concentration intermédiaire, à arriver au cas plus intéressant où l'agent donnerait immédiatement une variation positive, et, après une action plus ou moins prolongée, une variation négative du courant de repos.

Ces hypothèses se trouvent pleinement vérifiées par l'expérience suivante.

Si l'on applique une solution concentrée de carbonate de sodium — à 10 pour 100 ou plus — sur les contacts électriques de Musa, on observe une variation négative du courant naturel. Si ensuite on applique une solution étendue, à 1 pour 100, sur un échantillon semblable, la réaction est une variation positive. Si enfin on emploie une solution à 7 pour 100, on obtient, comme le montre la figure 71, une réaction initiale positive, suivie, si l'action est prolongée, d'une variation inverse, négative.

Nous étudierons ensuite l'effet des gaz. La figure 72 montre un tracé de l'action de l'acide carbonique sur le courant naturel de *Musa*. On voit que dans un premier stade il y a augmentation, ou variation positive, du courant excitant. Il y a ensuite une réaction inverse, le courant de repos subissant une diminution. Nous voyons là un effet parallèle à celui d'une dose moyenne de carbonate de sodium. La vapeur d'alcool exerce également une action très analogue, et produit une augmentation suivie d'une diminution, du courant naturel.

Au sujet des variations du courant naturel entre les deux surfaces sous l'influence d'un agent chimique, il est bon de distinguer les effets de deux facteurs différents : la variation électrique provoquée par la substance chimique elle-même, et celle qui représente la réaction à l'excitation. Supposons que les deux contacts électriques soient pris sur des surfaces isoélectriques, avec une solution saline normale : il n'y aura pas entre elles de différence de potentiel. Mais cet équilibre sera troublé par l'application d'une autre solution chimique, d'un acide par exemple, sur l'un des deux contacts. La réaction obtenue peut être considérée comme résultant de l'hétérogénéité déterminée par l'application chimique. Mais si le même agent chimique est appliqué aux deux contacts, il n'y aura pas d'hétérogénéité chimique. S'il y a alors une variation électromotrice, elle doit être la conséquence d'une modification d'ordre physiologique. Le contact qui a été rendu le plus excitable devient plus positif; celui qui a été plus excité, au contraire, plus négatif.

La variation électrique est dans ce cas l'indication d'une variation d'excitabilité ou d'excitation, comme le montre le fait que le même agent chimique — par exemple le carbonate de sodium — déterminera, s'il est dilué, une variation positive; s'il est concentré, une variation négative; et, si l'on fait agir une dose moyenne d'une manière ·prolongée, une variation positive suivie d'une négative. En somme, la variation du courant excitant par l'application simultanée aux deux contacts du même réactif chimique est due à une réaction physiologique, la variation positive correspondant à un accroissement, la négative, à une diminution de l'excitabilité. Nous verrons cette conclusion vérifiée par un autre procédé dans le Chapitre suivant.

Nous voyons donc que les lois du courant naturel et de ses variations peuvent se répartir de la manière suivante :

1º Dans les conditions normales, le courant de repos est dirigé à l'intérieur du tissu du point le moins excitable vers le point le plus excitable. En d'autres termes, le point le plus excitable est électriquement positif par rapport au moins excitable.

2º Une excitation externe détermine une variation négative du courant naturel de repos.

Ayant ainsi étudié le courant naturel et ses variations dans les conditions normales, nous allons voir dans quelles conditions peuvent se produire des résultats anormaux. Nous avons montré que, dans un organe anisotropique, une excitation externe donne lieu à un courant de sens opposé à celui du courant naturel. Par suite de cette réaction à l'excitation, le côté le plus excitable, auparavant positif, devient négatif, et si la réaction est intense, il peut rester longtemps inversé et négatif.

Nous avons vu que dans les conditions normales le courant naturel, ou courant de repos vrai, est dirigé du point le moins excitable vers le point le plus excitable, et qu'une excitation externe détermine un courant de réaction de sens inverse, qui constitue ainsi une variation négative du courant de repos.

Cet état représente ce que nous appellerons la *condition*

primaire. Il est fréquent cependant, à la suite d'une excitation antérieure et de son effet secondaire, de voir se produire des effets très variés, et qui paraissent anormaux au premier abord, sur le sens du courant de repos, et même du courant de réaction. On peut trouver l'explication de ces effets par une analyse serrée des faits. Comme exemple concret, nous pouvons prendre les divers effets observés avec le renflement moteur du *Mimosa*.

Dans cet organe anisotropique, le sens du courant de repos et celui du courant de réaction sont déterminés, comme nous l'avons vu, par les différences d'excitabilité et par les différences d'excitation des deux faces de l'organe.

Nous limiterons notre étude, pour simplifier, aux changements qu'on observe dans la moitié inférieure, la plus excitable. Je décrirai rapidement les diverses phases postprimaires des réactions, aboutissant à l'établissement de la fatigue par hyperexcitation. Dans la condition primaire, comme nous·l'avons vu, la moitié inférieure du renflement moteur est positive par rapport à la supérieure, le courant de repos étant de sens descendant ↓. Après excitation, la moitié inférieure devient négative, et le courant de réaction est ascendant ↑.

La réaction se manifeste donc par une variation négative du courant de repos.

Supposons à présent le renflement moteur soumis à une excitation légère : elle annulera l'état positif antérieur, et le courant de repos sera alors nul.

Après excitation, la moitié inférieure du renflement moteur présentera une réaction négative, et le courant de réaction sera ascendant ↑. Mais nous ne pouvons pas dire ici qu'il s'agit d'une variation du courant de repos, puisque ce courant est nul dans ce cas.

Un état d'excitation encore plus forte déterminera une réaction négative persistante de la moitié inférieure. Le courant de repos est ainsi ascendant ↑. Mais, comme l'excitabilité de la moitié inférieure est encore relativement plus grande que celle de la moitié supérieure, il résulte qu'une excitation externe déterminera un courant de réaction ascendant ↑.

Cette réaction normale à l'excitation apparaît dans ce cas comme une variation positive du courant de repos.

Enfin nous pouvons imaginer que le renflement moteur ait été fortement excité, et soit fatigué. Le courant de repos devra être dans ce cas ascendant ↑. Mais l'excitabilité de la moitié inférieure, du fait de la fatigue, est alors diminuée, ce qui, comme nous l'avons vu, tend à donner lieu à la réaction anormale positive, le courant de réaction étant ainsi descendant ↓. Comme le courant de repos modifié est ascendant, le courant de réaction anormal se présente comme une variation négative du précédent.

Tous ces cas sont résumés dans le tableau suivant :

État du tissu.	Courant de repos.	Courant de réaction.	Variation du courant de repos.
État primaire..............	↓	↑	Négative
Après excitation faible........	◯	↑	»
» » moyenne.....	↑	↑	Positive
» » forte et fatigue.	↑	↓	Négative

Ces diverses conditions peuvent se voir accidentellement dans l'organe qui réagit, ou être réalisées par l'effet d'excitation dû à la préparation expérimentale.

La figure 73 montre des tracés d'expériences réalisées avec le *Mimosa*, où certains de ces changements se sont produits après une excitation. Le courant naturel est dirigé de haut en bas, comme le montre la flèche pointillée. La première excitation forte, appliquée au moment indiqué par un point, donne naissance à un courant de réaction dirigé de bas en haut. Par suite de l'intensité de l'excitation, il y a une ébauche de réaction multiple.

Secondairement à l'excitation nous voyons que le courant de repos normal a subi une inversion, la surface inférieure, primitivement positive, étant alors devenue négative. Une seconde excitation donne alors une réaction semblable à la première. Mais ensuite, par suite de l'excès de la fatigue avec perte de l'excitabilité de la moitié inférieure du renflement

moteur, les réactions suivantes paraissent inversées, le courant
étant alors dirigé de haut en bas.

Le tableau représenté plus haut montre qu'il est difficile
de choisir un type pour l'étude des réactions à l'excitation, qui prête autant aux erreurs que les variations du courant de repos. Car dans les trois premiers cas étudiés, nous

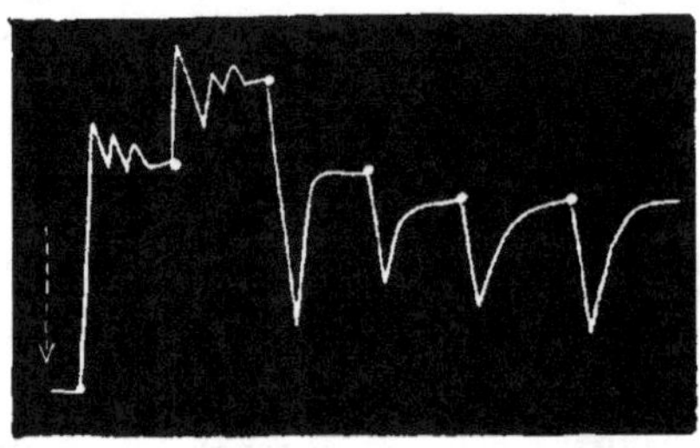

Fig. 73. — Variations du courant naturel transversal et du courant
de réaction dans le renflement moteur de *Mimosa*.

Le courant naturel ᵧ normalement descendant est inversé à la
suite d'une forte excitation externe. Les deux premières réactions
sont normales, le courant est alors dirigé de bas en haut. On
voit ici une forte excitation donner lieu à des réactions multiples.
Après la seconde réaction, on voit le sens du courant de réaction
s'inverser, par suite de la fatigue plus grande de la moitié
inférieure du renflement moteur. Les gros points représentent
les moments d'application de l'excitation.

voyons une même réaction à l'excitation se présenter d'abord
comme une variation négative, puis comme douteuse, puis
comme une variation positive du courant de repos. Dans le
quatrième cas, c'est la réaction anormale qui se présente comme
la variation négative normale. Mais tandis que ces réactions
paraissent diverses, la réaction fondamentale reste constante.
Le courant de réaction est toujours dirigé du point le moins
excité vers le plus excité.

Nous avons ainsi montré dans ce Chapitre que dans les conditions normales le courant de repos est dirigé dans le tissu
du point le moins excitable vers le plus excitable; que l'aug-

mentation de turgescence détermine une variation positive du courant de repos, tandis que la diminution donne lieu à une variation négative ; que des réactifs qui augmentent l'excitabilité déterminent une variation positive, et que ceux qui causent une excitation déterminent une variation négative, du courant de repos. Ces réactions normales peuvent s'inverser dans des conditions anormales. C'est ainsi qu'une forte excitation externe peut inverser le courant de repos normal. Il y a même deux états différents, l'hypotonicité (*cf*. Chap. VI) et la fatigue, qui peuvent déterminer une inversion du sens normal du courant de réaction. On peut ainsi observer les effets les plus divers, par suite des variations du courant de repos et du courant de réaction.

CHAPITRE IX.

VARIATION D'EXCITABILITÉ SOUS L'INFLUENCE DES AGENTS CHIMIQUES.

Étude des variations de l'excitabilité par deux méthodes : 1° excitation directe; 2° excitation transmise. — Action du chloroforme. — Action du chloral. — Action de la formaline. — Supériorité de la méthode d'arrêt sur la méthode de la variation négative. — Action de la potasse. — La réaction n'est pas influencée par les variations de résistance. — Action excitante d'une solution de sucre. — Action du carbonate de soude. — Action des diverses doses. — Action de l'acide chlorhydrique. — Réaction diphasique après application de potasse. — Conversion de la réaction négative normale en une réaction anormale positive par abolition de l'excitabilité vraie.

Nous avons déjà dit que la réaction électrique est une véritable réaction physiologique. On en trouve la démonstration dans le fait qu'une plante vigoureuse présente une forte réaction électrique négative, et que la même, une fois tuée, par la chaleur ou par un toxique, cesse de réagir. Cette réaction électrique paraît ainsi varier avec l'activité physiologique. Tout ce qui diminue cette activité modifiera du même coup l'amplitude de la réaction. Mais dans les cas où la mort du tissu est déterminée par la vapeur ou par un toxique, on ne peut observer que le dernier stade, c'est-à-dire l'abolition de la réaction.

Mais il est aussi important de pouvoir suivre les progrès des modifications physiologiques à travers les modifications concomitantes de la réaction. On peut ainsi, non seulement étudier le passage graduel de la vie à la mort, que détermine un toxique, mais aussi l'action d'autres agents chimiques, dont certains détermineraient une exaltation, d'autres une diminution et d'autres, tels que les narcotiques, une abolition temporaire, de la réaction électrique.

Une condition essentielle pour cette recherche est d'abord d'obtenir une série de réactions uniformes. Quand on y est parvenu, les modifications de la réaction qui peuvent suivre l'application d'un réactif donné peuvent être montrées d'une manière irréprochable. J'ai déjà montré (Chap. III) qu'on peut y parvenir par deux méthodes différentes, celle de l'excitation directe, et celle de l'excitation transmise. Dans la première, nous employons l'excitation vibratoire, et la méthode d'arrêt. Dans la seconde, nous employons l'excitation à l'aide de chocs thermiques, l'excitation du contact proximal étant une excitation transmise.

Nous étudierons l'effet des réactifs chimiques à l'aide de ces deux méthodes. Je donnerai d'abord les résultats obtenus avec la méthode d'arrêt, le tissu étant soumis à une excitation directe. Dans les cas où l'on veut étudier l'effet des réactifs gazeux, comme le chloroforme, la vapeur est envoyée dans l'enceinte où se trouve la plante (*fig.* 21). Dans le cas des réactifs liquides, ils sont appliqués aux points de contact A et B, et dans leur voisinage immédiat. L'expérience est conduite en obtenant d'abord une série de réactions normales à des excitations uniformes, appliquées à des intervalles de temps réguliers, d'une minute par exemple, le tracé étant pris en même temps sur une plaque photographique. Puis, sans interrompre ces manœuvres, le réactif donné — par exemple la vapeur de chloroforme — est envoyé dans l'enceinte. La figure 74 montre avec quelle rapidité le chloroforme détermine une diminution de la réaction, et comment l'effet augmente avec le temps. Si la plante n'est soumise que pendant peu de temps à l'action de l'anesthésique, la dépression n'est que passagère, et disparaît après réintroduction d'air frais. Mais une application trop forte ou trop prolongée détermine une abolition permanente de la réaction.

Je donne ci-après (*fig.* 75, 76) deux séries de tracés, dont l'un montre l'action du chloral, et l'autre, de la formaline. Ces

réactifs étaient appliqués en solutions sur le tissu au niveau
des deux contacts et des surfaces adjacentes. On voit que tous
deux déterminent une diminution rapide de la réaction. Dans
les réactions normales, que montre la figure 75, on voit un
exemple très intéressant de fatigue alternante.

Fig. 74. — Tracé photographique de l'action du chloroforme
sur les réactions de la Carotte.

Excitations par torsions de 25° séparées par des intervalles
d'une minute.

Pour mettre mieux en lumière les phénomènes fondamentaux, j'ai laissé de côté jusqu'ici un point délicat. Pour déterminer l'influence d'un réactif sur l'excitabilité d'un tissu,
nous nous basons sur l'augmentation ou la diminution de la
variation électromotrice de réaction qu'il provoque, et nous
mesurons cet effet par les changements produits dans la déviation du galvanomètre. Or, tant que la résistance du circuit
demeure constante, une augmentation ou une diminution
de la déviation du galvanomètre rendra compte exactement

d'une augmentation ou d'une diminution de la force électromotrice due à l'augmentation ou à la diminution de l'excitabilité produite par l'action du réactif sur le tissu. Mais, par suite
de l'introduction du réactif chimique, la résistance du tissu
peut être modifiée, et, de ce fait, il peut se produire une modification de la réaction lue sur le galvanomètre, sans qu'il y
ait aucune variation électromotrice. La variation de la réaction

Fig. 75. — Tracé photographique montrant l'action de l'hydrate
de chloral sur les réactions du pétiole de Chou-fleur.

Torsions de 25° séparées par des intervalles d'une minute.

observée peut ainsi être due en partie à une modification
inconnue de la résistance, aussi bien qu'à une variation électromotrice.

On peut écarter cette difficulté, en interposant dans le circuit
extérieur une résistance considérable et constante. La variation
de résistance du tissu devient alors négligeable, et les déviations
du galvanomètre sont proportionnelles à la variation électromotrice. On peut l'établir expérimentalement. En étudiant
une carotte, j'ai trouvé que sa résistance, y compris celle des
électrodes non polarisables, était de 20 000 ohms. L'application d'un réactif chimique le ramenait à 1900 ohms. La résistance du galvanomètre utilisé était de 1000 ohms, et la résis-

tance constante interposée dans le circuit externe, d'un million d'ohms. La variation de résistance déterminée dans le circuit par l'application du réactif était ainsi de 1000, sur 1 020 000, ou moins d'un millième.

Pour étudier les variations d'excitabilité des tissus animaux, on emploie la méthode des variations négatives. Mais je tiens à insister sur les avantages que présente sur celle-ci la méthode d'arrêt. Dans la méthode des variations négatives, l'un des contacts étant lésé, les réactifs chimiques agissent inégalement

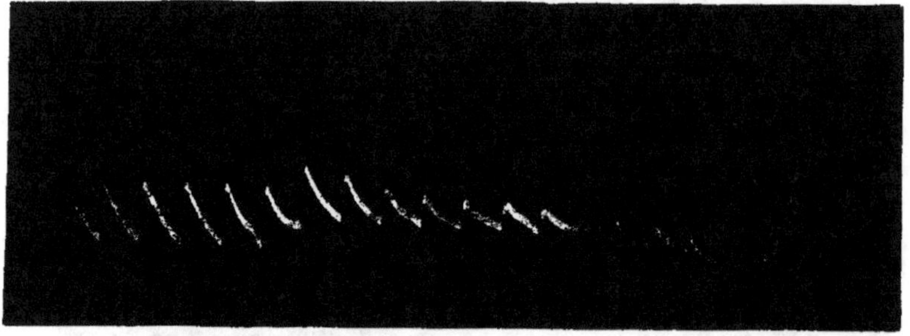

Fig. 76. — Tracé photographique montrant l'action de la formaline (Radis).

sur le contact lésé et sur l'autre. Il résulte de cette inégalité d'action que la différence de potentiel au repos est modifiée d'une manière indéterminée. Mais l'intensité de la réaction dans cette méthode peut jusqu'à un certain point dépendre de la différence de potentiel au repos. On voit donc que cette méthode introduit un facteur qui peut compliquer les recherches.

Dans la méthode d'arrêt, au contraire, les deux contacts sont pris sur des surfaces intactes, et l'effet des réactifs est semblable sur les deux surfaces. Il n'y a ainsi aucune différence entre un contact et l'autre. Les modifications observées ainsi dans la réaction ne sont donc pas dues à une circonstance adventice, mais au réactif lui-même. Si l'on veut encore une démonstration de l'effet produit par l'action du réactif, nous pouvons l'obtenir en excitant alternativement les deux extré-

mités A et B. Je donne ci-dessous (*fig.* 77) un tracé des réactions
obtenues ainsi avec le pétiole du navet. Ce pétiole est à peu
près conique et par suite de cette différence entre les extrémités A et B, les réactions de l'une étaient un peu plus faibles
que celles de l'autre, bien que les excitations fussent égales
dans les deux cas. Quelques gouttes d'une solution de Na OH
à 10 pour 100 étaient appliquées aux deux extrémités. Le tracé

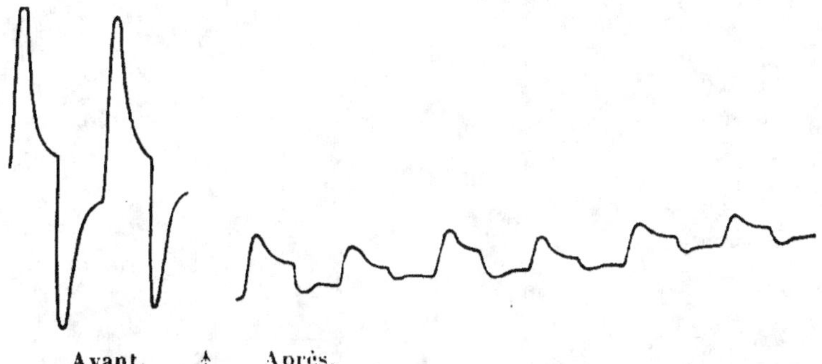

Fig. 77. — Abolition des réactions des extrémités A et B
par l'action de la soude.

Des excitations par vibrations de 30° étaient appliquées avec des
intervalles d'une minute en A et B alternativement. La réaction
était complètement abolie 24 minutes après une application
de soude.

montre avec quelle rapidité ce réactif abolissait les réactions
des deux points.

La figure suivante (*fig.* 78) donne un tracé photographique
qui montre la diminution marquée de la réaction produite par
une solution forte de KOH; et pour montrer que dans les conditions de l'expérience, la variation de résistance n'affecte
en rien les réactions, on a inscrit au commencement et à la
fin du tracé la déviation produite dans le galvanomètre par
l'application d'une force électromotrice de 0,1 volt. La constance
de cette déviation montre que la résistance du circuit est restée
pratiquement la même pendant toute l'expérience. Le changement d'amplitude des réactions électromotrices peut donc être

considéré comme entièrement dû à la variation de l'excitabilité
du tissu.

Dans les expériences que nous venons de décrire, l'excitation
était appliquée directement au niveau du siège de la réaction.
Par l'application d'un agent chimique, non seulement l'excitabi-

Fig. 78. — Tracé photographique montrant l'abolition presque
complète de la réaction après application d'une solution forte
de potasse.

Les deux lignes verticales correspondent à des déviations du
galvanomètre de 0,1 volt, avant et après l'application du réactif.
On remarquera que la résistance totale reste la même.

lité du tissu était modifiée, mais aussi sa réceptivité, ou sa
faculté de recevoir l'excitation. Nous montrerons plus loin
que l'excitabilité de réception et l'excitabilité de réaction ne
sont pas forcément les mêmes. Les tracés que nous donnons
montrent quel est, rigoureusement parlant, l'effet de l'agent
chimique, à la fois sur la réceptivité et sur l'excitabilité.

Mais si nous voulons étudier l'effet de cet agent sur l'excitabilité de réaction seule, il faut séparer le point de réception du point de réaction, et appliquer l'agent chimique au niveau de ce dernier.

On y parvient à l'aide de la méthode de l'excitation transmise, que nous avons déjà décrite. Des excitations uniformes et successives appliquées en un point donné déterminent au niveau d'un autre point une réaction, dont on prend le tracé ; l'agent chimique est ensuite appliqué localement au point

Fig. 79. — Tracé photographique montrant l'action excitante d'une solution de sucre.

qui réagit. On voit que la réceptivité et la conductibilité du tissu intermédiaire ne sont pas modifiées, les changements se manifestent seulement au niveau du point qui réagit.

Je décrirai à présent les effets obtenus à l'aide de cette méthode. Je me suis servi d'un pétiole de fougère. L'excitateur thermique étaft à une distance de $1^{cm},5$ de l'électrode proximale. La figure 79 montre l'action excitante d'une solution de sucre à 2 pour 100, qui produit une augmentation de la réaction qui se maintient pendant un certain temps.

Un autre agent excitant est une solution étendue de CO^3Na^2. Une solution à 1 pour 100 détermine une augmentation d'amplitude de la réaction, mais une solution concentrée détermine au contraire une diminution. Une concentration intermédiaire montre une augmentation suivie d'une diminution (*fig.* 80).

En poursuivant d'autres recherches sur l'effet des diverses

concentrations d'une solution de $CO_3 Na_2$ sur le courant naturel, j'ai obtenu des résultats qui étaient parallèles (Chap. VIII). J'ai montré alors qu'une solution étendue de $CO_3 Na_2$ déterminait une variation positive du courant naturel; une solution concentrée, une variation négative; et qu'une solution de concentration intermédiaire déterminait une variation positive suivie d'une négative. Ainsi, la variation positive, dans les

Fig. 80. — Tracé photographique montrant les effets de l'action prolongée d'une solution de $CO_3 Na_2$ à 2 pour 100. Augmentation initiale suivie d'une diminution.

expériences précédentes, qui nous a déjà paru indiquer une augmentation de l'excitabilité, nous paraissait là correspondre à une augmentation d'amplitude de la réaction, tandis que la variation négative paraît coïncider avec une diminution de l'excitabilité.

Cette recherche, et d'autres semblables, que j'ai poursuivies ailleurs [1], expliquent qu'il n'y ait qu'une différence de degré entre les excitants et les toxiques.

On voit ainsi qu'un excitant, administré à forte dose, peut déterminer une dépression profonde, tandis qu'un toxique, à dose très faible, peut agir comme un excitant. Des recherches

---

[1] BOSE, *Réactions des plantes*, p. 488.

analogues sur la réaction de croissance m'ont montré que le sucre, par exemple, qui est excitant en solution de 1 à 5 pour 100.

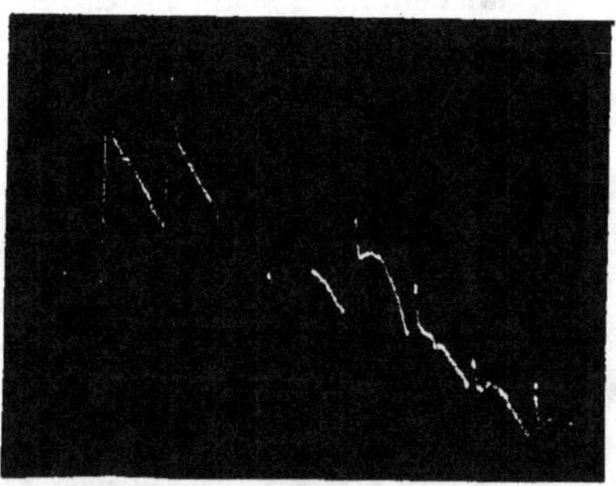

Fig. 81. — Tracé photographique montrant l'action dépressive d'une solution de H Cl à 5 pour 100.

est dépresseur, si la solution est concentrée. Le sulfate de cuivre, qui est considéré comme toxique, ne l'est qu'en solution à

Fig. 82. — Tracé photographique montrant l'effet d'une solution de K OH à 1 pour 100.
Noter la secousse positive préliminaire à la quatrième réaction qui suit l'application.

1 pour 100 et au-dessus, une solution à 0,2 pour 100 est au contraire excitante. La différence entre le sucre et le sulfate

de cuivre vient ici du fait que, dans le second cas, les limites de l'innocuité sont très étroites. Il ne faut pas non plus oublier qu'un produit comme le sucre est utilisé par la plante pour les processus métaboliques généraux, et ainsi éliminé du champ d'action. Ainsi une absorption continue de sucre ne pourrait pas pendant longtemps déterminer une accumu-

Fig. 83. — Tracé photographique de l'action d'une solution de K OH à 5 pour 100.
Noter l'inversion complète de la réaction,
qui devient positive au début, puis son abolition.

lation suffisante pour amener une dépression: Il n'en est pas ainsi avec le sulfate de cuivre : dans ce cas, l'absorption constante de la faible dose excitante déterminerait une accumulation du produit, et aboutirait à la mort de la plante.

Les acides très étendus déterminent souvent une augmentation de l'excitabilité, tandis que des solutions concentrées provoquent une diminution et une abolition. La figure 81 montre la diminution et l'abolition produite par l'application d'une solution à 5 pour 100 d'acide chlorhydrique.

A propos des réactions électriques, nous avons vu qu'il se produit deux effets électriques opposés dans le tissu soumis à l'excitation. L'un est l'effet positif, et l'autre, la variation électrique négative due à l'excitation vraie. L'effet positif peut être décelé, comme nous l'avons vu, en abolissant l'effet négatif d'excitation vraie. Cette variation positive peut être aussi décelée si, par l'action d'un agent chimique, les relations chronologiques des deux réactions sont modifiées, de manière qu'au lieu qu'elles se produisent simultanément, l'une soit en retard sur l'autre. On voit une illustration frappante de ce fait dans la figure 82, qui montre l'effet d'une solution de KOH à 1 pour 100 sur la réaction du pétiole de fougère à une excitation transmise. Nous voyons dans les réactions normales représentées ici la réaction électrique négative résultante. L'application de KOH paraît d'abord diminuer l'excitabilité, comme le montre la diminution de hauteur des réactions. Plus loin, nous voyons que l'effet d'excitation vraie est retardé. L'effet positif n'est alors plus complètement masqué. On reconnaît son existence à une oscillation descendante préliminaire dans une réaction diphasique, à partir de la quatrième réaction qui suit l'application de KOH. La figure 83 montre l'action d'une solution plus forte de KOH, à 5 pour 100. Ici, par suite de l'abolition presque complète du facteur excitation, la réaction paraît être devenue positive; et cette réaction positive est abolie ensuite par la mort de la plante.

CHAPITRE X.

DÉTERMINATION DES VARIATIONS D'EXCITABILITÉ PAR LA MÉTHODE DES INTERFÉRENCES.

Dispositif pour l'interférence des ondes d'excitation. — Effet d'une différence de phase croissante. — Effets d'interférence amenant la transformation d'une réaction positive en réaction négative, après un stade diphasique intermédiaire. — Balance diamétrale. — Effet d'une application unilatérale de potasse. — Effet d'un refroidissement unilatéral.

J'ai montré comment on peut déterminer les variations d'excitabilité dues aux divers agents en enregistrant les amplitudes correspondantes des réactions. Il me reste à décrire une méthode nouvelle et intéressante qui peut servir à ces déterminations, et qui peut éclairer quelques points obscurs. Cette méthode est en outre d'une délicatesse extrême, et permet de déceler les plus légères variations d'excitabilité provoquées par un agent quelconque.

Prenons deux points du tissu à étudier, A à droite, et B à gauche, reliés à un galvanomètre, et convenons de représenter l'arrivée de l'excitation en A à droite par une courbe ascendante, l'effet d'excitation en B étant représenté par une descente. Si les deux points A et B sont excités simultanément, la réaction électrique résultante sera due à la somme algébrique des deux effets électromoteurs, E_A et E_B, qui représentent les effets électriques particuliers à chacun des deux points A et B. Si ces deux effets sont d'intensité égale, et qu'ils soient simultanés, il est évident que ces deux ondes électriques d'excitation étant d'amplitude égale, et ayant la même phase, mais des signes opposés, se neutraliseront par interférence. Dans

ces conditions donc, la réaction à l'excitation simultanée de A
et B sera nulle. Mais si, sous l'influence d'un facteur extérieur,
l'excitabilité de A est augmentée, il est évident que la réaction
résultante sera une courbe ascendante, montrant que l'excitabilité est plus grande à droite. On obtiendra un effet analogue
si l'excitabilité de B est diminuée. De même, une diminution

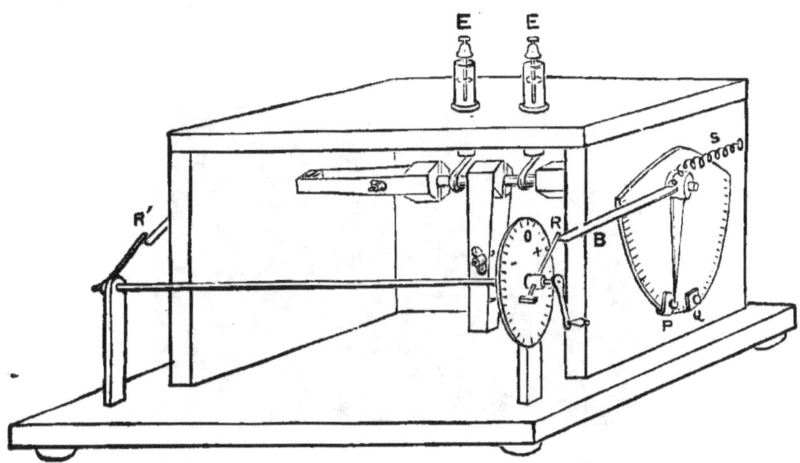

Fig. 84. — R, R', percuteurs servant à l'excitation des deux extrémités du tissu; B, lame élastique reliée à l'axe de torsion. Pour
produire des différences de phase, R peut être réglé à l'aide d'un
azimut.

de l'excitabilité en A, ou une augmentation en B, donnera
lieu à une réaction résultante descendante.

Si les deux ondes d'excitation n'ont pas la même phase,
nous obtiendrons divers effets diphasiques résultant de la
somme algébrique des courbes constitutives de la réaction.
La réaction nulle résultante peut être ainsi transformée en
une réaction diphasique, par l'action d'un agent susceptible
de modifier les relations chronologiques de l'une des réactions
constitutives.

Je vais à présent décrire le dispositif expérimental qui permet
d'exciter deux points en relation avec E et E' et d'étudier les
interférences des réactions électriques résultantes. Pour cela,

nous pouvons employer l'excitation vibratoire qui a déjà
été décrite, avec quelques additions nécessaires (*fig.* 84).
L'angle de torsion qui règle l'intensité d'excitation est limité
par deux arrêts, P et Q. Une lame élastique en cuivre, B, part
de l'extrémité de l'axe de torsion. Un seul choc y détermine
une vibration rapide, les vibrations de retour étant entretenues par le ressort S. L'amplitude de cette vibration reste
toùjours la même, ayant été réglée au préalable par la mise

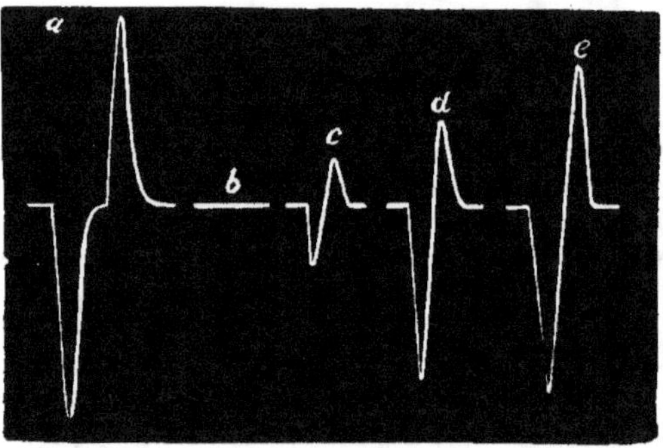

Fig. 85. — *a*. Réaction isolée du côté gauche (descendante) et du
côté droit (ascendante); *b*. État neutre, quand les **excitations**
sont simultanées; *c*, *d*, *e*. Réactions diphasiques **obtenues avec**
des différences de phase croissantes.

en place des arrêts P et Q. Le choc est appliqué par le
heurtoir R, mis en mouvement à l'aide d'une manivelle. Ce que
nous avons dit de l'excitation du côté droit du tissu s'applique
également au côté gauche, le dispositif étant calqué sur le
précédent. Après avoir choisi un angle de torsion convenable
pour le côté droit, et enregistré la réaction en ce point, on règle
l'angle de torsion à gauche, de manière que la réaction de ce
côté puisse être exactement la même qu'à droite. Si l'excitabilité des deux points était exactement la même, des vibrations d'égale amplitude entraîneraient des excitations égales
en chaque point. Mais dans la pratique, les excitabilités sont
légèrement différentes, et il est nécessaire de régler l'angle

de vibration en l'un des points, de manière à obtenir un effet d'excitation exactement égal à celui de l'autre point.

Les deux heurtoirs, l'un à droite, R, l'autre à gauche, ·R′, peuvent être disposés de manière à être dans le même plan vertical, ou l'un peut être en avant de l'autre. La tige de gauche est fixée invariablement à l'axe de rotation, mais celle de droite peut être décalée d'un angle quelconque. Quand le heurtoir

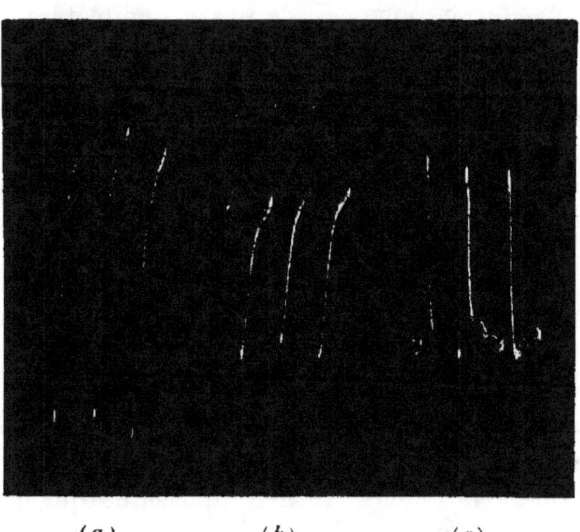

(a)   (b)   (c)

Fig. 86. — Tracé photographique montrant les réactions négative, diphasique et positive, de l'étain, obtenues à la suite de modifications convenables de l'excitation aux deux contacts.

de droite est placé en face du zéro de la graduation, les deux heurtoirs sont dans le même plan vertical, et la rotation de la manivelle détermine des excitations vibratoires égales et simultanées aux deux points. Les réactions à l'excitation à droite et à gauche sont donc alors de même· phase et de même intensité, mais de sens opposés. La figure 85 a reproduit les deux réactions constitutives séparées et égales, fournies par une tige d'Amaranthe. La courbe descendante était fournie par l'excitation isolée du côté gauche, et la courbe ascendante, par celle du côté droit. Par l'excitation simultanée des deux

points, la réaction résultante était nulle (*b*). Mais si l'excitation
d'un côté, par exemple le droit, est augmentée, ce qu'on obtient
en augmentant l'angle de vibration, la réaction différentielle
résultante est ascendante. Il est évident qu'on observerait
un résultat semblable, si, sans modifier l'excitation du côté
droit, on avait augmenté son excitabilité à l'aide d'un agent
externe. Dans ces cas, nous avons des interférences de deux
ondes d'excitation opposées, de phases semblables, et d'intensités différentes ou non.

Nous allons à présent prendre quelques exemples simples
où, l'excitation demeurant constante, il y a une différence de
phase croissante. Si le heurtoir de droite R, au lieu d'être mis
au zéro, est mis à droite, ou à un angle *positif*, la rotation de
la manivelle provoquera une excitation un peu plus tôt à droite
qu'à gauche. Si au contraire le heurtoir est mis à un angle
négatif, l'excitation du côté droit aura un léger retard sur celle
du côté gauche. Dans ces conditions, au lieu de l'effet nul dû à
l'équilibre, nous aurons une réaction diphasique. Il est clair
aussi que si l'on augmente la différence de phase, la neutralisation des effets sera de moins en moins parfaite, les réactions
constitutives isolées étant ainsi de plus en plus apparentes.

La figure 85 *c* montre l'effet diphasique qui était obtenu
quand l'excitation du côté droit avait un léger retard sur celle
de gauche, grâce au réglage du heurtoir avec un petit angle
aigu. La première des oscillations, qui est descendante, montre
que l'excitation est relativement plus précoce du côté gauche.
Quand la différence de phase était augmentée progressivement,
comme en (*d*) et (*e*), on voit que les éléments constitutifs de la
réaction diphasique étaient également accrus. On voit également
par là que, après avoir obtenu une réaction nulle, si l'on applique
ensuite des réactifs qui rendent l'excitation plus précoce en
un point qu'à l'autre, la réaction nulle doit être remplacée par
une réaction diphasique. Si la première oscillation est ascendante, c'est que le contact de droite a été le premier à réagir;
si elle est descendante, c'est le contact de gauche dont les
réactions ont été accélérées.

C'est ainsi que la conversion d'une réaction nulle en une

réaction descendante, négative, ou ascendante, positive, peut servir à reconnaître si un réactif donné est excitant ou dépresseur. Nous voyons aussi que la transformation de cet effet nul en un effet diphasique peut renseigner sur les modifications chronologiques des réactions produites par le réactif. Avant de décrire les résultats obtenus avec des plantes, je donne un tracé photographique (*fig.* 86) de certains effets positifs, négatifs et diphasiques obtenus pour la réaction électrique d'une substance inorganique, l'étain, grâce à des modifications convenables de l'excitabilité des deux contacts par divers réactifs chimiques (¹).

Pour déterminer les effets des divers réactifs par la méthode des interférences, nous pouvons, comme nous l'avons vu, provoquer une excitation simultanée à droite et à gauche, à l'aide de l'appareil que j'ai décrit, et que j'appellerai *Balance longitudinale*. Il y a encore une autre méthode simple pour y parvenir, à l'aide de la *Balance diamétrale* dont le dispositif est reproduit dans la figure 65. Dans ce dispositif, l'organe étudié est fixé à une extrémité, les vibrations étant observées à l'autre. On établit des connexions électriques avec deux points diamétralement opposés, A et B, dont l'un, par exemple A, est supérieur, et l'autre B, inférieur. Dans un tissu isotropique, une excitation vibratoire donnera lieu à une excitation égale et simultanée en A et en B. On étudie l'effet d'un réactif donné en l'appliquant en un point, soit A, et en observant la variation résultante de la réaction. Je vais donner des exemples de résultats obtenus par ces méthodes, qui montreront l'étendue possible de leur application à diverses recherches.

Nous avons vu dans le Chapitre précédent que l'application d'une solution forte de potasse abolit l'excitabilité d'un tissu. Avec la *Balance longitudinale*, je prenais un pétiole de *Bryophyllum*, et réglais l'appareil de façon que les réactions, ascendante de droite, et descendante de gauche, fussent presque égales. En provoquant ensuite une excitation simultanée des

---

(¹) BOSE, *Réactions de la matière vivante et non vivante*, p. 115.

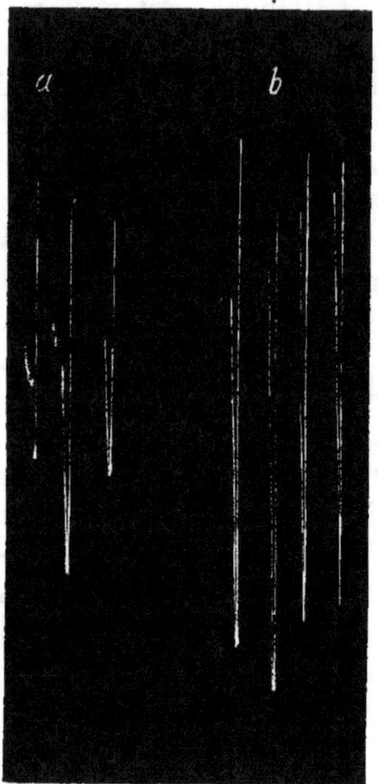

Fig. 87.   Fig. 88.

Fig. 87. — Tracés photographiques : *a*. Réaction diphasique du
pétiole de *Bryophyllum*, la composante ascendante étant due
à l'excitation du côté droit. Une application d'une solution
forte de potasse du côté droit abolissait cette composante,
donnant lieu en *b* à une augmentation de la réaction ascendante.

Fig. 88. — Tracé photographique de la réaction du pétiole
de Chou-fleur par la méthode diamétrale.

Le contact A était naturellement plus excitable, et il en résultait
une réaction ascendante. Après diminution de l'excitabilité de A
à l'aide d'une application locale de glace, la réaction résultante,
inversée, devenait descendante; la réaction normale ascendante
reparaissait quand on laissait le tissu revenir à la température
extérieure.

deux extrémités, j'obtenais une réaction diphasique, due au fait que le point de gauche réagissait plus tôt que l'autre. J'appliquais ensuite une solution forte de potasse au point de droite : le tracé montre que la partie ascendante de la réaction diphasique, due à l'excitation du côté droit, est ainsi complètement abolie, la réaction descendante étant en même temps augmentée, par suite de la suppression de la réaction inverse (*fig.* 87).

Pour montrer l'utilisation de la Balance diamétrale, je m'en servis pour étudier l'influence de l'abaissement de la température sur l'excitabilité.

Pour cela, je prenais un pétiole de chou-fleur. Dans ce cas, l'excitabilité naturelle du contact supérieur A était plus grande que celle de l'inférieur B. La réaction résultante n'était donc pas nulle, mais ascendante.

Le point A était ensuite refroidi localement avec de la glace. Son excitabilité était ainsi abaissée, au point que celle de B devenait relativement plus grande; la réaction résultante s'inversait, et devenait descendante.

On laissait ensuite le point A revenir à la température de l'enceinte, et l'on enregistrait pendant ce temps les réactions, à des intervalles d'une minute. On voyait alors comment, avec le rétablissement graduel de l'excitabilité initiale de A, la réaction résultante devient graduellement, de négative, nulle, puis de nouveau positive (*fig.* 88).

Nous avons ainsi étudié deux méthodes différentes, basées toutes deux sur les interférences, pour déterminer les variations d'excitabiiité produites par divers réactifs. Nous étudierons plus loin une modification de cette méthode, qui permet d'étudier les variations, non seulement de l'excitabilité, mais aussi de la conductibilité, dues aux réactifs.

CHAPITRE XI.
LE COURANT DE LÉSION ET LA VARIATION NÉGATIVE.

Les diverses théories du courant de lésion. — Théorie de la préexistence, de Du Bois-Reymond. — Distribution du potentiel
électrique dans un cylindre musculaire. — Théorie électromo-
léculaire de Bernstein. — Théorie de l'Altération de Hermann. —
Expériences montrant que le courant dit de lésion est un effet
secondaire persistant d'une excitation trop intense. — Négativité électrique résiduelle d'un tissu fortement excité. —
Distribution du potentiel électrique dans un tissu végétal
dont une extrémité est sectionnée. — Distribution électrique
dans un cylindre végétal, analogue à celle du cylindre musculaire.
— Véritable signification de la réaction par variation négative. —
Anomalies apparentes du courant dit de lésion. — Courant
« positif » de lésion.

Si l'on sectionne un nerf ou un muscle sain, la tranche de
section sera négative par rapport à un point de la surface
longitudinale intacte.

J'aurai l'occasion dans ce Chapitre de donner une explication simple de ce phénomène, et de la variation négative
du courant de lésion. Il convient donc seulement de rappeler
brièvement les trois théories qui ont été jusqu'ici proposées
pour expliquer ce fait.

La *théorie de la préexistence*, de Du Bois-Reymond, supposait
que les plus petits éléments ont les mêmes propriétés électriques
que l'organe entier dont ils font partie; chacune de ces molécules électriques comportant deux pôles, et le pôle positif de
chaque molécule se trouvant toujours en regard du pôle positif
de la molécule voisine. Cette théorie reposait sur le fait qu'un
cylindre musculaire, par exemple, présente une distribution

particulière de sa charge électrique. On y trouve une surface
longitudinale, et deux surfaces transversales. A la partie
moyenne du cylindre se trouve la zone équatoriale de la surface longitudinale, qui est positive par rapport à tout le reste
de la surface du muscle. Ainsi la différence de potentiel, entre
une électrode placée au niveau de l'équateur du muscle et
l'autre, augmente à mesure qu'on éloigne celle-ci de part et
d'autre de cet équateur. C'est sur ces faits que reposait la
théorie de Du Bois-Reymond mais elle s'est trouvée depuis
insuffisante. Je reviendrai plus loin sur l'explication de cette
distribution particulière de la charge électrique.

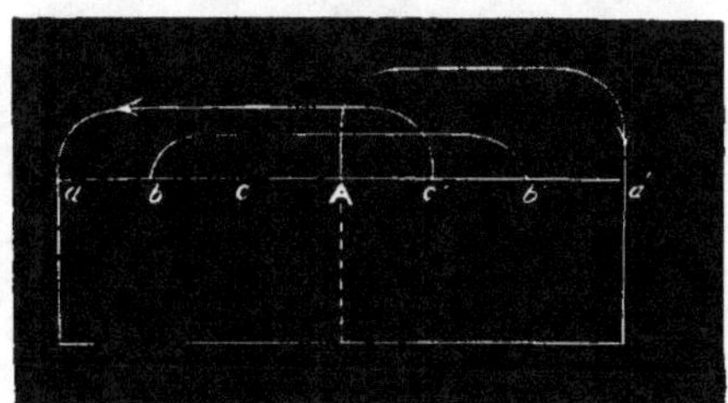

Fig. 89. — Distribution du potentiel électrique
dans un cylindre musculaire.

D'après la théorie de Bernstein, ou *Théorie moléculaire
électrochimique*, la caractéristique de la molécule est sa constitution chimique. Ses pôles fixeraient des groupes d'atomes
électronégatifs, tandis que ses côtés fixeraient de l'oxygène.
et l'excitation résulterait de réactions chimiques.

D'après la *Théorie de l'Altération*, de Hermann, enfin, toutes
les actions électromotrices des tissus vivants seraient plutót
dues à des réactions chimiques qu'à des transformations de
la constitution moléculaire. Étendant cette théorie, Hering
attribue tous les phénomènes électromoteurs à la rupture
de l'équilibre normal par des réactions chimiques.

J'ai l'intention de montrer dans ce Chapitre que le courant
de lésion n'est qu'un effet secondaire d'une excitation excessive. Et puisque l'excitation est due essentiellement à une

transformation moléculaire, nous comprendrons mieux les manifestations électriques qui accompagnent l'excitation, si nous étudions d'abord ces transformations, et leurs effets secondaires, dans le cas le plus simple, celui des substances inorganiques : dans ce cas l'action de facteurs complexes,

Fig. 90. — Tracé photographique montrant l'effet secondaire électrique persistant dans une substance inorganique après une excitation intense. Noter l'ascension de la ligne de base.

Le trait vertical à droite représente 1,0 volt.

comme l'assimilation et la désassimilation, est en effet hors de cause.

Nous avons trouvé par exemple qu'un morceau de fil de fer bien recuit était isoélectrique dans toute sa longueur. En premier lieu, si une partie de ce fil de fer subissait une transformation moléculaire, une différence de potentiel apparaissait entre les points intacts et les parties transformées ou excitées. En second lieu, l'intensité de cet effet électromoteur paraissait croître avec l'intensité de l'excitation. Et, en troisième lieu, le retour à la normale paraissait retardé, quand l'excitation était plus intense (*fig.* 90). Ce phénomène se présente dans la réaction électrique de l'étain, comme un effet secondaire, dont le signe est le même que celui de la variation électromotrice excitatrice.

Fig. 91. — Tracé photographique montrant la négativité électrique persistant dans un tissu végétal après une excitation intense.

Excitations séparées par des intervalles de 3 minutes.
Le trait vertical = 0,1 volt.

On obtient mécaniquement un résultat semblable par la torsion d'un fil de fer.

Quand la torsion est modérée, et l'altération moléculaire peu marquée, le fil abandonné à lui-même reprend rapidement sa position d'équilibre primitive.

Mais si la torsion est excessive, et que le fil soit tendu au delà d'une certaine limite, il reste longtemps tordu, même après qu'il a été abandonné à lui-même.

Le retour à l'état antérieur est, dans ce cas, indéfiniment

retardé. En d'autres termes, un corps qui a subi une contrainte moléculaire excessive présente un effet secondaire persistant.

Si nous étudions les réactions des plantes, nous voyons une semblable persistance de l'effet secondaire, à la suite d'une excitation trop intense. Et nous prendrons d'abord le cas le plus simple, celui où le tissu est excité directement. Nous avions choisi un pétiole de chou-fleur, qui était soumis à des excitations croissantes, à des intervalles de trois minutes, à l'aide de torsions d'angles progressivement croissants. On remarquera que, tandis que le retour à la normale est complet, après une excitation électrique modérée — comme le montre la première courbe de la série — il devient, avec des excitations croissantes, de plus en plus incomplet (*fig.* 91). En d'autres termes, le tissu, après une forte excitation, semble conserver un effet secondaire d'électrisation négative résiduelle, qui est en rapport avec un retour imparfait à l'état moléculaire antérieur.

Dans les cas que nous avons vus, l'excitation était appliquée directement. Nous allons prendre un exemple où l'excitation est transmise, et observer l'effet secondaire négatif persistant qui suit une forte excitation. Nous savons qu'une section avec un instrument tranchant ou un thermocautère agit comme une forte excitation, et que l'intensité effective d'une telle excitation diminuera à mesure qu'on augmente la distance du point d'excitation. Si donc nous observons la variation négative persistante, qui est produite par une excitation, entre un point quelconque, par exemple la surface d'une feuille et des points de plus en plus rapprochés du point de la section, nous verrons que la variation négative est maxima au niveau de la section, et diminue progressivement à mesure qu'on s'en éloigne. Ce résultat peut être vérifié expérimentalement par la mesure de la différence de potentiel entre un point quelconque B et des points *a, b, c, d,* A (*fig.* 92), qui sont de plus en plus éloignés du point de la section. Pour cette mesure, nous nous servons d'un électromètre capillaire, dont les indications sont indépendantes de la résistance variable du tissu interposé. Le microscope était réglé pour l'examen de manière que 0,1 volt correspondait à 100 divisions du micromètre. En expérimentant sur la feuille de *Colocasia*, j'ai trouvé que la distribution électrique entre un point quelconque du limbe et des points du

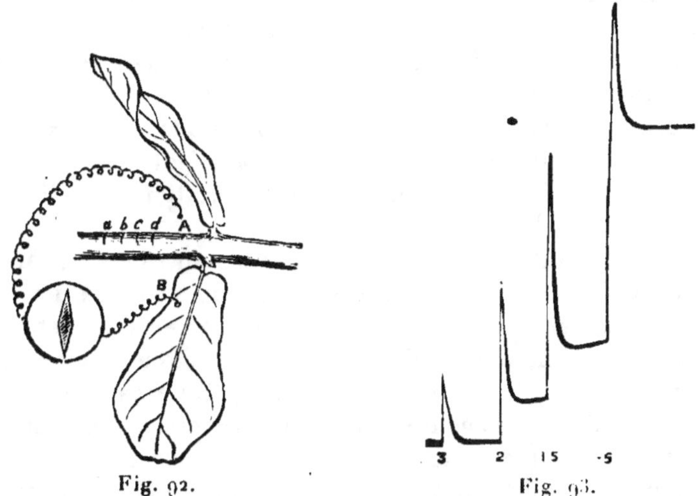

Fig. 92. — Dispositif expérimental pour la détermination
de l'effet électrique dû à la section.

Fig. 93. — Tracés montrant l'augmentation de la variation électrique négative persistante, à mesure que la lésion est pratiquée
plus près du contact proximal A, la distance étant ramenée
de 3 à 0^{cm}, 5.

pétiole sectionné situés à des distances croissantes de la section
se présente telle que la montre le tableau ci-dessous :

*Tableau de la distribution électrique dans un spécimen
de Colocasia.*

(L'extrémité sectionnée était négative. 100 divisions = 0,1 volt.)

Distance de la section.	Différence de potentiel entre un point quelconque et les points étudiés.
cm	div.
0,5	50
1	40
2	33
3	29
4	27

On voit que les points plus rapprochés de l'extrémité sectionnée sont négatifs par rapport aux plus éloignés.

Je décrirai à présent la méthode d'exploration électrique,
plus sensible. La résistance est ici maintenue constante en
gardant des contacts fixes en A et au point indifférent B (*fig.* 92).
L'expérience a été faite avec une tige de *Calotropis gigantea.*
On pratique d'abord une section thermique, par exemple
à une distance de 3^{cm} de A. La variation négative persistante
de A sera due à l'effet secondaire de l'excitation produite par
la section.

La brûlure est ensuite répétée à des distances décroissantes
de A. Je donne une série de tracés où l'on voit que, lorsque
l'excitation par la brûlure se produit à une certaine distance,
il n'y a pas d'effet secondaire persistant, le retour à la normale
étant complet. Mais à mesure que la brûlure est faite plus
près de A, l'effet secondaire persistant va croissant. Des observations faites dans une expérience semblable m'ont donné
les résultats du tableau ci-dessous, qui montre la valeur croissante de cette force électromotrice négative persistante, avec
la diminution de la distance :

Tableau montrant la force électromotrice négative persistante
à diverses distances du siège de la lésion.

Distance de la section.	Force électromotrice négative.
cm	div.
0,25	220
0,5	180
1	120
1,5	75
2	40
3	0

Le graphique de la figure 94 illustre ces résultats, et montre
comment la force électromotrice négative maxima se trouve
au point de section, et diminue rapidement, à mesure qu'on
s'en éloigne. Il est certain que si ces sections avaient été pra-
tiquées à droite comme à gauche de A, il en serait résulté une

double série de variations négatives par rapport à A, de ce
côté également. Une telle série est représentée par les lignes
pointillées de la figure 95. Cette figure montre aussi que la
différence de potentiel est maxima entre le point équatorial A
et les deux sections terminales t et t'; que des points symétriques, cc', bb', aa', sont au même potentiel; et qu'un point

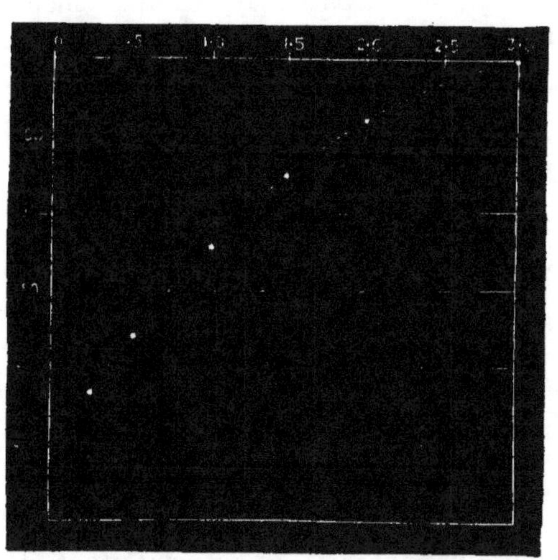

Fig. 94. — Courbe montrant la distribution du potentiel électrique
dans une tige dont une extrémité a été sectionnée.

En ordonnée, la négativité électrique;
en abscisse, la distance à l'extrémité sectionnée.

plus rapproché de la section terminale est négatif par rapport
à un point plus éloigné. On voit aussi que cette distribution
électrique est la même que nous avons vue dans un cylindre
musculaire avec des sections terminales (*fig.* 89).

Ainsi, sans qu'on ait à faire intervenir l'hypothèse de molécules électrisées, les résultats expérimentaux apportent une
explication simple et directe du courant de lésion, qui serait
l'effet secondaire d'une forte excitation.

Le courant de lésion est donc simplement un effet secondaire dû à un retour imparfait à l'état antérieur à la suite d'une

excitation trop forte. Mais, même après une forte excitation, on peut voir un retour lent à l'état antérieur, et ainsi le courant de lésion subira une diminution progressive. Ce fait explique l'observation d'Engelmann, que dans les nerfs à myéline, la force électromotrice d'une section transversale artificielle tombait de 25 à 60 pour 100 dans les deux premières heures après la section, et disparaissait complètement ensuite en vingt-quatre heures. Il trouvait que le renouvellement de la

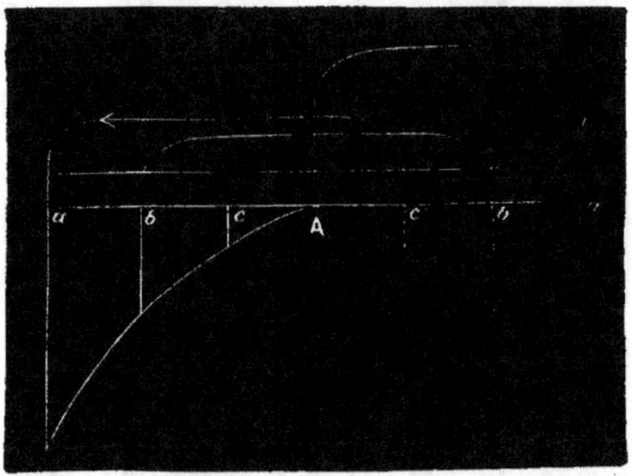

Fig. 95. — Distribution du potentiel électrique
dans un cylindre végétal dont les extrémités ont été sectionnées.

section ramenait la différence de potentiel primitive. C'est un cas net du renouvellement de l'effet par le renouvellement de l'excitation.

La disparition de la variation négative par suite du retour à la normale ne se voit que si la lésion n'a pas été trop profonde. Si, au contraire, il en est ainsi, le tissu passera graduellement à l'état de mort. Mais la variation électrique qui accompagne la mort est positive, comme je le montrerai dans le Chapitre suivant. Ainsi, la disparition de la variation négative d'un point lésé peut résulter de deux processus opposés, le retour à la normale ou la mort.

Si nous considérons la variation négative d'un courant de repos comme un signe certain de l'état d'excitation, deux questions se posent. D'abord, pourquoi, pour obtenir une réaction à une excitation diffuse, est-il nécessaire de traumatiser au préalable uu des contacts ? Ensuite, pourquoi le courant d'action obtenu est-il de sens opposé à celui du courant de repos, dont il constitue ainsi une variation négative ?

Pour ce qui est de la première question, nous avons déjà

Fig. 96. — Tracé des réactions d'une plante
(Pétiole de Chou-fleur) par la méthode de la variation négative.

Les trois premiers tracés correspondent à une intensité d'excitation 1 ; les six suivants, à une intensité double ; les réactions indiquent une fatigue progressive. Le trait vertical à gauche représente 0,1 volt. Le tracé doit être lu de droite à gauche.

vu que si deux points A et B sont excités simultanément, la réaction électromotrice est égale à $E_1 - E_{II}$. Si donc les excitabilités de ces deux points sont égales, il est évident que la réaction résultante sera égale à zéro. Nous voyons donc que pour obtenir une réaction, nous devons diminuer ou abolir l'excitabilité d'un des deux contacts.

Cette conclusion peut être vérifiée par l'emploi de la méthode d'arrêt et de la balance longitudinale. On obtient d'abord en A et B deux réactions égales et de sens opposés. Puis une extrémité, par exemple B, est traumatisée à l'aide d'une section thermique. La tige étant ensuite replacée dans l'appareil vibratoire, on voit que, tandis que la moitié A fournit une réaction énergique, l'extrémité B n'en fournit pas. Ou bien l'extrémité B peut encore être lésée à l'aide de quelques gouttes de potasse concentrée, l'autre extrémité restant intacte. On excite ensuite l'extrémité B, et il y a peu ou pas de réaction. L'arrêt entre A et B est ensuite supprimé, et la tige est excitée dans toute sa longueur. Bien que l'excitation agisse alors sur les deux contacts, cependant, par suite de l'inexcitabilité de B, il y a une réaction, et ce courant d'action est dirigé de A vers B. Nous avons ainsi vérifié expérimentalement l'hypothèse qu'avec une excitation égale, dans le même tissu, une portion intacte sera plus excitable qu'une portion lésée.

Quand le point B est lésé, il s'établit en général un courant plus ou moins durable, qui est dirigé de B vers A. Mais nous avons vu que le courant d'action est dirigé en sens inverse, c'est-à-dire de A vers B. Ainsi s'explique le fait, que le courant d'action détermine une diminution, ou une variation négative du courant de lésion. On peut l'obtenir en créant une lésion de l'un des deux points. Si la lésion est suffisante pour tuer le tissu, son excitabilité est définitivement abolie. Ou bien la lésion, en provoquant une excitation exagérée, peut diminuer seulement l'excitabilité du tissu d'une manière plus ou moins durable.

Je vais à présent citer quelques exemples de réaction par variation négative chez les végétaux. Si nous prenons un pétiole de navet, et si nous créons une lésion en un point de sa surface B, nous observerons dans le pétiole un courant allant du point lésé B au point intact A. La différence de potentiel produite dépend de l'état de la plante et de la saison. Dans l'expérience dont nous parlons, elle était de 0,13 volt. On appliquait ensuite un choc mécanique brusque sur le pétiole, entre A et B, et l'on obtenait une brusque diminution, ou variation négative, du courant, la diminution de la force électromotrice atteignant 0,026 volt. Un second choc plus intense amenait une seconde réaction, déterminant une plus forte diminution de la force électromotrice, qui atteignait 0,047 volt.

Une autre expérience portait sur un pétiole de chou-fleur (*Brassica oleracea*).

La première ligne ascendante à droite indique le courant de lésion. Les trois réactions qui suivent correspondent à une intensité donnée d'excitation; les six suivantes, correspondant à une intensité d'excitation presque double, présentent les caractères de la fatigue (*fig.* 96).

Le courant de lésion subit en général une diminution avec le temps. Ce fait est souvent dû, comme nous l'avons expliqué, à ce que le retour à la normale est lent, après l'excitation excessive due à la lésion. La réaction négative subit alors une diminution. On admet en général que, pour obtenir une variation négative, un courant de lésion préexistant est nécessaire, dont la variation nous permet de reconnaître la réaction. Dans les cas de disparition du courant de lésion, on suppose que la réaction doit nécessairement disparaître, puisque les conditions antérieures n'existent plus. Mais j'ai déjà montré, et j'aurai encore l'occasion d'y revenir dans le Chapitre suivant, que ces hypothèses sont erronées. Car nous pouvons obtenir la réaction habituelle quand le courant de lésion est nul, ou même positif. En fait, la seule condition essentielle pour obtenir une réaction, est qu'à l'un des contacts l'excitabilité subisse une dépression relative.

Dans le cas où la réaction devient plus faible, avec diminution progressive et la disparition du courant de lésion, on peut trouver une explication simple.

Quand le tissu est lésé, il ne meurt pas nécessairement. J'ai souvent trouvé que pour amener la mort, par exemple dans le cas d'une section thermique, une application prolongée de la température fatale est nécessaire. Dans les cas habituels de lésions produites par la chaleur, je trouve qu'il y a seulement une excitation excessive du point lésé, avec diminution de l'excitabilité. Mais après quelque temps, l'excitabilité est plus ou moins rétablie, à mesure que disparaît l'effet de la lésion. La disparition du courant de lésion montre donc aussi le retour plus ou moins complet de l'excitabilité. Cette différence d'action entre les contacts normaux et les contacts lésés, qui détermine l'amplitude de la réaction résultante, diminuera donc proportionnellement. Et quand la réaction a subi une diminution due à cette cause, une nouvelle lésion ramène son amplitude initiale. Ce fait est dû à la nouvelle diminution de l'excitabilité ainsi provoquée au niveau de l'un des contacts.

Il y a cependant deux autres facteurs qui peuvent contribuer à augmenter l'amplitude de la réaction après une lésion récente. Nous avons vu qu'en général la réaction résultante sera $E_A - E_B$, où E_A désigne la force électromotrice développée en A par l'excitation, et E_B, celle développée en B. Il semblerait donc que cette valeur sera maxima, quand l'excitabilité de B sera totalement abolie par la lésion, l'effet résultant étant dû à l'excitation électrique en A tout entière. Mais nous avons vu que, quand la variation négative due à l'excitation vraie d'un point est abolie, ce point peut cependant présenter une variation positive, due à une action hydropositive. Quand ce cas se présente, cet effet positif en B, s'ajoutant à l'effet normal d'excitation en A, peut amener une réaction plus ample que celle que nous aurions considérée comme maxima.

En outre, bien qu'une excitation excessive en un point diminue l'excitabilité de ce point, souvent une excitation modérée l'augmente. L'augmentation de la réaction qui en résulte se voit bien dans le cas des nerfs conducteurs. Ainsi, quand le point B est lésé, l'excitation due à la lésion atteint A, et détermine une excitation modérée en ce point. Par un effet secondaire de cette excitation modérée, A devient souvent plus excitable que normalement ([1]). On voit par là comment, après une lésion récente, ces deux facteurs — effet hydropositif au niveau du contact lésé, et augmentation de l'excitabilité au niveau du contact resté normal, due à la transmission de l'excitation modérée — peuvent rendre la réaction plus énergique.

([1]) Pour plus de détails, *cf.* Chapitre XXXIX.

Nous avons vu que l'effet habituel de la lésion est de déterminer une variation négative au niveau du point lésé. Nous avons vu ensuite que, dans ce cas, la réaction à une excitation externe est une variation négative du courant de lésion. Nous avons à présent à donner divers exemples, qui semblent anormaux, de cas où le point lésé est positif par rapport au point intact, pour des raisons jusqu'ici inconnues. Pour cette raison, et pour d'autres encore, il y a, en outre des cas décrits dans un Chapitre précédent, des exemples où la réaction est une variation positive, et non négative, du courant de repos ou de lésion.

Le premier point à considérer en présence de ces réactions anormales est de savoir si le tissu observé est physiologiquement isotropique, c'est-à-dire également excitable en tous ses points, ou anisotropique. Je discuterai dans le Chapitre suivant le premier de ces cas, celui d'un tissu isotropique, et ne m'occuperai ici que des tissus anisotropiques, que j'étudierai plus loin en détail.

Nous pouvons prendre comme exemple d'un organe anisotropique le renflement moteur du *Mimosa*, où la face inférieure est plus excitable que la supérieure.

Dans les tissus animaux également, il n'est pas rare de rencontrer une anisotropie analogue. Nous pouvons voir par exemple un tissu musculaire aboutissant à des éléments glandulaires. Par suite de cette anisotropie, les surfaces musculaire et glandulaire sont inégalement excitables, et nous montrerons plus loin que c'est en général le tissu glandulaire qui présente la plus forte variation négative après excitation. Dans une préparation de ce genre, obtenue par une section transversale du muscle, on trouve un courant dirigé de la glande intacte vers le muscle lésé. On a voulu en conclure qu'il ne s'agissait pas du courant de lésion, mais d'un courant différent, de nature inconnue.

La confusion vient de ce qu'on n'a pas compris que, d'une part le courant de lésion n'existe pas par lui-même, mais n'est que l'effet secondaire d'une forte excitation, et que d'autre part le courant produit dans le tissu est toujours dirigé du point le plus excité vers le point le moins excité. Dans ce cas d'une préparation musculoglandulaire, l'excitation exagérée, due à la section, diffuse à travers le tissu, et, comme la surface glandulaire est la plus excitable, sa variation négative est plus grande que celle du muscle sectionné, qui est ainsi relativement positif. Nous avons là une démonstration frappante de la nécessité de regarder la réaction électrique comme un signe, non de la lésion, mais de la réaction à la lésion.

Dans le cas précédent par exemple, la lésion physique ne peut évidemment pas être transmise, et c'est l'excitation consécutive qui est conduite jusqu'à la glande.

Une expérience faite avec une feuille sensitive de *Mimosa* servira à éclaircir la discussion qui précède. Si un contact, A, est pris sur la moitié supérieure du renflement moteur, et l'autre, C, avec un point éloigné et indifférent, nous trouverons, en pratiquant une piqûre près de A, que ce contact, par suite de l'excitation due à la lésion, devient électronégatif. Si, ensuite, nous prenons deux contacts en des points diamétralement opposés du renflement moteur, A sur la face supérieure, et B sur la face inférieure, nous trouverons, en provoquant une lésion au niveau du point supérieur A, que ce point devient électropositif par rapport à B. C'est parce que l'excitation due à la lésion a diffusé à travers tout le renflement moteur, en provoquant une excitation plus forte, et une plus grande variation négative, au niveau du point le plus excitable B.

Nous avons vu qu'une section mécanique ou thermique agit comme une forte excitation. Nous avons aussi montré que le retour à la normale après une forte excitation se fait très lentement. Aussi, après une telle excitation, il persiste une variation négative, comme effet secondaire. Comme l'intensité de cet effet secondaire dépend de l'intensité de l'excitation, on verra que la variation négative sera plus forte qu'en un point éloigné, où l'effet transmis de l'excitation est faible. Il s'ensuit que le courant de lésion sera dirigé, dans le tissu, du voisinage de la section vers l'extrémité éloignée, moins exposée à l'excitation.

Le courant de lésion est ainsi un effet secondaire d'une forte excitation. La distribution électrique particulière, qui se voit dans un cylindre de muscle, se voit aussi dans un cylindre de plante, et elle s'explique dans les deux cas par le fait que l'effet secondaire est plus marqué au niveau des deux extrémités sectionnées, et qu'il décroît progressivement vers l'équateur. La surface lésée, soumise à une excitation exagérée, a son excitabilité diminuée ou abolie; une excitation diffuse, produisant un état d'excitation plus intense au niveau du contact resté normal, y détermine une variation négative plus forte; de là une diminution de la différence de potentiel qui existe entre le contact lésé et le contact normal. Ainsi s'explique la réaction par variation négative.

Dans un tissu anisotropique, l'excitation provoquée par la lésion détermine par sa diffusion une variation négative plus forte de la partie la plus excitable du tissu. Si c'est l'extrémité distale, le courant persistant qui en résulte sera dirigé de l'extrémité distale normale vers l'extrémité proximale lésée.

On observera ainsi un cas, en apparence anormal, de courant de lésion positif.

CHAPITRE XII.

LE COURANT DE MORT. RÉACTION PAR VARIATION POSITIVE.

Cas anormal de réaction par variation positive. — Sa cause. — Exploration électrique d'un tissu au moment de la mort et après la mort, dans le cas de mort naturelle. — Répartition du potentiel électrique dans un tissu dont une extrémité a été tuée. — Un tissu au moment de la mort présente une variation négative maximum; après la mort, un potentiel positif, par rapport au tissu vivant. — Explication de cette distribution particulière. — Réaction par variation positive ou négative, suivant le degré de la lésion. — Trois cas typiques. — L'explication basée sur la théorie de l'assimilation et de la désassimilation est erronée. — Toutes les réactions peuvent finalement être ramenées à des réactions fondamentales simples.

Nous avons vu dans le dernier Chapitre que, pour obtenir une réaction par variation négative, il est de règle chez les expérimentateurs en physiologie animale de tuer une extrémité du tissu étudié, par exemple par brûlure. On suppose aussi en général que le tissu mort est négatif par rapport au vivant. Après l'excitation, la force électromotrice négative du contact vivant produit une variation négative de la force électromotrice existant dans le tissu partiellement tué. Ce mode d'exploration à l'aide de la variation négative a toujours été jusqu'ici considéré comme fidèle, comme nous l'avons vu.

Dans le cours de mes recherches sur les réactions des végétaux par ce mode de variation négative, il m'est arrivé d'observer des réactions positives. En prenant par exemple une tige de *Balsamine*, dont je tuais une extrémité par immersion dans l'eau bouillante, et en la soumettant à une excitation vibratoire diffuse, la réaction se trouvait être une variation positive du courant existant. En continuant l'étude de cette tige, je trouvais que la variation électrique due à l'excitation au niveau du contact pris sur le tissu vivant était restée normale, c'est-à-dire que le courant de réaction était dirigé du point vivant excité vers l'extrémité détruite. Je trouvai ensuite que le courant de lésion avait dans ce cas, pour une raison encore inconnue, subi une inversion, et était dirigé du tissu vivant vers

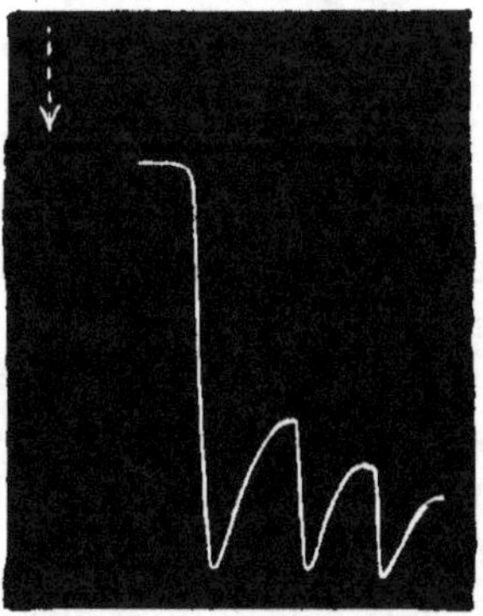

Fig. 97. — Réaction par variation positive du courant de repos. Le courant de lésion, indiqué par ↓, avait été inversé dans ce cas, l'extrémité tuée étant devenue électropositive.

le tissu mort, celui-ci étant positif par rapport au premier, avec une différence de potentiel de 0,08 volt. Cette anomalie de la réaction est due au fait que le courant primitif avait été inversé, et que le courant de réaction, dû à l'excitation, était de même sens que lui, au lieu d'être antagoniste, constituant ainsi une variation positive de ce courant (*fig.* 97). Je rencontrai ultérieurement plusieurs cas, où l'extrémité tuée était positive par rapport à l'extrémité intacte. Puisqu'il est donc possible de voir le courant primitif lui-même subir de telles inversions spontanées sous l'influence de causes inconnues, il est facile de voir combien l'étude des phénomènes de réaction doit devenir incertaine, si la variation négative reste notre seul moyen d'investigation. Je m'appliquai donc à étudier les causes de ces inversions anormales.

La question se réduisait à étudier les conditions qui déterminent l'état positif ou négatif d'un tissu au moment de la
mort. Mon premier but devait donc être d'étudier un cas
où l'approche de la mort fût naturelle, et ne résultât point d'un
changement brusque ou violent, susceptible de donner lieu à ·
des réactions anormales. Et dans ma recherche de spécimens
convenables, je constatai que souvent, par suite d'une mauvaise
nutrition locale ou pour d'autres causes, les feuilles des plantes
présentaient des points ou des surfaces mortes, à partir desquelles la mort se propageait par cercles concentriques. Ainsi,
dans les feuilles de *Colocasia*, nous trouvons de ces surfaces
mortes ou en voie de mortification dans des feuilles parfaitement saines en d'autres points. Le centre de ces zones peut être
noir et décoloré, tandis qu'en approchant du tissu vivant, on
voit toutes les transitions du noir au jaune; et au delà, nous
voyons le jaune passer au vert vif des tissus vivants. En suivant ainsi un diamètre de la tache, depuis le vert vivant jusque
vers le centre, nous trouverons tous les stades possibles de
la mort, depuis le début, à la limite entre le jaune et le vert,
jusqu'à la mort complète, dans la zone noire centrale. En
étudiant l'état électrique de ces diverses parties, je vis que
la limite entre le jaune et le vert était négative par rapport
à la partie verte vivante.

Mais le même point était aussi négatif par rapport à la zone
centrale mortifiée, et plus négatif par rapport à celle-ci que
par rapport au tissu vivant. La partie mortifiée était donc
relativement positive par rapport à la vivante.

Si nous prenons encore un contact fixe sur le tissu vivant,
et un second contact explorateur en divers points échelonnés
sur une ligne radiale entre le premier et le centre de la zone
mortifiée, ces divers contacts seront en rapport successivement
avec les parties vivantes, avec les parties en voie de mortification, et avec les parties mortifiées. La variation du potentiel
électrique sera maxima le long de cette ligne. La différence
de potentiel entre le contact fixe, pris sur le tissu vivant, et le
second contact explorateur, ira d'abord croissant. La différence est maxima, quand on atteint la limite entre le vert et

le jaune, ou un peu au delà de cette ligne, ce point présentant le potentiel négatif maximum. En dépassant ce point, nous voyons le potentiel négatif décroître, jusqu'à un point du tissu mortifié qui est au même potentiel que le tissu vivant. En allant plus loin encore vers le centre de la zone mortifiée, nous trouvons des points de plus en plus électropositifs par rapport au tissu vivant. Ainsi le point du tissu en voie de mortification à la limite du vert et du jaune est le plus négatif, les points situés à droite et à gauche de celui-ci sont positifs par rapport à lui, plus cependant du côté mortifié que du côté vivant. Nous avons dit que la variation électromotrice est très rapide le long d'un axe radial. Au contraire, nous pouvons obtenir une série de surfaces équipotentielles concentriques, dont les limites suivent presque celles des zones de coloration différente.

Je vais indiquer quelques mesures quantitatives. Le premier point à considérer est le choix d'un niveau électrique, qui serve de point de comparaison. S'il est pris dans le tissu vivant, nous verrons que notre niveau-repère est très variable, puisque la condition tonique du tissu, dont dépend le niveau électrique, est elle-même variable. La seule condition absolument invariable est la mort complète. On peut donc la prendre comme point de comparaison. La méthode d'expérimentation consistera à choisir une série de points équidistants, a, b, c, d, etc., à des intervalles de 5^{mm}, le long d'un axe radial partant de la zone centrale mortifiée et dirigé vers le tissu vert. Les contacts impolarisables E et E' sont d'abord placés en a et b, puis en b et c, puis en c et d, et ainsi de suite. Le circuit externe comprend une forte résistance, par rapport à laquelle des différences de résistance égales à celle des 5^{mm} de tissu interposés sont négligeables. Ainsi, les déviations successives du galvanomètre indiquent les différences de potentiel entre a et b, b et c, etc.

Une difficulté qui se présente dans ces mesures de petites différences de potentiel est d'assurer la condition isoélectrique des électrodes impolarisables elles-mêmes.

Quelles que soient les précautions apportées à leur construction, on trouvera quelquefois entre elles une petite différence de potentiel. L'existence de cette différence est facilement vérifiée en amenant au contact les extrémités de kaolin des deux électrodes, ou en les plongeant très près l'une de l'autre dans une solution saline normale. Une différence de potentiel même faible des électrodes donnera alors une grande déviation du galvanomètre.

On peut remédier à cette difficulté en s'assurant d'abord avec soin de la pureté des lames de zinc et des produits chimiques employés, ensuite en gardant les électrodes en court circuit pendant un temps assez long, avec leurs extrémités plongées dans une solution saline normale. Dans des cas très rebelles, je réussis à supprimer toute différence de potentiel en soumettant les électrodes à des variations cycliques de forces électromotrices alternatives. A l'aide d'un commutateur de Pohl, sans traverses, les électrodes étaient mises en connexion avec une source de force électromotrice alternative, et avec le galvanomètre j'essayais de mesurer les variations successives de la force électromotrice résultante.

Un petit générateur à main de courant alternatif était utilisé pour cette expérience. La vitesse de rotation de la machine était graduellement augmentée jusqu'à un maximum puis diminuée graduellement. Ainsi à chaque cycle les électrodes étaient soumises à des variations électromotrices d'intensités alternativement croissantes et décroissantes. L'effet de ces changements cycliques, qui diminuaient la différence de potentiel existant entre deux électrodes soigneusement préparées, se voit dans les résultats du tableau suivant :

État initial.	Déviation du galvanomètre.	Force électromotrice.
	div.	volt
Différence primitive.........	360	0,009
Après le premier cycle......	40	0,001
Après le deuxième cycle.....	0	0
Après le troisième cycle.....	0	0

On voit qu'après un traitement très court les deux électrodes devenaient isoélectriques.

J'essayai ensuite de déterminer la distribution du potentiel électrique dans les diverses portions, vivante et mortifiée, de la feuille. Pour éviter toute variation accidentelle, la feuille était placée dans de l'eau tiède, et y était maintenue pendant une demi-heure environ, jusqu'à ce que l'eau fût revenue à la température de la chambre. L'expérience était ensuite menée comme nous l'avons décrite, et le tableau suivant montre les résultats obtenus. Les électrodes, nous le rappelons, étaient placées successivement en des points échelonnés de 5 en 5^{mm} le long d'une ligne radiale allant du tissu mortifié au tissu vivant, le premier point étant pris comme zéro.

Position des électrodes.	Déviation du galvanomètre.
mm	div.
0- 5	— 0
5-10	— 10
10-15	— 20
15-20	— 45
20-25	— 140
25-30	— 140
30-40	+ 110
40-45	+ 20

On remarquera que pendant que nous allons du tissu mort vers le tissu en voie de mortification, le potentiel négatif de ce dernier croît rapidement, le maximum étant à 30^{mm} du zéro pris dans le tissu mortifié. Ce point de négatif maximum coïncide à peu près avec la limite entre le tissu jaune et le vert.

Au delà, il se produit une inversion électrique, le tissu vivant devenant de plus en plus électropositif par rapport à la zone en voie de mortification. La courbe de la figure 98 montre que tandis qu'il y a un point du tissu, entre la zone morte et celle en voie de mortification, qui est au même potentiel que le vivant, le tissu complètement mortifié est positif par rapport au tissu vivant.

Je fis ensuite une expérience, où la mort était provoquée artificiellement, par immersion d'une portion du tissu dans l'eau bouillante. Je dois dire à ce propos qu'il est très difficile d'obtenir la mortification complète d'un tissu épais.

Les couches superficielles sont tuées facilement, mais les tissus profonds, par suite de leur situation protégée, sont très résistants, et ce n'est qu'après une immersion prolongée dans l'eau bouillante que la mort peut être obtenue d'une manière

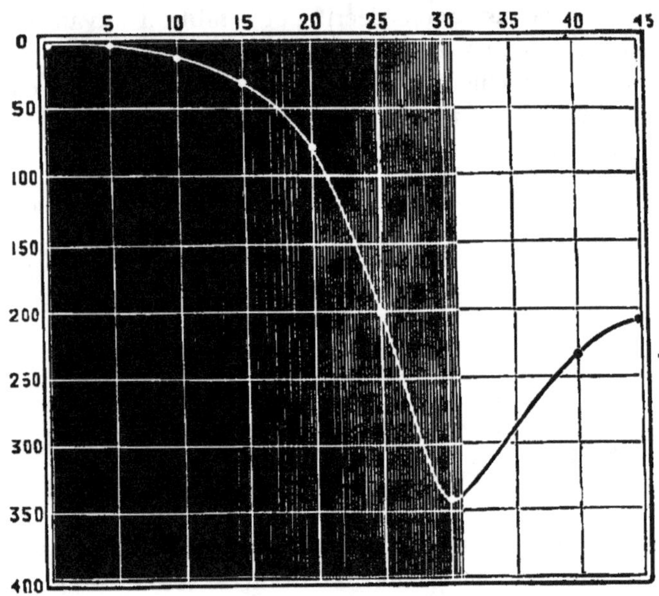

Fig. 98. — Distribution du potentiel électrique dans le limbe de *Colocasia*, le long d'un rayon allant des parties mortes aux vivantes à travers des zones intermédiaires. L'abscisse donne la distance en millimètres à partir du centre choisi dans le tissu mort; l'ordonnée représente le potentiel négatif. Le tissu mort est figuré en noir, le tissu en voie de mortification en gris, le tissu vivant en blanc.

certaine. Mais, dans cette expérience, où une partie seulement du tissu doit être tuée, une immersion prolongée tuerait jusqu'aux parties qu'on voudrait garder vivantes. Cette difficulté a été écartée en choisissant un tissu dont l'intérieur est accessible à l'eau bouillante. Le pédoncule du Lis d'eau (*Nymphœa alba*) paraît sur une section transversale extrêmement réticulé, et il n'y a ainsi pas de difficulté à exposer toutes ses parties à l'action directe de l'eau chaude.

L'extrémité supérieure du pédoncule était maintenue entourée par un linge imbibé d'eau glacée, l'extrémité inférieure étant plongée dans l'eau bouillante pendant 10 minutes. L'échantillon était ensuite placé dans l'eau tiède, où on le laissait refroidir lentement. Ainsi, une certaine longueur du pédoncule restait vivante, tandis que l'autre extrémité était tuée, les parties intermédiaires présentant tous les stades de transition entre la

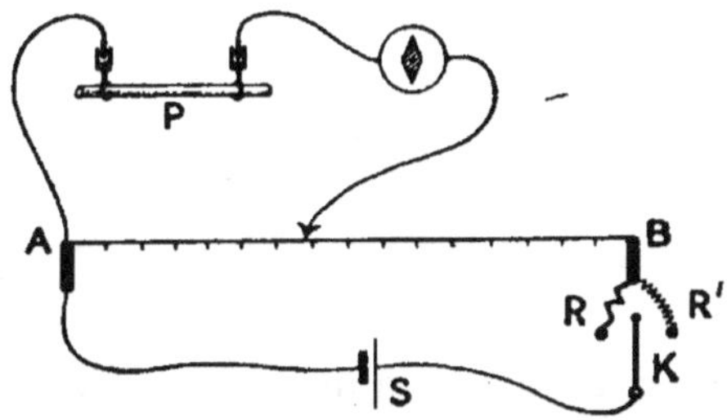

Fig. 99. — Potentiomètre rectiligne.

AB est un fil tendu, relié à des résistances, R et R'; S est un accumulateur. Quand la clef K est tournée à droite, une division de l'échelle = 0,001 volt; quand elle est tournée à gauche, une division = 0,01 volt. P est la plante.

vie et la mort. Pour déterminer la distribution électrique dans ses différentes parties, j'employai la méthode d'équilibre du potentiomètre. Une électrode était reliée invariablement au point du tissu en voie de mortification qui à un examen préalable avait paru présenter le potentiel négatif maximum. La seconde électrode était placée en des points successifs, dont chacun se trouvait plus rapproché de 5^{mm} que le précédent de l'extrémité morte, qui se trouvait à gauche. On répétait la même opération, en procédant de gauche à droite, vers l'extrémité vivante.

A chaque point la différence de force électromotrice était équilibrée par le potentiomètre. Ce potentiomètre de forme linéaire avait une échelle divisée en 10000 parties (*fig.* 99) et quand la force électromotrice à ses bornes était réglée à 1 volt, chaque division du potentiomètre était égale à 0,01 volt. Le tableau suivant donne les résultats obtenus :

Force électromotrice en $\frac{1}{1000}$ volt vers l'extrémité gauche mortifiée.	Distance du point du maxim. négatif vers la gauche (—) ou la droite (+).	Force électromotrice en $\frac{1}{1000}$ volt vers l'extrémité droite vivante.
	cm	
1,2	0,5	0,9
5,0	1,0	2,5
18,2	1,5	4,7
22,0	2	6,8
23,0	2,5	10,0
23,3	3	12,8
...	3,5	15,6
..	4	16,8
...	4,5	17,5
—	5	18

Ici, comme dans le cas de la mort naturelle, nous trouvons un point du tissu en voie de mortification qui présente le potentiel négatif maximum. La figure 100 montre aussi que quand nous nous écartons de ce point dans les deux directions, vers le tissu vivant ou vers le tissu mortifié, nous trouvons un potentiel positif croissant, la courbe vers la partie morte étant cependant plus rapide que du côté vivant. Ainsi deux points situés, l'un à $1^{cm},5$ à gauche dans la zone mortifiée, l'autre à 5^{cm} à droite dans la zone vivante, sont isoélectriques. Mais tandis que le potentiel positif maximum est de 0,018 volt dans le tissu vivant, il est de 0,0233 volt dans le tissu mort. Le tissu mort est donc à un potentiel positif de 0,0053 volt par rapport au vivant.

Nous avons vu qu'il est admis que le tissu mort est négatif par rapport au vivant. Mais les résultats que nous donnons montrent que ce n'est pas une règle absolue.

Puisque la variation électromotrice, au lieu de suivre une progression régulière du vivant au mort, présente une différence maxima, suivie d'une inversion, on peut se demander quelle est la raison de cette anomalie.

Cette question est éclairée par les résultats obtenus dans une autre série de recherches dont on trouvera le détail au Chapitre XIV. Nous y montrons que les tissus végétaux au moment de la mort présentent une contraction brusque, expression

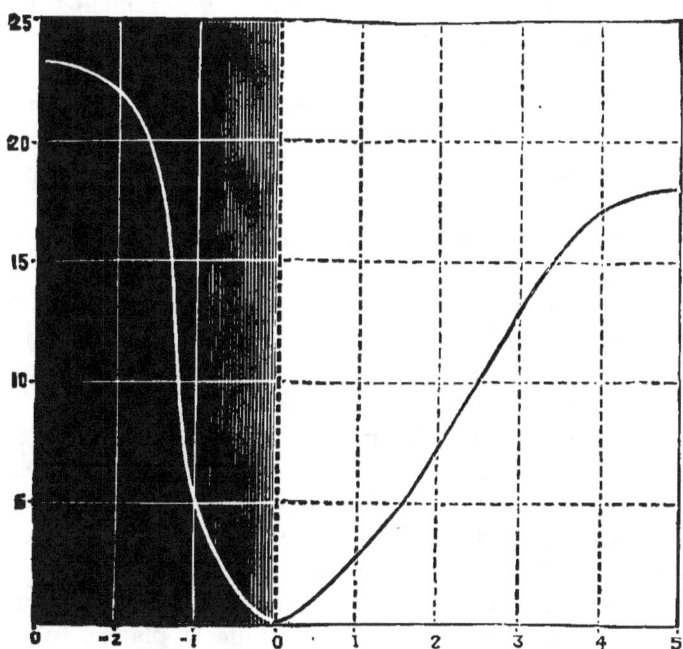

Fig. 100. — Distribution du potentiel électrique dans un pétiole de *Nymphæa alba*, dont une extrémité a été tuée.

Le zéro adopté est le point de négativité maximum ; les distances à gauche, vers les parties mortes, sont considérées comme négatives ; vers les parties vivantes, à droite, comme positives. En ordonnées, les différences de potentiel en millièmes de volt.

d'une réaction à une excitation intense. Elle correspond à la rigidité cadavérique de l'animal, et un dispositif convenable permet d'enregistrer la réaction mécanique concomitante. On peut aussi obtenir un tracé électrique du même phénomène, sous la forme d'un spasme électrique négatif. Succédant à cette rigidité du tissu qui meurt, un relâchement se produit *post mortem*, avec un changement concomitant de la variation négative en positive.

Dans un tissu dont un côté seulement a été tué, on comprend qu'on rencontrera tous les stades possibles. Entre la mort absolue et la vie intacte, nous devons nécessairement traverser diverses zones, en commençant par une zone de tissu anormalement relâché, à travers une zone intermédiaire de tissu fortement contracté et rigide, sur les limites de la zone mortifiée, jusqu'au tissu vivant qui est moins contracté que le tissu en voie de mortification et moins relâché que le tissu mort. Au point où la mort est récente, la rigidité, ou la contraction due à l'excitation, et la variation négative sont à leur maximum. Comparé à ce dernier, le tissu vivant qui présente une légère contraction tonique est positif, mais moins que le tissu mort, anormalement relâché.

Les limites du tissu mort ne sont pas fixes. Elles empiètent constamment sur le vivant. De même, la ligne de rigidité et de variation négative maxima se déplace aussi dans la même direction. On voit en même temps progresser le processus inverse de relâchement *post mortem;* si bien qu'un point qui, par suite de sa rigidité, présente la variation négative maxima, arrive graduellement à devenir positif.

Cette variation positive du tissu mort par rapport au vivant, qui a été démontrée ici dans le cas de la plante, m'a paru se vérifier également pour les tissus animaux, dans les cas que j'ai étudiés. Ainsi, tandis qu'un point lésé et en voie de mortification d'un nerf de grenouille est négatif, un point déjà mort est positif par rapport au nerf vivant. Il y a même une zone intermédiaire, entre la partie mortifiée et celle en voie de mortification, qui est au même potentiel que le tissu vivant.

En prenant donc un contact fixe en un point de la zone vivante, et l'autre successivement sur le tissu en voie de mortification, sur la zone intermédiaire, et sur le tissu mort, nous aurons trois types différents de ce qu'on appelle le « courant de lésion ».

Dans le premier type, le second contact sera négatif, et c'est ce type qui a seul été jusqu'ici considéré comme caractéristique du courant de lésion. Mais il y a deux autres types de ce courant. Quand le second contact est pris sur la zone intermédiaire entre le tissu mort et celui en voie de mortification, il est isoélectrique avec le premier contact, pris sur le tissu vivant. Enfin, quand le second contact est pris sur le tissu mort, il est positif par rapport au premier. Nous trouvons

Fig. 101. — Tracés photographiques de réaction d'un nerf végétal dont une extrémité a été lésée.

Dans le premier, la lésion était légère, le courant de lésion est ascendant, la réaction est une variation négative. Dans le second, la lésion est plus profonde : le point lésé est neutre, la réaction est descendante. Dans le troisième, la lésion a tué le tissu : le courant de lésion est inversé et descendant; la réaction est une variation positive.

ainsi trois types du courant de lésion : le premier, négatif; le second, nul, et le troisième, positif.

Dans le premier type, où le contact lésé est négatif, le courant d'action qui suivra une excitation déterminera une variation négative du courant de lésion.

Dans le second type, le résultat sera indéterminé, puisque le courant est nul.

Dans le troisième, la réaction sera une variation positive du courant de lésion.

Je donne ci-dessus trois tracés photographiques qui illustrent les trois cas, et ont été obtenus avec un nerf végétal. J'ajoute que j'ai souvent obtenu des résultats semblables avec un nerf de grenouille. Dans le premier tracé de la figure 101, la lésion thermique était légère. Le point lésé était donc

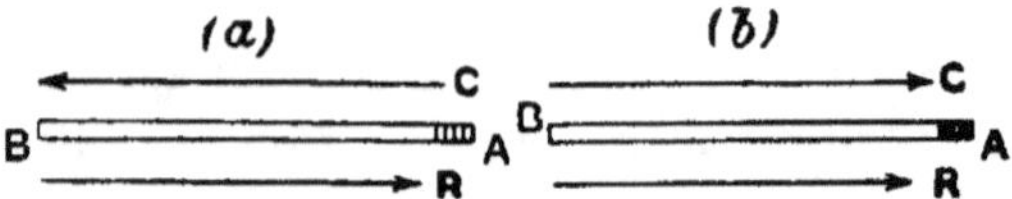

Fig. 102. — Cas typiques de variations du courant de repos et du courant d'action. Tissu primitivement isotropique.

a. A, extrémité légèrement lésée, négative; C, courant de lésion; R, courant d'action, variation négative de C. *b*. A, extrémité tuée, positive; C, courant de lésion; R, courant d'action, variation positive de C.

négatif, et le courant de lésion est représenté par une ligne ascendante. On voit que les réactions sont dans ce cas des

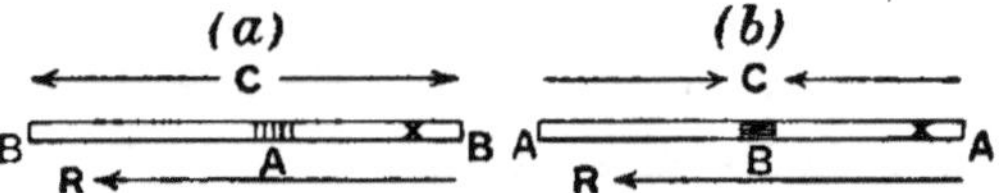

Fig. 103. — Cas typiques de variations du courant de repos et du courant d'action; un point intermédiaire est naturellement moins ou plus excitable qu'un des points terminaux.

a. Le point intermédiaire A, moins excitable, est marqué par des traits verticaux; courant de repos A → B et A → B'; quand le point ✕ de droite est excité, le courant d'action R, dirigé de droite à gauche, donne lieu à une variation négative de A → B', et à une variation positive de A → B. *b*. Le point intermédiaire B, plus excitable, est marqué par des traits horizontaux, courant de repos A → B et A' → B; le courant d'action résultant de l'excitation ✕ est dirigé de droite à gauche, donnant lieu à une variation positive de A' → B, et à une variation négative de A → B.

variations négatives. Dans le second tracé, la lésion était plus profonde, et le point lésé était presque neutre; c'est-à-dire qu'au moment où l'on établissait le contact, il se produisait une légère ascension de la courbe, qui revenait aussitôt au zéro. Il n'y a donc pas dans ce cas de courant de lésion. Les réactions consécutives sont descendantes, le courant d'action s'éloignant du contact vivant. Dans le troisième tracé, la lésion était assez profonde pour tuer le point lésé, qui devenait ainsi positif par rapport au tissu vivant. Le courant de lésion est alors inversé, et représenté par une courbe descendante, les réactions consécutives à l'excitation sont aussi descendantes, et constituent une variation positive du courant de lésion.

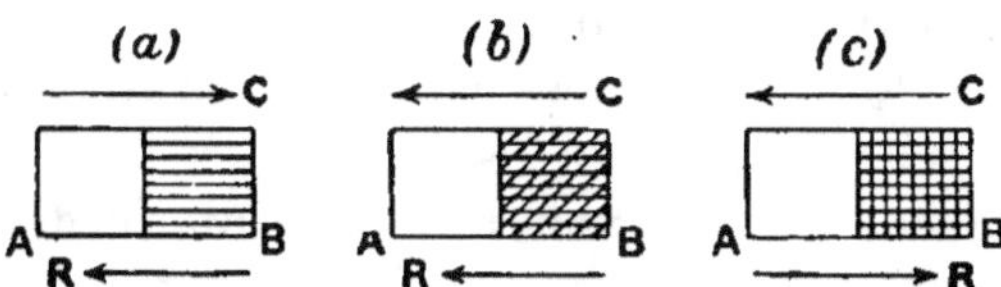

Fig. 104. — Cas typiques de variations du courant de repos et du courant d'action. Organe anisotropique, l'extrémité B est primitivement plus excitable que A.

a. Courant de repos A ‑‑► B ; courant d'action R, de sens opposé ; réaction par variation négative. *b*. Par suite de l'effet secondaire de l'excitation, le courant de repos s'inverse, et devient B ‑‑► A ; B reste cependant plus excitable que A ; le courant d'action R est B → A ; réaction par variation positive. *c*. Courant de repos inversé B → A ; le courant d'action A → B est également inversé, par diminution de l'excitabilité de B, du fait de la fatigue ; réaction par variation négative.

On voit qu'une réaction identique du tissu vivant à l'excitation peut donner lieu à des effets exactement opposés, et entraîner une variation positive ou une variation négative du courant de lésion.

Je donne ci-dessous un résumé des divers types de réaction qui peuvent se présenter quand le courant naturel, ou courant de lésion, est pris comme point de départ.

En premier lieu, nous prendrons le cas où le point A a subi une lésion légère (*fig.* 102, *a*). Le courant de lésion, C, est A ‑‑► B, et le courant de réaction, R, en est une variation négative, B ‑►A.

Mais quand le point A est tué, le courant de lésion C

est B → A, le courant de réaction est aussi B → A, et est ainsi une variation positive du premier (*fig.* 102, *b*).

En second lieu, nous prendrons un cas où, par suite d'une différence physiologique quelconque, un point intermédiaire A est moins excitable que B ou B' (*fig.* 103, *a*).

Le courant primitif, naturel, sera dirigé du point le moins excitable vers le plus excitable; C sera donc représenté par A → B' et par A → B. Si l'excitation est alors appliquée à droite en ×, un courant de réaction identique R, dirigé de droite à gauche à partir du point excité, donnera lieu à des effets en apparence opposés : une variation négative de A → B', et une variation positive de A → B.

Nous pouvons encore avoir un point intermédiaire B naturellement plus excitable que A' ou A. Le courant naturel C sera A → B et A' → B (*fig.* 103, *b*). Une excitation en × donnera alors lieu à un courant de réaction R dirigé de droite à gauche. L'effet paraîtra dans ce cas être exactement inverse de celui du cas précédent, et un courant identique R donnera lieu ainsi à une variation positive A' → B, et à une variation négative A → B. Nous verrons des exemples de ces effets dans le Chapitre XVI.

Enfin, nous pouvons avoir affaire à un tissu anisotropique, composé de deux moitiés inégalement excitables, telles que les moitiés supérieure et inférieure du renflement moteur du *Mimosa*, ou le tissu musculaire et le tissu glandulaire d'une préparation musculoglandulaire. Dans les conditions normales, le courant primaire ou naturel C est dirigé du point le moins excitable A vers le point le plus excitable B, et est représenté par A → B (*fig.* 104, *a*). Le courant d'action R, étant de sens opposé B → A, en constitue une variation négative.

Mais par suite de l'effet secondaire de l'excitation que peut produire le prélèvement du fragment étudié par section, le courant de repos normal C est inversé, et devient B → A (*fig.* 104, *b*). L'extrémité B peut être cependant encore la plus excitable des deux, et le courant d'action B → A constituera alors une variation positive du courant de repos.

Mais si la fatigue apparaît en B, l'excitabilité de ce point descend au-dessous de celle de A; le courant d'action est alors dirigé du point A, relativement plus excitable, vers B, moins excitable, et est représenté par A → B. Dans ce cas, le courant d'action et le courant de repos étant tous deux inversés, le courant d'action se présente comme une variation négative du courant de repos (*fig.* 104, *b*).

On voit combien peuvent être diverses les variations du courant de repos consécutives à l'excitation. Quelquefois négatives, quelquefois positives, il semblerait qu'elles échappent à toute règle. Les explications proposées jusqu'ici rapportent la variation positive à un soi-disant processus d'assimilation, et la variation négative à un processus de désassimilation. On voit l'absurdité de ces explications par le fait qu'une réaction identique à l'excitation devra être rapportée, comme nous venons de le voir, tantôt à un processus d'assimilation, tantôt de désassimilation.

Il faut reconnaître que, si la théorie générale de l'assimilation et de la désassimilation a pu être utile, l'abus qu'on en a fait a souvent été un obstacle au progrès des recherches physiologiques. Le physiologiste, en présence d'une difficulté, au lieu d'essayer de la résoudre par des recherches méthodiques, était tenté de la tourner à l'aide d'une hypothèse qui pouvait aussi bien expliquer un fait que le fait inverse. Dans l'étude de problèmes obscurs, il est toujours à craindre qu'au lieu de chercher la loi qui les régit, on se contente d'enregistrer simplement les phénomènes, et qu'on croie les avoir expliqués dès qu'on leur a donné un nom. La confusion qui existe dans le cas qui nous intéresse a fait durer l'impression que les phénomènes vitaux sont toujours mystérieux, et échappent à toute loi.

L'étude des faits que nous avons décrits nous montre au contraire que les phénomènes réactionnels, si divers qu'ils puissent paraître d'abord, ne sont pas réglés par le hasard, mais sont au contraire déterminés et uniformes dans des conditions données.

En ce qui concerne le courant dit de repos dans un tissu naturellement isotropique, dont une extrémité a été lésée, nous rappellerons que la lésion produit un effet d'excitation, qui se manifeste, entre certaines limites, par une contraction et une force électromotrice négative. Quand un point est soumis à une excitation excessive, la fatigue apparaît, et donne lieu à une inversion du signe normal de la réaction, la contraction étant remplacée par une expansion, et la force électromotrice négative par une positive (cf. *fig.* 56). Au moment de la mort, il se produit une modification analogue, quand la rigidité est remplacée par la flaccidité *post-mortem*. Ainsi, quand une extrémité du tissu étudié subit une lésion de gravité moyenne, elle devient électriquement négative pour un temps plus ou moins long, le courant étant dirigé de cette extrémité vers l'autre. Mais quand la lésion est insuffisante pour tuer cette extrémité, on peut observer inversement un potentiel positif au niveau de cette extrémité.

Dans un tissu isotropique, nous pouvons donc, par une lésion de gravité moyenne, déterminer un état d'anisotropie, par suite duquel l'extrémité intacte devient relativement plus excitable, et électropositive par rapport à l'extrémité lésée inexcitable. Dans un organe naturellement anisotropique, nous observons un état analogue. Dans ce cas, primitivement, la surface la plus excitable est électriquement positive. Mais, sous l'influence de l'excitation due à la préparation ou d'une perturbation accidentelle, cette surface plus excitable est plus fortement excitée et devient électronégative par rapport à l'autre. Ces divers changements dans la direction du courant de repos, ou courant initial, sont la cause des anomalies existantes dans l'interprétation de la réaction par variation positive ou négative.

Mais la direction du courant d'action dans les conditions normales est toujours la même. Après une excitation diffuse, il est toujours dirigé du point le plus excité B vers le moins excité A. La différence d'excitabilité, ou l'anisotropie, peut être naturelle, ou bien être artificiellement provoquée, par exemple par une lésion d'une extrémité d'un tissu isotropique. Il y a deux états différents où l'effet normal peut subir une inversion; c'est dans le cas d'une diminution considérable de la tonicité, et dans celui d'une fatigue excessive. Mais la loi, d'après laquelle le courant de réaction est toujours dirigé du point le plus excité vers le moins excité, reste constamment vraie. On trouvera dans les Chapitres suivants de nombreuses vérifications des cas que nous avons cités.

CHAPITRE XIII.

EFFET DE LA TEMPÉRATURE SUR LES RÉACTIONS ÉLECTRIQUES.

Observations générales sur l'effet de la température sur les plantes. — Effets d'une chute et d'une élévation de température sur la réaction autonome du *Desmodium*. — Abolition de la réaction électrique par la gelée. — Effets secondaires de l'application du froid sur le *Lis Eucharis*, le *Houx* et le *Lierre*. — Réaction plus forte par l'effet secondaire d'une variation cyclique de température. — Abolition de la réaction à une température critique élevée.

Nous avons vu que l'activité physiologique d'un tissu vivant peut être évaluée à l'aide de ses réactions électriques. Nous savons aussi que la température joue un rôle important dans le maintien d'une condition physiologique convenable. Il y a certaines limites entre lesquelles la température lui convient ; au-dessus et au-dessous, l'activité physiologique subit une diminution.

Si la plante est maintenue trop longtemps à une certaine température maxima ou au-dessus, elle peut mourir. De même, il y a un point minimum où l'activité physiologique est arrêtée, et au-dessous duquel la mort survient.

La plante a ainsi deux points de mort, l'un au-dessus de la température maxima, l'autre au-dessous de la minima. Certaines plantes peuvent résister mieux que d'autres à ces extrêmes ; la durée de l'exposition est aussi un facteur dont il faut tenir compte pour apprécier la survie de la plante dans ces conditions défavorables. Certaines espèces sont résistantes, tandis que d'autres succombent aisément.

Une appréciation fidèle de l'action de la température sur

l'activité physiologique est fournie par les variations qu'elle détermine dans les pulsations motrices autonomes de la plante-télégraphe, le *Desmodium gyrans*. Un abaissement

Fig. 105. — Tracé photographique montrant l'action d'un refroidissement rapide par l'eau glacée sur les pulsations de *Desmodium gyrans*.

Les pulsations normales se voient à gauche. L'application d'eau glacée donne lieu à une diminution d'amplitude et à une abolition de la pulsation. Un retour graduel à la température extérieure fait reparaître les pulsations en escalier, leur période restant à peu près constante. On notera que le refroidissement donne lieu à une pulsation dirigée en bas, ou à une contraction; inversement, un chauffage progressif donne lieu à une pulsation dirigée en haut, ou à une expansion. Les lignes ascendantes représentent l'abaissement du foliole; les lignes descendantes, son érection.

trop considérable de la température abolit ses pulsations. La figure 105 montre : 1º le tracé des pulsations normales; 2º leur arrêt à la suite d'une application d'eau glacée; 3º leur retour quand la plante revient à la température de la chambre. La figure 106 montre l'effet sur les pulsations d'une température croissante. Les tracés dans ce cas ont été pris avec une autre plante, et l'on voit que les pulsations diminuent d'amplitude, tandis que leur période devient plus courte, à mesure que la température s'élève. Quand la température s'élève encore davantage, elles finissent par cesser complètement.

Nous allons à présent étudier l'action de la température sur les réactions électriques des plantes. Au sujet de l'action du froid, par exemple, j'ai trouvé, au cours de recherches

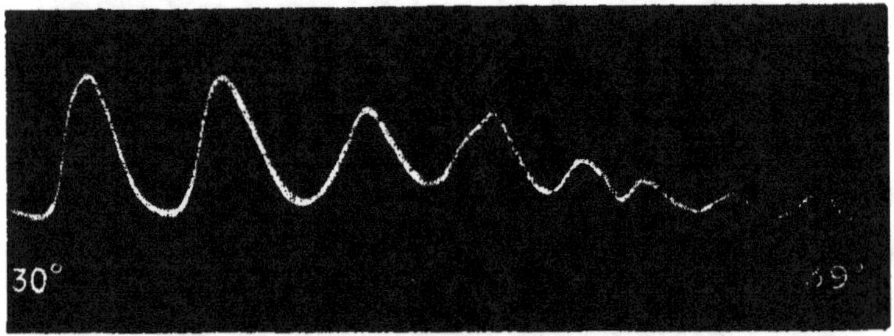

Fig. 106. — Tracé photographique des pulsations de *Desmodium* pendant une élévation continue de la température de 30° C. à 39° C.

faites en Angleterre qu'après une gelée, les réactions électriques sont presque complètement abolies. Au cours d'une semaine donnée, par exemple, la température était de 10° C., et les réactions électriques obtenues alors avec le radis (*Raphanus sativus*) étaient fortes, correspondant à une force électromotrice qui allait de 0,05 à 0,10 volt. Deux ou trois jours après, à la suite d'une gelée, je trouvai la réaction électrique de la plante pratiquement abolie. Quelques échantillons parurent cependant plus résistants. Mais même chez ces derniers, la réaction électromotrice moyenne atteignait seulement 0,003 volt, au lieu de la moyenne normale de 0,075 volt : leur sensibilité moyenne était donc réduite à $\frac{1}{25}$ de sa valeur primitive. En réchauffant ces radis à 20° C., il y avait un retour appréciable vers la normale, que montrait l'augmentation d'amplitude des réactions. Mais avec les plantes qui avaient été gelées, le réchauffement ne ramenait pas d'amélioration. Il ressort de ces faits que le froid tuait certaines plantes, qui ne pouvaient plus ensuite être ranimées, tandis que d'autres étaient plongées dans un engourdissement d'où l'on pouvait les tirer en les réchauffant.

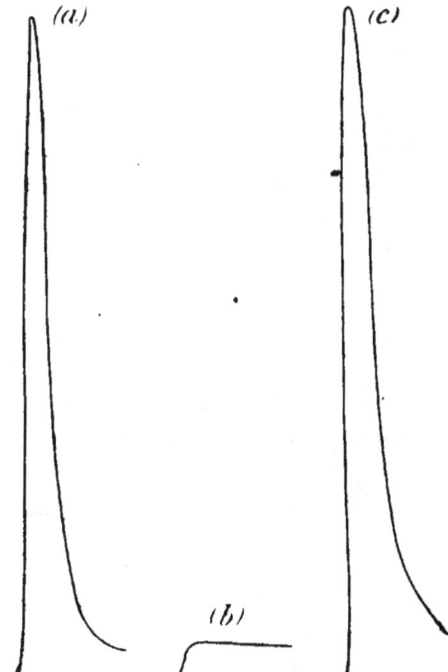

Fig. 107. — Diminution de la réaction d'*Eucharis* par abaissement de la température.

a. Réaction normale à 17° C.; b. La réaction disparaît presque complètement quand la plante est maintenue à — 2° C. pendant 15 minutes; c. Réapparition de la réaction par réchauffement à 20° C.

J'ai aussi étudié l'effet d'un abaissement artificiel de la température sur les réactions électriques des plantes. Le Lis *Eucharis* est particulièrement sensible au froid. Dans ce cas, je prenais le pétiole du Lis, et j'obtenais une réaction à la température ordinaire de la chambre, qui était alors de 17° C. Je le plaçais ensuite pendant 15 minutes dans une enceinte refroidie à — 2° C. En essayant ensuite d'obtenir de nouveau une réaction, je constatais qu'elle avait pratiquement disparu. Le même pétiole était ensuite réchauffé à 20° C. et l'on voyait reparaître la réaction (*fig.* 107).

Je voulus ensuite étudier l'effet secondaire de l'abaissement de la température sur diverses plantes, et je pris pour cela trois échantillons : 1° le pétiole du Lis *Eucharis;* 2° la tige du Lierre, et 3° le Houx. J'enregistrai leurs réactions normales à 17° C., et les plaçai ensuite dans une enceinte maintenue

Fig. 108. — Effet secondaire du froid sur le Lierre, le Houx et le Lis *Eucharis*.

a. Réaction normale ; *b.* Réaction après exposition à une température de gel pendant 24 heures.

à 0° C. pendant 24 heures. Les échantillons étaient ensuite retirés, et l'on enregistrait de nouveau leurs réactions à l'excitation (*fig.* 107). On voit que, tandis que les réactions du Lis *Eucharis*, très fragile, étaient complètement abolies, celles des plantes plus résistantes, le Houx et le Lierre, étaient complètement redevenues normales.

J'ai observé ce fait intéressant que, quand une plante approche de son point de mort, par suite d'une température exagérément haute ou basse, non seulement sa réaction électrique négative peut devenir nulle, mais elle peut même s'inverser et devenir positive. Cet effet est dû à l'apparition de l'effet positif, par l'abolition de la composante de la réaction correspondant à l'excitation vraie.

Nous allons à présent étudier l'action d'une élévation de température sur la réaction électrique de la plante. La diffi-

culté de cette recherche consiste à élever la température de
la chambre aux diverses températures voulues. J'y réussis
à l'aide d'un chauffage électrique. Une spirale de maille-

Fig. 109. — Tracé photographique des réactions du Lis *Eucharis*
pendant l'élévation et l'abaissement de la température.

Excitations d'intensité constante, appliquées avec des intervalles
d'une minute. La température extérieure était élevée progressivement en faisant passer un courant dans une spire chauffante;
on la faisait descendre progressivement en interrompant le
courant. La température correspondant à chaque courbe est
indiquée ci-dessous :

Température croissante : (1) 20°; (2) 20°; (3) 22°; (4) 38°; (5) 53°;
(6) 60°; (7) 65°.

Température décroissante : (8) 60°; (9) 51°; (10) 45°; (11) 40°; (12) 38°.

chort était placée dans l'enceinte (cf. *fig.* 21), et la température
pouvait être réglée à volonté en faisant varier l'intensité
du courant de chauffage. Avec ce chauffage électrique, un
facteur de complication me parut être l'action excitante
de toute variation brusque de température. Mais on n'observe

pas cette excitation, si l'élévation de température se fait d'une façon graduelle et continue, et non par à-coups.

J'y parvins en choisissant au commencement de l'expérience une intensité de courant convenable, susceptible d'élever la température de l'enceinte d'une manière continue, et avec une vitesse à peu près uniforme. J'avais aussi pris soin que la radiation thermique du fil ne pût atteindre la plante, puisque cette radiation, comme nous le verrons plus loin, agit comme un excitant. L'interposition d'une feuille de mica y suffisait, le mica étant opaque aux radiations thermiques.

En même temps qu'on élevait la température dans ces conditions, on appliquait des excitations vibratoires uniformes séparées par des intervalles donnés, et l'on enregistrait les réactions, en notant soigneusement la température de l'enceinte au moment des excitations. J'obtins ainsi le tracé photographique ci-dessus, avec un pétiole de Lis *Eucharis*, qui donne une idée générale de l'effet de la température sur les réactions. On voit que pendant que la température s'élevait de 20 à 22º C., l'amplitude de la réaction augmentait. Ensuite, elle diminuait rapidement avec l'élévation de la température à 36º, et devenait très faible aux environs de 60º C. En laissant redescendre la température, on voyait reparaître les réactions, avec cette particularité que, pendant le refroidissement, elles étaient nettement plus amples que celles observées pendant l'élévation de la température (*fig.* 109).

Le dispositif de chauffage permettait dans ce cas d'élever la température assez rapidement. On remarquera que la réaction n'avait pas disparu même à 65º C., bien que, comme nous le verrons dans le Chapitre suivant, le point de mort fût à 60º environ. Cette anomalie apparente est due au fait que la plante, qui est mauvaise conductrice, n'a pas eu le temps d'atteindre la température du milieu. Nous verrons que si la température est élevée plus lentement, d'environ 1º C. en 1,5 minute, et si la plante n'est pas trop grosse, la réaction à l'excitation disparaît à l'approche de la mort, très près de 60º C.

Je donne ci-contre le tracé de l'effet d'une variation de

la température, de 30° C. jusqu'à 50°, sur la réaction d'une tige d'*Amaranthe* (*fig.* 110). Pour obtenir des résultats parfaits, il est nécessaire que la plante ne présente pas de fatigue, et l'Amaranthe m'a paru peu sujette à la fatigue. On remarquera comment l'amplitude de la réaction diminue d'une manière continue quand la température s'élève à partir de 30° C. Dans ce cas, l'ascension thermique se faisait à la vitesse relativement

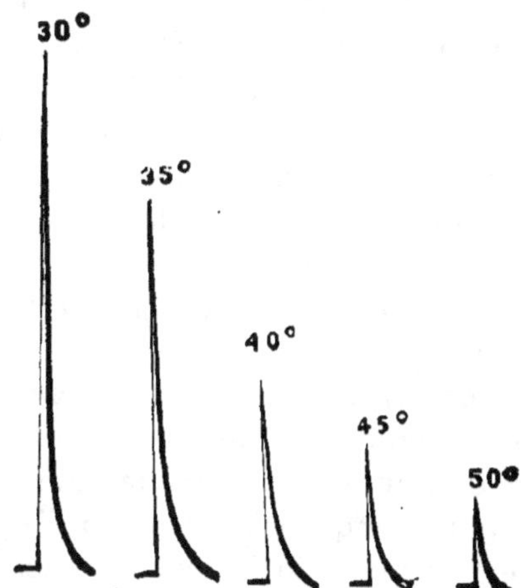

Fig. 110. — Diminution de l'amplitude de la réaction avec l'élévation de la température (tige d'*Amaranthe*).

lente de 1° en 1,5 minute, de façon que la plante eût le temps d'atteindre la température du milieu.

Le tableau suivant montre l'effet de la température sur l'amplitude de la réaction, pour deux échantillons différents d'Amaranthe :

	Amplitude de la réaction.	
Température.	Plante I.	Plante II.
° C.	div.	div.
30	200	110
35	170	90
40	95	40
45	72	25
50	43	10

La température correspondant au maximum d'excitabilité pour cette plante est de 30°; mais pour d'autres plantes tropicales, elle est d'environ 33° C.

On voit que si la température du tissu est au-dessous d'un certain minimum thermotonique, une élévation de température aura pour effet d'augmenter l'amplitude de la réaction en faisant disparaître une certaine paresse moléculaire. Ce fait a été illustré par l'accroissement graduel de la réaction mécanique de la pulsation autonome du *Desmodium gyrans*, quand on laisse revenir à la température de la chambre une plante artificiellement refroidie (*fig.* 105). Si de même un tissu végétal est d'abord refroidi, et qu'on le laisse revenir ensuite à la température ambiante, en enregistrant continuellement ses réactions électriques à des excitations uniformes, on observera pendant le retour à la température normale un accroissement en escalier de ses réactions.

Mais quand la température est élevée au-dessus d'un certain optimum, on voit diminuer l'amplitude de la réaction, non par suite d'une diminution de l'excitabilité, mais par suite d'une tendance plus marquée à retrouver l'équilibre normal, du fait d'une augmentation du facteur interne. Une diminution vraie se produit seulement quand la plante approche de l'état de rigidité due à une chaleur excessive.

Un effet très curieux des variations de température dont nous avons déjà parlé est l'exagération marquée de la sensibilité qui en est souvent un effet secondaire. Le tracé de la figure 109 en offre un exemple, en montrant l'effet d'une variation cyclique de la température sur le Lis *Eucharis*. Dans une autre expérience avec le Chou frisé, la réaction à la température de 30° C. atteignait 11 divisions, et 8 à 50°, pendant la période d'ascension thermique.

Pendant la descente, l'amplitude à 50° C. était de 16 divisions, et de 23 à 30°. La sensibilité était donc doublée. Cette augmentation peut être due en partie à l'augmentation de la mobilité moléculaire consécutive à l'effet de recuit produit par la variation de température.

Quand on élève la température au-dessus d'un certain

point critique, la plante est tuée, et sa réaction électrique est abolie. On le voit par le tracé de la figure 111. Dans ce cas, on obtenait d'abord des réactions normales à la température habituelle de l'enceinte. On faisait ensuite passer de la vapeur

Fig. 111. — Tracé photographique montrant l'abolition
de la réaction par la vapeur.

Les deux tracés de gauche montrent la réaction normale à 77° C. Un chauffage brusque par la vapeur donnait lieu d'abord à une réaction plus forte, mais une exposition de 5 minutes à la vapeur tuait la plante (Carotte) et abolissait la réaction.

Excitations par vibrations de 30° avec des intervalles d'une minute ;
le trait vertical = 0,1 volt.

dans l'enceinte, et on la faisait circuler pendant la durée de l'expérience, en enregistrant les réactions électriques à des intervalles d'une minute. On voit qu'il y avait d'abord une augmentation transitoire de l'excitabilité. Mais elle disparaissait rapidement, et, en 5 minutes, la plante était tuée, comme le montre la diminution, puis l'abolition de la réaction. Cette expérience nous montre l'abolition de la réaction au moment de la mort, sous l'influence d'une température élevée. Dans le Chapitre suivant, nous entreprendrons une détermination exacte de ce point critique de mort.

On voit que la température peut modifier les réactions électriques des plantes. Il y a une température minimum au-dessous de laquelle les réactions sont abolies. Si la plante est maintenue trop longtemps à cette température, elle peut être tuée. Dans le cas d'une plante délicate, comme *Eucharis*, qui est très sensible à l'action du froid, la réaction électrique est définitivement abolie par une exposition prolongée à cette température. Mais des plantes plus résistantes, comme le Lierre et le Houx, présentent un retour des réactions électriques quand on reproduit une température favorable. La réaction électrique disparaît aussi à une certaine température maxima, qui constitue le point de mort.

CHAPITRE XIV.
LE SPASME ÉLECTRIQUE DE MORT.

Divers symptômes apparaissant après la mort. — Méthodes précises de détermination du point de mort. — Détermination du point de mort à l'aide de l'abolition ou de l'inversion de la réaction électrique normale. — Détermination du point de mort à l'aide du spasme mécanique de mort. — Détermination d'après l'inversion thermomécanique. — Détermination par l'observation du spasme électrique : *a*. dans les organes anisotropiques ; *b*. dans les organes radiés. — Enregistrement simultané de l'inversion électrique et de l'inversion de la réaction électrique normale. — Concordance remarquable des résultats obtenus par les diverses méthodes. — Tableau des résultats observés.

On voit par le dernier Chapitre qu'il y a pour chaque plante une température élevée critique, au delà de laquelle la mort survient. Il a été jusqu'ici très difficile de déterminer exactement ce point critique, parce qu'on n'avait pas de critérium certain, qui fût un indicateur immédiat et fidèle de l'apparition de la mort. Les divers signes de la mort, tels que le flétrissement, la décoloration, et l'issue de suc cellulaire coloré, ne se manifestent pas au moment de la mort, mais plus ou moins tardivement. Même quand une plante a été soumise à une température supérieure au point critique, elle continue à paraître fraîche et vivante, et ce n'est qu'après un intervalle plus ou moins long qu'apparaissent les signes de la mort.

Si nous prenons par exemple pour critérium le flétrissement, il est évident que la disparition de la turgescence dont il dépend ne peut pas se manifester brusquement.

Dans un tissu épais, la mort peut survenir dans les couches superficielles de la plante, les couches profondes, par suite de leur faible conductibilité thermique, restant relativement indemnes. Si nous prenons pour critérium la décoloration, que nous voyons se produire quelque temps après l'apparition de la mort, nous voyons que le moment exact où commence la décoloration ne peut être déterminé avec une précision suffisante. Quand nous plaçons le tissu dans un bain chaud dont la température est élevée progressivement, le commencement de la décoloration après la mort est impossible à déceler ; et quand elle est devenue appréciable, la température a déjà dépassé le point critique de plusieurs degrés. J'ai trouvé par exemple que la couleur laiteuse du style de *Datura* devenait brune quand la température du bain avait atteint environ 64° C. Dans les pétales de *Sesbania coccineum*, il se produit également dans des conditions analogues un changement de coloration frappant : le rouge vif devient ici bleu pâle, à une température de 67° C. Enfin la couronne filamenteuse de *Passiflora quadrangularis*, où les filaments sont striés d'anneaux pourpres, perd normalement sa coloration aux environs de 58° C. Dans tous ces cas, le début de la décoloration a été imperceptible. Tout ce qu'on peut donc déterminer par ces expériences, c'est que les changements produits par la mort doivent avoir commencé à une température inférieure à 64-68° C.

Avant d'aller plus loin, il est nécessaire de savoir nettement ce qu'il faut entendre par le point de mort. Chez les animaux, un signe précoce de la mort est l'établissement de la rigidité cadavérique. Mais elle ne s'établit pas simultanément dans tout le corps, certaines parties de l'organisme subissant plus tôt que d'autres les changements dus à la mort. La seule définition précise du point de mort est celle qui en fera le moment de l'apparition d'un signe indéniable de la mort. Je vais donc décrire plusieurs signes de la mort, et montrer comment ils peuvent être décelés avec certitude.

J'ai montré ailleurs qu'il est possible théoriquement de faire cette détermination, en notant la disparition d'un effet caractéristique de l'état de vie, le point de mort correspondant au moment de cette disparition. Les réactions électriques, comme nous allons le voir, peuvent nous fournir un tel critérium.

La méthode idéale consisterait à étudier un effet qui subisse une inversion brusque au moment de la mort.

Il n'y aurait pas même ainsi ce léger degré d'incertitude inhérent à la détermination du point de disparition exact d'un phénomène. Ma découverte de l'existence de spasmes mécaniques et électriques au moment de la mort nous offre une telle méthode.

Nous avons vu que la réaction à l'excitation par une variation négative est caractéristique de l'état de vie. Quand la plante est tuée, cette réaction normale disparaît. Au moment de la mort par élévation de la température, nous pouvons donc nous attendre à voir disparaître cette réaction négative normale à l'excitation.

Pour cette étude, je pris un lot de six radis. Ces plantes étaient maintenues pendant 5 minutes avant chaque expérience dans de l'eau à une température donnée, par exemple 17° C., et étaient ensuite montées dans l'appareil vibrateur, où l'on observait leurs réactions. Chaque plante était ensuite enlevée et replacée dans un bain à une température plus élevée, soit 30° C., pendant 5 autres minutes.

On enregistrait ensuite une seconde série de réactions, avec la même excitation que précédemment. On prenait ainsi des observations pour chaque plante, jusqu'à ce qu'on atteignît la température où les réactions cessaient complètement, ou à peu près. Je donne ci-après un tableau des résultats obtenus avec les six radis :

*Tableau montrant l'abolition des réactions du Radis
(Raphanus sativus) par de hautes températures.*

Spécimen.	Température.	Réaction galvanométrique 100 div. = 0,7 volt.
	° C.	
1	17	70
	53	4
2	17	160
	53	1
3	17	100
	50	2
4	17	80
	55	0
5	17	40
	60	0
6	17	60
	55	0

On voit par ces expériences que dans ces cas les réactions disparaissaient aux environs de 55° C. Nous devons dire que ces recherches ont été faites en hiver, et en Angleterre, et nous montrerons plus loin que le froid a pour effet d'abaisser le point normal de mort d'environ 4 à 5° C.

Je voulus ensuite substituer à cette méthode d'observation discontinue une méthode qui fût continue. Je soumis donc une plante — une tige d'*Amaranthe* — à une élévation continue de température, et pris des tracés de réactions à des excitations uniformes après chaque ascension de quelques degrés. Je trouvai que non seulement il y avait ici une diminution graduelle des réactions tendant vers leur abolition, à mesure que la température s'élevait, mais aussi qu'au point de mort, la réaction négative normale s'inversait, et devenait positive (*fig.* 112). Cette inversion était due au fait qu'en atteignant le point de mort, la composante positive contenue dans la réaction était démasquée par l'abolition de l'effet d'excitation vraie. Mais cette réaction disparait aussi en peu de temps. On voit que

par cette méthode on peut déterminer le point de mort
avec une grande approximation, aux environs de 60° C. dans
le cas actuel. Quand le tissu est peu épais, cette température
est rapidement mortelle. S'il est épais, une exposition beaucoup
plus prolongée est nécessaire pour que l'intérieur du tissu soit
tué complètement.

J'ai encore découvert une autre méthode pour obtenir le

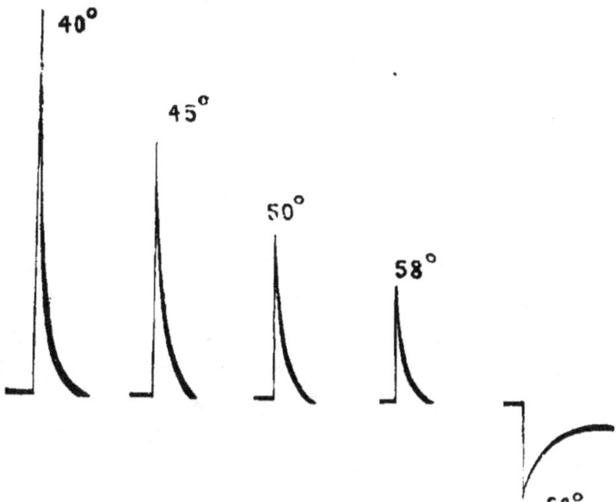

Fig. 112. — Tracé des réactions électriques de l'*Amaranthe*
à diverses températures.

La réaction s'inverse et devient positive à la température critique
de 60° C.

point de mort avec précision, à l'aide des signes fournis par la
réaction mécanique. Car j'ai trouvé qu'un spasme de mort
se produit dans la plante, analogue aux convulsions agoniques
de l'animal. La plante en expérience — le *Mimosa* — était
placée dans un bain, dont la température était élevée progressivement, à un rythme régulier de 1° C. en une minute et demie,
jusqu'à ce que le point de mort fût atteint. Pendant tout ce
temps, il n'y avait pas de réaction par affaissement de la feuille,
car, comme nous l'avons vu, c'est seulement une variation

brusque, mais non une élévation progressive de la température, qui peut agir comme un excitant. Cette élévation progressive, au contraire, augmente la turgescence de la plante, et cette augmentation est plus marquée vers la moitié inférieure, plus excitable, que vers la supérieure. Cette expansion plus marquée vers la face inférieure détermine un relèvement continu de la feuille. Mais dès que le point de mort est atteint, il se produit une inversion de ce mouvement, et un affaissement brusque de la feuille. Ce mouvement spasmodique est subit et net. Dans un Mimosa vigoureux, le spasme de mort se produit à 60° C., ou aux environs de cette température. Cette contraction de mort est suivie au bout de quelque temps d'un relâchement *post mortem.*

On voit que la réaction à la mort est un phénomène d'excitation, par le fait que toute circonstance qui diminue l'activité physiologique abaisse aussi le point de mort. Ainsi, après une période de temps froid, je trouvai que le point de mort du Mimosa était abaissé de la température normale de 60° C. jusqu'à environ 53° C. Rappelons que cette dernière température est à peu près la même que celle que nous avions obtenue pour le radis, en hiver, par la méthode des réactions électriques. J'ai trouvé que la fatigue détermine aussi un abaissement du point de mort, dont l'importance dépend du degré de la fatigue. Quand celle-ci était modérée, j'ai trouvé que le point de mort du *Mimosa* était abaissé à environ 56° C.

Cette contraction spasmodique, qui indique le moment de la mort, peut se manifester de diverses manières. Par exemple, si l'on remplit d'eau le pédoncule tubulaire d'*Allium* et qu'on élève progressivement sa température, il arrive un moment où cette eau est expulsée brusquement. Une vrille de *Passiflora*, dans les mêmes circonstances, se déroule brusquement. Les fleurettes des rayons, dans certaines *Composées*, présentent des mouvements caractéristiques d'élévation ou d'abaissement. Dans tous ces cas, le point de mort se trouve normalement à 60° C. environ.

Si nous étudions les organes radiaux des plantes communes,

nous voyons qu'ils présentent aussi une brusque contraction longitudinale au moment de la mort.

J'ai montré ailleurs comment, à l'aide du Thanatographe, instrument que j'imaginai dans ce but, la plante enregistre une courbe thermomécanique, pendant qu'elle est soumise

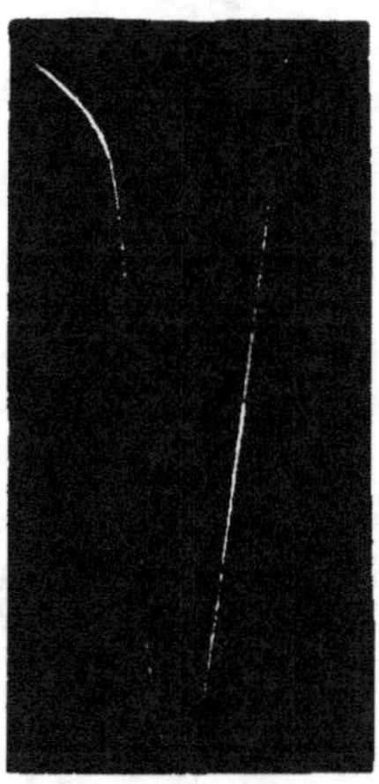

Fig. 113.

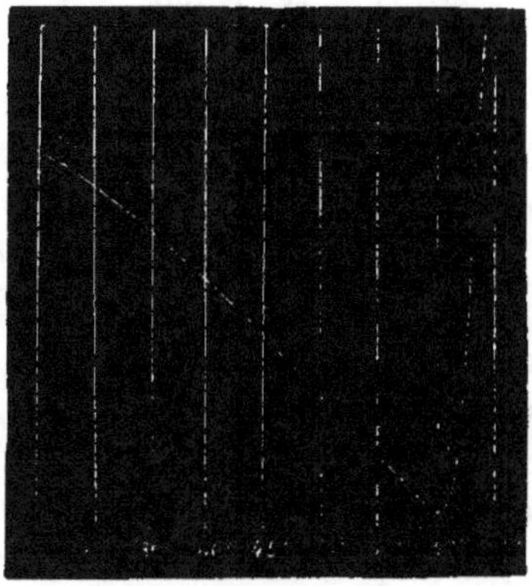

Fig. 114.

Fig. 113. — ·Tracé photographique de la courbe thermomécanique du filament en couronne de *Passiflora*.

La première partie, descendante, de la courbe, montre une expansion, mais au moment de la mort, à 59°,6 C., il se produit une inversion brusque, due à une contraction spasmodique de mort.

Fig. 114. — Courbe thermomécanique de deux styles différents de *Datura alba*, prélevés sur des fleurs du même plant.

à une élévation de température prolongée, poussée jusqu'au point de mort. L'ordonnée de cette courbe représente la variation de longueur provoquée, et l'abscisse, la température. L'expansion signalée dans le cas du Mimosa se présente ici sous la forme d'un allongement graduel, qui se produit jusqu'au moment où est atteint le point de mort. A ce moment, une contraction brusque se produit, donnant lieu à une inversion de la courbe. Ce point d'inversion est très brusque. La courbe dans son ensemble représente ainsi la vie et la mort, et le point d'inversion marque la séparation entre ces deux états. Je donne ci-dessus un tracé photographique de cette courbe thermo-mécanique, obtenue avec la couronne filamenteuse de *Passi-flora*. Le point de mort apparaissait ici à 59° C. (*fig.* 113). La courbe thermomécanique est très semblable dans des plantes de même espèce dans les conditions normales. La figure 114 représente deux tracés pris avec deux styles différents de *Datura alba*, appartenant à des fleurs du même plant. Le point de mort paraît avoir été atteint à 60° C. En enregistrant la courbe thermomécanique, on voit qu'elle représente normale-ment une expansion continue qui se prolonge jusqu'au point de mort. Dans le cas de plantes vigoureuses, dans des condi-tions de tonicité favorable, l'inversion ne se produit pas avant 59°,6 à 60°. Mais avec des plantes moins vigoureuses, il semble qu'il se produise une certaine hésitation dans le tracé aux environs de 55° C. Avec des plantes vigoureuses, il peut n'y avoir qu'une indication minima de cette hésitation; dans d'autres cas, dans des conditions de tonicité moins favorables, l'hésitation se prolonge, mais finalement l'expansion se pro-duit, et l'inversion qui accompagne la mort survient comme d'habitude à 60°. Quand la plante est affaiblie, ou a été soumise à des circonstances défavorables, le point où se produit cette instabilité passagère devient le point de mort, et l'inversion se produit à ce point. Comme exemple de cet abaissement du point de mort sous l'influence de circonstances extérieures défavorables, nous rappellerons que l'apparition subite d'un temps froid l'abaissera d'environ 4 ou 5° C. Une fatigue intense pourra même l'abaisser de 19° C.

J'ai déjà dit que ce spasme, qui se produit au moment de la mort, est une réaction d'excitation. Cette théorie m'amena à penser qu'il serait encore possible de déterminer le moment de la mort à l'aide d'un spasme électrique. Il convient donc d'examiner dans quelles conditions un tel spasme, s'il se produit, peut être reconnu nettement. Supposons un organe radial, avec les contacts électriques habituels A et B, dont la température est élevée progressivement jusqu'au point de mort. L'effet d'excitation produit par la mort doit alors déterminer une variation négative en un point donné. Mais, comme ces effets d'excitation sont égaux et semblables en A et B, ils s'équilibreront, et la réaction électrique résultante sera minime ou nulle. Pour obtenir un effet appréciable, nous devons donc avoir un organe où les excitabilités des deux points A et B soient différentes.

Cette différence d'excitabilité, nécessaire pour l'apparition d'une réaction, peut être naturelle, ou produite artificiellement. Pour trouver une différence d'excitabilité naturelle, nous n'aurons qu'à prendre un tissu qui ne soit pas de structure radiale, mais anisotropique, nous offrant ainsi deux points de contact électrique d'excitabilités inégales.

Nous avons vu que la surface intérieure du pétiole de *Cucurbita maxima* est plus excitable que l'extérieure. Il en est de même du pédoncule creux du Lis *Uriclis*. Il y a aussi une grande différence d'excitabilité entre les faces supérieure et inférieure des écailles du bulbe du même Lis, au moment de la floraison, la surface concave de cette écaille étant plus excitable que la convexe. Je trouve que chacun de ces tissus répond admirablement aux besoins de cette étude.

Je pris un pétiole de *Courge*, je le divisai longitudinalement, et en enlevai une moitié, obtenant ainsi un demi-tube, dont la surface intérieure, concave, était plus excitable que l'extérieure, convexe. Des contacts électriques étaient alors pris à l'aide d'électrodes impolarisables avec des surfaces égales et opposées des deux faces. Ce dispositif était installé dans une enceinte chauffée, contenant un appareillage électrique qui permettait d'élever la température d'une façon continue. On y parvenait grâce à une lampe électrique, qui se trouvait dans une seconde enceinte, située au-dessous de celle où se trouvait la plante. Les deux enceintes étaient séparées par une cloison en bois, et la plante était mise ainsi à l'abri de la lumière de la lampe (*fig.* 115). Car nous montrerons que la radiation elle-même constitue une excitation et il fallait ici éliminer toutes les causes d'excitation autres que la mort.

Grâce à des ouvertures latérales, l'air chauffé pouvait pénétrer dans l'enceinte où se trouvait la plante, élevant ainsi la température. Un rhéostat compris dans le circuit de la lampe permettait de régler la vitesse de cette élévation de température, qui était d'environ 1° par minute.

Le courant naturel dans les conditions normales est dirigé, à travers le pétiole, de la surface externe, moins excitable,

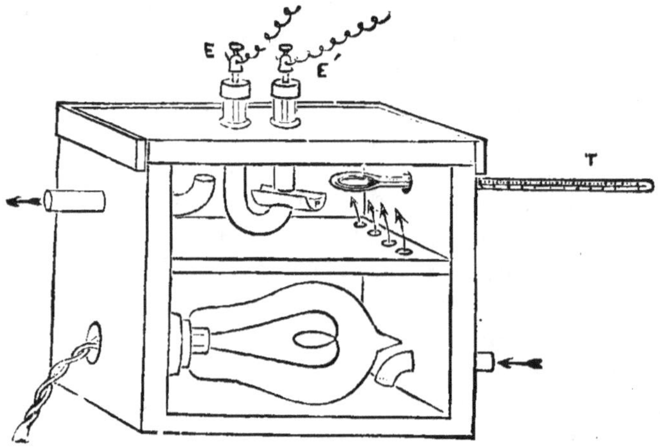

Fig. 115. — La chambre thermique.

Une lampe électrique située dans le compartiment inférieur élève la température du compartiment supérieur. E, E', électrodes établissant les contacts avec le tissu; T, thermomètre.

vers l'interne, plus excitable; cette dernière est donc électriquement positive. Il en est du moins ainsi quand l'excitation provoquée par la section nécessaire pour la préparation a disparu. Cette excitation, en excitant plus énergiquement la surface interne, peut y produire passagèrement un potentiel négatif. Une élévation de température progressive déterminait, comme nous l'avons vu, une augmentation de la turgescence de la face inférieure, plus excitable, du renflement moteur du Mimosa, et cet accroissement de turgescence se manifestait mécaniquement par une érection de la feuille. Mais l'accroissement de turgescence correspond électriquement à un potentiel positif. Nous avons vu aussi que des réactions électriques se produisent aussi bien dans des tissus dépourvus de motilité que dans ceux qui en sont doués. Avec le pétiole de *Courge* nous obtenons donc sur sa surface interne, plus excitable, pendant une élévation progressive de température un potentiel croissant. Cette règle se vérifie seulement, comme nous l'avons dit, quand l'élévation de la température se fait graduellement, et non par à-coups.

Car toute variation brusque jouera le rôle d'une excitation, et rendra négative cette surface interne plus excitable. Il est indispensable pour cette raison que le rhéostat interposé dans le circuit de la lampe, pour régler la vitesse de l'élévation de température, soit réglé avant le commencement de l'expérience, le tissu étudié étant très sensible à cette cause d'excitation. Au commencement de mes recherches, j'éprouvai de grandes difficultés par suite des oscillations de la tache lumineuse du galvanomètre, et il me paraissait alors impossible d'obtenir une courbe électrique régulière. Ensuite, je trouvai que ces oscillations se rapportaient à des variations de température, liées aux manœuvres de réglage de la température, par les déplacements du curseur du rhéostat; aussi doit-on faire ce réglage une fois pour toutes avant de commencer.

J'obtins ainsi avec divers organes anisotropiques une brusque inversion de la courbe électrique au moment de la mort. Ce point de la mort, dans toutes les plantes vigoureuses, où toute trace d'altération avait été éliminée par un repos préalable, m'a paru se trouver à 59°, 6 ou 60° C. Dans ces courbes thermo-électriques, le même point d'instabilité déjà noté dans la courbe thermomécanique s'observait souvent aux environs de 55° C. Et si la plante ne se trouvait pas dans une condition de tonicité favorable, ou si elle avait subi une lésion préalable, le point de mort était abaissé jusqu'à cette température.

Je donne ci-après (*fig.* 116) une courbe électrique montrant l'inversion au moment de la mort. Elle a été obtenue avec le pétiole engainant de *Musa*. La surface interne ou concave de ce pétiole est plus excitable, comme nous l'avons vu, que l'externe. Les variations électriques de réaction étaient très

amples et ne pouvaient être représentées dans les limites de
la plaque photographique.

Je pris donc un tracé photographique entre les températures
de 54° et 57° C. seulement. La première partie de la courbe

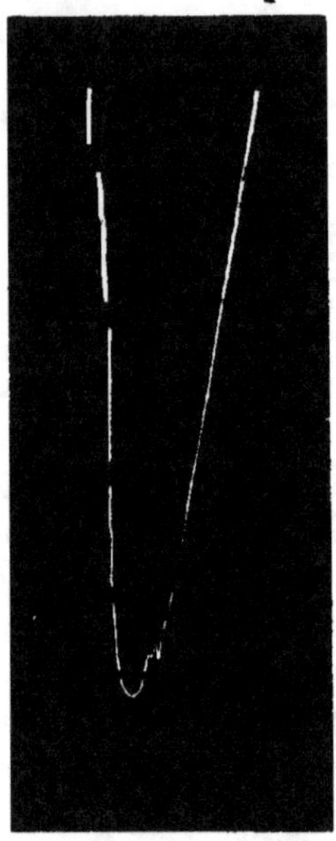

Fig. 116. — Tracé photographique montrant le spasme électrique
dans le pétiole de *Musa*.

Une inversion électrique brusque se produit au point de mort,
59°,5. Le tracé a été commencé à 54° C., et les traits successifs
du tracé correspondent à des élévations de température de 1° C.

représente la variation électrique positive croissante de la
surface interne plus excitable de l'organe. Le même processus
positif croissant avec l'élévation de la température s'était
déjà produit avant la température de 54° où commence le
tracé photographique.

Cette variation positive croissante correspond à l'érection
graduelle de la feuille du *Mimosa* ou à l'expansion d'un organe

radié comme le filament en couronne de *Passiflora*, ces phénomènes étant dus tous deux à une variation positive de turgescence. Pour donner une indication sur la température
particulière à chaque portion de la courbe, la source lumineuse

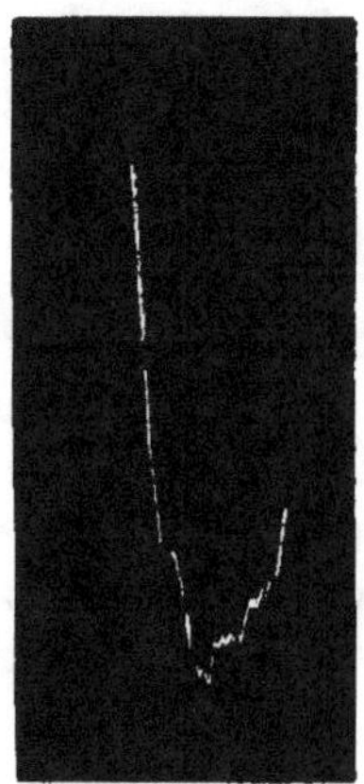

Fig. 117. — Tracé photographique montrant l'inversion électrique
au point de mort (59°,5) dans le pétiole d'*Amaranthe*).

qui servait à son enregistrement était masquée pendant environ
15 secondes après chaque élévation de 1°. Les traits successifs
de la courbe correspondent donc chacun à une élévation de
température de 1°. Ces interruptions n'étaient plus continuées
une fois l'inversion obtenue. Dès que le point de mort fut atteint,
dans le cas actuel à 59°,5, il y eut une inversion brusque de la
courbe électrique (*fig.* 116) correspondant au point d'inversion
de la courbe thermomécanique (*fig.* 113).

Ces deux courbes présentent l'une avec l'autre une analogie
frappante.

Dans les deux cas, l'inversion était due au même phénomène
d'excitation brusque, qui s'exprimait dans l'une par une variation électrique négative, dans l'autre par une contraction
mécanique.

Dans le cas d'un organe de structure radiée, où il y a peu de
différences d'excitabilité, il est nécessaire d'abolir l'excitabi-

lité d'un des contacts, par exemple par chauffage préalable. Pour cette expérience, je pris une feuille d'*Amaranthe*, et déterminai une lésion d'une portion du limbe par immersion dans l'eau bouillante. Les deux contacts étaient pris, l'un sur le pétiole, l'autre, sur le limbe lésé. En élevant la température progressivement, le pétiole plus excitable devenait de plus en plus électropositif. Le tracé photographique fut commencé dans ce cas seulement à 55° C., et l'inversion due à la mort se produisit à 59°, 5 (*fig.* 117).

Nous avons déjà vu qu'en outre de cette inversion électrique, il y a un autre moyen de déceler le point de mort : la réaction négative normale à une excitation externe devient à ce moment positive. Je pensai qu'il serait intéressant de pouvoir dans la même expérience employer ces deux méthodes à la fois : on pourrait voir ainsi si deux méthodes distinctes fourniraient des renseignements concordants. Je pris pour cela une tige d'*Amaranthe*, et abolis par chauffage l'excitabilité d'un des deux contacts, pris sur une feuille latérale. La courbe électrique résultant d'un accroissement régulier de la température fut ensuite recueillie de la manière habituelle. La différence de potentiel entre le contact normal et le point lésé subissait l'accroissement habituel et atteignait un maximum au point de mort. Pendant ce temps, on enregistrait des réactions électriques à des excitations vibratoires uniformes, séparées par des intervalles de quelques degrés. On voit (*fig.* 118) que l'inversion électrique se produisit à 57° C., cet abaissement du point de mort étant dû probablement à la légère dépression causée par la brûlure du contact distal, qui n'avait pas eu le temps de disparaître. Les réactions à une excitation mécanique uniforme, qui étaient enregistrées en même temps, montrent une diminution d'amplitude continue jusqu'au point de mort. Quand ce point a été dépassé, on voit la réaction s'inverser et devenir positive. Comme nous l'avons dit, cette réaction positive disparaît ensuite également. Nous avons ainsi une démonstration frappante du fait que l'inversion de la courbe électrique et l'inversion du signe de la réaction sont concomitantes.

Nous pouvons dire ici, par anticipation sur un Chapitre ultérieur, que le point de mort peut être aussi obtenu par l'inversion brusque de la courbe de résistance électrique, et que la

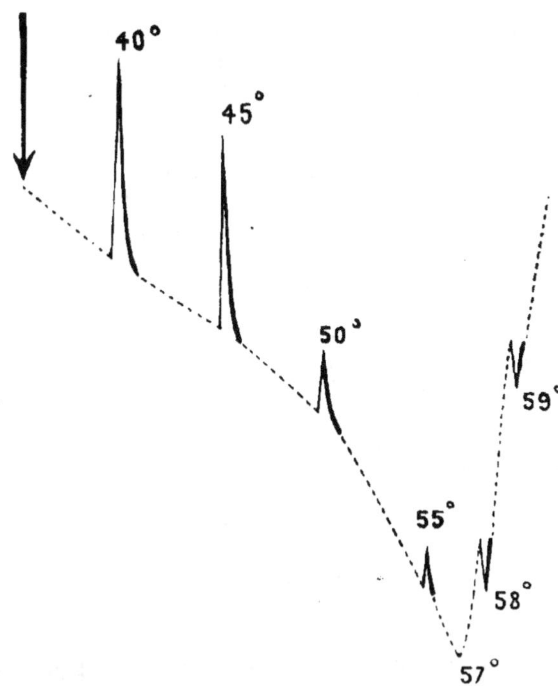

Fig. 118. — Tracé montrant l'inversion de la courbe électrique (représentée en pointillée) et l'inversion simultanée de la réaction électrique dans la tige d'*Amaranthe;* ↓ indique un courant de lésion dirigé du point lésé vers le point intact, qui augmente jusqu'à un maximum, et subit une inversion au point de mort. La réaction normale ascendante subit aussi une inversion et devient descendante au point de mort.

valeur obtenue coïncide avec celles que nous avons déjà trouvées.

Je donne ci-après un tableau montrant les points de mort déterminés par les diverses méthodes :

*Tableau montrant les points de mort déterminés
par les différentes méthodes.*

Plantes en expérience.	Méthode.	Point de mort.
		° C.
1. Fleur de Souci..........	Ouverture ou occlusion de la fleur	59
2. Pédoncule d'Ail........	Expulsion de liquide	59
3. Vrille de Passiflora......	Déroulement	59
4. Renflement moteur du Mimosa.................	Mouvement latéral spasmodique	59-60
5-8. Style de Datura (4 spéc.)..	Thanatographe	60
4-12. Style d'Hibiscus (4 échant.).	»	60
13-18. Filament en couronne de Passiflora (6 échant.)..	»	60
Organes anisotropiques...	Inversion électrique	
19. Pétiole de Chou-Fleur ...	»	60
20. Écaille ou bulbe d'Urielis.	»	60
21. Pétiole de Musa.........	»	60
22. Organe radié : pétiole d'Amaranthe.........	»	59,6
23. Pétiole d'Amaranthe.....	Inversion du signe de la réaction électrique	59,6
24. Style d'Hibiscus........	Variation de résistance	60

On voit qu'en employant des méthodes diverses et des organes
végétaux également divers — fleurs, bulbes, pétioles ou autres
— on détermine un point de mort qui est bien défini, et qui
est pratiquement le même pour tous les phanérogames.

Parmi les méthodes mécaniques, celle qui est basée sur la
courbe thermomécanique, et où le point de mort se reconnaît
à une inversion brusque, est particulièrement précise. On
obtient le point de mort avec la même précision par l'inversion
d'une courbe électrique, et aussi par l'inversion de la réaction
électrique. Il est remarquable de voir coïncider si exactement
les points d'inversion des courbes mécanique et électrique
respectivement, et le point d'inversion de la réaction électrique.

CHAPITRE XV.

RÉACTIONS ÉLECTRIQUES MULTIPLES ET AUTONOMES.

Réactions répétées à une seule forte excitation. — Réaction mécanique multiple du *Biophytum*. — Réactions électriques multiples
de divers tissus animaux et végétaux. — Continuité entre les
réactions multiples et les réactions autonomes. — Passage
d'une réaction multiple à une réaction autonome, et inversement.
— Caractères des pulsations autonomes. — Enregistrement
simultané mécanique et électrique des pulsations automatiques
de *Desmodium*. — Action du chloroforme sur la pulsation électrique de la foliole de *Desmodium*.

Nous avons vu que, quand un organe végétal est soumis à
une excitation isolée d'intensité suffisante, il présente une réaction unique à l'excitation, qui peut se manifester sous deux
formes indépendantes, mécanique et électrique. Nous avons
vu également qu'une partie de l'excitation incidente peut
devenir latente, pour se manifester ultérieurement. Nous avons
aussi montré que si l'on augmente l'intensité de l'excitation,
l'amplitude de la réaction ne dépasse pas une certaine limite.
Il est ainsi possible qu'une très forte excitation, ne pouvant
s'exprimer par une réaction unique, se traduise par une série
de réactions.

L'énergie incidente reste latente dans ce cas pendant quelque
temps (¹) et se manifeste ensuite d'une manière rythmique.

J'ai pu montrer l'existence de cette réaction multiple à une
forte excitation unique par plusieurs méthodes différentes
et indépendantes. La plus simple et la plus frappante est
basée sur l'enregistrement des effets moteurs des folioles de

---

(¹) **Pour** plus de détails, *cf.* Bose, *Réactions des plantes*, p. 279-357.

Biophytum. On voit dans la figure 119 jusqu'à 16 pulsations
en série consécutives à une seule forte excitation thermique
du pétiole supportant les folioles. La période moyenne de chaque
pulsation est ici d'environ 30 secondes, mais elle peut varier
dans divers cas, depuis la moitié de cette durée jusqu'à 1 minute.
J'ai aussi pu déceler ces ondes d'excitation multiples pendant
leur passage à travers des tissus conducteurs dépourvus de

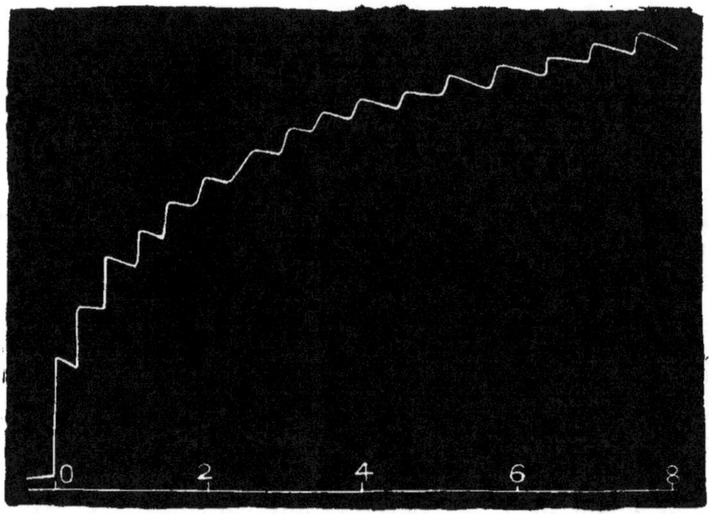

Fig. 119. — Réaction mécanique multiple de *Biophytum*,
due à une excitation thermique unique et intense.

motilité, tels que les tiges. Les changements de volume imper-
ceptibles qui se produisent à l'arrivée de l'excitation étaient
ici décelés électriquement par les variations de pression produites dans un contact microphonique qui entourait l'organe
étudié. La figure 120 montre une de ces réactions électro-
tactiles multiples dans la tige du *Mimosa*, à la suite d'une seule
excitation thermique.

J'ai pu aussi enregistrer des effets multiples de l'excitation
en me servant des réactions électromotrices. La figure 121
montre un tracé photographique d'une série de ces réactions

fournies par la feuille de *Biophytum*, les excitations thermiques isolées étànt appliquées dans ce cas avec des intervalles de 5 minutes. On voit que chaque excitation isolée donnait lieu à 5 à 8 réactions, dont chacune avait une durée moyenne de 30 secondes. Il faut se rappeler que la durée moyenne des réactions mécaniques correspondantes était la même.

Ces réactions multiples à une seule forte excitation, que

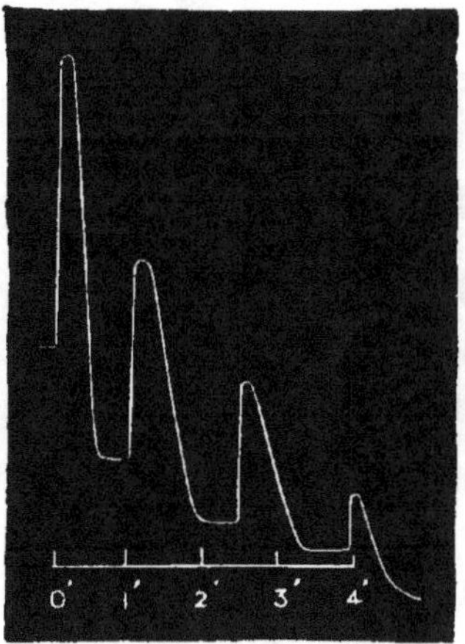

Fig. 120. — Réaction électrotactile multiple dans la tige de Mimosa, due à une excitation thermique unique et intense.

(Tracé original réduit à $\frac{1}{8}$.)

présentent nettement les tissus végétaux, tels que les renflements moteurs de *Biophytum*, et, chez les animaux, le muscle cardiaque, s'observent aussi avec presque toutes les variétés de tissus, quand les circonstances sont favorables. La figure 122 les montre dans le cas de divers organes végétaux, et à la suite de diverses formes d'excitation. On voit (*fig.* 123) une série de réactions multiples que j'ai obtenues avec un estomac de grenouille.

Des réactions multiples résultent ainsi de l'énergie en excès apportée par tous les modes d'excitation. Dans les conditions naturelles, la plante est exposée aux diverses excitations provenant du milieu qui l'entoure. Elle est exposée à l'action de la chaleur, de la lumière, de la pression hydrostatique interne, des divers agents chimiques qu'elle contient ou qu'elle absorbe. Nous avons vu que chacun de ces facteurs exerce isolément son action excitante. Sous l'influence conjuguée de ces sources extérieures d'excitation, l'énergie emmagasinée par la plante peut atteindre une quantité suffisante pour déterminer une réaction excessive à l'excitation, sous forme

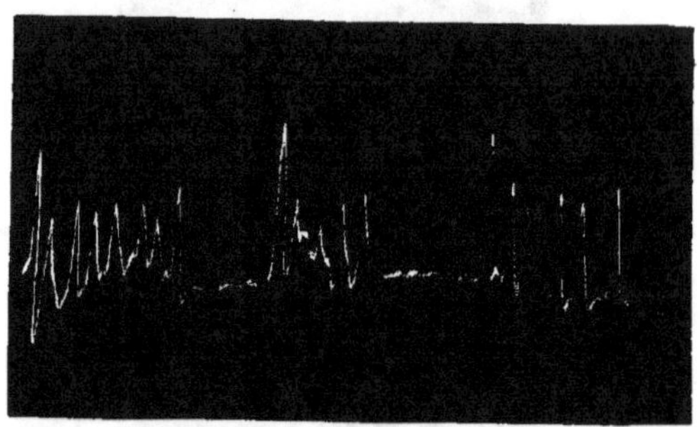

Fig. 121. — Tracé photographique de la réaction électrique multiple de la feuille de *Biophytum*.

On voit une première série de huit réactions à une excitation thermique isolée; une seconde excitation, après un intervalle de 5 minutes, donnait lieu à cinq réactions; une troisième excitation, après un second intervalle de 5 minutes, donnait lieu à six réactions. La période moyenne de chaque réaction était d'environ 30 secondes.

de pulsations répétées. Elles peuvent se prolonger même assez longtemps après l'arrêt de l'excitation qui les a provoquées. Les pulsations pourraient ainsi paraître automatiques ou spontanées. J'ai obtenu ainsi des pulsations répétées avec *Biophytum* quand la plante était dans des conditions favorables d'éclairement et de température.

Ces pulsations persistaient quelque temps après suppression de la lumière. J'ai montré ailleurs que l'énergie qui s'exprime par des mouvements pulsatiles peut être empruntée par la plante, soit directement à des sources extérieures, soit·à un excès d'énergie déjà accumulée et restant latente dans le tissu, s'ajoutant à l'excitation externe incidente, soit à une provision d'énergie accumulée antérieurement. On observe ainsi une continuité entre les plantes à réactions multiples et celles à réactions autonomes. Le *Biophytum*, qui, dans les conditions normales, appartient au premier de ces groupes, passe dans le second, quand les conditions sont exceptionnellement favorables : il présente une réaction unique à la suite d'une excitation

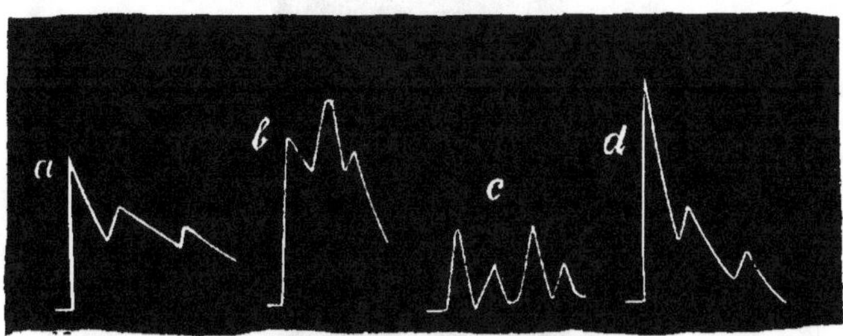

Fig. 122. — Réactions électriques multiples de divers organes
à diverses formes d'excitation.

a. Du *Mimosa*, à une excitation thermique, et *b.* chimique; *c.* Du pédoncule de *Biophytum* à une excitation thermique (*N..B.* Cette série se prolongeait pendant 2 heures); *d.* De l'hypocotyle de *Tamarindus indica* à une excitation par section.

unique d'intensité moyenne, et des réactions multiples après une forte excitation. Dans des conditions exceptionnellement favorables, il présente des pulsations qui semblent automatiques ou spontanées.

C'est donc l'absorption de l'énergie empruntée au milieu extérieur qui est la cause des mouvements dits autonomes. Il serait impossible de concevoir un mouvement sans une excitation causale. Une excitation externe peut, ou bien donner lieu à une manifestation réactionnelle immédiate, ou être mise partiellement ou totalement en réserve à l'état latent, pour se manifester ultérieurement. Des excitations « internes » sont simplement des excitations externes dont l'énergie a été absorbée et est restée latente. Une plante ou un animal n'est donc en quelque sorte qu'un accumulateur, qui emmagasine l'énergie d'origine extérieure, et de nombreuses manifestations de la vie — souvent de caractère périodique — ne sont que des manifestations de l'énergie qui a été empruntée à des forces extérieures et est restée à l'état latent dans le tissu.

Dans le *Desmodium gyrans*, nous trouvons un exemple typique et bien connu d'une réaction autonome, ses folioles

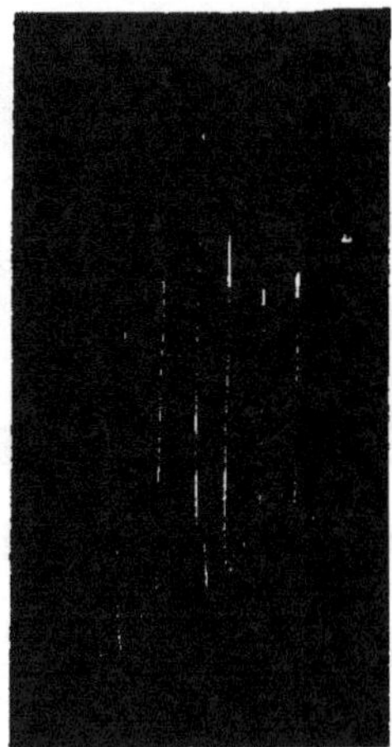

Fig. 123. — Tracé photographique de la réaction électrique multiple d'un estomac de Grenouille à un choc thermique isolé.

secondaires exécutant des mouvements périodiques d'élévation et d'abaissement. Une période complète comprenant l'élévation et l'abaissement a une durée qui varie entre 2 et 4 minutes.

La durée de cette période varie beaucoup avec la température et diminue avec celle-ci. Si l'on prend comme point de départ la position d'élévation maxima, on voit la foliole s'abaisser assez rapidement; après avoir atteint sa position d'abaissement maxima, elle s'y maintient quelques instants, puis revient assez lentement à sa position de départ. Il est très difficile d'enregistrer les mouvements pulsatiles du *Desmodium*, à cause de la grande fragilité des folioles latérales. Nous sommes venu à bout de cette difficulté, comme nous l'avons dit ailleurs (¹), à l'aide du levier optique, et de l'enregistreur oscillant (*fig.* 124).

Nous avons dit que les mouvements soi-disant automatiques sont dus en réalité à la provision d'énergie apportée antérieurement par les excitations externes. Si l'on soustrait le *Desmodium* aux excitations du milieu extérieur, par exemple en le maintenant dans l'obscurité. sa provision d'énergie

Fig. 124. — Tracé photographique de la pulsation mécanique autonome de la foliole de *Desmodium*.

Durée de la période d'une pulsation complète : 2ᵐ, 7.

s'épuise, et les pulsations s'arrêtent progressivement, comme le montre le tracé de la figure 125.

Arrivé à cet état de repos, le *Desmodium* se comporte comme le *Biophytum*. Il présente une réaction unique à la suite d'une excitation unique d'intensité moyenne, et une série de réactions multiples après une excitation unique et intense.

La figure 126 montre les réactions multiples d'une foliole de *Desmodium*, qui était arrivée à l'état de repos. L'application d'une excitation lumineuse provoquait les pulsations, qui

---

(¹) *Cf.* BOSE, *L'Irritabilité des plantes*, p. 279.

persistaient pendant quelque temps même après interruption de la lumière.

On voit donc qu'il n'y a pas de mouvements véritablement spontanés ou automatiques. Ce n'est que grâce aux excitations

Fig. 125. — Arrêt graduel de la pulsation de la foliole de *Desmodium* après épuisement de sa provision d'énergie.

venues de l'extérieur qu'une activité de cet ordre peut se produire, directement ou secondairement. Il n'y a pas non plus de démarcation nette entre les phénomènes réactionnels multiples et les réactions automatiques. Dans des conditions très

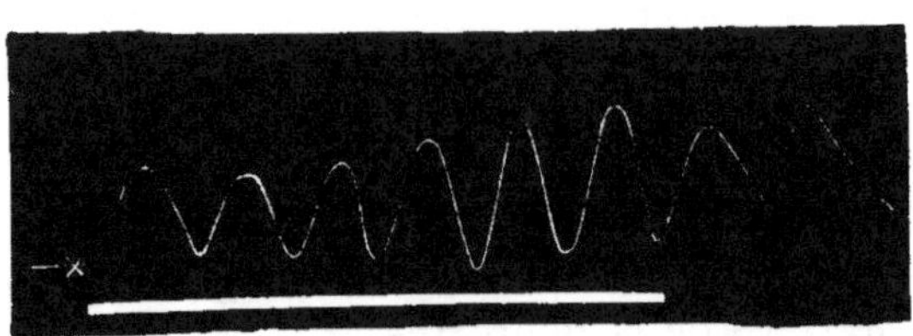

Fig. 126. — Production de pulsations dans la foliole de *Desmodium* au repos par l'action de la lumière (noter la persistance des pulsations après l'arrêt de la lumière).

La lumière, appliquée en X, est maintenue jusqu'à la fin de la sixième réaction, comme le montre le gros trait.

favorables d'absorption de l'énergie extérieure, une plante à réactions communes comme le *Biophytum* peut se transformer et réagir en apparence comme le *Desmodium*. Inversement, dans des conditions défavorables, le *Desmodium* cesse de présenter des réactions automatiques pour présenter les réactions communes du *Biophytum.*

Les folioles restent alors au repos; une excitation unique d'intensité moyenne y détermine une réaction unique, et une forte excitation détermine une série de réactions multiples.

Nous allons trouver ici certaines caractéristiques importantes d'un tissu pulsatile :

1º Une certaine pression hydrostatique interne est nécessaire pour l'apparition des pulsations automatiques. De même que dans un cœur d'escargot isolé et au repos on peut provoquer une activité pulsatile, de même dans la foliole de *Desmodium* au repos, on peut provoquer des pulsations rythmiques en augmentant sa pression hydrostatique interne.

2º La fréquence des pulsations, entre certaines limites, augmente et décroît avec la température. A une température critique minima, les pulsations s'arrêtent. Elles reparaissent après une légère élévation de la température au-dessus du point critique.

3º Les anesthésiques, tels que l'éther ou le chloroforme, déterminent des modifications caractéristiques de l'activité pulsatile. Une petite dose d'éther augmente les pulsations.

Le chloroforme est plus toxique; l'effet initial de cet anesthésique est une augmentation de l'activité; mais son action prolongée détermine une dépression, puis une abolition permanente par intoxication (*fig.* 127).

Nous essaierons à présent de déterminer si ces activités automatiques s'accompagnent de variations électriques. Nous avons vu qu'à une réaction isolée suivie d'un retour à l'état antérieur correspond une pulsation électrique isolée concomitante.

Nous avons vu aussi des réactions électriques multiples correspondre à des excitations multiples. Il reste à déterminer si les pulsations automatiques s'accompagnent d'un phénomène électrique, et, s'il existe, quelle est sa nature. Je décrirai donc la méthode d'enregistrement simultané des pulsations mécaniques et électriques de la foliole de *Desmodium gyrans*. Pour les premières, un léger levier inscrit les mouvements d'élévation et d'abaissement sur une plaque mobile oscillante, le tracé consistant en une série de points. Les mouvements de la foliole sont provoqués par des réactions automatiques dans le petit renflement moteur, dont la moitié inférieure est plus excitable, comme pour le Mimosa. Pour simplifier, nous nous occuperons seulement des réactions qui se produisent dans la moitié inférieure, plus excitable, du renflement moteur. Un accroissement

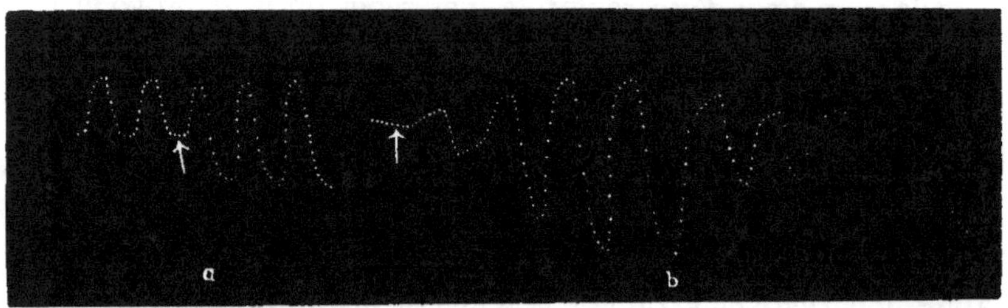

Fig. 127. — *a*. Accroissement de la pulsation de *Desmodium gyrans* par une faible dose d'éther; *b*. Action du chloroforme (noter l'augmentation préliminaire, suivie d'une diminution, d'un arrêt, et de la mort, comme le montre le mouvement spasmodique contractile descendant.

de turgescence et une expansion sont la cause du mouvement d'élévation de la foliole, tandis qu'une diminution brusque de turgescence et une contraction donnent lieu au mouvement d'abaissement. Pour enregistrer les réactions électriques correspondant à ces mouvements, il est nécessaire de prendre un des contacts électriques en un point indifférent qui soit à l'abri de toute excitation, tel que la surface du pétiole. Le second contact électrique est pris sur le tissu qui présente un mouvement pulsatile actif. Pour cela, nous prenons un fil de platine fin, qui est introduit avec précaution dans le tissu pulsatile, dans la moitié inférieure du renflement moteur (*fig.* 128). La réaction électrique est observée après une période de repos suffisante pour permettre la disparition de l'irritation due à la piqûre. Une tache lumineuse réfléchie par le miroir

du galvanomètre compris dans le circuit enregistre la réaction
électrique sur une plaque photographique qui se déplace avec
la même vitesse que la plaque sur laquelle est enregistrée simultanément la réaction mécanique. La figure 129 montre les
deux tracés ainsi obtenus, le supérieur est celui .de la réaction

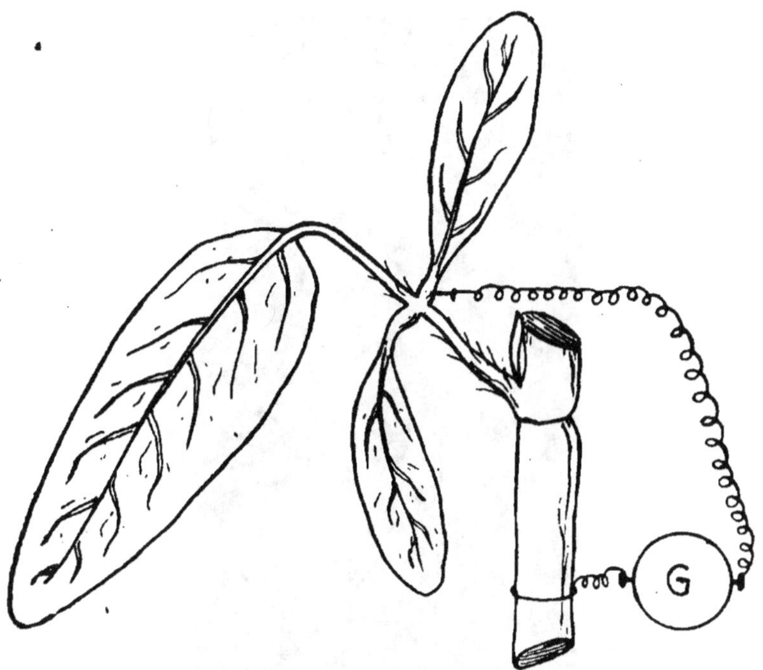

Fig. 128. — Dispositif pour l'enregistrement
des pulsations électriques de la foliole de *Desmodium*.

mécanique, l'inférieur, celui de la réaction électrique. On voit
que quand la foliole exécute son mouvement d'élévation dû à
l'augmentation de turgescence et à l'expansion, l'ascension
correspondante de la courbe électrique représente une variation
positive. Le mouvement d'abaissement dû à la diminution
de turgescence et à la contraction s'accompagne au contraire
d'une descente de la courbe électrique et d'une variation
négative. Ces constatations confirment pleinement d'autres

recherches, qui nous ont montré qu'une augmentation de la turgescence s'accompagne toujours d'une variation électrique positive, et une diminution, inversement, d'une variation négative. L'activité pulsatile interne du tissu se manifeste ainsi de deux manières, par des pulsations électriques et par

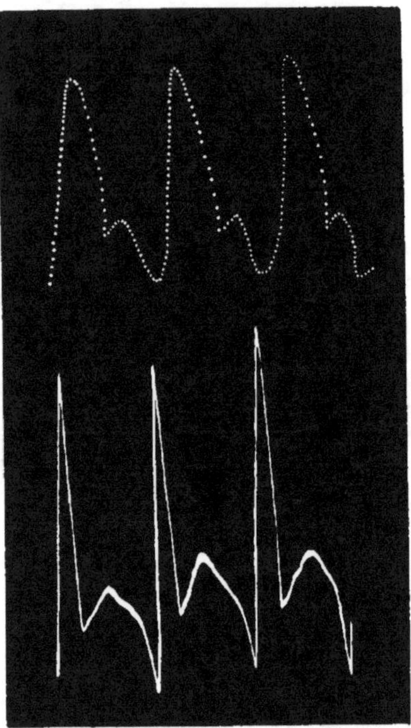

Fig. 129. — Tracé simultané des réactions électrique et mécanique de *Desmodium*.

des pulsations mécaniques. Si l'on arrête par un obstacle physique les pulsations mécaniques, les pulsations électriques continuent néanmoins à se produire, ce qui montre que les réactions mécanique et électrique sont des modes d'expression indépendante d'un seul processus fondamental d'excitation.

Il est très intéressant de voir sur le tracé que la réaction contractile d'abaissement se fait en deux temps : la réaction électrique négative présente aussi ce caractère, qui nous rappelle le dicrotisme du pouls humain que l'on observe surtout au cours de la fièvre. Il faut se rappeler que le contact électrique est pris sur le renflement moteur avec un fil de platine qu'on y introduit. De là résulte une irritation fébrile qui s'efface progressivement. Quand les tracés sont pris plus tardivement,

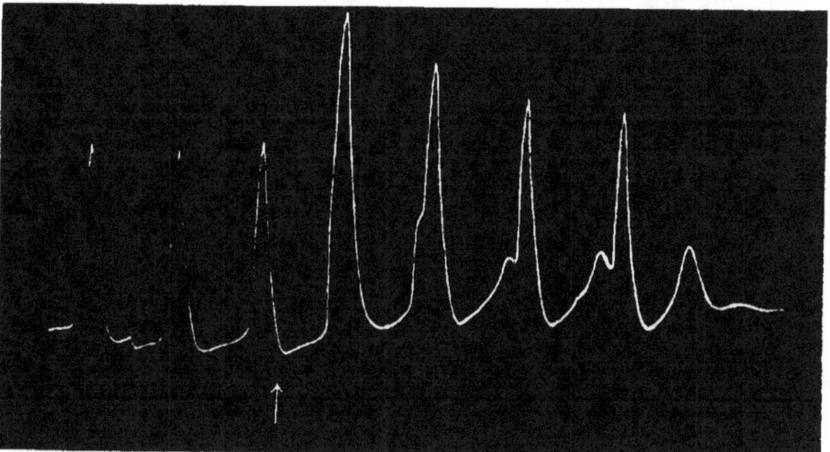

Fig. 130. — Action du chloroforme sur la pulsation cellulaire.
L'application en ‘ détermine une augmentation préliminaire,
suivie d'une abolition de la pulsation.

l'onde dicrote est absente du tracé des pulsations automatiques (cf. *fig.* 129).

Je montrerai à présent que ces pulsations électriques fournissent une indication exacte de l'activité pulsatile interne, et des modifications qu'y déterminent des variations physiologiques. Nous avons vu que le chloroforme produit d'abord une augmentation de l'activité pulsatile, suivie d'un arrêt et d'une abolition, sous l'action prolongée de cet anesthésique. La figure 130 montre l'augmentation initiale, suivie de la diminution, puis de l'abolition de la pulsation.

Les résultats signalés dans ce Chapitre montrent que, tandis qu'une excitation unique d'intensité moyenne donne lieu à une réaction unique, une excitation intense donne lieu à une série de réactions multiples.

Il n'y a rien qui puisse ressembler à un mouvement spontané. Les mouvements automatiques sont dus à la provision d'énergie apportée par les excitations externes.

Il y a continuité entre les réactions multiples et les réactions automatiques. Dans des conditions favorables, les plantes à réactions communes, comme le *Biophytum*, se transforment en plantes à réactions automatiques, comme le *Desmodium*. Inversement, dans des conditions défavorables, le *Desmodium*, à réactions automatiques, devient une plante à réactions communes, comme le *Biophytum*.

Parmi les caractéristiques importantes des tissus à pulsations actives, nous trouvons :

1º L'augmentation de l'activité sous l'influence d'une élévation de température, un abaissement amenant l'effet inverse;

2º L'arrêt des pulsations au-dessous d'une température critique minima;

3º L'augmentation préalable, suivie d'un arrêt transitoire ou définitif des pulsations sous l'influence des anesthésiques.

L'activité pulsatile interne d'un tissu se manifeste extérieurement de deux façons indépendantes, par des pulsations mécaniques et par des pulsations électriques.

La pulsation électrique donne une indication précise sur l'activité sous l'influence de variations physiologiques.

CHAPITRE XVI.

LES RÉACTIONS DES FEUILLES.

Observations de Burdon Sanderson sur les réactions de la feuille de Dionée. — Courants entre la feuille et la tige. — Leurs variations inverses à la suite d'une excitation. — Des courants analogues entre la feuille et la tige sont décelés dans la feuille commune de *Ficus religiosa*. — Courants de sens opposés de *Citrus decumana*. — La véritable explication de ces courants de repos et de leurs variations. — Effet électrique de la section du pétiole de *Dionée* et de *Ficus religiosa*. — Expérience fondamentale de Burdon Sanderson sur le limbe de *Dionée*. — Ses conséquences. — Dispositif expérimental avec des contacts symétriques. — Expérience parallèle avec la feuille engainante de *Musa*. — Explication des divers résultats.

Nous avons montré dans le Chapitre II que les progrès dans l'étude des phénomènes d'excitation chez les végétaux ont été longtemps arrêtés par l'idée préconçue que seuls les organes moteurs des végétaux étaient « excitables ». L'attention des expérimentateurs reste ainsi fixée exclusivement sur le petit nombre des plantes dites sensitives, telles que la Dionée. Nous avons aussi montré en même temps que les résultats déjà obtenus par les observateurs sur cette question n'avaient pas été absolument concordants, et présentaient de nombreuses anomalies.

Comme nous avons démontré, au cours des Chapitres précédents, que les plantes communes sont aussi douées de sensibilité, nous pouvons montrer à présent que les divers effets observés avec la Dionée sensitive peuvent être encore mieux étudiés avec les feuilles communes. Il sera même possible, en continuant dans cette voie, de déterminer les lois générales, dont les particularités observées chez la Dionée ne sont que des exemples ; et nous serons ainsi plus à même de proposer une interprétation des cas qui paraissent actuellement anormaux.

Avant d'aller plus loin, je résumerai les principaux phéno-

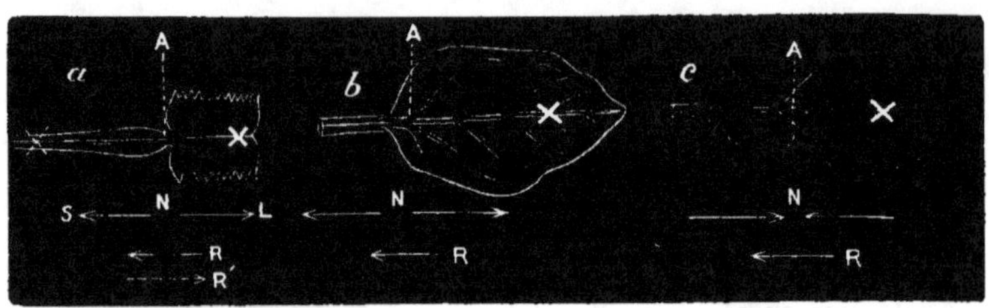

Fig. 131. — Courant naturel et courant de réaction dans les feuilles.

a. Courants entre la feuille et le pétiole de *Dionée*. Le courant naturel, N, est dirigé en dehors, ‹ A ·› ; S est le courant du pétiole, et L le courant de la feuille. L'excitation du limbe en X donne lieu à un courant de réaction, R, dirigé de droite à gauche, qui détermine une variation négative du courant de la feuille, et une variation positive du courant du pétiole. Quand l'excitation est appliquée à gauche en X, le courant de réaction, R', est dirigé de gauche à droite, et produit, à l'inverse du précédent, une variation négative du courant du pétiole, et une variation positive du courant de la feuille ; *b*. Courants de la feuille et du pétiole dans *Ficus religiosa*, analogues à ceux de *Dionée*. Le courant naturel est dirigé de dedans en dehors ‹ A ›. L'excitation du limbe en X donne lieu à un courant de réaction, R, qui produit une variation négative du courant de la feuille, et une position du courant du pétiole ; *c*. Courants de la feuille et du pétiole de *Citrus decumana*, inverse des précédents, ‹ A › . L'excitation en X produit une variation positive du courant de la feuille, et une variation négative du courant du pétiole.

mènes observés par Burdon Sanderson avec la feuille de *Dionée*. Ces observations se rapportent d'abord au courant de repos existant dans le pétiole et la nervure médiane, et aux variations de ce courant de repos, soit par l'excitation du limbe, soit par section du pétiole, ou encore sous l'action de l'électronus ; en second lieu, à la production de variations d'un courant transversal entre les surfaces supérieure et inférieure du limbe. Pour ce qui est du courant du pétiole et de la nervure médiane qui le prolonge, que j'appellerai « courant longitudinal du pétiole », Burdon Sanderson a trouvé qu'il est dirigé dans la nervure médiane, de l'extrémité proximale vers l'extrémité distale du pétiole. Il le désignait sous le nom de « courant normal de la feuille ». Il trouva en outre que si l'on établit des connexions électriques, en prenant un contact près du limbe, et l'autre à distance, le courant du pétiole est de sens opposé à celui de la feuille (*fig.* 131, *a*).

Après l'excitation du limbe, ces courants de repos de la feuille et du pétiole paraissaient subir des variations réactionnelles. Mais ces variations étaient de sens exactement opposés : c'est-à-dire que le courant de la feuille subissait une variation négative, et celui du pétiole, une variation positive. On n'a pas proposé jusqu'ici d'explication de l'existence de ces deux courants de repos de sens inverse, ou du fait en apparence paradoxal, qu'une excitation identique provoque dans un cas une variation négative, et dans l'autre, une positive.

A propos de ces courants de repos particuliers, nous avons vu (Chap. XII) que si un point intermédiaire est physiologiquement moins excitable qu'un des deux points terminaux, on observera un courant de repos dirigé du point le moins excitable vers le plus excitable. Telle est la distribution particulière du courant dans la feuille de *Dionée*.

Ce n'est pas un phénomène unique, car j'ai observé d'autres cas analogues avec des feuilles communes. Par exemple, le point de jonction du pétiole avec le limbe de *Ficus religiosa* est le point le plus électronégatif dans le pétiole et la nervure médiane. Les courants sont donc dans ce cas, comme dans celui de la *Dionée*, dirigés à partir du point de jonction, le courant de la feuille vers l'extrémité de celle-ci, et le courant de la tige dans le sens opposé (*fig.* 131, *b*).

Nous avons vu également qu'il peut y avoir des cas où un point intermédiaire est plus excitable qu'un des points terminaux. Dans ce cas, les courants de repos seront de sens inverse, et dirigés de la périphérie vers le centre. J'ai constaté qu'il en est ainsi pour la feuille de *Citrus decumana* (*fig.* 131, *c*).

Quant aux variations de ces courants de repos dans la feuille et la tige sous l'action de l'excitation, nous devons nous rappeler que l'effet de l'excitation est de donner lieu à un courant d'excitation vraie, partant du point excité.

Si donc il y a déjà un courant de repos, le courant de réaction s'y ajoutera algébriquement. Quand le limbe est excité du côté droit, le courant est dirigé de droite à gauche. Il en résulterait naturellement ,dans le cas de la *Dionée*, une variation négative du courant de la feuille, et une variation positive du courant du pétiole (*fig.* 131, *a*). On voit qu'il en est de même pour l'excitation du limbe de *Ficus religiosa*, où le courant dû à l'excitation, étant de signe inverse de celui du courant de la feuille, et de même signe que le courant du pétiole, détermine une variation négative du premier, et une variation positive du second (*fig.* 131, *b*). La même excitation peut ainsi produire des effets en apparence opposés. On peut encore obtenir une variation intéressante de ce phénomène, en répétant l'expérience avec une feuille de *Citrus*. Dans ce cas, en excitant le limbe, nous observons une variation positive du courant de la feuille, et une variation négative du courant du pétiole (*fig.* 130, *c*). C'est que les courants en question, ou courants de repos, sont inverses de ceux de la *Dionée* et du *Ficus religiosa*.

Une autre série de variations exactement inverses de celles-ci, et par conséquent anormales au premier abord, peut être obtenue en changeant simplement le point d'application de l'excitation, de l'extrémité droite du limbe, à l'extrémité gauche du pétiole.

Le sens du courant dû à l'excitation est ainsi inversé, et il est alors dirigé de gauche à droite (*fig.* 131, *a*). Par suite d'une addition algébrique, il se produit alors une variation négative du courant du pétiole, et une variation positive du courant de la feuille, pour la *Dionée* et le *Ficus religiosa*, tandis que l'inverse a lieu pour le *Citrus*.

Je dois ici attirer l'attention une fois de plus sur les erreurs auxquelles est exposé un expérimentateur qui admet que des variations positives et négatives doivent être nécessairement l'expression de deux processus opposés. Car nous venons de voir que le même courant de réaction, par addition algébrique avec deux courants de repos de sens opposés, peut paraître dans le même cas positif ou négatif. En outre, avec un même courant de repos, il est possible d'obtenir une variation positive ou négative, suivant que la même excitation est appliquée à droite ou à gauche. Il est donc évident que le seul effet constant de l'excitation est de donner lieu à un courant de réaction dirigé des points les plus excités vers les points les moins excités du tissu. S'il existe déjà un courant de repos, le courant de réaction s'additionne algébriquement avec ce dernier, et donne lieu, suivant les cas, à une variation positive ou négative de ce courant. On pourrait éviter une grande confusion, et des raisonnements erronés, si au lieu de considérer ces indications variables, on s'attachait au seul critérium constant, c'est-à-dire au fait que le courant résultant de l'excitation est toujours dirigé du point le plus excité vers le point le moins excité du tissu.

Un autre effet observé par Burdon Sanderson était qu'après une section transversale du pétiole, le courant normal de la feuille était augmenté, l'importance de cette augmentation étant déterminée par la longueur du pétiole enlevé, si bien que plus le pétiole restant était court, plus le courant de la feuille devenait intense. Dans la *Nature* (vol. X, p. 128), il proposait une explication de ce phénomène. Dans la feuille de *Dionée*, comme nous l'avons déjà dit, il y a dans le pétiole un courant de repos de sens opposé à celui de la feuille. Ainsi « le potentiel électrique augmente dans des sens opposés de part et d'autre du point d'union du pétiole et de la feuille ; par suite, tant que la feuille et le pétiole restent liés l'un à l'autre, chacun empêche ou diminue toute manifestation d'une force électro-motrice venant de l'autre ». Il en concluait que la suppression progressive de l'élément antagoniste, par la section du pétiole, avait pour effet d'augmenter l'intensité du courant de la feuille.

Avec la feuille commune de *Ficus religiosa*, j'ai pu obtenir moi-même des résultats précisément semblables à ceux décrits pour la *Dionée*, en pratiquant des sections successives du pétiole, à des distances de plus en plus courtes du point de jonction. Le courant de la feuille après chaque section augmentait d'intensité. Le parallélisme des deux séries de résultats se voit par le tableau suivant :

Feuille de Ficus.

Longueur du pétiole.	Déviation du galvanomètre.
cm	div.
7	16
5	36
2	50
1	60

Feuille de Dionée (Burdon Sanderson).

Longueur du pétiole.	Déviation du galvanomètre.
cm	div.
2,5	40
1,25	50
0,6	65
0,3	90

L'explication de Burdon Sanderson, que les augmentations successives du courant de la feuille étaient dues aux suppressions successives d'une partie de l'élément antagoniste, par section, est insoutenable. Il n'a pas vu que l'effet est dû, au contraire, à l'action d'excitation croissante due aux sections mêmes. On peut obtenir des résultats analogues, même sans supprimer matériellement l'élément antagoniste supposé, en appliquant des excitations d'intensité croissante dues par exemple au contact d'un fil métallique chauffé, en des points de plus en plus rapprochés du point de jonction de la feuille et du pétiole. Dans le cas d'une section transversale, la section agit comme une excitation, et le courant de réaction est dirigé de gauche à droite. La somme algébrique de celui-ci et du courant de la feuille préexistant, qui est aussi dirigé de gauche à droite, a pour effet une augmentation, ou variation positive, de ce dernier, d'une manière exactement inverse de la variation négative produite dans la feuille, quand l'excitation était appliquée sur le limbe. Comme la section est pratiquée de plus en plus près du point de jonction du pétiole et de la feuille, l'intensité de l'excitation, et la variation positive du courant de repos qui en résulte, doivent être de plus en plus grandes.

Enfin, dans le cas du courant longitudinal de la feuille, Burdon Sanderson trouvait que si l'on faisait passer le courant d'une batterie à travers le pétiole d'une feuille, et si, en même temps, on reliait à un galvanomètre les deux extrémités de la nervure médiane, on voyait augmenter la différence de potentiel qui existait au début entre les extrémités de cette nervure, si le courant envoyé dans le pétiole était de même sens que le courant de la feuille, et on la voyait diminuer, s'il était de sens opposé.

Un effet analogue, qui se voit dans les tissus conducteurs des plantes communes, sera étudié en détail, quand nous aborderons la question des effets extrapolaires produits par les courants électrotoniques (Chap. XXXVII).

Nous avons déjà vu que, grâce à la variation du courant longitudinal du pétiole produite par l'excitation due à la section du pétiole, il est facile d'obtenir une indication certaine de la nature de la variation électrique produite par l'excitation vraie. J'ai dit que Burdon Sanderson s'était trompé faute d'avoir reconnu qu'une section exerce une action excitante. Ses recherches sur le caractère de la variation produite par l'excitation consistèrent surtout en des expériences sur les variations électriques produites dans le limbe. Celles-ci portaient : 1° sur les variations des différences de potentiel existant entre les faces supérieure et inférieure, dans son « expérience fondamentale », et 2° sur les variations électriques des potentiels de surfaces de contact symétriques à la face inférieure de lobes opposés. Les résultats qu'il obtint à l'aide de ces méthodes paraissent à la lecture avoir été contradictoires, et, en fait, les méthodes expérimentales qu'il décrit paraissent n'avoir pas été à l'abri de nombreux facteurs de complication dont lui-même ne se rendait pas compte.

Je m'occuperai d'abord de l' « expérience fondamentale » de Burdon Sanderson, dont on voit dans la figure 132 les électrodes servant à l'excitation sur le lobe de gauche, et le circuit secondaire sur celui de droite. La figure 133 montre un diagramme d'une expérience parallèle faite par moi-même avec le pétiole de *Musa*. D'après Burdon Sanderson, du fait

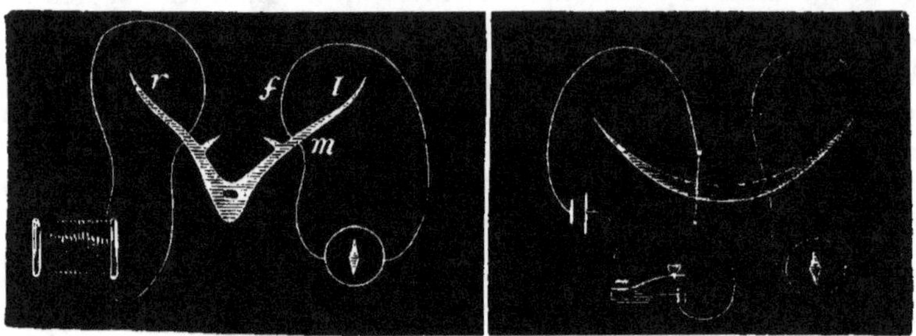

Fig. 132.

Fig. 133.

Fig. 132. — Expérience fondamentale de Burdon Sanderson
sur la feuille de *Dionée*.

Une excitation électrique du lobe distal *r* produit une réaction dans le circuit dérivé *fm*. La surface supérieure, ou interne, est plus excitable que l'inférieure.

Fig. 133. — Expérience parallèle sur le pétiole engainant de *Musa*.

Une excitation thermique du côté distal détermine une réaction dans le circuit dérivé. La surface supérieure ou « interne » est plus excitable que l'inférieure.

de l'excitation, un courant ascendant ` est induit dans le lobe droit de la feuille de *Dionée* (*fig.* 134). Cela signifie que la surface supérieure, plus excitable, du lobe droit, est devenue positive par rapport à l'inférieure. Il appelait ce courant « courant d'excitation », le considérant comme analogue au courant d'action décrit en physiologie animale. Après cette première phase, au bout d'un certain temps, il observait une seconde phase, où la surface supérieure devenait négative par rapport à l'inférieure. Cette variation négative, qu'il appelait « effet secondaire », lui paraissait se produire au moment où se manifestait l'effet mécanique.

Cette phase négative, que Burdon Sanderson décrivait sous le nom d' « effet secondaire », lui paraissait liée aux modifications électriques que Kunkel avait vues se produire à la suite des mouvements de liquides dans les tissus. Le premier effet au contraire, qui précédait immédiatement ce dernier, et était caractérisé par une variation positive de la face supé-

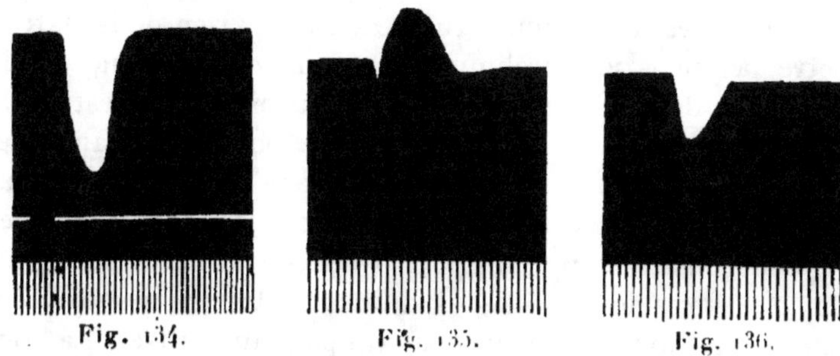

Fig. 134.   Fig. 135.   Fig. 136.

Fig. 134, 135, 136. — Tracés des réactions électriques de diverses feuilles de *Dionée* d'après l'expérience fondamentale de Burdon Sanderson.

Fig. 134. — Réaction positive de feuilles de *Dionée*. Temps : 20 divisions par seconde (Burdon Sanderson).

Fig. 135. — Réaction diphasique de la feuille de *Dionée* à l'état frais. Réaction positive, puis négative. Temps : 10 divisions par seconde (Burdon Sanderson).

Fig. 136. — Réaction positive de la même feuille, modifiée par une excitation préalable. Temps : 10 divisions par seconde (Burdon Sanderson).

Les tracés précédents ont été obtenus avec un électromètre capillaire.

rieure, lui paraissait être, comme nous l'avons déjà dit, l'effet dû à l'excitation vraie, ou effet d'action. Nous citerons de son résumé ce qui suit :

« La première phase de la variation — l'effet qui suit immédiatement l'excitation, et est de signe opposé à celui de l'effet secondaire, et de force électromotrice beaucoup plus élevée, ne peut être expliquée de la même manière : car on ne peut pas admettre qu'une modification qui s'étend à l'ensemble du limbe en moins d'un vingtième de seconde puisse dépendre d'une migration de liquide. La perturbation qui succède immédiatement à l'excitation est une modification moléculaire de caractère explosif, qui, par son mode d'origine, par la soudaineté de son apparition et la vitesse de sa propagation, se distingue de tout autre phénomène, que celui avec lequel je l'ai identifiée, qui est le processus correspondant observé dans les tissus excitables de l'animal. Nous ne savons rien de la nature de cette perturbation préliminaire, qu'on doit désigner seule sous le nom de variation due à l'excitation, et qui est seule l'homologue du courant d'action de la physiologie animale.

» Le sens de l'effet dû à l'excitation dans l'expérience fondamentale nous montre que dans l'excitation, les cellules excitées deviennent positives par rapport à celles qui ne le sont pas, tandis que dans les tissus des animaux, les parties excitées deviennent toujours négatives par rapport aux autres. La contradiction apparente trouve probablement son explication dans la différence des rapports de structure des surfaces électromotrices » (¹).

On voit par cette citation que Burdon Sanderson a commis une erreur capitale en confondant ce que j'ai montré être l'effet hydropositif, avec l'effet dû à l'excitation vraie, et vice versa.

Dans un travail ultérieur (*Phil. Trans.*, vol. 179, 1889), Burdon Sanderson publiait des résultats différents de ceux dont nous venons de parler. Il avait d'abord trouvé que la surface supérieure de chaque lobe était négative par rapport à l'inférieure.

Mais ensuite, il arriva à cette conclusion, que dans la feuille de *Dionée* intacte, la surface supérieure était positive par rapport à l'inférieure. En répétant son « expérience fondamentale » avec des feuilles vigoureuses, il trouva qu'au lieu de la réaction fortement positive qu'il avait d'abord observée, il obtenait un court effet positif suivi d'une forte réaction

---

(¹) *Phil. Trans.*, vol. 173, 1882, p. 55.

négative (*fig.* 135). Il ne put fournir aucune explication valable de cette différence entre les deux séries de résultats, mais il admit qu'elle pouvait provenir de variations du courant de repos.

« Dans la feuille, les faits observés montrent très nettement que les deux séries de phénomènes — ceux de l'état d'excitation et ceux de l'état de repos — sont intimement liés : tout changement dans l'état de la feuille au repos conditionne un changement correspondant dans la manière dont elle réagit à l'excitation, la correspondance consistant en ce fait, que le signe, c'est-à-dire le sens de la réaction, est inverse de celui de l'état antérieur, si bien que, tandis que dans ce dernier cas, le courant ascendant devient descendant, dans l'autre cas, le courant descendant devient ascendant » ([1]).

Dans ce raisonnement, Burdon Sanderson était probablement guidé par l'opinion courante que la réaction consiste en une variation négative du courant de repos préexistant. Nous avons vu que cette hypothèse était une cause d'erreurs. Car, par suite d'une série de facteurs variables, tels que l'âge, la saison, l'état antérieur, ou l'excitation produite par la préparation, le courant dit de repos peut subir et subit souvent une inversion. Ainsi un effet d'excitation isolé pourrait, comme nous l'avons vu (Chap. XII), dans diverses circonstances, se présenter comme une variation positive ou comme une variation négative du courant existant. On ne peut donc admettre que la réaction soit toujours une variation négative.

Il semblerait, d'après la description de certaines des expériences de Burdon Sanderson, lui-même, que la réaction, même dans ces cas, ne se manifestait pas toujours par une variation négative du courant existant. Par exemple, tandis que dans la feuille de Dionée intacte (à surface supérieure positive), la réaction est négative, et qu'elle s'inverse pour devenir positive, comme il nous le dit, par suite d'une « modification

---

[1] *Phil. Trans.*, vol. 179, 1889, p. 446.

due à l'excitation antérieure (*fig.* 136), il admet cependant que même dans ces cas la surface supérieure était d'abord redevenue positive (*ibid.*, p. 447).

Ainsi, bien que les réactions de la feuille intacte et de la feuille modifiée soient inverses l'une de l'autre, cependant l'état électrique antérieur de la feuille modifiée n'a pas dans ce cas subi d'inversion.

L'hypothèse que l'inversion de la réaction est due, par un mécanisme inexpliqué, à une inversion de l'état électrique de la feuille, ne peut donc être maintenue. Et l'emploi du mot « modification » ne peut en rien aider à expliquer ce phénomène. Une explication satisfaisante de cette inversion de la réaction est donc encore à trouver.

Il en est de même pour l'expérience fondamentale. Le dernier dispositif employé par Burdon Sanderson consiste en une feuille qui est en circuit par des contacts symétriques pris sur les surfaces inférieures de ses deux lobes (*fig.* 137). Quand on excitait le lobe droit, en touchant un des filaments sensitifs de la surface supérieure avec un pinceau en poils de chameau, dans le voisinage du contact établi, on trouvait que la surface inférieure du lobe droit devenait d'abord positive, puis négative (*fig.* 138) par rapport à celle du lobe gauche (*ibid.*, p. 440).

Si nous résumons ces observations, nous trouvons des résultats très variables. D'abord, d'après l'expérience fondamentale, on voit certaines feuilles donner lieu à une réaction positive; d'autres, à l'état frais, donnent une réaction diphasique, la surface supérieure devenant d'abord positive, puis négative. Ces dernières, à la suite d'une excitation préalable, sont modifiées et ne présentent plus que des réactions positives. Enfin, en utilisant un dispositif expérimental de contacts symétriques, on obtenait une variation diphasique, réaction positive suivie d'une réaction négative, de la surface *inférieure*, et non supérieure, du lobe excité. Aucune théorie n'est proposée, qui puisse fournir une explication convenable de ces résultats en apparence anormaux.

Mais à l'aide des règles que j'ai déjà indiquées, à propos

du signe électrique de l'effet hydropositif et de l'effet d'excitation vraie respectivement, et d'après les résultats de certaines expériences sur les feuilles communes que je vais décrire à présent, il paraîtra facile d'arriver à une explication exacte des diverses observations faites par Burdon Sanderson, qui paraissaient inexplicables. Le fait qu'une perturbation hydrostatique s'accompagne d'une variation électrique positive, et l'excitation vraie d'une variation négative, a déjà été montré clairement, et de manière à éliminer tout facteur de complication (p. 61). Mais le dispositif expérimental adopté par Burdon

Fig. 137. — Connexions expérimentales avec la *Dionée* dans la seconde méthode expérimentale de Burdon Sanderson.

Sanderson présentait le double inconvénient de confondre l'effet hydropositif et l'effet d'excitation vraie, et de ne pas éliminer le facteur complexe que représente l'excitabilité différentielle de l'organe qui réagit.

Ce n'est que par une analyse très serrée qu'il est possible de distinguer dans les résultats de cet auteur ceux qui sont dus à l'excitation vraie, et ceux qui sont dus à l'effet hydropositif.

Les divers phénomènes électriques qui peuvent se présenter dans un organe anisotropique par suite de l'effet hydropositif et de l'effet de l'excitation peuvent être bien mis en lumière, comme je l'ai montré, à l'aide de la réaction mécanique de la feuille de Mimosa. A ce sujet, nous avons vu (p. 59-60) que l'excitation directe du renflement moteur donne lieu à une réaction mécanique négative, ou affaissement de la feuille, par suite de la prédominance de la contraction du côté de la moitié inférieure de l'organe, plus excitable. La variation électrique correspondante serait une variation négative de cette face inférieure plus excitable, par rapport à la supérieure, moins excitable. Mais si l'excitation est appliquée à une distance considérable, de façon que l'excitation vraie ne puisse pas atteindre le point qui réagit, nous obtenons alors une réaction mécanique positive, ou érection de la feuille. Elle est due à ce que l'*expansion* est relativement plus accentuée du côté le plus excitable. La réaction électrique correspondante sera

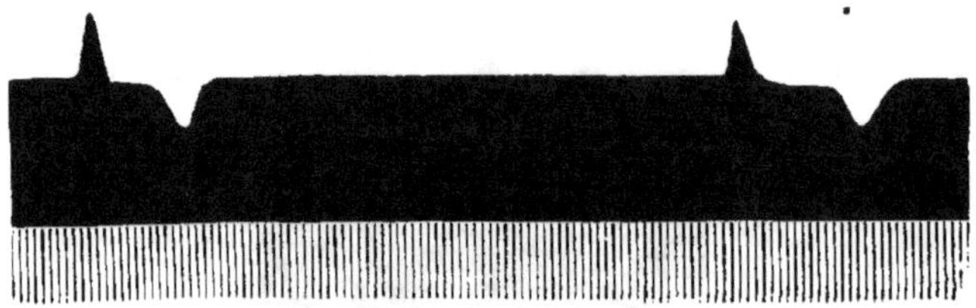

Fig. 138. — Réaction de la face inférieure de la feuille de *Dionée*, avec les connexions électriques de la figure 137.

Une excitation mécanique de la face supérieure du lobe droit montre une positivité relative de la face inférieure du même lobe droit (courbe ascendante) suivie d'une négativité relative (courbe descendante). Temps : 20 divisions par seconde.

une variation positive du côté le plus excitable, par rapport au côté le moins excitable de l'organe. Entre ces deux systèmes se trouve l'expérience où l'excitation est appliquée en un point intermédiaire, ce qui fait que l'onde hydropositive, plus rapide, atteint le point de la réaction avant l'excitation vraie, d'où une réaction préliminaire érectile, ou positive, suivie de l'effet négatif d'excitation, ou affaissement de la feuille. La réaction électrique correspondante serait donc diphasique, d'abord positive, puis négative.

Mais l'apparition de cette seconde phase négative est seulement possible quand la conductibilité est suffisante pour permettre à l'excitation vraie d'atteindre l'organe.

Nous pouvons supposer que dans une plante très vigoureuse, à grande conductibilité, nous ayons trouvé un point, à une distance maximum, jusqu'où l'effet d'excitation vraie puisse se transmettre à l'organe qui réagit. Avec une telle plante intacte, nous observerons un effet diphasique, avec une phase positive suivie d'une négative. Mais si nous prenions une plante moins vigoureuse, et que nous appliquions l'excitation à la même distance du point qui réagit, l'onde d'excitation vraie n'atteindra pas l'organe qui réagit, et nous verrions alors seulement l'effet positif dû à l'action hydropositive. Ainsi deux échantillons différents, traités exactement de la même manière, pourront présenter deux effets différents, l'un diphasique et l'autre seulement positif; cette différence étant due à leur inégale vigueur, et par suite à leurs inégalités d'excitabilité et de conductibilité. On s'explique ainsi les réactions diphasiques et positives que présentaient suivant les cas les feuilles de Dionée plus ou moins vigoureuses, quand l'excitation était appliquée au lobe distal, dans l'expérience fondamentale de Burdon Sanderson.

Nous devons à présent chercher pour quelle raison une feuille qui primitivement fournit une réaction diphasique — positive, puis négative — subit à la suite d'une excitation préalable une modification telle, qu'elle ne présente plus ensuite qu'une réaction positive. Nous avons vu que l'élément négatif de la réaction diphasique est dû à l'arrivée au point où a lieu la réaction, de l'onde d'excitation vraie, née à distance, au point excité. Nous avons montré (p. 65) que si par un moyen quelconque la conductibilité d'une région intermédiaire diminue, l'effet hydropositif continuera à être transmis, tandis que le passage de l'excitation vraie est partiellement ou complètement arrêté. Grâce à cet arrêt sélecteur j'ai pu déceler dans la réaction résultante la composante hydropositive (cf. *fig.* 49).

J'ai montré ailleurs ([1]) que le pouvoir conducteur d'un tissu sera altéré par la fatigue consécutive à une excitation antérieure. Ainsi, dans le pétiole de *Biophytum*, j'ai trouvé que, tandis que la plante fraîche présentait une conductibilité, mesurée par la vitesse de transmission de l'excitation, attei-

---

([1]) *Réactions des plantes*, p. 244.

gnant $1^{mm},88$ par seconde, la même plante, partiellement fatiguée par quatre excitations successives, présentait une diminution de sa conductibilité, la vitesse de transmission n'étant plus que de $1^{mm},54$ par seconde. La diminution dans ce cas était donc d'environ 18 pour 100.

Je montrerai même dans un Chapitre ultérieur qu'avec une fatigue plus grande, le passage de l'excitation vraie peut à certain stade être arrêté, l'effet hydropositif étant alors seul transmis. Il est ainsi facile de comprendre comment dans l'expérience de Burdon Sanderson, où l'excitation était appliquée sur le lobe distal, l'onde d'excitation vraie était arrêtée, et la feuille « modifiée » présentait seulement une réaction positive. Ces considérations me paraissent fournir une explication satisfaisante des résultats contradictoires obtenus par Burdon Sanderson.

Je vais à présent décrire une série d'expériences faites avec des plantes communes, et exactement calquées sur l' « expérience fondamentale » faite avec la *Dionée*. Nous avons vu que la surface interne ou concave du pétiole engainant de *Musa* est relativement plus excitable que l'externe ou convexe. Elle correspond ainsi à la surface interne, ou supérieure, de la feuille de *Dionée*. Les surfaces internes plus excitables de ces deux plantes correspondent à la moitié inférieure, plus excitable, du renflement moteur du *Mimosa*. La figure 133 montre une expérience faite avec un échantillon de *Musa*, et qui est calquée sur l'expérience fondamentale de Burdon Sanderson faite avec la *Dionée*. Pour éviter l'erreur qui pourrait résulter d'une perte de courant, avec un excitant électrique, je me servis de l'excitation thermique. Un courant de chauffage de courte durée envoyé dans un fil de platine fin fournissait la variation thermique requise, et procurait une forme d'excitation très satisfaisante. Le circuit dérivé était d'abord placé à une distance de 16^{mm} du point d'excitation. Comme l'excitation était d'intensité moyenne, et que la conductibilité du tissu était faible, l'effet produit dans le circuit de la réaction était hydropositif, la surface concave plus excitable devenant positive (*fig.* 139, *a*). Cette réaction est la même que les réactions

positives présentées par la feuille « non modifiable » de Dionée
(*fig.* 134), ou que celles d'une feuille vigoureuse qui aurait été
modifiée par la fatigue (*fig.* 136). En prenant ensuite une dérivation sur deux autres points, à une distance moins grande,
soit 8^{mm}, l'effet hydropositif atteignait plutôt le circuit
dérivé, et était suivi de l'onde d'excitation vraie. On voyait
alors une réaction préliminaire positive, suivie de l'onde néga-

Fig. 139. — Tracé photographique de réactions du pétiole de *Musa*,
positive, diphasique et négative, suivant l'intensité effective
de l'excitation transmise.

a. L'excitation était ici appliquée à distance, et l'effet hydropositif
seul transmis; *b.* L'excitation était appliquée plus près, et à
l'effet positif succédait l'effet négatif d'excitation vraie; *c.* L'excitation était appliquée très près, ce qui amenait une réaction
négative d'excitation vraie.

tive d'excitation (*fig.* 139, *b*). Cet effet est le même que la réaction
diphasique d'une feuille de Dionée à l'état frais (*fig.* 135).
Dans l'expérience faite avec *Musa*, le circuit dérivé était ensuite
encore rapproché, à une distance de 4^{mm}. Il y avait alors
un court intervalle entre les arrivées aux points de dérivation
de l'effet hydropositif et de l'effet d'excitation vraie, et comme
ce dernier est plus important, il masquait alors le premier,
et nous obtenions seulement la variation négative d'excitation (*fig.* 139, *c*).

Il nous reste seulement à considérer les réactions que Burdon

Sanderson obtenait avec des contacts symétriques (*fig.* 136) sur les surfaces inférieures des deux lobes.

La figure 137 reproduit son tracé de réaction électrique, obtenu par l'excitation mécanique d'un filament sensitif situé sur la surface supérieure du lobe droit, dans le plan vertical de la dérivation de droite. On voit que cette réaction est diphasique, sa première phase consistant en une variation positive de la surface inférieure du lobe excité, et la seconde représentant la variation négative consécutive. Cette première phase est évidemment due à la transmission plus rapide de l'effet hydropositif, ou effet indirect de l'excitation, du point excité à la surface supérieure. Burdon Sanderson supposait que la seconde phase de cette réaction représentait l'arrivée plus tardive de ce même effet positif au second contact distal, ce qui amenait ainsi une inversion. Mais il semble beaucoup plus probable que cette seconde phase négative est due à l'arrivée à la surface inférieure de l'onde d'excitation vraie née verticalement au-dessus. Cette variation négative de la surface inférieure peut être favorisée ou non par la production d'une variation positive au point distal, due à la transmission de l'effet hydropositif. Cette hypothèse est confirmée par le fait que dans une expérience correspondante avec une feuille commune, où le second contact était trop éloigné pour qu'une transmission effective d'une onde hydropositive fût possible, l'excitation de la surface supérieure donnait lieu à une réaction diphasique semblable, en un point diamétralement opposé de la face inférieure. Dans ce cas la seconde phase, ou composante négative de la réaction, ne pouvait être due qu'à l'arrivée tardive de l'onde d'excitation vraie et de sa variation négative concomitante.

Il est donc évident que parmi les divers résultats auxquels conduit l'étude des réactions électriques de la feuille de *Dionée*, il y en a qui ne représentent pas du tout l'excitation vraie, tandis que dans d'autres cas, elle n'est représentée que par une seule des deux phases de la réaction, l'autre correspondant à l'effet hydropositif. Nous avons vu aussi que Burdon Sanderson dès le début de ses recherches commit l'erreur de confondre à tort l'effet électrique d'excitation vraie avec ce qui était dû à l'effet hydropositif, et réciproquement. Nous avons vu qu'il n'y a pas une seule réaction formée par la feuille dite *excitable* de Dionée, qui ne puisse être obtenue dans des conditions semblables avec les feuilles des plantes communes également. En fait, c'est grâce à des expériences faites sur ces dernières que nous avons pu débrouiller toutes les difficultés que présentait l'interprétation des réactions obtenues avec le limbe de *Dionée*.

Nous avons encore montré dans ce Chapitre que les courants de la feuille et du pétiole observés avec la *Dionée* se trouvent aussi, par exemple, dans la feuille du *Ficus religiosa*.

Nous avons vu qu'ils étaient dus à des différence physiologiques entre un point intermédiaire et les points terminaux. La variation négative du courant de la feuille et la variation positive du courant du pétiole, après excitation du limbe, nous ont paru être toutes deux le résultat de la somme algébrique d'un courant déterminé dû à l'excitation et des deux courants de repos de sens opposés. La variation positive du courant de la feuille, après section du pétiole, a été rapportée à la même cause, c'est-à-dire à l'action excitante de la section mécanique qui donne lieu à un courant d'excitation, venant s'ajouter au courant de la feuille préexistant. Enfin nous avons vu que la réaction positive de la surface concave de la *Dionée* est due, non pas à une différence spécifique entre les réactions des plantes et celles des animaux, mais au fait que, dans ce cas particulier, c'est l'effet indirect hydropositif de l'excitation qui était transmis, donnant lieu à une action inverse de celle de l'excitation vraie.

CHAPITRE XVII.

LA FEUILLE, ORGANE ÉLECTRIQUE.

Les organes électriques des poissons. — Exemples typiques
la *Torpille* et le *Malepterure*. — Végétaux analogues, la feuille
de *Pterospermum* et le carpelle de *Dillenia indica*, ou le *Népenthe*.
— Réaction électrique à une excitation transmise. — Réaction
à une excitation directe. — Réactions de sens unique à des chocs
homodromes et hétérodromes. — La réaction de sens déterminé
est due à des différences d'excitabilité. — Réactions à des chocs
électriques égaux et alternatifs. — Observations rhéotomiques.
— Excitations multiples. — Multiplication de l'effet terminal
électromoteur, dans le bulbe du *Lis Uriclis*, par un dispositif
en série.

Nous avons vu que l'étude des particularités de la réaction
électrique des végétaux peut nous donner des éclaircissements
sur les obscurités des réactions analogues présentées par les
tissus animaux. Parmi ces derniers, l'organe électrique de
certains poissons présente de grandes difficultés d'interprétation. Je vais essayer dans ce Chapitre de montrer qu'il y a
aussi des tissus végétaux, dont l'étude pourra expliquer le
mécanisme de ces actions électromotrices. Si nous prenons
comme type la Torpille, nous voyons que l'organe électrique
est disposé sous forme de colonnes, chaque colonne se composant
de nombreuses plaques électriques disposées en série, les unes
au-dessus des autres, comme les plaques d'une pile voltaïque.
Chaque plaque électrique est formée d'un riche plexus de
fibres nerveuses enfouies dans une masse gélatineuse. Il y a
ainsi deux surfaces, l'une nerveuse, et l'autre non nerveuse.
Chaque disque devient donc électromoteur à la suite d'une
excitation nerveuse. Bien que la force électromotrice déve-

loppée dans chaque plaque soit faible, par suite de leur disposition en série dans les colonnes, les éléments sont couplés en quantité, et la force électromotrice de décharge résultante est élevée. Fritsch évalue le total de ces plaques chez certaines Torpilles à plus de 150 000.

Au point de vue de leur développement, ces organes électriques représentent en général des muscles modifiés, contenant des terminaisons nerveuses. Le poisson électrique connu sous le nom de *Malepterure* du Nil est une exception à cette règle, car la morphologie montre que son organe électrique est formé d'éléments glandulaires modifiés, et non musculaires.

La caractéristique de la décharge des organes électriques en général est qu'elle se fait toujours dans le même sens, perpendiculairement aux plaques. C'est Pacini qui essaya d'établir la loi d'après laquelle le sens de la décharge dépendait du caractère morphologique de l'organe. Il trouva qu'en général la décharge est dirigée de la surface du disque qui reçoit le nerf, et que nous appellerons désormais *antérieure*, vers la surface opposée, non nerveuse, ou *postérieure*. Ainsi chez la Torpille, où les plaques sont horizontales, et où la surface antérieure ou nerveuse constitue la face ventrale du disque, la décharge est dirigée de la face ventrale, ou antérieure, vers la dorsale, postérieure. Chez le *Gymnote*, les plaques ou disques sont verticaux par rapport à l'axe longitudinal. La surface antérieure ou nerveuse est ici caudale, et la décharge est dirigée de la queue vers la tête. Si ces deux cas avaient été les seuls, la règle de Pacini relative à la direction de la décharge, de la face antérieure, nerveuse, à la postérieure non nerveuse, aurait été générale, et aurait pu servir à fournir une explication de ces phénomènes. Mais il n'en est pas ainsi, puisque le *Malepterure* constitue une exception jusqu'ici inexplicable à cette règle.

Chez ce poisson, bien que la surface antérieure ou nerveuse soit caudale comme chez le *Gymnote*, la décharge se fait cependant dans la direction opposée, c'est-à-dire de la surface postérieure vers l'antérieure. On voit combien il est difficile d'arriver à expliquer l'activité de ces organes électriques de certains poissons. Cette activité est-elle un phénomène spécifique de ces poissons seulement, et sans rapports avec les autres phénomènes électromoteurs des tissus animaux ? Ou est-elle en rapport avec l'action électromotrice déjà observée dans les muscles excités ? En faveur de cette dernière hypothèse, on peut dire que la plupart des organes électriques sont des élément neuromusculaires modifiés. Contre elle, au contraire, nous venons de voir le cas du *Malepterure*, où, au point de vue morphologique, l'organe doit être regardé comme une glande modifiée, et n'est donc pas de type musculaire.

Il y a en outre certaines particularités de l'action de ces organes qui ont besoin d'être expliquées. Telle est la question du caractère du courant naturel de repos, sur la signification duquel les avis sont partagés. Tel est aussi le fait que l'organe, après une seule excitation énergique, fournit, non pas une, mais une série de réactions électriques.

Nous avons vu que le caractère en apparence unique de ce groupe d'organes constitue une difficulté de plus dans l'édification d'une théorie correcte sur cette question. Mais il est évident que si nous arrivions à trouver parmi les organes végétaux des cas qui présentent des caractéristiques analogues, nous serions plus près de l'explication de cette réaction fondamentale dont dépendrait ce phénomène à la fois chez les animaux et chez les végétaux.

Dans le cas typique de la *Torpille*, nous avons vu que le nerf conducteur, en pénétrant dans une plaque électrique, se divise en nombreuses ramifications, et forme ainsi la surface nerveuse, par opposition avec la substance gélatineuse dans laquelle elle est noyée, qui forme la surface opposée de la plaque, indifférente dans ce cas. Cette disposition est exactement reproduite dans un grand nombre de feuilles communes, où les éléments vasculaires, en atteignant le limbe, se ramifient en arborisations serrées.

Je dois dire ici par anticipation que j'ai découvert dans les faisceaux fibrovasculaires des plantes (*cf.* Chap. XXXI) des éléments complètement analogues aux nerfs des animaux. Pour trouver l'analogue végétal exact de la plaque électrique de la *Torpille*, nous pouvons prendre certaines feuilles, où la surface antérieure, ou ventrale, est formée d'un réseau saillant d'éléments normaux très excitables, tandis que la supérieure consiste en un tissu indifférent, et relativement inexcitable.

On peut en trouver un exemple dans la feuille de *Ptérospermum suberifolium* (Rox:), dont la surface inférieure est marquée par un réseau de nervures remarquables tandis que la surface supérieure, ou postérieure, est sèche et coriace.

Ainsi le nerf qui passe dans une plaque électrique de *Torpille* correspond au pétiole fixé à la feuille que nous venons de décrire, puisque dans les deux cas, c'est la surface ventrale qui renferme les éléments nerveux très excitables.

Dans le cas exceptionnel du *Malepterure*, d'autre part, c'est, comme nous l'avons vu, une glande modifiée, et non un muscle modifié, qui forme la surface postérieure d'un élément électrique isolé. Au point de vue morphologique, on trouve son analogue végétal dans des organes tels que la feuille carpellaire de *Dillenia indica*, ou le *Nepenthe*, dont la surface supérieure, ou interne, est glandulaire chez tous deux. Par leur structure, ces organes des feuilles sont donc analogues à des disques isolés, ou à des éléments des organes électriques de la *Torpille* et du *Malepterure* respectivement. Mais nous avons encore à chercher dans ce Chapitre si les réactions électriques se correspondent également, c'est à-dire si, après excitation, le courant résultant de l'excitation dans le type d'organe végétal représenté par la feuille de *Pterospermum* est dirigé ou non de la surface inférieure, ou antérieure, vers la supérieure, ou postérieure, comme dans la plaque électrique de la *Torpille;* et, inversement, si, dans le type représenté par le carpelle de *Dillenia* ou le *Nepenthe*, le courant produit par l'excitation est dirigé de la surface postérieure vers l'antérieure, correspondant à la décharge dans l'élément électrique de *Malepterure*, de la surface postérieure glandulaire vers l'antérieure non glandulaire.

En étudiant la théorie de l'action des organes électriques, je vais pouvoir montrer que la réaction caractéristique de chacun de ces deux types dépend entièrement des excitabilités relatives des deux surfaces. L'anisotropie physiologique dont dépend l'effet distinctif de chaque type est très prononcée dans les cas types de végétaux que nous avons cités. Mais dans beaucoup d'autres cas, bien que les résultats dans les conditions normales soient nettement définis, et se rapprochent de l'un ou l'autre de ces types, les réactions caractéristiques peuvent s'inverser sous l'influence des modifications physiologiques produites par l'âge et le milieu extérieur. On peut dire ainsi de la feuille du Nénuphar (*Nymphœa alba*), du *Bryophyllum calcineum* et du *Colæus aromaticus*, que quand elles sont vigoureuses, et dans une saison favorable, leurs réactions sont du premier de ces types, tandis que celles de l'écaille du bulbe de *Lis Uriclis*, avec sa surface interne glandulaire, sont du second type.

L'organe électrique du poisson peut être excité indirectement à l'aide de l'excitation transmise à travers le nerf; ou bien on peut lui appliquer une excitation directe, à l'aide de chocs d'induction. Dans chacun de ces cas, la décharge produite par l'excitation a une direction déterminée. Dans le cas de la *Torpille*, comme nous l'avons déjà dit, elle est toujours dirigée de la surface ventrale, antérieure, vers la dorsale, postérieure. Si nous considérons l'organe végétal correspondant du premier type, je montrerai que l'excitation transmise produit un effet exactement semblable; et je pourrai le démontrer expérimentalement avec la feuille de *Nymphœa alba*. Des connexions électriques convenables étaient établies avec les surfaces antérieure ou ventrale et postérieure ou dorsale du limbe. Des chocs thermiques, à l'aide de l'excitateur électrothermique, étaient appliqués sur le pétiole, près du limbe, à des intervalles d'une minute, et les réactions résultantes étaient enregistrées photographiquement. Il faut se rappeler que l'excitation est transmise au limbe par les éléments conducteurs homologues des nerfs, existant dans le pétiole. Les tracés (*fig.* 140) montrent que l'effet de cette excitation périodiquement transmise était une série de courants de réaction, dont la direction était la même que celle de la décharge de la *Torpille*, allant de la surface antérieure vers la postérieure.

Les recherches faites par Du Bois Reymond sur les effets produits dans l'organe électrique par le passage de courants de sens différents sont très importantes. Les courants polarisants de même sens que la décharge naturelle sont désignés par Du Bois Reymond sous le nom de courants homodromes, et ceux de sens opposé, sous le nom de courants hétérodromes. Il appelle « polarisation absolument positive » les effets de polarisation de même sens que la décharge naturelle, et « polarisation absolument négative » les effets de sens opposés. Il

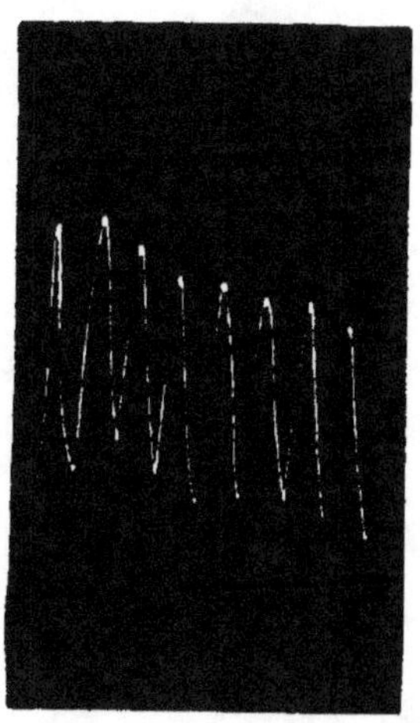

Fig. 140. — Réaction électrique du limbe de *Nymphæa alba*, due à l'excitation transmise par le pétiole.

Le courant de réaction est dirigé de la face antérieure, ou inférieure, vers la postérieure, ou supérieure.

appelle « relativement positif » un courant de polarisation de même sens que le courant polarisant, et « relativement négatif » un courant de polarisation de sens opposé.

Il trouva que des courants polarisants d'intensité suffisante et de courte durée, homodromes ou hétérodromes, donnaient toujours lieu à des courants de polarisation de même sens que la décharge naturelle. Il crut que ce fait était dû à la production dans l'organe électrique de deux effets de polarisation différents, positif et négatif. On le comprend par la représentation diagrammatique qu'il donne de l'effet qui lui paraissait se produire immédiatement lors du passage du courant polarisant. Dans la figure supérieure, la flèche ascendante représente le courant polarisant homodrome. Il donne lieu, d'après Du Bois Reymond, à deux effets de polarisation opposés. La déviation

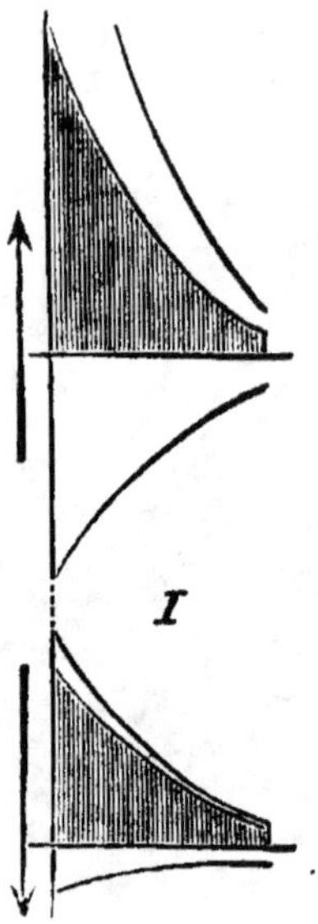

Fig. 141. — Diagramme de Du Bois Reymond pour l'explication de la réaction électrique de l'organe de *Torpille*.

La décharge naturelle est supposée ici dirigée de bas en haut. Un courant homodrome ↑ (moitié supérieure de la figure) est supposé produire deux polarisations opposées, positive et négative. La résultante, représentée sur la figure par des hachures, est absolument et relativement positive. Un courant hétérodrome ↓ au contraire, est considéré comme produisant une polarisation résultante absolument positive et relativement négative (partie inférieure de la figure).

du galvanomètre est la résultante de ces effets, que représente la partie ombrée de la figure. La résultante d'un courant homodrome est donc une polarisation positive, à la fois absolue et relative. Le courant hétérodrome au contraire donne lieu à une polarisation absolument positive et relativement négative. D'après Du Bois Reymond, des chocs hétérodromes ne déterminent pas de polarisation relativement positive, ou seulement très peu (*voir* la courbe descendante dans la partie inférieure de la figure). En envoyant des courants alternatifs convenables produits par une machine de Laxton, il obtint seulement l'effet de polarisation absolument positif. Il expliquait ce fait en supposant que les polarisations relativement négatives dans les deux sens s'annulaient, que le courant positif hétérodrome était assez faible pour être pratiquement négligeable; et que le courant positif homodrome restait donc seul appréciable.

Du Bois Reymond a méconnu le rôle de l'excitation dans ces phénomènes. Ce qu'il appelle polarisation positive est dû, comme l'ont montré plus tard d'autres auteurs, à une excitation polaire locale. Mais le mécanisme par lequel des courants polarisants de sens opposés peuvent donner lieu à une réaction toujours de même sens n'a pas jusqu'ici été expliqué, à ma connaissance, d'une manière satisfaisante. Les expériences que j'ai faites sur des feuilles, et que je vais décrire, pourront éclairer cette question.

J'ai déjà montré, à l'aide de considérations anatomophysiologiques, qu'il y a des feuilles qui par leurs caractères se rapprochent des plaques isolées d'organes électriques tels que ceux de la *Torpille*. Telle est la feuille de *Pterospermum*, dont nous avons déjà parlé. Quand elle est traversée dans les deux directions, homodrome et hétérodrome, par des chocs d'induction, entre ses surfaces supérieure et inférieure, la feuille étant dans sa condition normale, on trouve qu'il apparaît un courant de réaction, toujours de même sens, et dirigé de la surface inférieure ou antérieure, vers la supérieure, ou postérieure. Ce phénomène est exactement parallèle à la réaction électrique observée par Du Bois Reymond sur la *Torpille*.

On a la preuve que ce résultat est vraiment dû à un effet d'excitation par le fait qu'il se produit également quand on emploie d'autres modes d'excitation.

Si par exemple nous plaçons une feuille de *Colæus aromaticus* au centre d'une spirale chauffante, des chocs thermiques successifs, agissant simultanément sur les deux surfaces, donnent lieu à des courants de réaction dirigés, comme dans le cas précédent, de la surface inférieure et antérieure vers la supérieure et postérieure. La figure 142 montre une série de ces réactions. Comme nous avons déjà montré qu'après excitation simultanée de deux points le courant de réaction est toujours dirigé du point le plus excité vers le moins excité, il est évident que dans le cas actuel c'est la surface inférieure, ou antérieure,

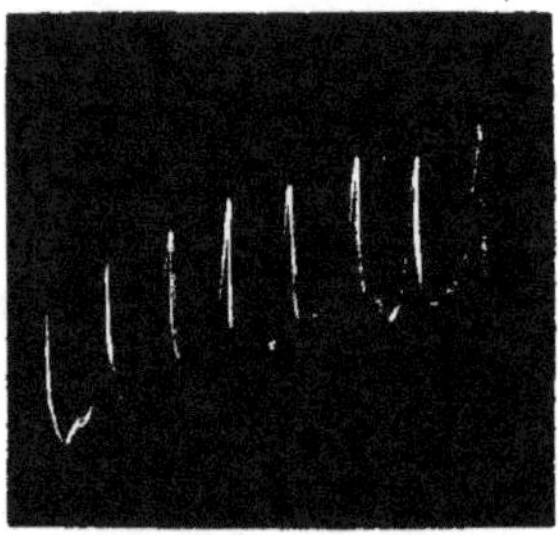

Fig. 142. — Tracés photographiques des réactions de la feuille de *Coleus aromaticus*, quand ses deux faces sont excitées simultanément par des chocs thermiques.

Le courant de réaction résultant est dirigé de la face antérieure, plus excitable, vers la postérieure, moins excitable.

qui est la plus excitable. Ces courants de réaction, produits à l'aide d'un mode d'excitation non électrique, et semblables à ceux produits par des chocs électriques, montrent évidemment que le résultat est la conséquence, non d'une polarisation positive ou négative, mais de l'*excitabilité différentielle* du tissu lui-même. Les réactions des organes électriques en général peuvent être résumées dans la loi suivante :

La décharge produite par l'excitation est due à l'anisotropie physiologique de l'organe, et sa direction est telle, que le courant de réaction est toujours dirigé de la moins excitable vers la plus excitable des deux surfaces.

Si nous nous reportons encore une fois au courant secondaire de sens déterminé que nous avons vu produit par des courants polarisants, homodromes ou hétérodromes, il est évident que ces courants agissent comme un mode électrique d'excitation.

L'intensité du courant secondaire que montre ici le galvanomètre n'est cependant pas entièrement due à la variation électromotrice due à l'excitation, mais en partie aussi à une polarisation physique, qui s'y ajoute algébriquement. Ainsi un choc excitant homodrome donne lieu à un effet électrique secondaire où le courant dû à l'excitation est affaibli par un contre-courant de polarisation négative. Dans le cas d'un choc hétérodrome, au contraire, la variation électrique due à l'excitation s'additionne avec la polarisation négative, qui est ici de même sens qu'elle. Dans ces cas, bien que la prédominance de l'effet d'excitation détermine le sens de l'effet secondaire, il est cependant difficile de savoir dans quelle mesure ce dernier est dû à l'effet d'excitation, et dans quelle mesure il est dû à la polarisation ordinaire qui le renforce ou l'affaiblit.

On voit combien il peut y avoir de facteurs de complication quand un organe est excité par des courants de direction et d'intensité variable. Si donc nous voulons étudier à l'état pur, la réaction d'un organe à l'excitation avec ses caractères propres, et débarrassée de toutes les causes d'erreur dues à la méthode d'excitation, nous devons vérifier d'abord que l'excitation appliquée est égale sur les deux surfaces, et ensuite que tous les facteurs qui ne sont pas en rapport direct avec l'excitation — c'est-à-dire la polarisation négative ou contre-polarisation — sont éliminés. On y parvient en soumettant l'organe qui réagit à des chocs symétriques et alternatifs égaux et opposés, se succédant suivant un rythme rapide. Car la polarisation négative résultante sera pratiquement neutralisée, si les courants polarisants primaires sont semblables, égaux et de sens opposés. L'excitation appliquée sera égale sur les deux surfaces, si les deux chocs se succédant rapidement et de sens opposés sont symétriques et égaux. Quoi qu'il en soit, l'excitation agira également sur les deux surfaces. La réaction sera donc déterminée exclusivement par la différence d'excitabilité naturelle entre les deux surfaces.

Nous avons dit que pour réaliser ces conditions expérimentales, les deux chocs opposés devaient être égaux comme intensité et durée. Un choc ordinaire d'ouverture et de fermeture d'une bobine de Rumkorff ne réalise pas ces conditions, puisque le choc de rupture est plus rapide et plus intense que l'autre. En outre, du fait des variations du magnétisme rémanent qui persiste dans le noyau métallique, des chocs successifs peuvent n'être pas égaux. Ces inconvénients peuvent être évités en envoyant dans le primaire avec une rapidité constante, deux courants égaux et de sens opposés alternativement.

Ainsi, pendant une demi-période, le courant primaire passe de $+ C$ à $- C$, et pendant la suivante, de $- C$ à $+ C$; et, comme ces variations se font avec la même vitesse, les courants induits sont symétriques, égaux et de sens opposés.

Ces inversions de courant se font à l'aide d'une clef d'inversion tournante. La clef R est fixée par la tension d'un ressort S, maintenu dans cette position fixe par l'électro-aimant E, agissant sur l'armature. Quand le courant est interrompu dans l'électro-aimant, le double choc alternatif de la bobine d'induction I est envoyé a travers la feuille étudiée L, par l'intermédiaire d'électrodes non polarisables, N_1, N_2. Dans le cas que nous décrivons, la succession des courants dans la bobine primaire était : droite-gauche-droite. Dans l'expérience suivante, avec le commutateur de Pohl, K_1, cette succession peut devenir : gauche-droite-gauche (*fig.* 143).

A l'aide de cette méthode, j'ai pu faire des observations rhéotomiques pour déterminer au bout de combien de temps après le choc la force électromotrice atteignait son maximum. Le dispositif est semblable ici dans son ensemble à celui décrit au Chapitre IV (cf. *fig.* 37). C est le compensateur, grâce auquel toute force électromotrice existant avant le commencement de l'expérience est annulée.

La tige percutante A interrompt le courant dans l'électro-aimant E, qui actionne l'inverseur tournant R; ce dernier applique à la feuille des chocs égaux et de sens opposés.

L'effet électrique secondaire, au bout d'un court intervalle après l'excitation, est observé en mettant en circuit le galva-

nomètre, par le choc du levier B contre la clef K_2 (*fig.* 143).
Nous avons vu que, par suite de la présence de divers facteurs
de complication, ainsi que de la polarisation négative, des

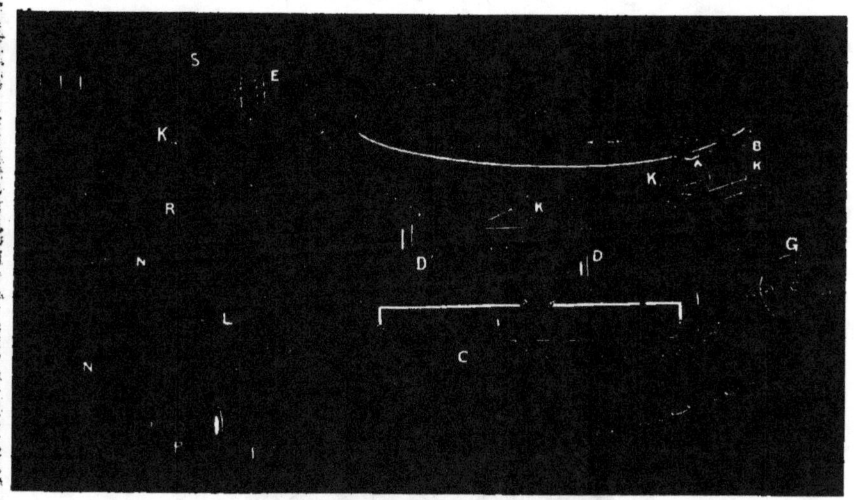

Fig. 143. — Dispositif expérimental
pour les observations rhéotomiques.

A, B, tiges percutantes fixées au disque rhéotomique tournant;
K_1, clef commandant le relâchement électromagnétique de
l'inverseur tournant R; K_2, clef mettant en circuit le galvanomètre pendant un temps déterminé, quand elle est poussée
par une tige B; K_3, clef servant au réglage préliminaire; E, électro-
aimant avec son armature, qui applique contre le ressort
antagoniste S l'inverseur tournant R; K_4, commutateur de
Pohl; C, compensateur; P, primaire, et I, secondaire, de la bobine
d'induction excitante; N_1, N_2, électrodes impolarisables servant
aux contacts électriques avec les faces postérieure et antérieure
de la feuille.

réactions successives à des chocs homodromes et hétérodromes
sont inégales. Par l'emploi de courants d'induction alternatifs
et égaux, nous obtenons des effets d'excitation vraie, qui ne
sont modifiés par aucun élément d'incertitude. Pour montrer
la perfection des résultats obtenus par cette méthode, je donne

ici (*fig.* 144) les tracés de deux réactions successives obtenues avec une feuille de *Bryophyllum calycinum*, le courant de réaction étant dirigé, de la surface inférieure, ou antérieure, ou postérieure. Dans ce mode d'excitation, à l'aide de chocs égaux et de sens opposés, comme nous l'avons déjà dit, les deux

Fig. 144. — Tracés de deux réactions successives d'une feuille de *Bryophyllum calycinum* à des chocs électriques alternatifs égaux.

surfaces sont toutes deux dans les mêmes conditions vis-à-vis de l'excitation.

Il m'a cependant paru bon de prendre deux tracés successifs obtenus avec des chocs où la succession des courants dans le circuit primaire était d'abord : droite-gauche-droite, et ensuite gauche-droite-gauche.

Dans l'organe électrique de la *Torpille*, Gotch trouva que la variation électromotrice maxima était atteinte environ 0,01 seconde après l'application du choc excitant.

Dans les feuilles, je trouve que la vitesse avec laquelle l'effet maximum est atteint dépend de la nature du tissu, et aussi de l'intensité du choc excitant. Dans des échantillons à réactions lentes, ce temps peut atteindre 0,2 seconde. Nous rappelons que dans le cas d'une excitation mécanique d'intensité moyenne, cette période était aussi d'environ 0,2 seconde (p. 51). Mais avec des feuilles très vigoureuses de *Nymphœa alba*, en employant une excitation électrique plus énergique, l'effet maximum était atteint dans un temps beaucoup plus court, environ 0,03 seconde.

Je donne ci-dessous un tableau montrant les observations rhéotomiques faites sur une de ces feuilles à des intervalles graduellement croissants, après le choc excitant. Il faut se rappeler que le galvanomètre enregistreur était déshunté pendant environ 0,01 seconde.

Tableau des observations rhéotomiques.

Intervalles moyen après le choc.	Déviation du galvanomètre.
s	div.
0,01	20
0,03	63
0,05	17
0,07	15
0,1	20
0,2	9
0,3	8
0,5	5

La courbe de la figure 145 a été établie d'après ces résultats. La variation électromotrice maxima avait lieu, comme nous l'avons déjà montré, 0,03 seconde après l'application de l'excitation. Cette courbe présente plusieurs sommets, et nous rappellerons qu'il en était de même après une forte excitation mécanique (cf. *fig*. 40). Nous reviendrons avec plus de détails sur ce point dans le Chapitre suivant. Une demi-seconde après le choc, la variation électromotrice produite par l'excitation était tombée à environ $\frac{1}{12}$ de son maximum.

Nous avons dit que le sens du courant produit par l'excitation est déterminé par l'anisotropie physiologique de l'organe.

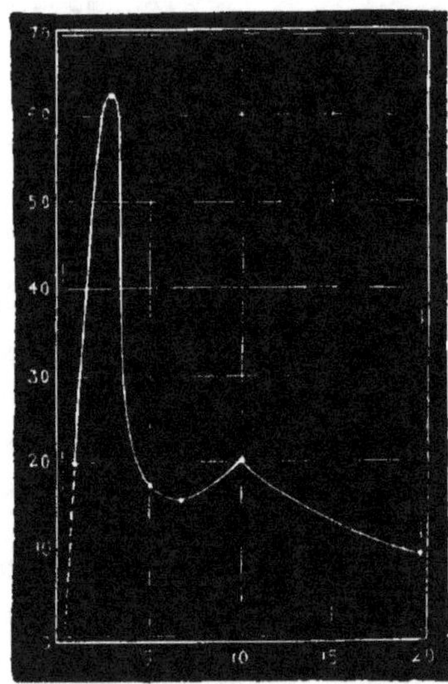

Fig. 145. — Courbe des réactions d'une feuille de *Nymphæa alba* (méthode rhéotomique).

En ordonnée, la déviation du galvanomètre;
en abscisse, les temps en $\frac{1}{100}$ de seconde.

Dans les feuilles où la différenciation physiologique des surfaces supérieure et inférieure n'est pas très marquée, l'excitabilité différentielle des deux surfaces est susceptible de s'inverser, sous l'influence des conditions variables d'âge, de saison, et de fatigue consécutive à une excitation antérieure. Dans la feuille de *Pterospermum*, que j'ai prise ici comme type correspondant à la *Torpille*, l'excitabilité différentielle normale est en général très persistante. Dans ce cas, l'excitabilité dè la surface postérieure, qui est coriace, est faible, et pratiquement négligeable. Mais la surface antérieure, avec son riche réseau de nervures saillantes, est très excitable.

La décharge produite par l'excitation de cette feuille est donc dirigée de la surface antérieure vers la postérieure. Je donne dans la figure 146 une série de ses réactions à des chocs électriques égaux et alternatifs. On voit qu'ils sont très uniformes et ne présentent pratiquement pas de signes de fatigue.

Nous avons ainsi trouvé un organe végétal, dont les réactions sont exactement parallèles à celles d'une plaque isolée de

Fig. 146. — Série de réactions d'une feuille de *Pterospermum suberifolium* à des excitations par chocs électriques alternatifs égaux, à des intervalles d'une minute.

l'organe électrique de la *Torpille*. Nous allons à présent étudier les particularités des réactions de l'organe végétal dont les réactions correspondent à l'organe du *Malepterure*. Nous avons dit que la surface postérieure de chaque élément isolé de cet organe électrique est considérée comme d'origine glandulaire, plutôt que musculaire. Parmi les organes végétaux correspondants, nous avons vu que la feuille carpellaire de *Dillenia indica* pourrait être prise comme type, sa surface postérieure étant glandulaire. L'analogie sera encore plus parfaite si nous prenons pour type le *Népenthe*. Dans ce dernier, la surface interne ou postérieure est riche en glandes. Il s'agit d'abord de déterminer si, dans ce cas aussi, le courant de réaction après une excitation est dirigé de la surface postérieure vers l'antérieure, comme dans l'élément électrique du *Malepterure*.

Je constatai qu'il en est ainsi, en soumettant ces plantes à des chocs électriques égaux et alternatifs. Le courant de réaction était dirigé de la surface postérieure glandulaire vers l'antérieure, non glandulaire. Cette expérience nous montre qu'une

Fig. 147.   Fig. 148.

Fig. 147.   Tracé **photographique** des réactions d'un carpelle de *Dillenia indica*.

Courant naturel dirigé de la face postérieure vers l'antérieure; courant de réaction dirigé de la face antérieure vers la postérieure.

Fig. 148. —   Tracé photographiqué des réactions normales d'un *Népenthe* à des chocs électriques alternatifs égaux.

Courant de réaction dirigé de la face interne, glandulaire, vers la face externe, non glandulaire, noter la tendance aux réactions multiples.

surface glandulaire est exceptionnellement excitable, conclusion que nous verrons confirmée par les nombreuses expériences sur les organes glandulaires que nous décrirons au Chapitre XXII. Je donne dans la figure 147 une série de tracés photographiques obtenus par excitation de *Dillenia indica*. Le tracé ci-dessus (*fig.* 148) montre les réactions du Népenthe.

Il est intéressant de noter chez ce dernier la tendance aux réactions multiples.

Des résultats semblables ont encore été obtenus en prenant une écaille isolée du bulbe d'*Uriclis* au moment de la floraison. Dans chacune d'elles la surface extérieure est revêtue d'une membrane plus ou moins sèche et brillante, tandis que la face concave est humide et d'apparence glandulaire. L'humidité observée sur la face concave de chaque écaille est en fait exsudée par cette face. En soumettant une de ces écailles à l'excitation électrique que nous avons déjà décrite, on obtient un courant de réaction très intense, dirigé, comme dans le dernier cas, de la surface glandulaire vers la non glandulaire.

L'augmentation de la force électromotrice du fait de la disposition en série, comme on le voit dans l'organe électrique des poissons, peut être mise en évidence dans les exemples d'organes végétaux, à l'aide des écailles superposées du bulbe, à l'état naturel. Le bulbe peut être divisé en deux moitiés longitudinales, et la moitié droite dressée pour l'expérience, avec les écailles verticales. Toutes les surfaces glandulaires sont alors tournées vers la gauche, les non glandulaires vers la droite. Ainsi le côté gauche de cette pile correspond au versant céphalique de l'organe électrique du *Malepterure*. Ce dernier réagit à l'excitation par un courant dirigé de la tête vers la queue, c'est-à-dire de la surface glandulaire vers la non glandulaire; de même, dans la pile constituée par la moitié du bulbe de *Lis Uriclis*, le courant de réaction est dirigé de la surface glandulaire vers la non glandulaire, c'est-à-dire de gauche à droite.

La même expérience peut encore être réalisée d'une manière intéressante sans section du bulbe. Nous prenons un bulbe d'*Uriclis*, avec le pédoncule émergeant au centre. Quand ce pédoncule creux est sectionné transversalement, il est possible d'établir une connexion électrique avec le centre de l'intérieur du bulbe. Une ceinture équatoriale établit la seconde connexion extérieure. En soumettant ce bulbe à des chocs égaux et alternatifs, on trouve que la réaction résultante est dirigée de la surface interne vers l'externe, à travers les nombreuses écailles intermédiaires, les effets sur chacune d'elles étant concordants et s'additionnant.

Nous avons donc vu comment les réactions des feuilles peuvent nous donner une idée de l'action d'une plaque d'organe électrique; comment les excitabilités différentielles des deux surfaces donnent lieu après excitation à une force électromotrice induite entre ces surfaces; comment une surface nerveuse et une surface de tissu indifférent donneront une réaction dans un sens, tandis qu'une surface glandulaire et une non glandulaire donneront une réaction dans le sens opposé, enfin comment, par un arrangement en série, on peut augmenter l'effet électromoteur. On voit comment s'expliquent ainsi les deux types de réactions connues dans les organes électriques des poissons. Nous étudierons dans le Chapitre suivant la théorie des organes électriques.

CHAPITRE XVIII.

LA THÉORIE DES ORGANES ÉLECTRIQUES.

Les diverses théories proposées. — Leur insuffisance. — Le « blaze-current ». — Réaction de sens unique, à des chocs homodromes ou hétérodromes, caractéristique des organes électriques. — Résultats analogues avec des corps inorganiques. — La réaction de sens unique est due à des différences d'excitabilité. — Réaction électrique du renflement moteur du *Mimosa* à des chocs électriques égaux et alternatifs. — Réactions du pétiole de *Musa*. — De la tige plagiotropique de *Concombre*. — De l'anguille. — Le courant d'organe des poissons électriques. — Réactions multiples de l'organe électrique. — Réactions multiples de *Biophytum*.

Un des problèmes les plus embarrassants relatif aux phénomènes des organes électriques est la question de savoir si l'activité de ces organes est spécifique, c'est-à-dire caractéristique de ces organes, ou si elle rentre dans le cadre des autres réactions électromotrices observées dans les tissus animaux. Bien des arguments ont été fournis pour et contre l'identité de ces phénomènes avec les réactions à l'excitation du nerf et du muscle.

Des résultats expérimentaux que j'ai décrits, il semblerait résulter que des réactions comme celles des organes électriques ne sont pas spécifiquement caractéristiques même de la structure animale, mais qu'elles peuvent également s'observer chez les végétaux. Il est donc essentiel, si nous voulons déterminer la réaction fondamentale qui est commune à tous ces phénomènes, de trouver une généralisation plus étendue que celle qui a été envisagée jusqu'ici. Cette réaction fondamentale, comme nous l'avons dit, est basée sur l'excitabilité différentielle d'un organe anisotropique, et c'est cet aspect de la question que nous allons à présent étudier en détail. Au préalable, nous passerons en revue les diverses théories émises, qui ne sont généralement pas considérées comme satisfaisantes.

Bell, par exemple, pensait qu'il était possible d'expliquer la décharge de l'organe électrique uniquement par la variation négative du courant du nerf, concomitante avec l'excitation nerveuse. Dans cette théorie, la surface dorsale de la plaque électrique de la *Torpille* devait être positive au moment de l'excitation nerveuse, et la surface ventrale, négative, comme on le voit dans la réalité.

Au contraire, Du Bois Reymond montra que cette hypothèse admet d'abord l'existence d'un courant de repos, causé par les sections transversales « naturelles » (agissant comme des sections artificielles) des nerfs dans les plaques, et par conséquent de sens inverse de celui de la décharge. Au lieu de ce courant permanent, dont la force électromotrice doit correspondre à celle de la décharge, si le courant du nerf doit disparaître sous l'action de la variation négative, il y a seulement une différence de potentiel peu importante pendant le repos, et le courant résultant dans l'organe est toujours homodrome par rapport à la décharge ([1]).

Même s'il n'y avait pas eu ces objections, l'hypothèse de Bell ne pouvait pas expliquer l'action électrique du *Malepterure*. Du Bois-Reymond lui-même essaya d'expliquer l'action de l'organe électrique « non par la variation négative du courant du nerf, mais par un processus, au niveau des plaques électriques qui sont des muscles transformés, *comparable à la variation négative du courant du muscle*, comme nous l'avons exposé à propos de la théorie de la préexistence ». Il suffit de dire ici que la théorie de la préexistence, sur laquelle reposait cette hypothèse, a été depuis abandonnée.

Il reste seulement la théorie chimique, ou théorie de l'Altération, qui associe toutes les variations électriques aux processus

---

( ) Biedermann, *Électrophysiologie* (traduction anglaise), vol. II, p. 462.

correspondants d'assimilation et de désassimilation. Mais on
n'a pas expliqué comment ceux-ci peuvent amener la décharge
caractéristique de l'organe électrique.

Il y a un autre point, qui n'est pas en rapport immédiat
avec cette question, mais dont nous pouvons parler ici. Je
veux parler du « blaze-current » de Waller ou courant « en
éclair ». Il désigne ainsi un courant secondaire de même
sens que le courant excitateur. C'est, en fait, un nouveau
nom du phénomène que Du Bois Reymond appelait le
courant de polarisation positif. Du Bois Reymond a aussi
montré que cet effet particulier était plus marqué quand
l'activité fonctionnelle ou la « vitalité » était à son maximum.
Dans des conditions inverses au contraire, il disparaissait.
L'intensité de cet effet secondaire homodrome dépendait
ainsi du degré de vitalité du tissu étudié. Hermann et Hering
ont cependant montré ensuite que ce que Du Bois Reymond
appelait polarisation positive était en réalité une réaction à
l'excitation. On sait que ces effets d'excitation sont produits
par l'anode ou la cathode (¹), et j'ai montré dans le dernier
Chapitre que c'est l'excitabilité différentielle d'un tissu qui
détermine une telle réaction de sens constant. Il est donc
difficile d'admettre la nécessité d'un nouveau nom pour ces
phénomènes. Waller donne cependant la raison suivante comme
importante.

« La grande masse des tissus vivants, sans parler des autres
échanges avec le milieu extérieur, lui prend de l'oxygène
et lui rend de l'acide carbonique; ils peuvent vivre lentement
ou rapidement, se consumer lentement ou brûler brusquement.
Un muscle au repos se consume; un muscle qui se contracte
brûle; la consommation d'hydrate de carbone et la production
d'acide carbonique, qui ne cessent jamais, même dans le repos

---

(¹) **Entre certaines** limites physiologiques d'intensité du courant,
l'effet cathodique négatif, comme l'effet anodique positif, doivent
être considérés comme des courants secondaires « irritatifs » dns
entièrement à une action polaire du courant (BIEDERMANN, *Electrophysiologie*, trad. anglaise, vol. I, p. 448).

le plus complet, sont rendues beaucoup plus actives quand la
machine vivante est en plein fonctionnement, il y a alors une
brusque explosion de chaleur et une décharge électrique » (¹).

Je vais décrire des expériences, qui montreront encore que
les réactions électriques peuvent s'observer même quand il
y a impossibilité de consommation d'hydrates de carbone
ou de production d'acide carbonique.

Le fait que les effets secondaires de l'excitation que nous
avons décrits disparaissant à la mort du tissu a conduit Waller
à formuler cette loi, que ce « blaze-current » est le signe distinctif
entre la matière vivante et la matière non vivante. Pour lui,
« si l'objet étudié présente un blaze-current dans un seul sens,
ou dans les deux, il est vivant ». Il admet cependant qu'une
substance, qui est incontestablement vivante, ne présentera
pas toujours le blaze-current. Mais on conteste que l'existence
du blaze-current soit un critérium certain de la vie, et qu'ainsi
on puisse faire une distinction nette entre les réactions vitales
et les réactions non vitales, ou physiques. Comme on suppose
donc qu'il n'y a pas de réaction possible à l'excitation dans la
matière non vivante, ou inorganique, il résulte de là que des
chocs électriques provoqués sur un corps inorganique, dans
une direction quelconque, devraient donner lieu seulement à
ces courants de contre-polarisation, connus des physiciens.
Dans ces cas, en inversant le sens des chocs, le sens du courant
secondaire est aussi inversé; mais dans la substance vivante,
il est tout autrement, le sens reste le même. Si le sens des chocs
est ici inversé, le courant secondaire apparaîtra encore, mais
sans changement de sens, parce que dans ce dernier cas il
n'est pas produit par le choc, mais est une fonction inexplicable
de la matière vivante : il est déclenché par elle, de même qu'un
fusil chargé part quand on pousse la gâchette. La possibilité
d'obtenir d'une substance donnée un courant secondaire de
direction constante, quelle que soit la direction du choc, doit
être considérée comme le signe caractéristique de la vie.

S'il est certain que le domaine des phénomènes physiolo-

(¹) WALLER, *Les signes de la vie*, p. 74.

giques n'a pas encore été exploré aussi complètement que celui des phénomènes physiques, il est également vrai que les phénomènes physiques eux-mêmes n'ont pas été jusqu'ici parfaitement étudiés. Il est donc hasardeux de dire que parce qu'un phénomène donné n'a pas encore été rencontré dans la matière inorganique, il soit par là même d'une nature hyperphysique, et doive être classé dans la catégorie mystérieuse des phénomènes exclusivement vitaux. Le fondement d'une telle conception disparaîtrait dès qu'on aurait montré que ce phénomène survient dans les mêmes circonstances dans des conditions qui se trouveraient être purement physiques.

Je rappelle que j'ai montré dans les Chapitres précédents que la réaction de direction constante à des chocs électriques de directions opposées était due à l'excitabilité différentielle du tissu considéré. La réaction d'un organe anisotropique se fera toujours du point le plus excitable vers le point le moins excitable, le plus excitable devenant relativement négatif. Il peut y avoir ici divers cas d'excitation, tous donnant des résultats du même type, c'est-à-dire un courant de réaction dirigé de B vers A. Le premier est celui où, par l'excitation, B et A deviennent tous deux négatifs, A l'étant relativement moins. Dans le deuxième cas, l'excitabilité de A étant faible, ou négligeable, B seul devient négatif. Dans le troisième cas, l'excitation rend A positif et B négatif. Dans tous ces cas, la négativité relative de B étant plus grande, le courant de réaction sera dirigé de B vers A. Le courant résultant est obtenu dans le premier cas en soustrayant le potentiel négatif de A de celui de B; dans le second cas, il est représenté par la négativité de B, celle de A étant égale à zéro; dans le troisième cas, il est obtenu par l'addition de l'effet de A avec celui de B. On trouvera des exemples de ce dernier cas dans certains téguments animaux et végétaux cités au Chapitre XX.

Telles étant les conditions de production du courant de réaction de direction constante, il m'a semblé probable que le même résultat pouvait être obtenu avec des substances inorganiques, pourvu que les échantillons étudiés fussent préparés de manière à être anisotropiques, un côté pouvant, après

excitation, présenter une variation négative plus élevée que
l'autre. Dans ce cas, il est évident que le courant résultant
serait maximum si une face de la substance devenait électropositive, et l'autre, électronégative, après excitation. J'ai
déjà établi (Chap. I) que diverses substances inorganiques
présentent des réactions électriques de signes opposés. Ainsi,

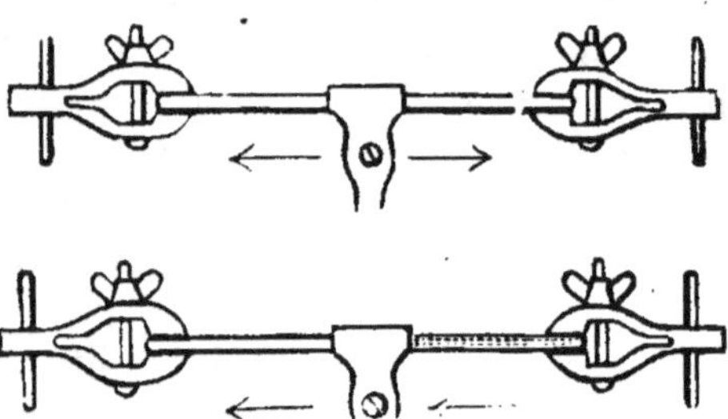

Fig. 149. — Courants de réaction dans un fil de plomb.

En haut. — Le fil excité est électropositif. Des excitations simultanées des deux extrémités se neutralisent : la réaction résultante
est nulle.

En bas. — A gauche, fil de plomb; à droite, de bromure de plomb
(ombré). La réaction du premier est positive; celle du second
est négative. Des excitations simultanées des deux fils déterminent des réactions qui s'additionnent, et sont dirigées de
droite à gauche.

la réaction du plomb est positive, tandis que celle du bromure
de plomb est négative.

Si donc nous prenons un fil de plomb, AB, serré au milieu
en C, comme le représente la partie supérieure de la figure 149,
et si nous excitons l'extrémité droite, B, par une vibration
mécanique, il se produira un courant de réaction dirigé vers le
point excité B, qui deviendra ainsi positif. Il en sera de même
pour A, si on l'excite. Si B et A sont excités simultanément,
il est évident que les deux courants de réaction, étant antagonistes, s'annuleront, mais si l'extrémité droite du fil, B',
est en bromure de plomb (partie inférieure de la figure 149)
tandis que l'extrémité gauche, A', est en plomb comme dans

le cas précédent, l'excitation de B' donnera lieu à un courant de réaction partant de B', qui deviendra ainsi électronégatif; au contraire, A' donnera une réaction positive, dirigée vers le point excité. Des excitations simultanées de A' et de B' ne seront pas antagonistes, mais leurs effets s'additionneront. La réaction résultante sera dirigée ainsi du point négatif B' vers le positif A'. Nous pouvons prendre encore une lame de plomb, dont la face supérieure, B', est bromurée ([1]). Une

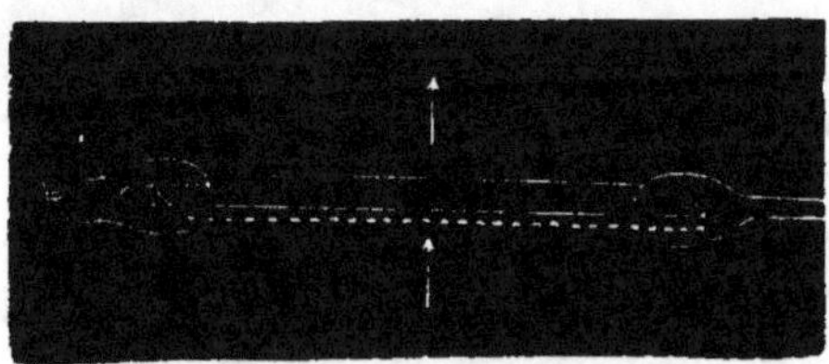

Fig. 150. — Lame plate de plomb, dont la face supérieure
est bromurée.

La réaction de la face supérieure est positive; de la face inférieure, négative. Réaction résultante dirigée de bas en haut.

excitation mécanique des deux surfaces, par vibration, donnera lieu à un courant résultant dirigé à travers la plaque de la face B devenue négative vers la ' face A devenue positive (*fig.* 150). On remarquera qu'ici, comme la perturbation moléculaire d'où résulte l'excitation est produite par une forme non électrique d'excitation, le type électrique de la réaction obtenue est indiscutable, étant libre de toute complication due au facteur polarisation.

Voyons quel serait l'effet de chocs d'induction envoyés

([1]) Pour bromurer cette surface, on peut la laisser exposée à des vapeurs d'acide bromhydrique ou l'on peut déposer du brome par électrolyse, à l'aide d'un bain d'une solution de bromure de potassium. Une certaine épaisseur de dépôt et un temps suffisant de formation sont importants pour obtenir une bonne préparation de la plaque. Dans ces conditions, l'état de réactivité peut être durable, comme le montrent les graphiques.

à travers cette plaque. Si les corps inorganiques sont réellement
inexcitables, nous pouvons ici obtenir seulement un courant
de contre-polarisation comme effet secondaire. C'est-à-dire qu'en
envoyant un choc de sens ascendant, dirigé de bas en haut,
nous pourrions observer seulement comme effet secondaire une
polarisation négative, ou un courant descendant, dirigé de
haut en bas. Un choc descendant, au contraire, donnerait lieu

Fig 151. — Tracés photographiques de l'effet secondaire de chocs
d'induction homodrome ' et hétérodrome ↓ dans une lame
préparée de plomb.

Noter le sens constant de la réaction, quel que soit celui du choc
d'induction.

à un courant secondaire ascendant. Mais si les substances inorganiques étaient excitables, et que B par l'excitation devînt
négatif par rapport à A, comme nous l'avons trouvé dans les
expériences sur l'excitation mécanique, alors, quelle que soit
la direction du choc, nous aurions une réaction de sens constant,
dirigée de bas en haut, exactement comme la décharge due à
l'excitation de l'organe électrique de la *Torpille*, de la surface
centrale vers la dorsale.

Je donne ci-dessus (*fig.* 151) des tracés photographiques
des effets secondaires de réactions obtenus effectivement en
faisant cette expérience sur la lame de plomb préparée comme

nous l'avons dit. On voit ici que, quelle qu'ait été la direction
du choc, homodrome ⁁ ou hétérodrome ⁀, le courant de réaction avait toujours une direction constante, de la surface inférieure négative à l'excitation vers la supérieure, positive à
l'excitation. Si le signe du « blaze-current » doit être accepté,
nous serons amenés à faire rentrer cette lame métallique dans
la catégorie des matières organiques vivantes !

Fig. 152. — Tracé photographique des réactions d'une lame
de plomb préparée, à des chocs alternatifs égaux séparés par
des intervalles d'une minute.

Courant de réaction comme précédemment,
dirigé de la face inférieure vers la supérieure.

Puisqu'on admet que la réaction électrique des tissus vivants
est due à une excitation moléculaire, et puisque nous obtenons
des effets électriques semblables, comme nous l'avons vu,
avec un corps inorganique, il est évident que l'excitabilité
n'est pas une propriété des corps organiques seuls, mais qu'elle
est commune à tous les corps matériels. On voit aussi que la
réaction de sens constant d'un tissu anisotropique si caractéristique, entre autres, de l'organe électrique de certains poissons, dépend de son excitabilité moléculaire différentielle.

Quand on prend ces réactions à des chocs homodromes ou
hétérodromes, le courant de contre-polarisation se superpose

à l'effet d'excitation. Aussi voyons-nous (*fig.* 146) que la réaction homodrome, où la po'arisation négative agit dans un sens opposé, est moins ample que l'hétérodrome, où la polarisation agit dans le même sens que le courant excitateur. Nous avons vu, dans nos expériences sur les feuilles, que quand on annule cette polarisation négative, en provoquant des réactions à

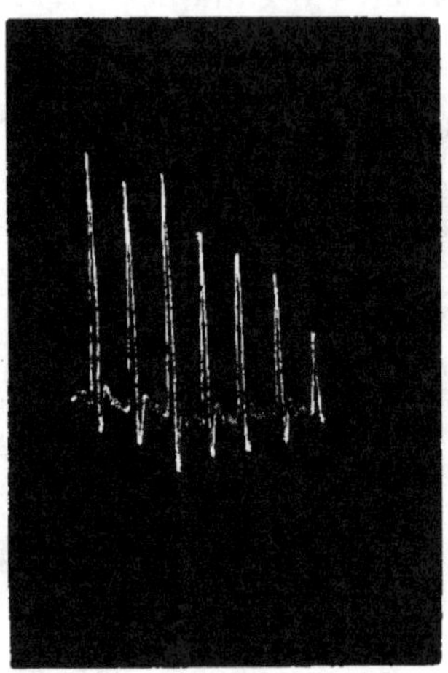

Fig. 153. — Réaction du renflement moteur de *Mimosa*
à des chocs électriques alternatifs égaux.

Courant de réaction dirigé de la face inférieure,
plus excitable, vers la supérieure, moins excitable.

l'aide de chocs électriques alternatifs et égaux, des réactions successives, donnant lieu à un effet d'excitation vraie, deviennent égales. Je donne ici (*fig.* 152) une série de réactions de la lame préparée de plomb, dans ces conditions de chocs alternatifs et égaux : on voit qu'elles sont devenues égales, le courant de réaction résultant étant dirigé de la surface inférieure vers la supérieure, comme dans les cas précédents.

Après avoir ainsi montré par diverses méthodes la nature de cette condition fondamentale, qui détermine la décharge de l'organe électrique sous l'influence de l'excitation, nous pouvons prendre d'autres organes, qui présentent une excitabilité différentielle notoire, et voir s'ils présentent aussi, après excitation électrique, des réactions de direction constante.

Les différences d'excitabilité des faces supérieure et inférieure du renflement moteur du *Mimosa* sont bien connues. En soumettant cet organe à des chocs électriques alternatifs et égaux, j'ai obtenu des courants de réaction de sens constant, dirigés de la moitié inférieure, plus excitable, vers la supérieure, moins excitable, et dont la figure 153 donne un tracé photographique. Dans ce cas particulier, par suite de la fatigue croissante, les réactions vont en décroissant.

Dans le pétiole engainant de *Musa* nous avons également trouvé, comme nous le verrons, que la surface interne, ou concave, est plus excitable que l'externe, ou convexe. En prenant des tracés des réactions de cet organe à des chocs alternatifs égaux, le courant de réaction était dirigé de la surface interne, plus excitable, vers l'externe, moins excitable.

Il est à présent évident que dans la structure d'un élément isolé d'un organe électrique, la question essentielle n'est pas l'homologie d'une partie ou d'une autre avec le muscle, le nerf ou la glande, mais simplement l'anisotropie.

Tout tissu anisotropique est un élément électrique en puissance. Ainsi, une tige de *Concombre* naturellement radiée devient physiologiquement anisotropique quand elle est horizontale, par suite de l'asymétrie de l'action des excitations du milieu extérieur. Un tel organe anisotropique, excité électriquement, donne un courant de réaction de sens unique, dirigé de la surface inférieure ou ventrale vers la supérieure ou dorsale. On rencontre une réaction analogue avec le corps de l'anguille, qui, après excitation, présente aussi un courant de réaction dirigé de la surface ventrale vers la dorsale.

Les particularités des réactions des éléments constitutifs de l'organe électrique ne sont donc pas exceptionnelles. Le caractère extraordinaire de l'organe résulte simplement de la disposition en série d'un grand nombre de ces éléments, reliés à un tronc nerveux, grâce auquel une impulsion volontaire peut amener l'excitation qui provoque la décharge de la pile électrique, et la transformer ainsi en une arme offensive.

Le problème le plus difficile relatif à ces organes électriques ayant été ainsi résolu, il reste à étudier deux autres points : le courant naturel de repos et le caractère multiple de la décharge due à l'excitation.

Quant au premier point, Du Bois Reymond a trouvé que le courant de repos, qu'il appelait courant d'organe, était de même sens que la décharge électrique. Mais nous avons trouvé qu'en général, à l'état initial, le véritable courant naturel est dirigé dans un sens opposé à celui de l'excitation, c'est-à-dire va du point le moins excitable vers le plus excitable. En faveur de cette règle, je trouve, dans la feuille de *Pterospermum*, dont la réaction électrique est semblable à celle de la plaque de *Torpille* que, tandis que le courant produit par •l'excitation est dirigé de la surface ventrale, plus excitable, vers la surface dorsale, moins excitable, son courant de repos est dirigé en sens inverse, de la face dorsale vers la ventrale. Quant à l'organe électrique, il n'est pas douteux qu'ici aussi le véritable courant de repos aurait été trouvé de sens inverse de celui du courant dû à l'excitation, s'il avait pu être observé et enregistré dans des conditions de repos physiologique absolu. Dans un tissu très excitable, l'excitation produite par la préparation, comme nous l'avons vu et comme nous le verrons encore plus loin, laisse un effet secondaire, qui inverse le courant naturel de repos. Pour cette raison, le courant de repos observé dans les préparations d'organes électriques n'a probablement pas représenté le courant véritable, mais plutôt une inversion de ce courant due à l'excitation. Cette idée est confirmée par le fait que, tandis que dans la préparation de l'organe de *Torpille*, ce courant de repos inversé est considérable, il est négligeable sur le poisson intact. Il faut savoir que le poisson est spontanément excitable, et aussi, qu'il doit rester un certain effet résiduel des décharges de l'organe. Néanmoins Zantedeschi a trouvé un courant de repos, dans le poisson intact, de sens inverse de celui de la décharge due à l'excitation. C'était évidemment le véritable · courant de repos. Cette notion du courant d'organe de Du Bois Reymond, comme effet secondaire persistant de l'excitation, est confirmée par une observation de Gotch, qui le trouvait intense chez la *Torpille*, où l'on sait que l'effet de l'excitation est très persistant : mais chez le *Malepterure*, où le retour à l'état antérieur se fait rapidement après l'excitation, ce courant d'organe particulier est pratiquement absent dans les préparations prélevées.

Nous pouvons à présent nous occuper du caractère multiple, ou oscillatoire, observé dans la décharge électrique à la fois par Gotch et par Schönlein. On le voit par la multiplicité des sommets dans la courbe rhéotomique. Des sommets multiples se trouvent aussi, comme nous l'avons vu, dans les observations rhéotomiques faites sur des organes végétaux (*fig.* 40). Gotch essaie d'expliquer ces réactions multiples de l'organe électrique, qu'il appelle « autoexcitation », par le passage à travers le tissu du courant intense dû à la réaction ; il considère que ce courant excite à nouveau le tissu, et amène la répétition du même effet. Au sujet de cette hypothèse, il est inutile de supposer que c'est le courant électrique intense de la première réaction qui est la cause excitante de la seconde, et ainsi de suite. Car il faut se rappeler qu'une réaction multiple n'est pas exclusivement caractéristique de ces organes électriques, avec leur courant de décharge de haute intensité, mais qu'elle est présentée par divers tissus. Ceux-ci, comme nous l'avons vu dans le Chapitre XV, peuvent présenter un état d'excitation rythmique, ou multiple, sous l'action de toutes les formes d'excitation, pourvu que l'intensité de celle-ci dépasse une certaine valeur. Il arrive ainsi comme nous l'avons vu, que, tandis qu'une seule excitation modérée donne lieu à une réaction isolée, une seule excitation forte donne lieu à de réactions multiples.

Le fait que ce n'est pas l'intensité du premier courant de réaction, qui, en déterminant une nouvelle excitation du tissu, est la cause du second courant, etc., devient évident, dès qu'on observe la réaction au point de vue quantitatif, dans les cas où elle se manifeste d'une manière visible par l'affaissement régulier des folioles disposées en série, dans des plantes du type de *Biophytum*. La sensibilité de ces folioles est telle, qu'il faut une force électromotrice de 12 volts en moyenne pour produire une excitation de fermeture au pôle négatif, ou d'ouverture au pôle positif. Cette valeur est beaucoup plus élevée pour l'excitation d'ouverture au pôle positif que pour la fermeture au négatif. La force électromotrice minima qui m'a paru efficace sur un échantillon de *Biophytum* très excitable était de 4 volts, et, pour des plantes moins sensibles, elle pouvait atteindre 20 volts.

En appliquant une forte excitation, produite par le contact d'un fil de fer chauffé, sur le pétiole soutenant les folioles sensibles, on détermine une onde d'excitation, qui, dans sa progression, provoque un affaissement des folioles l'une après l'autre. Après un intervalle d'environ une demi-minute, on observe une deuxième onde partant du point de départ de l'excitation, donnant lieu à une seconde série de réactions, qui se manifestent par le même affaissement successif des folioles que la première fois. De telles excitations récurrentes peuvent se produire jusqu'à 20 fois après une seule excitation. En déterminant la valeur de la force électromotrice de chacune de ces ondes d'excitation, j'ai trouvé qu'elle était de l'ordre de 0,01 volt.

Elle représente, comme on le verra, environ $\frac{1}{100}$ de la force électromotrice minima nécessaire pour produire l'excitation de la foliole. Il ressort de là que c'est ici l'excitation primitive qui est la cause de ces excitations multiples, et non la première réaction qui est la cause de la seconde.

Ce phénomène des réactions multiples est, comme nous l'avons vu, très général, et non limité aux organes électriques. Nous avons vu qu'on le constatait même avec les tissus ordinaires, et nous verrons dans les Chapitres suivants que ces réactions répétées s'observent dans les tissus nerveux et dans les tissus glandulaires, à la suite d'une excitation intense. Ce fait est intéressant en ce qu'il permet d'établir une analogie entre les organes électriques des poissons et des éléments neuro-musculaires ou neuroglandulaires.

CHAPITRE XIX.
DÉTERMINATION DES DIFFÉRENCES D'EXCITABILITÉ PAR L'EXCITATION ÉLECTRIQUE

Avantages de l'excitation électrique : sa souplesse. — Inconvénients dus aux facteurs variables des effets polaires et du courant de contre-polarisation. — On les évite par l'emploi de chocs électriques égaux et alternatifs. — Méthode de l'effet secondaire et de l'effet direct. — Expérience de Von Fleischl sur la réaction du nerf. — Complications dues à l'emploi des chocs d'ouverture et de fermeture. — Inverseur tournant. — Transformateur. — Réaction de Musa à des chocs alternatifs égaux. — Abolition de cette réaction par le chloroforme. — Tracés de réactions de la tige plagiotropique du *Concombre* et de réactions de l'Anguille. — Différences d'excitabilité dans des feuilles multicolores, démontrées par les réactions électriques.

Nous avons vu (Chap. VII) que la différence d'excitabilité entre deux points quelconques d'un tissu peut être décelée en observant le sens de la réaction résultante, quand les deux points sont soumis simultanément à une excitation identique. Nous avons vu également que le point le plus excitable devient, après une excitation diffuse, électronégatif. J'ai aussi décrit les diverses formes d'excitation quantitative qui pouvaient être employées dans ce but, la vibration mécanique, et l'excitation par des chocs thermiques. En employant ces formes non électriques d'excitation, la loi fondamentale des divers types de réactions a été solidement établie, de manière à éliminer toute cause d'erreur.

Le mode électrique d'excitation offre cependant bien des avantages. Son intensité par exemple est facile à graduer. Mais sa principale supériorité vient de sa grande souplesse d'application. Deux points quelconques, même éloignés, ou d'accès difficile, peuvent être soumis électriquement à une excitation donnée, du moment que nous pouvons y appliquer deux électrodes. Ces avantages sont toutefois compensés par bien des inconvénients. Car la variation électrique résultante produite en un point donné par un choc électrique est la somme d'un certain nombre de facteurs variables, qui peuvent être distingués en facteurs dus à l'excitation, et facteurs dus à la polarisation. Supposons que le choc d'induction pénètre en un point. Nous aurons là les effets polaires physiologiques de fermeture et d'ouverture positives. Il y a, au moment de l'interruption du courant, une force contre-électromotrice due à la polarisation. Enfin la réaction physiologique dépendra également de l'excitabilité du point considéré.

Au niveau du second point, ou point cathodique, ou point de sortie du courant excitant, les effets physiologiques de fermeture et d'ouverture négatives, le facteur représenté par l'excitabilité de ce point, et la force contre-électromotrice de polarisation, contribuent à la fois à déterminer la variation électrique résultante en ce point.

Cette différence de potentiel produite entre les points A et B, qui détermine la variation électrique observée, est ainsi égale à la somme des facteurs variables agissant en A, diminuée de la somme des facteurs variables agissant en B. Dans ces conditions, il semblerait au premier abord impossible qu'aucun résultat puisse être obtenu par l'emploi du mode électrique d'excitation. Je vais montrer comment tous les inconvénients peuvent être évités, et comment le mode électrique d'excitation peut être rendu très sûr. On le comprendra peut-être mieux si nous prenons un exemple concret. Supposons qu'un seul choc électrique d'intensité moyenne pénètre dans un tissu isotropique au point A, et sorte en B; A sera anode, et B, cathode.

Ici, l'effet d'excitation vraie se produit seulement à la cathode, probablement parce que l'excitation d'ouverture positive se produit avec des forces électromotrices beaucoup plus élevées que l'excitation négative de fermeture. A ces intensités plus élevées, l'effet positif d'ouverture se produira donc également. Avec une force électromotrice excessivement élevée, ces rapports, pour des raisons que nous avons déjà expliquées, peuvent subir une inversion. Le point où se produit cette inversion dépendra de la nature et de l'excitabilité du tissu. Bien que pour toutes ces raisons les excitations relatives de A et de B restent incertaines, nous pouvons cependant être certains que les deux points sont excités, si deux, ou un nombre pair quelconque de chocs exactement égaux, sont envoyés à travers le tissu dans des sens opposés, et dans une succession rapide. Si, au lieu de deux chocs alternatifs isolés, nous appliquons n chocs alternatifs, absolument égaux, et si l'excitabilité naturelle pour les deux points A et B a été la même, il n'y aura rien qui distingue l'effet d'excitation produit en A de celui produit en B. En d'autres termes, les deux excitations seront exactement égales. Ces courants alternatifs strictement égaux et inverses ne peuvent pas en outre avoir d'effets de polarisation, car l'effet d'un choc d'induction d'un sens donné sera annulé par celui du choc de sens inverse.

Nous voyons ainsi que par cette méthode la seule variation produite au niveau des deux électrodes sera la variation due à l'excitation, le facteur physique polarisation étant éliminé. Ainsi, en soumettant deux points, A et B, à une excitation d'égale intensité, le potentiel négatif résultant en ces deux points sera le même, si les excitabilités naturelles de ces deux points étaient les mêmes. Mais si le tissu est anisotropique, et que l'excitabilité naturelle d'un point, par exemple B, soit plus grande que celle de A, nous aurons alors un courant de réaction résultant, qui sera dirigé dans le tissu du point B, le plus excité, vers le point A, moins excité, la variation négative étant relativement plus grande en B. Nous avons ici une répétition, par l'excitation électrique, des résultats décrits au Chapitre IX, obtenus par des excitations mécaniques et thermiques. On verra combien ces résultats peuvent être rendus parfaits et constants, avec des précautions convenables, par les nombreux tracés de ce Chapitre et des suivants.

J'ai retardé jusqu'ici l'étude du mode d'application de ces chocs alternatifs. Le courant alternatif habituel d'une bobine de Ruhmkorff serait absolument défectueux, pour des expé-

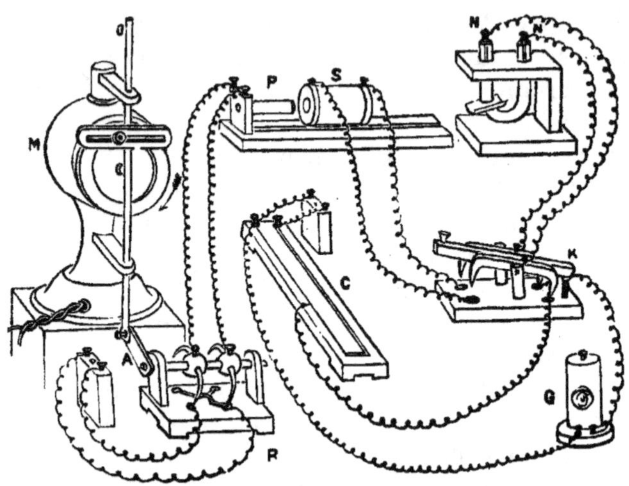

Fig. 154. — Dispositif expérimental pour la détermination de l'effet secondaire de l'excitation par des chocs électriques alternatifs égaux.

M, moteur électrique actionnant un commutateur de Pohl pour l'inversion alternative du courant dans le primaire P. Noter que la pièce de connexion A présente seulement des mouvements d'ascension et de descente, qui déterminent les inversions du courant; S, bobine secondaire; K, clef d'ébonite, maintenue abaissée par un ressort élastique, les deux surfaces du tissu étudié étant ainsi en circuit avec le galvanomètre G. Quand on appuie sur la clef, elles sont mises en circuit avec la bobine excitante S. Quand on lâche la clef, l'effet secondaire d'excitation du tissu se manifeste par une déviation du galvanomètre. C, compensateur.

riences délicates et croisées; d'abord parce que les valeurs d'excitation des chocs lents de fermeture et des chocs rapides de rupture sont inégales, ensuite parce que ces courants laissent leurs effets résiduels de polarisation.

J'ai pu éviter ces inconvénients, comme je l'ai montré dans le dernier Chapitre, grâce à des inversions rapides du courant primaire qui actionne une bobine d'induction. Quand le courant primaire est inversé du sens positif au sens négatif, nous obtenons un courant d'induction dû à une variation magnétique des lignes de force, de $+ n$ à $- n$. On verra que si ces inversions du courant primaire sont faites avec une égale rapidité, les courants alternatifs induits seront égaux et opposés. Les inversions sont faites à l'aide d'un commutateur de Pohl, levé et abaissé par un levier en connexion avec un moteur électrique tournant (*fig.* 154). L'intensité des chocs d'induction peut être variée en approchant ou en écartant le secondaire du primaire.

Ayant ainsi décrit la méthode générale de production des chocs alternatifs égaux, il reste encore à expliquer deux méthodes distinctes d'application de ces chocs pour la détermination des différences d'excitabilité d'un tissu. On peut distinguer : 1º la méthode de l'*effet secondaire*, et 2º la méthode de l'*effet direct*. Dans la première, le tissu est excité pendant un temps déterminé, et l'effet d'excitation est observé en le reliant immédiatement après avec le circuit du galvanomètre. On comprendra comment on y parvient par la figure 154. Nous avons une clef électrique K d'ébonite à grand isolement. P et Q sont reliés à deux points A et B du tissu, dont les excitabilités relatives sont à déterminer. Un ressort en spirale maintient la clef abaissée, reliant les deux points du tissu au galvanomètre. Toute différence de potentiel entre les deux points est annulée par le potentiomètre compensateur C. Dans ces conditions, la tache lumineuse du galvanomètre resterait fixe, que la clef soit élevée ou abaissée. En pressant la clef K, le circuit du galvanomètre est interrompu, et le tissu est mis en série avec le circuit existant S, qui forme le secondaire de la bobine d'induction. Quand la clef est ensuite relâchée, le circuit du galvanomètre est rapidement fermé, au bout d'un temps donné après la cessation du choc excitant, et la déviation résultante du galvanomètre indique la différence d'excitation entre A et B. On peut ainsi prendre des tracés d'une série des

effets secondaires de brèves excitations à des intervalles d'une
minute par exemple. Le sens de ce courant de réaction dirigé
dans le tissu du point le plus excitable vers le moins excitable, nous permet de déterminer les excitabilités relatives
des points A et B.

La deuxième méthode, qui est basée sur l'enregistrement
de l'effet direct de chocs alternatifs égaux, est beaucoup plus
délicate; mais, pour qu'elle soit parfaite, il y a certaines difficultés à surmonter. Une des premières conditions à remplir
est l'égalité parfaite des chocs alternatifs. On en comprendra
l'importance en observant l'effet des chocs alternatifs produits
par une bobine de Ruhmkorff, quand elle est actionnée par
un marteau vibrant. Ici, les chocs de fermeture et de rupture
sont d'intensité et de durée inégales, et les causes suivantes de
perturbation entrent en jeu : 1º une force électrique agissant
dans un sens ou dans l'autre; 2º une inégalité résultante des
effets de polarisation; et 3º l'inégalité des valeurs d'excitation
des deux chocs.

L'impulsion du galvanomètre, par suite de l'inégalité des
chocs d'induction, devient très gênante quand nous avons
à employer, comme c'est nécessaire, un instrument de grande
sensibilité. Si les différences d'excitabilité du tissu étudié
sont très grandes, cette impulsion peut être masquée par
l'effet d'excitation prédominante. Dans d'autres cas, l'effet
d'excitation lui-même peut être masqué par l'impulsion.
La différence d'intensité entre les chocs de fermeture et de
rupture décrits dans la bobine de Ruhmkorff devient ainsi
un élément de perturbation profonde. La nécessité de rendre
les deux chocs absolument égaux se comprendra, quand nous
voyons que des courants téléphoniques alternatifs, qui sont
en général considérés comme égaux et opposés, produisent
une déviation du galvanomètre dans un sens ou dans l'autre,
par suite d'une légère différence d'intensité entre les deux
courants alternatifs.

La difficulté résultant de l'inégalité des effets de polarisation
est trop évidente pour demander une explication plus complète.
Quelle que soit la cause de ce fait, il est certain que l'emploi

de chocs inégalement excitants d'ouverture et de fermeture serait fatal à toute tentative pour déterminer avec précision la différence d'excitabilité naturelle entre deux points. Je puis dire ici que quand j'ai employé des chocs alternatifs absolument égaux sur un nerf, je n'ai pas obtenu de déviation résultante, montrant que ces chocs produisent des excitations exactement égales dans un tissu isotropique. Mais si l'excitabilité d'un des deux points est d'abord abolie par la mort, on obtient alors un courant de réaction défini, dirigé du tissu vivant, excitable, vers le tissu mort, inexcitable. Les résultats obtenus avec ces chocs électriques égaux alternatifs ont été en fait si parfaits, que j'ai voulu, non seulement déceler, mais aussi enregistrer photographiquement les réactions ainsi obtenues. On éprouve à cela une certaine difficulté, en ce que les chocs alternatifs sont susceptibles de rendre tremblante la tache lumineuse du galvanomètre, et de voiler ainsi l'image photographique. On peut y remédier en rendant la fréquence des alternances assez élevée par rapport à la période d'oscillation de l'aiguille ou de la bobine suspendue du galvanomètre, pour que l'instabilité de la déviation disparaisse.

Je vais à présent décrire le moyen pratique employé pour obtenir des chocs égaux alternatifs d'une fréquence quelconque. J'y suis parvenu de plusieurs manières, entre autres à l'aide d'un inverseur tournant. Il consiste en un disque d'ébonite, sur le pourtour duquel sont des pièces de métal de largeur égale, séparées par des distances égales. Les pièces impaires (1, 3, 5, etc.) sont reliées entre elles, et avec un anneau métallique à gauche du disque. Il en est de même des pièces paires, qui sont reliées à un anneau situé à droite. Les deux électrodes d'une batterie sont en connexion par l'intermédiaire d'une clef K avec ces deux anneaux métalliques, et la connexion se fait par l'intermédiaire de balais. Ainsi, un des anneaux, avec toutes les pièces impaires, est relié par exemple au pôle positif, et l'autre, avec les pièces paires, au pôle négatif de la batterie. Le courant est dérivé par une seconde paire de balais, diamétralement opposés sur le disque, dans le circuit primaire d'une bobine d'induction (*fig.* 155). Supposons que le balai

supérieur soit relié à une pièce impaire, l'inférieur le sera
à une pièce paire. Le courant dans la bobine primaire passe
dans un sens donné. Quand le disque tourne, de manière à
amener la première paire de pièces métalliques en contact
avec les balais, la supérieure sera alors reliée à la pièce paire,
et l'inférieure, à la pièce impaire. Ainsi le sens du courant sera
inversé, et une rotation rapide du disque donnera naissance à

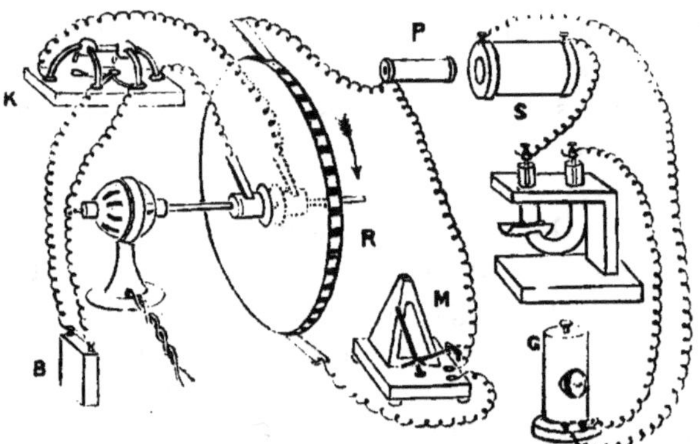

Fig. 155. — Méthode de l'effet direct d'excitation
par des chocs alternatifs égaux.

R, inverseur tournant, en circuit avec la bobine primaire P. La
durée d'excitation est réglée par le métronome M. S, bobine
secondaire, en série avec le tissu et le galvanomètre.

des courants égaux alternatifs dans le primaire de la bobine
d'induction. Celle-ci à son tour ira induire dans le secondaire
des courants d'induction égaux et alternatifs, dont l'intensité
pourra, comme nous l'avons dit, être modifiée dans de larges
limites en faisant varier la distance entre le primaire et le
secondaire. Le nombre de pièces dans l'appareil utilisé est de
50, et si l'on fait tourner le disque, à l'aide d'un moteur
électrique à la vitesse d'un tour par minute, il y aura
50 alternances du courant par seconde.

La durée de l'application du choc excitant au tissu est réglée
par un métronome, qui ferme le circuit primaire pour un court
intervalle de temps déterminé. Quand le métronome M est

réglé de manière à fermer le circuit pendant une demi-seconde,
une excitation de cette durée sera appliquée à chaque choc.
Une seconde clef interruptrice, qui n'est pas représentée sur
la figure, est comprise dans le circuit. Quand cette clef est
fermée, un seul battement du métronome donne un choc

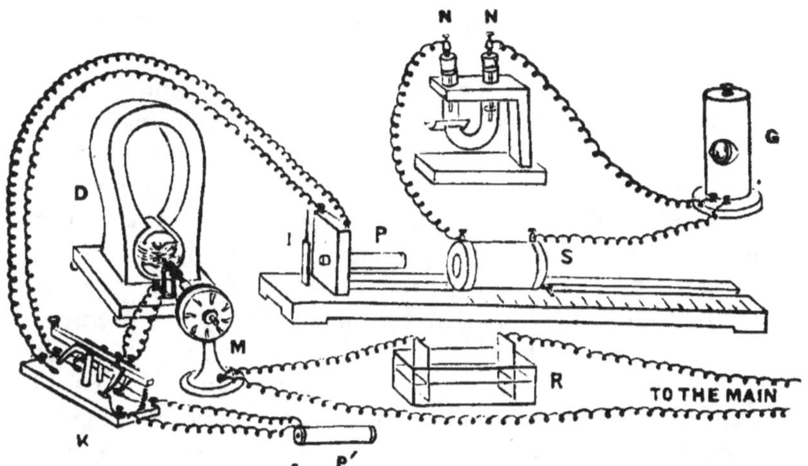

Fig. 156. — Excitation par des chocs alternatifs égaux.

M, moteur, armature tournante d'une dynamo D, à courants alternatifs; R, rhéostat liquide, en circuit avec le courant de la ville,
servant à régler la vitesse de rotation du moteur; P', bobine
supplémentaire; P, bobine primaire; I, index résonant; S,
bobine secondaire, en circuit avec le tissu étudié et le galvanomètre. La durée d'excitation est réglée par la pression de la
clef K.

excitant d'une durée d'une demi-seconde. La clef est ensuite
ouverte pendant une minute, pour permettre le retour à la
normale. On obtient ainsi des tracés de réactions suivies de
retours à la normale à des intervalles d'une minute.

Un autre procédé excellent pour produire des chocs égaux
alternatifs consiste dans l'emploi d'une dynamo à courants
alternatifs, actionnée par un moteur électrique M (*fig.* 156).

Le courant alternatif est amené au primaire d'une bobine

de Ruhmkorff par les moyens habituels. Le moteur est actionné par le courant de la ville, sa vitesse étant réglée grâce au réglage du courant par un rhéostat électrolytique R. Comme la dynamo comprend un électro-aimant permanent en fer à cheval, l'intensité du courant alternatif est réglée par la vitesse de rotation de son armature. Si la vitesse est maintenue constante, le nombre des alternances sera aussi constant, et la valeur excitante des chocs électriques dépendra seulement de la distance entre le primaire et le secondaire. Il est ainsi possible d'un jour à l'autre de retrouver la même intensité d'excitation, et de comparer ainsi les excitabilités relatives de divers tissus. La constance de la vitesse de rotation de la dynamo alternative est assurée à l'aide d'un index résonant, I. Il consiste en un court ressort d'acier, muni d'un long index. Quand la fréquence des alternances est la même que la période naturelle de vibration du ressort, le résonateur est animé d'une forte vibration. La résistance du rhéostat, qui règle la vitesse du moteur, est d'abord poussée trop loin. La plaque mobile est ensuite rapprochée progressivement, jusqu'à ce qu'on obtienne la vitesse convenable, ce dont on est averti en entendant la vibration du résonateur.

Une autre difficulté doit être surmontée pour maintenir la constante de la vitesse. Quand on ferme le circuit de la dynamo, en interposant le primaire de la bobine de Ruhmkorff, la vitesse subit une diminution brusque, par suite du travail que la dynamo doit fournir. Pour éviter cette irrégularité, le circuit de la dynamo est maintenu fermé grâce à une bobine primaire supplémentaire, P', qui est un double du primaire P de la bobine de Ruhmkorff. En appuyant sur la clef K, on fait passer le courant alternatif à travers P au lieu de P'. Il n'y a pas ainsi d'irrégularité dans la vitesse de la dynamo, et la durée de la fermeture règle la durée de l'excitation. J'ajoute qu'au lieu d'employer un moteur séparé pour actionner la dynamo alternative, je me suis quelquefois servi, avec le même succès, d'une commutatrice donnant du courant alternatif. Il est facile de réaliser ce dernier appareil sous une forme peu encombrante et transportable.

Nous pouvons ainsi appliquer des excitations uniformes

par des chocs égaux et alternatifs à des intervalles de temps réguliers, d'une minute par exemple. On peut vérifier de la manière suivante que toutes les causes de perturbation ont été éliminées. Les extrémités de kaolin des électrodes impolarisables sont réunies, sans l'interposition d'un tissu, et l'on envoie dans le circuit des chocs alternatifs du secondaire. Ils ne doivent pas provoquer de déviation du galvanomètre. Je me suis servi d'un galvanomètre du type d'Arsonval, dans lequel l'aiguille suspendue était remplacée par une bobine suspendue. Ainsi est même écartée la possibilité d'une perturbation pouvant résulter de la désaimantation de l'aiguille aimantée.

Après avoir ainsi vérifié la symétrie des électrodes et du galvanomètre, on introduit dans le circuit le tissu présentant des différences d'excitabilité, par exemple le pétiole engainant de *Musa*, avec sa face concave, plus excitable, tournée en haut. En appliquant une excitation à l'aide de chocs égaux et alternatifs, on voit que le courant de réaction est dirigé de haut en bas, de la face concave vers la face convexe, donnant lieu à une déviation du galvanomètre vers la droite. Cette déviation continuera à se faire vers la droite, même si le courant de la batterie (*fig.* 155) est inversé à l'aide de la clef K. La direction du courant produit par l'excitation dépendant exclusivement des excitabilités relatives des deux surfaces du tissu restera constante, même si les connexions avec la bobine secondaire S sont inversées. La tige de zinc N de l'électrode impolarisable en rapport avec la surface concave (*fig.* 156) a ainsi, jusqu'à présent, présenté une variation électrique négative, la déviation du galvanomètre se faisant vers la droite. Mais si nous changeons les tiges de zinc des électrodes impolarisables, c'est N' qui sera relié à la surface concave, plus excitable, et c'est alors cette électrode N' qui présentera une variation négative. Cette inversion de la déviation du galvanomètre avec l'interversion des électrodes apporte une confirmation de plus de la plus grande excitabilité de la surface concave de l'échantillon de *Musa*.

Dans ces expériences, le courant de repos excitant peut être annulé au préalable par un potentiomètre. Je donne ci-dessous une série de tracés obtenus avec un pétiole engainant de *Musa* (*fig.* 157), dans lequel, comme nous le savons, la surface interne, concave, est plus excitable que la surface externe, convexe. Le courant de réaction, avec le mode électrique d'excitation, est dirigé, comme nous avons vu qu'il l'était après une excitation mécanique ou thermique, de la face concave plus excitable,

Fig. 157. — Tracé photographique des réactions du pétiole de *Musa* à des chocs électriques alternatifs égaux, avant et après une application de chloroforme.

vers la face convexe, moins excitable. Pour montrer le caractère physiologique de ces réactions, je soumis le tissu à l'action du chloroforme : le tracé de la seconde partie de la figure montre la diminution consécutive de la réaction.

La grande sensibilité et l'extrême souplesse de ce mode d'excitation nous permet d'aborder aisément des problèmes difficiles, et d'étudier la différence d'excitabilité entre deux points d'un tissu. Nous verrons en détail dans les Chapitres suivants à combien de recherches différentes ce procédé peut être appliqué avec succès. Comme rien n'empêche d'appliquer les deux électrodes exploratrices en deux points, séparés par une distance quelconque, du même organisme, on voit que nous avons ici un moyen de déterminer, non seulement les différences d'excitabilité de deux points quelconques du même organe, mais aussi celles de deux organes quelconques du même organisme. Pour le moment, je me contenterai de donner quelques exemples seulement qui illustreront l'extrême sensibilité de cette méthode pour déceler des différences physiologiques entre deux points.

Nous fixerons d'abord notre attention sur les modifications physiologiques qui sont dues à l'asymétrie d'action du milieu extérieur sur l'organisme, et nous prendrons ici le cas de la tige plagiotropique de Concombre.

Nous avons vu que dans la tige couchée de cette plante, le tissu de la face supérieure est fatigué par l'action continue de la lumière solaire, et devient ainsi d'une manière permanente moins excitable que celui de la face inférieure. Nous avons aussi trouvé que, tandis que le courant de repos naturel est dirigé de la face supérieure moins excitable vers l'inférieure plus excitable, le courant de réaction à la suite d'une excitation mécanique est dirigé en sens inverse, c'est-à-dire de la face inférieure vers la supérieure (Chap. VII). En employant le mode électrique d'excitation, nous obtenons des résultats identiques. La figure 158 montre une série de ces réactions à des chocs égaux et alternatifs. Il est curieux de noter, comme je l'ai montré dans le dernier Chapitre, que j'ai décelé une plagiotropie semblable dans le cas de l'anguille. La tête du poisson était sectionnée, ce qui éliminait toute intervention de la volonté; après une période de repos, on établissait des connexions électriques, avec la face supérieure dorsale, de couleur foncée, et avec la peau incolore de la face inférieure, ou ventrale. On constatait l'existence d'un courant naturel, dirigé de la face supérieure vers l'inférieure, comme dans le cas de la tige plagiotropique de *Concombre*. On appliquait ensuite une excitation électrique, et il en résultait un courant de réaction dirigé de la surface inférieure plus excitable, vers la supérieure, moins excitable, comme dans le cas du *Concombre*. La figure 159 illustre ce fait par une série de tracés.

Une autre recherche, qui m'a paru pouvoir présenter un intérêt, se rapportait aux coloris bigarrés de certains feuillages. On en trouve un exemple frappant dans le *Pothos*, plante grimpante tropicale, dont le fond d'un beau vert est strié de bandes longitudinales d'un blanc laiteux. Ces coloris se trouvent même dans les plantes très jeunes et très vigoureuses. Je pensai qu'on pourrait déterminer si ces colorations étaient accidentelles, ou associées à des différences physiologiques, à l'aide du mode d'exploration très sensible que j'avais alors

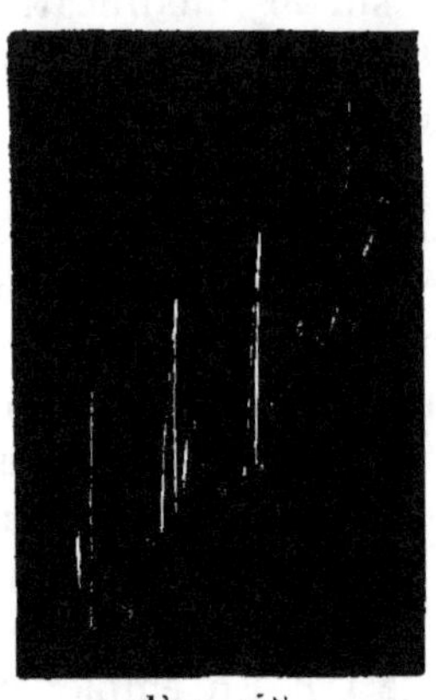

Fig. 158.   Fig. 159.

Fig. 158. — Tracé photographique des réactions de la tige plagiotropique de *Concombre* à des chocs électriques alternatifs égaux.

Courant de réaction dirigé de la face ventrale vers la face dorsale.

Fig. 159. — Réactions électriques de l'anguille
à des chocs électriques alternatifs, égaux.

Courant de réaction dirigé de la face ventrale vers la face dorsale.

à ma disposition. En établissant des connexions électriques entre les parties vertes et les parties blanches de la feuille, je trouvai que le courant de repos naturel était dirigé du blanc vers le vert à l'intérieur du tissu, et, en continuant à étudier les différences d'excitabilité de la manière habituelle, je constatai que le courant de réaction était dirigé du vert vers le blanc. On pouvait donc en conclure que la décoloration était ici associée à une condition de dépression physiologique.

CHAPITRE XX.

LES RÉACTIONS DES TÉGUMENTS ANIMAUX ET VÉGÉTAUX.

Courant de repos et courant d'action. — Les courants dans la peau des animaux. — Les théories proposées. — Réactions de la peau du végétal. — Excitation à l'aide de l'excitateur mécanique tournant. — Réaction de la peau de l'homme intacte. — Réactions isolées des surfaces supérieure et inférieure. — La réaction finale résulte des différences d'excitabilité des deux surfaces. — Explication des différences d'excitabilité entre deux surfaces. — Les réactions des téguments animaux et des téguments végétaux ne sont pas essentiellement différentes. — Formule générale de tous les types de réactions des téguments. — Les réactions de la peau aux diverses formes d'excitation donnent des résultats semblables. — Réactions à des chocs électriques alternatifs égaux : 1° méthode de l'effet secondaire; 2° méthode de l'effet direct. — Réaction de la peau de raisin. — Réaction analogue de la peau de grenouille. — Variations phasiques du courant de repos résultant d'une série d'excitations avec : *a*. la peau de raisin; *b*. la peau de grenouille; *c*. le renflement moteur du *Mimosa*. — Variations physiques de la réaction mécanique autonome de *Desmodium gyraus*. — Variations autonomes du courant de repos. — Le courant de repos véritable est dirigé dans la peau de dehors en dedans. — Il peut être inversé par suite de l'excitation produite par la préparation. — Réaction électrique de la peau du cou de la Tortue. — Réaction électrique de la peau de Tomate. — Réaction normale et effet positif secondaire. — Réaction de la peau de gecko. — Explication de la réaction anormale.

Dans ce Chapitre et dans les suivants, j'ai l'intention d'étudier les particularités des réactions de la peau, de l'épithélium et des tissus glandulaires, chez les animaux et chez les végétaux. Par l'étude des cas simples, tels que ceux des plantes, il serait

possible d'avoir une notion claire des divers facteurs qui contribuent à rendre les phénomènes correspondants dans les
tissus animaux trop compliqués et trop obscurs pour qu'il soit
facile de s'en faire une idée d'ensemble.

Il n'est pas possible en peu de pages de donner autre
chose qu'un bref résumé des travaux produits jusqu'ici sur
un sujet aussi vaste en physiologie animale. On peut seulement
indiquer certaines des théories en cours, et les résultats obtenus,
en signalant les questions qui restent toujours en suspens.
Certaines des méthodes que j'ai employées pour étudier les phénomènes chez les végétaux ont paru si fécondes en résultats
que je donnerai des tracés qu'elles ont permis d'obtenir aussi
dans le cas des tissus animaux. Et j'espère montrer ainsi la
grande fidélité et la simplicité qu'on peut introduire dans ces
études.

Les recherches relatives aux effets électriques sur les téguments, les épithéliums et les glandes des animaux, se bornent
à : 1° la détermination du sens du courant de repos; 2° celle
du courant produit par l'excitation; enfin 3° l'exposé des
théories proposées pour expliquer ces courants. Le premier,
le courant de repos, fut découvert par Engelmann et Du Bois
Reymond dans la peau de grenouille, où il était dirigé de
dehors en dedans, c'est-à-dire de la surface externe vers l'interne.

Hermann trouva ensuite un courant analogue dans la peau
de l'anguille. Il pensait que l'origine de l'action électromotrice
était la métamorphose partielle en mucine des cellules isolées.
Le fait que chez le crapaud, où ce courant de dehors en dedans
est particulièrement intense, les glandes de la peau sont extrêmement dé veloppées, et la découverte de Rosenthal, que, dans
les glandes muqueuses de l'estomac, le courant est aussi dirigé
de dehors en dedans, donnèrent à penser que les forces électromotrices observées étaient dues à la nature glandulaire
des tissus. Le courant de la peau de la grenouille et de celle
du poisson, et le courant glandulaire de l'estomac sont ainsi
généralement considérés comme dus à la même cause.

Il y a cependant une grande différence entre ces deux cas,
car, tandis qu'une excitation locale de la face supérieure de

la peau de grenouille donne lieu à une variation positive, une excitation semblable d'une surface reconnue comme glandulaire donne lieu à une variation négative. Si donc l'effet électrique sur la peau de grenouille est le même que sur une surface glandulaire, la différence entre leurs réactions devient inexplicable.

Au sujet des variations dues à l'excitation, des résultats très divers ont été enregistrés quand l'excitation a été appliquée indirectement, c'est-à-dire à travers le nerf. Ce fait n'a rien de surprenant, puisque les réactions sont soumises, comme nous le verrons, à un grand nombre de facteurs susceptibles de les modifier.

On suppose en général que, dans les préparations faites en vue de ces expériences, une surface seulement est électromotrice. Mais je montrerai que les effets de réaction sont la résultante des différences d'excitabilité des deux surfaces. Cette réaction est modifiée par les changements relatifs se produisant dans les deux surfaces.

Et d'autres facteurs de complication viennent s'ajouter à ces effets quand l'excitation est indirecte, c'est-à-dire appliquée par l'intermédiaire du nerf. Dans ce cas, les excitations relatives des deux surfaces seront déterminées par la distribution particulière des extrémités nerveuses. Pour toutes ces raisons, si nous voulons étudier les réactions spécifiques des préparations de peau, d'épithélium et de glande, il vaut mieux les observer après une excitation directe.

Engelmann, en étudiant les réactions à l'excitation directe de la peau de grenouille, observa une variation négative du courant de repos. Puisque celui-ci était dirigé naturellement de dehors en dedans, par rapport à la surface supérieure, ou épidermique, cela signifiait que le courant de réaction était dirigé de dedans en dehors. Reid, expérimentant sur la peau d'anguille, obtint une réaction dirigée de dehors en dedans, ou des variations positives du courant de repos, par des chocs d'induction isolés de sens quelconque. Biedermann, dans les membranes muqueuses de la langue et de l'estomac, obtint à la fois des variations positives et négatives du courant de repos. Waller, à l'aide de chocs d'induction isolés de sens quelconque, trouva dans la muqueuse digestive des réactions dirigées de dedans en dehors et de dehors en dedans, celles-ci étant prédominantes.

Même dans les conditions simples de l'excitation directe, les résultats obtenus sont donc inconstants. Ils semblent montrer à la fois que les effets de réactions dans des préparations différentes sont différents, et que, dans une même préparation, ils peuvent être inversés sous l'influence de circonstances inconnues.

Il me parut, comme je l'ai déjà dit, que ces questions pourraient être éclairées par des recherches faites sur des végétaux. La méthode d'expérimentation la plus parfaite consistait ici à observer les réactions séparées des surfaces supérieure et inférieure de la préparation. Waller employait dans ce but des chocs d'induction isolés, et observait l'effet secondaire. Mais dans ce cas, l'action de la polarisation n'était pas éliminée. Il serait préférable, pour éliminer cet élément inconnu, d'employer, soit un mode non électrique d'excitation, soit un mode électrique qui ne laisse pas d'effet de polarisation. Cette dernière condition, comme nous l'avons dit, fut réalisée à l'aide de courants alternatifs de fréquence rapide, dont les alternances étaient absolument égales.

Comme mode non électrique d'excitation, on peut théoriquement employer des excitations thermiques ou mécaniques. Engelmann et d'autres se servaient de fils métalliques chauffés dans le voisinage d'une des électrodes, pour produire une excitation thermique. Cette méthode offre l'inconvénient de donner lieu à une variation thermo-électrique due au chauffage inégal des deux contacts. Il faut tenir compte en outre de l'effet d'une élévation progressive de la température, qui, comme nous l'avons vu, est inverse de celui d'une variation brusque, celle-ci seule donnant un effet d'excitation. J'ai déjà expliqué comment ces difficultés peuvent être surmontées grâce à des chocs thermiques, où une variation thermique brusque agit sur les deux contacts à la fois. La réaction résultante ainsi obtenue nous a paru déterminée par les différences d'excitabilité des deux contacts étudiés.

Comme mode mécanique d'excitation, des observateurs ont employé antérieurement la pression, ou la friction. Une telle excitation est, dans le cas le plus favorable, simplement qualitative. Si elle est appliquée au niveau du contact lui-même, on peut discuter l'effet, qui pourrait être dû à la variation de résistance du contact, ou être modifié par elle. Et si, pour éviter cette objection, l'excitation mécanique est appliquée, non au niveau de l'électrode, mais en un point voisin, les résultats seront complètement différents, suivant que la conductibilité du tissu intermédiaire est grande ou faible. Dans le premier cas, ils consisteront dans l'effet transmis d'excitation vraie; dans le second, dans l'effet indirect, dont le signe électrique est exactement inverse.

Une méthode parfaite d'excitation mécanique directe a été décrite dans le Chapitre III, c'est l'excitation vibratoire. Mais pour les recherches sur des tissus mous, tels que la peau, cette méthode n'est pas praticable, et la modification que je vais décrire est nécessaire pour vaincre les difficultés de ce cas.

L'appareil comporte une plate-forme à charnière, P (*fig.* 160), sur laquelle la plante est solidement fixée. Les deux électrodes E et E' reposent avec une pression déterminée sur les deux points A et B dont on veut étudier les réactions à l'excitation. Ces électrodes portent à leur extrémité inférieure des cylindres saillants de pierre ponce, de sections égales, imprégnés d'une solution saline normale. Quand on fait tourner l'électrode E, la friction mécanique produit une excitation localisée au point A. B peut être aussi soumis à une excitation isolée semblable par le même procédé. Pour que ces excitations successives soient quantitatives et uniformes, il faut d'abord qu'une surface déterminée puisse être excitée en A ou en B; il ne doit donc pas y avoir d'action latérale. Pour cela, les électrodes sont passées à travers des manches tubulaires qui, d'après la description que nous en donnerons, permettent la rotation autour d'un axe vertical défini. Les bases des cylindres de pierre ponce sont, comme nous l'avons dit, d'égale section. Le tube de verre de l'électrode est serré par un bouchon dans un tube de laiton pouvant tourner. Ce tube joue à l'intérieur d'un tube externe de laiton, qui est fixe. Le tube interne de laiton est pourvu de deux anneaux, l'un en haut et l'autre en bas, grâce auxquels la rotation peut se faire sans aucun mouvement de bas en haut. Une corde est aussi fixée autour de l'anneau, et son déclenchement commande la rotation. Les électrodes sont perpendiculaires au plan de la plate-forme qui

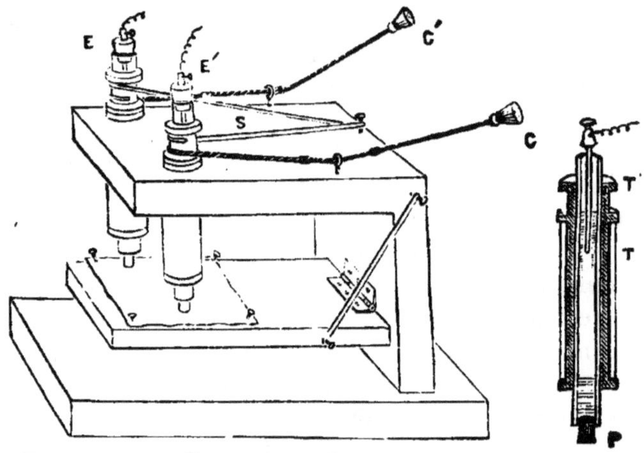

Fig. 160. — L'excitateur mécanique tournant.

Un fragment de peau est épinglé sur une plate-forme à charnières, appliquée contre les électrodes par la tension de liens de caoutchouc. Autour des électrodes est enroulée une corde CC'. S, ressort antagoniste, en caoutchouc. A droite, vue agrandie d'une électrode; T, tube extérieur fixe en laiton; T, tube intérieur tournant, maintenant une électrode impolarisable; P, pierre ponce.

supporte la plante. On voit ainsi que toute variation de la surface soumise à l'excitation est empêchée.

L'autre difficulté à surmonter est d'avoir une pression régulière du contact. Nous rappellerons que la plate-forme est à charnière. Elle est maintenue contre les électrodes par la tension d'un caoutchouc élastique, ou par un ressort d'acier en spirale. Cette pression peut être réglée et maintenue constante.

La dernière difficulté consiste à appliquer des excitations

successives de valeurs égales, et à les rendre graduables, depuis
une valeur faible jusqu'à des valeurs élevées. On y parvient
en rendant égales en nombre et en durée les rotations successives des électrodes excitatrices. L'intensité de l'excitation
pourrait alors être augmentée en augmentant le nombre des
rotations ou la pression des électrodes sur la plante.

Pour appliquer des rotations successives en nombre déterminé, une extrémité de la corde fixée autour du tube interne
de laiton est reliée à un caoutchouc tendu, qui est fixé par son
autre extrémité à l'appareil. La seconde extrémité de la corde
est munie d'un gland, après qu'elle a été passée dans un anneau
fixe. Cette position de la corde est réglée à l'aide d'un nœud,
de façon que le caoutchouc à son autre extrémité soit déjà
tendu. Quand le gland est alors brusquement tiré et relâché,
il donne lieu à un certain nombre de rotations dans le sens positif,
suivies d'un nombre égal en sens inverse, ces dernières étant
assurées par le ressort tendu antagoniste. Nous rappellerons
qu'une rotation mécanique dans les deux sens donne lieu
à une même réaction d'excitation. Pour fixer le nombre des
rotations, supposons que le tube intérieur de laiton ait une
circonférence de 1^{cm}. Si la corde est tirée à une distance de 5^{cm},
puis lâchée, il y aura cinq rotations dans le sens positif, suivies
de cinq rotations dans le sens négatif. Un second nœud de la
la corde, à une distance de 5^{cm} du premier, limite exactement
la longueur de la traction ; et une augmentation ou une diminution de l'intensité de l'excitation peut être obtenue par un
changement dans la distance du nœud de réglage.

La distance entre les deux électrodes étant toujours la même,
la résistance du tissu interposé reste à peu près constante.
Pour annuler toute variation accidentelle, une résistance
extérieure considérable et constante est interposée dans le
circuit du galvanomètre. Quand la variation électrique produite par l'excitation de la plante est considérable, on peut
se servir d'une résistance extérieure d'un million d'ohms.
Il faut savoir toutefois que, même s'il y a une variation inévitable de résistance, elle n'affectera pas le signe de la réaction
électromotrice caractéristique. Car l'effet d'excitation à l'une

des électrodes peut être vérifié en répétant l'expérience
avec l'autre. Les expériences que nous décrirons ont fourni
des tracés définis et caractéristiques, qui pouvaient être reproduits à volonté. Le caractère physiologique de ces réactions
a encore été démontré en répétant l'expérience après avoir
tué le tissu par l'eau bouillante : ces variations électromotrices
disparaissaient alors. Le tracé 164 montre combien ces réactions
peuvent être rendues régulières, et présente un grand intérêt,
puisqu'il donne des tracés de réactions fournies par la peau
humaine intacte.

Si nous passons à la nature de la réaction de la peau, nous
savons déjà qu'Engelmann et d'autres ont trouvé que chez
la grenouille, tandis que le courant naturel de repos est dirigé
de la surface externe vers l'interne, le courant de réaction
va de la surface interne vers l'externe. Le Dr Waller entreprit
d'analyser les éléments constitutifs de la réaction à l'aide de
chocs d'induction rapides et alternatifs le long de chacune
des surfaces, supérieure, puis inférieure. Il observait l'effet
secondaire à l'un des points excités par rapport à un point
indifférent. Il trouva ainsi qu'un point excité sur la surface
supérieure devient électriquement positif, le courant étant dirigé
de dedans en dehors. La surface inférieure au contraire était
indifférente. Quand un choc d'induction est envoyé à travers
un tissu, la réaction résultante dirigée de la face inférieure
vers la supérieure est donc due, d'après Waller, à une positivité induite sur la face supérieure.

En expérimentant avec des végétaux, par exemple avec la
peau de pomme, les résultats obtenus par lui étaient inverses
de ceux que donnait la peau de grenouille. Le courant de
réaction était alors dirigé de dehors en dedans, le point excité
étant électronégatif. L'explication proposée de ces résultats
est que les tissus vivants offrent la particularité de réagir
par des blaze-currents ou courants « en éclair » aux chocs électriques. Nous avons vu que l'emploi de cette formule n'apporte
pas une véritable explication; mais même en dehors de ce
point, il reste à savoir pourquoi les courants en éclair seraient
directement opposés dans le cas de la peau de grenouille et

dans celui de la peau végétale citée. La réponse proposée par Waller est que la différence vient des natures différentes des protoplasmes de l'animal et du végétal (¹).

Je pourrai cependant produire des faits et des considérations qui permettront d'arriver à une explication plus simple et plus concluante de ces phénomènes, basée sur les différences d'excitabilité physiologique des deux surfaces. Je montrerai même que la différence hypothétique entre les protoplasmes animaux et végétaux ne peut être mise en cause.

Nous avons vu que, quand l'activité physiologique d'un tissu est affaiblie d'une manière quelconque, sa réaction électronégative normale à l'excitation est diminuée.

Cette diminution peut aller jusqu'à causer une inversion réelle de la réaction, qui devient électropositive (Chap. VII). Si nous prenons un fragment de végétal, par exemple un pétiole creux ou un pédoncule, nous trouvons que la surface extérieure, qui est habituellement exposée aux multiples influences du milieu extérieur, est modifiée histologiquement, et est beaucoup plus cuticularisée que l'interne. Ainsi ces cellules extérieures, exposées, sont en général de dimensions réduites, à parois épaisses, avec un protoplasme peu abondant. Aussi, au point de vue de l'activité fonctionnelle, ces cellules épidermiques sont physiologiquement très dégradées. Nous pourrions donc prévoir que leur excitabilité sera relativement diminuée, par comparaison avec la surface intérieure du même tube, qui a été protégée contre les influences extérieures. Et la variation

---

(¹) « Le protoplasme végétal est à un plus grand degré un instrument de synthèse et d'accumulation, et à un degré moindre un centre d'analyse et d'émission. Le protoplasme animal est à un plus grand degré un instrument d'analyse et d'émission, et à un degré moindre un centre de synthèse et d'accumulation. Le végétal, en contact immédiat avec des matières inertes, combine, organise et accumule. L'animal, en contact moins immédiat avec la matière inerte, rompt, utilise et dissocie en leurs éléments des composés organiques qu'il a reçus tout préparés d'autres animaux et de plantes ». WALLER, *Les signes de la vie*, p. 85.

de l'excitabilité physiologique ainsi produite peut atteindre, non seulement la surface, mais aussi les couches sous-jacentes jusqu'à une certaine profondeur.

Théoriquement, la négativité électrique de la surface externe serait donc moindre que celle de l'interne (¹), et l'excitation simultanée des deux, par n'importe quelle méthode, donnerait lieu à un courant de réaction dirigé de la surface interne vers l'externe.

Le degré de cette diminution de la réaction négative à l'excitation dans la surface externe, pouvant aller jusqu'à rendre la réaction positive, dépendra du degré de sa transformation. A ce propos, nous rappellerons que, pour déceler les différences d'excitabilité des deux surfaces, il est nécessaire d'appliquer des excitations localisées, dont l'intensité ne soit pas excessive. Car, si l'excitation est très intense, il est toujours possible qu'elle affecte des couches plus profondes du tissu, et rende ainsi plus complexes les changements résultant de l'excitation. L'intensité de l'excitation qui peut être employée sûrement sans amener de telles complications dépendra de la conductibilité du tissu. Les cellules épidermiques sont en général faiblement conductrices, mais dans cette question, il faut comprendre que les différences entre des tissus différents ne sont pas absolues, mais ne sont que des différences de degré, et qu'elles peuvent dans une certaine mesure être modifiées par diverses circonstances. Ainsi, un tissu faiblement conducteur, dans une condition de température favorable et avec une forte intensité d'excitation, deviendra meilleur conducteur. Des tissus très conducteurs au contraire, comme le nerf, dans des circonstances défavorables, peuvent, comme je le montrerai plus loin, devenir faiblement conducteurs.

Revenant à la question des réactions de la peau, nous voyons la possibilité théorique des réactions typiques suivantes. Supposons que l'échelle des excitabilités soit représentée par le diagramme de gauche de la figure 161. Si la transfor-

---

(¹) Nous parlons de la peau normale, et non de celle où la surface est typiquement glandulaire.

mation de la surface épidermique externe A est maxima,
le signe de sa réaction présentera l'écart maximum avec la
négativité normale. C'est-à-dire que sa réaction deviendra
absolument positive, et sera représentée par *a*, au-dessus du
zéro. La réaction de la surface interne, B, peut être normale,
et fortement négative, représentée par *e*, au-dessous du zéro.
   Quand ces deux surfaces sont excitées simultanément,

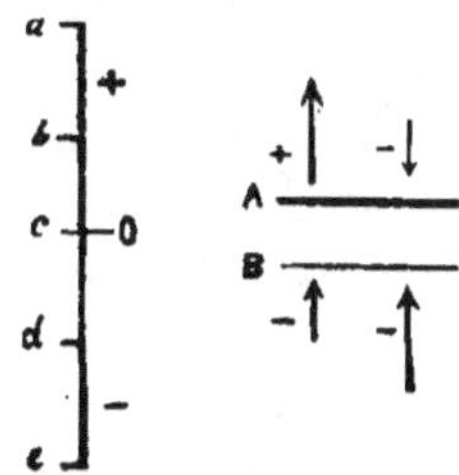

Fig. 161. — Diagramme représentant les différents niveaux
d'excitabilité, plus, zéro et moins.

Le diagramme de droite montre comment la réaction résultante
ascendante (de dedans en dehors) peut être obtenue quand la
variation en A est positive et en B négative, ou quand la variation
produite en A est moins négative qu'en B.

la variation positive due à l'excitation, donnant un courant
dirigé de dedans en dehors en A, s'ajoutera au courant dirigé
de dehors en dedans en B, et la variation électromotrice résultante sera B *e* + A *a*, le courant résultant étant ainsi dirigé
de dedans en dehors. Mais la même réaction en haut se produira
encore, même si la réaction des deux surfaces est négative,
pourvu que celle de la surface externe, A *a*, soit moins négative
que celle de la surface interne, B *e*, comme le montre le diagramme de la figure 161. Le courant de réaction sera alors
représenté par B *e* — A *a*, c'est-à-dire comme dirigé de B,
plus négatif, vers A, moins négatif. Nous avons ainsi représenté les deux cas extrêmes possibles dans la formule suivante,
où les flèches montrent le sens du courant de réaction, du
point le plus négatif vers le moins négatif :

Je vais à présent montrer l'existence de ces deux types extrêmes, en prenant pour mon expérience des téguments végétaux. Nous rappellerons que Waller a supposé que par suite de différences essentielles entre les protoplasmes animaux et végétaux, la réaction du tégument végétal est inverse de celle du tégument animal : la première étant dirigée de dehors en dedans, et la seconde, de dedans en dehors. On verra que cette règle n'est pas vérifiée par les expériences que je vais décrire, faites sur la peau du grain de raisin.

Ces résultats, il faut le dire, ne dépendent pas de la méthode d'exploration, car chaque problème a été étudié à l'aide de quatre modes d'expérimentation différents. Le premier était : 1° la méthode rotatoire d'excitation mécanique. Cette méthode offre le grand avantage, qu'avec elle la réaction isolée de chaque surface est recueillie séparément, sans que l'une agisse sur l'autre. Il n'y a même pas ici de complications dues au facteur polarisation, inévitable quand des chocs d'induction de sens unique sont employés pour l'excitation. Ainsi, après que les réactions isolées de chaque surface ont été analysées, nous pouvons arriver à déterminer quel devrait être le caractère de la réaction résultante, si les deux surfaces étaient excitées simultanément. Cette conclusion est ensuite soumise à trois autres épreuves. Ainsi 2° les deux surfaces de l'organe étudié sont soumises simultanément aux mêmes chocs thermiques, d'après la méthode que nous avons déjà décrite. Puis on emploie 3° la méthode de l'effet secondaire consécutif à des chocs égaux et alternatifs. Enfin 4° on enregistre l'effet direct de chocs égaux et alternatifs d'intensité moyenne. Les résultats obtenus par toutes ces diverses méthodes sont en complète concordance entre eux et confirment pleinement les hypothèses théoriques déjà émises.

Je pris la peau d'un grain de Muscat bien mûr, comme on en trouve à Calcutta. En établissant les connexions électriques nécessaires avec les surfaces externe et interne on trouve un courant de repos, C, dirigé dans la peau, de la surface externe vers l'interne, comme dans la peau de grenouille (diagramme de droite, *fig.* 162). La peau de raisin était ensuite placée dans l'appareil excitateur tournant, et l'on excitait d'abord la surface externe, ou épidermique, la face externe regardant en haut. La distance entre les deux électrodes restait constante, et égale à 2^{cm}. En excitant alors un des deux contacts, on obtenait une réaction, variation électropositive en ce point. C'est-à-dire que le courant était dirigé de dedans en dehors dans le circuit du galvanomètre, à partir de la surface de la peau. Quand le second point était ensuite excité, la dévia-

Fig. 162. — Réaction électrique de la peau de raisin
à une excitation mécanique rotatoire.

a. A, réaction positive de la surface externe; B, réaction négative
de la surface interne; *b*. C, courant de repos de la face externe
vers l'interne; R, réaction à l'excitation, de la face interne
vers l'externe, comprenant la somme de la réaction positive
de la face externe, et de la réaction négative de la face interne.

tion auparavant obtenue était inversée, et le second contact présentait après excitation une variation positive.

La situation de la peau dans l'appareil était ensuite changée et la face interne était tournée en haut. L'excitation portait ainsi sur des points diamétralement opposés aux précédents. On trouvait alors que les réactions de la surface interne étaient normales, c'est-à-dire négatives. Je donne ci-dessus (*fig.* 162, *a*) des tracés de deux séries successives de réactions obtenues avec les points externes et internes A et B. Ces tracés montrent nettement que la réaction ascendante due à l'excitation simultanée des surfaces externe et interne est due à la positivité électrique de la face externe, s'additionnant avec la négativité de la face interne. Comme la résistance du circuit dans les deux expériences restait à peu près la même, l'amplitude de

ces réactions donne une idée assez nette des effets électriques
relatifs produits sur les deux surfaces.

La réaction positive, dirigée de dedans en dehors, de la
surface externe, est ici un peu plus forte que la réaction de
dehors en dedans. Le diagramme de la figure 162, *b*, montre
comment chaque effet isolé contribue à donner un courant
de réaction dirigé de la surface interne vers l'externe.

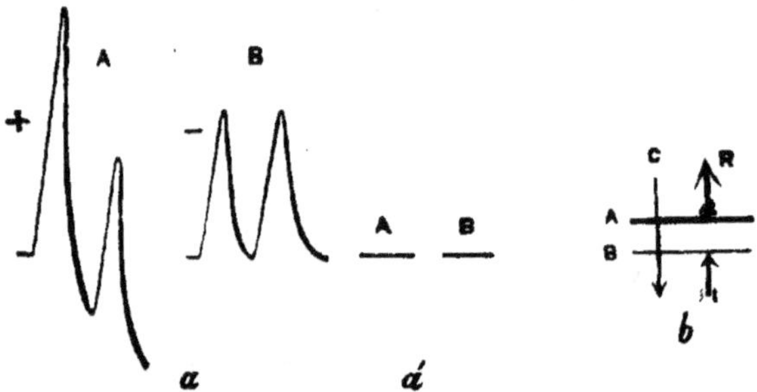

Fig. 163. — Réaction électrique de la peau de grenouille
à une excitation mécanique rotatoire.

a. A, réaction positive de la surface externe; B, réaction négative
de la surface interne; *a'*. A et B présentent une abolition de
réactions après ébullition; *c*. Courant de repos de la face externe
vers l'interne; R, réaction à l'excitation, de la face interne vers
l'externe, comprenant la somme de la réaction positive de la face
externe, et de la réaction négative de la face interne.

Pour vérifier l'homologie entre cette réaction de la peau de
raisin et celle de la peau de grenouille, je répétai ces expériences,
en employant le même appareil à excitation mécanique, avec
la peau de grenouille. Par les tracés de la figure 163, on verra
que la réaction isolée de la surface externe est positive, et
dirigée de dedans en dehors, celle de la surface interne étant
négative, dirigée de dehors en dedans. Mais l'amplitude de la
première était beaucoup plus grande que celle de la seconde.
Ces réactions disparaissaient ensemble, quand le tissu avait
été tué par immersion dans l'eau bouillante. D'après les réactions
isolées obtenues à l'aide de chocs d'induction, Waller avait
été conduit à considérer la surface externe de la peau de gre-

nouille comme seule active, et l'interne était pour lui inactive.
Ce résultat particulier s'explique peut-être par le fait qu'il se
servait d'une intensité d'excitation trop faible. Dans mes
propres expériences, j'ai obtenu une démonstration nette du
rôle actif des deux surfaces, dans des sens électriques opposés,

 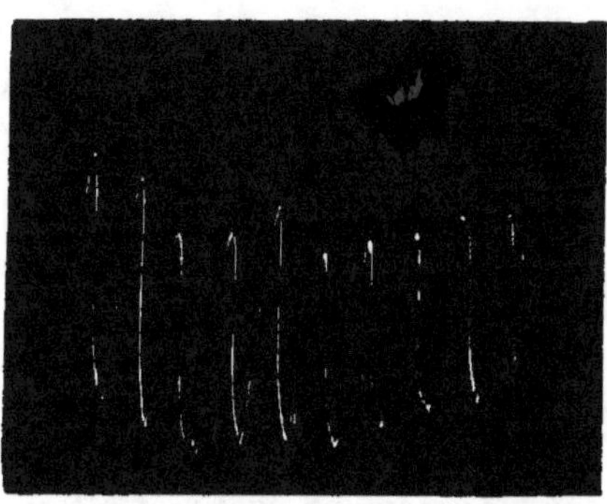

Fig. 164.   Fig. 165.

Fig. 164. — Tracé photographique des réactions électriques de
la face supérieure de l'index humain intact à une excitation
mécanique rotatoire.

Les réactions descendantes correspondent à une variation
électrique positive indirecte.

Fig. 165. — Tracé photographique des réactions électriques de
la peau de raisin à des chocs thermiques séparés par des intervalles d'une minute.

Courant de réaction dirigé de la face interne vers l'externe.

bien que l'effet obtenu avec la surface externe fût assurément
le plus intense des deux. En comparant les deux expériences
faites avec la peau de raisin, et avec la peau de grenouille,
on voit qu'il n'y a pas lieu d'admettre que le protoplasme
végétal présente des réactions différentes de celles du protoplasme animal. On verra dans quelles limites étendues est
applicable la méthode d'excitation mécanique rotatoire d'après
un essai de détermination de la réaction caractéristique de la

peau humaine intacte. On le verra dans le tracé suivant des résultats obtenus avec la peau de l'index. Les variations électriques résultant de la réaction représentées par la descente du tracé montrent la positivité induite sur la surface excitée (*fig.* 164).

Je vais à présent décrire les résultats obtenus par l'excitation simultanée des surfaces externe et interne de la peau de raisin. Les réactions à des excitations par chocs thermiques sont représentées dans la figure 165; le courant résultant est ascendant, c'est-à-dire dirigé de l'intérieur vers l'extérieur.

En observant l'effet secondaire d'excitation par des chocs égaux et alternatifs, les résultats ont été identiques; le courant de réaction était encore dirigé de dedans en dehors.

Je pris ensuite une série de tracés de l'effet direct de chocs égaux et alternatifs, dont les résultats furent encore les mêmes que précédemment. En appliquant une excitation par des chocs exactement égaux et alternatifs, nous obtenons, comme nous l'avons déjà expliqué, un résultat qui est dû uniquement à la différence d'excitation des deux surfaces opposées. Il n'est pas compliqué par le facteur polarisation, bien que ce dernier existe certainement, si les chocs excitants ont été tous de même sens.

Dans la figure 167, je donne une série de résultats obtenus avec la peau de grenouille, comme réaction directe à des chocs égaux et alternatifs. Nous trouvons ici les réactions ascendantes habituelles, montrant que, comme d'ordinaire, le courant de réaction est dirigé de dedans en dehors.

Nous avons à présent pleinement montré que la réaction de la peau est déterminée par les différences d'excitabilité des deux surfaces, supérieure et inférieure, celle de la surface inférieure étant plus grande. Nous avons montré dans un Chapitre précédent, par des expériences sur le renflement moteur du *Mimosa*, que le courant de réaction résultant, dirigé de la face inférieure vers la supérieure, est dû dans ce cas à ce que l'excitabilité de la face inférieure est plus grande. Je pris ensuite des tracés d'une longue série de réactions obtenues avec la plante que je viens de citer, pour voir si elles

présentaient ou non une variation périodique du courant
de repos semblable à celles que nous avons observées avec les
peaux anisotropiques du raisin et de la grenouille. Des connexions électriques étaient établies avec des points diamétra-

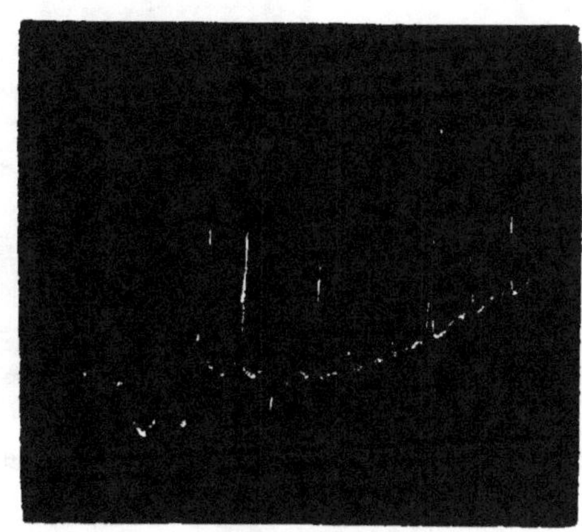

Fig. 166.   Fig. 167.

Fig. 166. — Tracé photographique des réactions électriques de
la peau de raisin à une excitation par chocs électriques alternatifs égaux séparés par des intervalles d'une minute.

Courant de réaction dirigé de la surface interne vers l'externe.

Fig. 167. — Tracé photographique d'une série de réactions électriques de la peau de grenouille à des chocs électriques alternatifs égaux séparés par des intervalles d'une minute.

Courant de réaction dirigé de la surface interne vers l'externe.

lement opposés sur les surfaces supérieure et inférieure de cet
organe, et ils étaient soumis à des chocs égaux et alternatifs.
Par suite du pouvoir conducteur des tissus, ce n'étaient plus
alors seulement les surfaces cutanées supérieure et inférieure,
mais les moitiés supérieure et inférieure de l'organe qui étaient

excitées. Et le courant de réaction était dirigé de la moitié inférieure vers la supérieure, comme nous l'avons déjà montré.

On peut à présent se demander ce qui, dans le cas de la peau, détermine les directions respectives du courant de repos et du courant de réaction. Nous rappellerons que nous avons toujours trouvé le courant naturel dirigé dans le tissu du point le

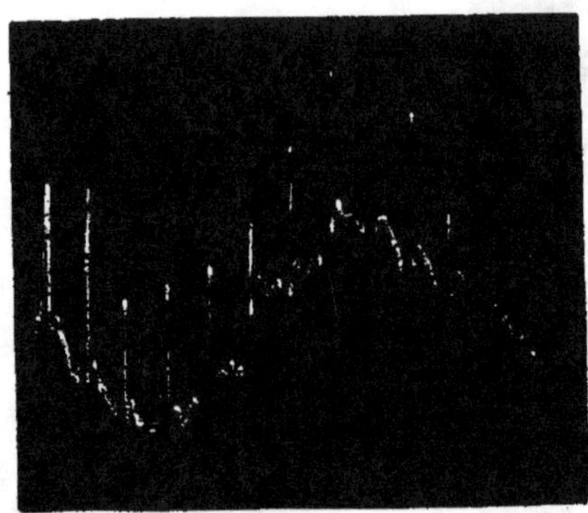

Fig. 168. — Tracé photographique de la réaction transversale du renflement moteur de *Mimosa* à des chocs électriques alternatifs égaux.

Le courant de réaction est dirigé de la face inférieure, plus excitable, vers la supérieure, moins excitable. Noter la variation cyclique du courant de repos.

moins excitable vers le plus excitable, et le courant de réaction dirigé en sens inverse. Dans la peau, par suite de modifications physiologiques et histologiques, la surface externe a une excitabilité réduite. Les couches épidermiques ont un contenu protoplasmique peu abondant, et peuvent présenter diverses transformations, elles sont cornées ou cuticularisées. Ces transformations peuvent être plus ou moins profondes, mais la couche superficielle deviendra en général moins excitable que le tissu profond. Aussi, dans les conditions normales, nous trouvons un courant de réaction dirigé de dehors en dedans.

Si la couche interne n'est que modérément excitable, ou que

son pouvoir de rétablissement après l'excitation soit grand, la perturbation causée par la préparation de la plante pour l'expérience sera faible, ou disparaîtra rapidement. Il faut rappeler que, comme la surface interne est la plus excitable, le courant de réaction dû à l'excitation mécanique causée par la préparation sera dirigé de dedans en dehors; aussi, son effet

Fig. 169. — Tracé photographique des réactions électriques de la peau du cou de tortue à des chocs électriques alternatifs égaux séparés par des intervalles d'une minute.

Le courant de réaction était dirigé de la surface interne vers l'externe. Le courant dit de repos était de même sens, par suite de l'effet secondaire d'excitation produit par la préparation.

secondaire, étant dans certains cas assez persistant, peut donner lieu à un courant en apparence inverse du courant normal. Ainsi la direction du courant de repos, que nous avions supposé théoriquement dirigé du point le moins excitable vers le plus excitable, peut quelquefois être inversée, par suite de l'effet secondaire de l'excitation causée par la préparation. Le courant de repos est en outre soumis à une variation périodique autonome, comme nous l'avons vu.

La méthode la plus satisfaisante pour déterminer les excitabilités relatives de deux surfaces consiste donc à les soumettre à une excitation simultanée, et à observer la direction du courant de réaction. Dans la peau, à moins que le tissu ne soit fatigué, j'ai toujours trouvé ce courant dirigé de la surface

interne, plus excitable, vers l'externe, moins excitable, même
dans les cas où la direction normale du courant de repos avait
été inversée, à la suite de l'excitation due à la préparation.
Ce fait est bien illustré par les tracés suivants, pris avec la
peau du cou de la tortue. Du fait de la préparation, le courant
de repos était ici inversé, et dirigé de dedans en dehors. Mais
le courant de réaction à l'excitation était dirigé néanmoins

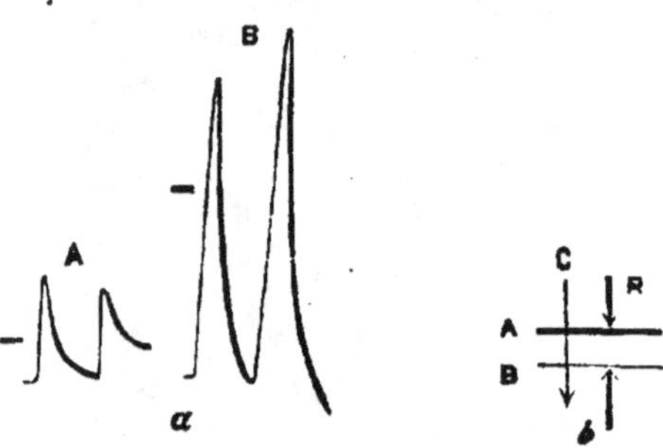

Fig. 170. — Réactions isolées des surfaces supérieure et inférieure
de la peau de tomate à une excitation mécanique rotatoire.

a. A, réaction négative de faible intensité dans la surface externe;
B, réaction négative beaucoup plus intense dans la surface
interne; b. C, courant de repos de la surface externe vers l'interne.

La réaction résultant de l'excitation est dirigée de la surface interne
vers l'externe, par suite de la prédominance de la variation
négative de la face interne.

de la face interne, plus excitable, vers l'externe, moins excitable (fig. 169).

Nous avons montré au commencement de ce Chapitre que
la réaction résultante dirigée de dedans en dehors exprime
simplement le fait général, que l'excitabilité de la surface
interne est plus grande que celle de la surface externe. Ce
fait restera vrai, même quand la transformation de la couche
externe n'est pas assez complète pour inverser effectivement
sa réaction électrique négative propre, et la rendre positive.
Les résultats expérimentaux obtenus avec la peau de tomate
mûre en fournissent un exemple. Le courant naturel de repos

est ici, comme d'ordinaire, dirigé de dehors en dedans, et le
courant de réaction à l'excitation est de sens inverse. Mais par
l'analyse des réactions propres des surfaces interne et externe,
obtenues à l'aide de l'excitateur mécanique tournant on
verra (*fig.* 170) que les deux surfaces donnent toutes deux
la réaction d'excitation électronégative normale. La réaction
négative de la surface interne est toutefois beaucoup plus forte

Fig. 171. — Tracé photographique d'une série de réactions de la
peau de tomate à des chocs électriques alternatifs égaux, séparés
par des intervalles d'une minute.

Courant résultant dirigé de la surface interne vers l'externe,
suivi d'un faible effet secondaire de sens inverse.

que celle de la surface externe. La réaction résultante, représentant la différence entre deux variations négatives, est donc
encore dirigée de dedans en dehors, puisque la réaction de la
surface interne à l'excitation est la plus forte.

On voit par les tracés de la figure 171 que la réaction résultante est effectivement dirigée de dedans en dehors. L'excitation consistait en chocs électriques égaux et alternatifs séparés
par des intervalles d'une minute. Le tracé montre des réactions
négatives, suivies nettement de l'effet secondaire positif.
Pour observer très en détail les particularités de cette réaction,
le tracé fut pris sur un cylindre tournant plus rapidement
(*fig.* 172). On voit par cette figure qu'il y avait une courte
période latente avant la réaction. La réaction croissait ensu it

jusqu'à un maximum, puis disparaissait. Après avoir atteint le zéro, le tracé continuait dans le sens positif, et revenait encore au zéro. L'effet secondaire positif peut s'expliquer de la manière suivante. Après excitation simultanée des deux surfaces, la prédominance de la réaction négative de la surface interne détermine la première moitié, négative, de la réaction.

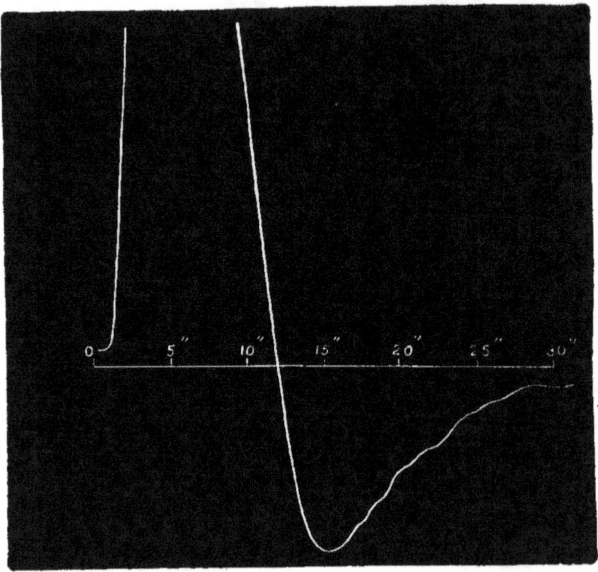

Fig. 172. — Une réaction isolée de la peau de tomate à des chocs alternatifs égaux, enregistrée sur un cylindre tournant plus rapidement.

Mais la persistance de la réaction de la surface externe à l'excitation, après la disparition de l'effet sur la surface interne, donne lieu à l'effet secondaire, en apparence positif. Ainsi le conflit supposé entre deux processus inverses d'assimilation et de désassimilation, existe ici en réalité entre deux réactions normales, présentant des différences chronologiques. C'est faute de reconnaître le fait que la réaction à l'excitation n'est pas limitée à une surface, mais se produit sur les deux, que des hypothèses erronées ont souvent pu être admises.

Le cas dont j'ai parlé, d'une réaction négative plus forte
de la surface interne, donnant naissance à un courant de réaction
résultant dirigé de dedans en dehors, est celui qui s'observe
le plus souvent pour la tomate. Mais, pour établir une transition
entre cette réaction et celle de la peau de raisin, je puis citer
le fait intéressant, que dans quelques cas j'ai obtenu des tracés
où, tandis que la surface interne après excitation, présentait
une réaction fortement négative, la surface externe, après la
même excitation, présentait une réaction faiblement positive.

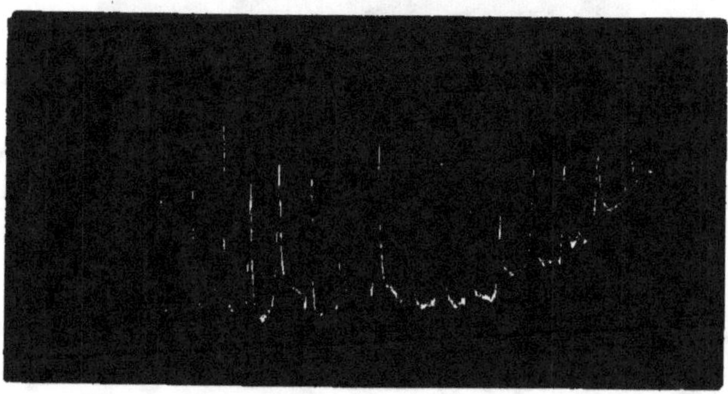

Fig. 173. — Tracé photographique d'une série de réactions normales
de la peau de salamandre.

Courant de réaction dirigé de la surface interne vers l'externe.

La réaction normale de la peau est quelquefois cependant
inversée, et aucune explication n'a encore été proposée de ce
fait. Mais j'ai montré deux conditions précises d'application
universelle, qui peuvent amener l'inversion de la réaction
normale. Ce sont, d'une part la diminution de la tonicité,
et d'autre part la fatigue. Dans le premier cas, l'application
de l'excitation, en élevant la tonicité, ramènera la réaction
normale. Ainsi dans un cas de réaction positive anormale due
à une diminution de la tonicité, une période intermédiaire
de tétanisation tendra à transformer la réaction anormale en
une réaction normale; une réaction positive anormale deviendra
ainsi diphasique, puis négative normale.

Pour les expériences suivantes, je pris la peau de salamandre, qui peut être détachée du corps sans grandes lésions. Cet animal est très commode pour un grand nombre d'expériences d'électrophysiologie. Ses tissus peuvent être conservés vivants pendant un très long temps. Son nerf sciatique fournit un spé-

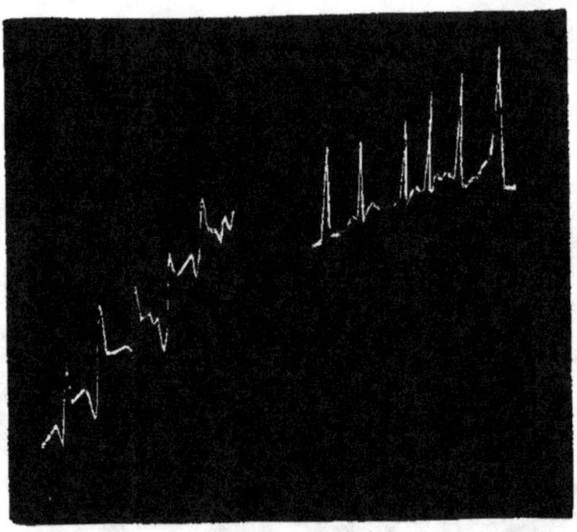

Fig. 174. — Tracé photographique des réactions diphasiques anormales de la peau de salamandre, devenues normales après tétanisation.

cimen d'environ 15^{cm} de long. Il offre ainsi de plus grands avantages que la grenouille pour des recherches d'électro-physiologie.

Avec un fragment de peau de salamandre, dans une condition de tonicité favorable, j'obtins la série de réactions normales à des chocs égaux et alternatifs de la figure 173. Le courant de réaction était dirigé dans ce cas de la surface interne vers l'externe. Avec un autre fragment, qui était dans une condition de tonicité moins favorable, j'obtins des tracés diphasiques (*fig.* 174). Mais on voit qu'une période intermédiaire de téta-nisation ramène la réaction normale.

CHAPITRE XXI.

RÉACTION DE L'ÉPITHÉLIUM ET DES GLANDES.

Membranes épidermiques, épithéliales et sécrétantes chez les végétaux. — Le courant naturel de repos, dirigé de la surface épidermique vers la surface épithéliale ou sécrétante. — Le courant de réaction, dirigé de la surface épithéliale, ou sécrétante, vers la surface épidermique. — Réaction de *Dillenia*. — Réaction du melon d'eau. — Réaction du pied de l'escargot. — Le courant dit de repos, partant de la surface glandulaire, est dû en réalité à une lésion. — Fausse interprétation de la réaction dite « variation positive ». — Le courant naturel dans le pied de l'escargot intact, et ses variations après section. — Réaction de la peau de l'aisselle intacte. — Réaction de la lèvre intacte de l'homme. — Réaction de la langue chez l'homme. — Tracés montrant des réactions avec inversion.

Nous avons vu comment les particularités de la réaction de l'épiderme peuvent être expliquées par les réactions des tissus analogues de la plante. Nous allons à présent étudier le parallélisme entre les réactions de l'épithélium et celles des glandes dans les tissus animaux et végétaux. Et, comme dans le cas précédent, nous trouverons les obscurités des premiers expliquées par l'étude des seconds.

Si nous prenons le pédoncule creux du Lis *Uriclis*, et si nous le coupons en deux moitiés longitudinales, nous observerons, en prélevant un fragment de l'extrémité supérieure de l'une de ces moitiés, des différences notables entre les membranes de revêtement des surfaces interne et externe. Sur l'externe, comme nous l'avons déjà vu, les cellules sont sèches, à parois épaisses, et cuticularisées. Cette surface est donc naturellement considérée comme épidermique. La membrane interne du tube creux est au contraire très mince, et ses cellules sont très peu différenciées (*fig.* 171). La membrane interne peut être ainsi dite épithéliale.

Si nous examinons à présent la membrane interne successivement depuis le sommet jusqu'à la base, au point où le pédoncule émerge du bulbe, nous voyons que la couche épithéliale

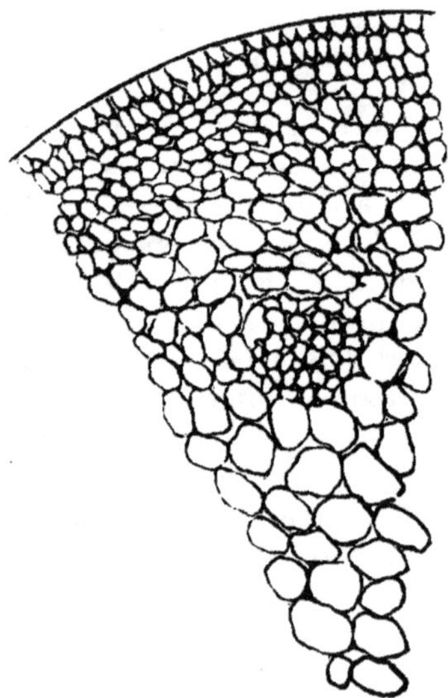

Fig. 175. — Section transversale du tissu d'un pédoncule creux de Lis *Uriclis.*

Les cellules de l'épiderme sont petites, et à parois épaisses; celles de la surface interne sont grandes, et à parois minces.

de l'extrémité supérieure se transforme graduellement en une couche nettement sécrétante (glandulaire ?) à l'extrémité inférieure. Ainsi est produite d'une manière constante une sécrétion remplissant de liquide le tube creux. Dans un cas où je l'ai mesurée, la quantité de cette sécrétion était de 10 grammes par jour. Ces cellules sécrétantes, dans cette couche qu'on peut appeler glandulaire, ont des parois minces, et sont très gonflées; et, au point de vue de l'évolution, ces transformations graduelles de la couche épidermique en couche épithéliale et de la couche épithéliale en couche glandulaire, observées dans des conditions d'une aussi grande simplicité, sont très intéressantes.

Si nous étudions les réactions électriques de ces tissus, et si nous établissons des connexions électriques avec l'épiderme externe et avec l'épithélium interne, nous trouvons un courant naturel, dirigé dans le tissu de la surface externe vers l'interne. On pourrait en conclure que la surface interne est, des deux, la plus excitable. Cette conclusion est confirmée par l'application d'une excitation simultanée sur les deux surfaces, externe et interne; car le courant de réaction est dirigé de la surface interne vers l'externe.

Si l'on établit ensuite des connexions électriques avec les couches épidermique et sécrétoire, on observe encore un courant de repos dirigé de l'externe vers l'interne. Après excitation, il se produit une réaction électrique très intense, dirigée de la couche sécrétante, très excitable, vers la couche épidermique, moins excitable. Nous voyons par ces expériences que les cellules épidermiques sont en général les moins excitables et les cellules sécrétantes les plus excitables.

Je montrerai en outre que toutes les caractéristiques des réactions de ces cellules sécrétantes se trouvent répétées dans ces couches, considérées comme glandulaires, qui existent dans le tissu des *Népenthes*, et qui couvrent la face supérieure de la feuille de *Drosera*. Mais avant d'étudier ces organes hautement différenciés de *Népenthe* et de *Drosera*, qui se caractérisent par certaines fonctions digestives, je vais d'abord étudier en détail les réactions d'un type plus simple d'organe végétal. L'exemple en est fourni par un carpelle encore vert de *Dillenia indica*, dont nous avons déjà parlé. Quand il est soigneusement détaché de l'intérieur du pseudocarpe, et qu'on l'ouvre, on trouve l'intérieur rempli d'une sécrétion gélatineuse. Elle est enlevée avec précaution et l'on établit des connexions électriques avec les surfaces externe et interne. Il faut se rappeler que ces organes végétaux, n'étant pas très excitables, ne présentent que peu ou pas d'effet d'excitation à la suite de la lésion que réalisent les préparations expérimentales. En ménageant donc une période de repos après la préparation, on trouvera toujours que le courant de repos est dirigé de la couche externe vers la couche interne sécrétante, qui est ainsi relativement électro-positive. Comme nous avons observé que le courant naturel de repos est généralement dirigé du point le moins excitable vers le plus excitable, il semblerait donc que la couche interne soit ici la plus excitable. Cette conclusion est même conforme aux résultats que nous avons déjà obtenus avec les tissus du *Lis Uriclis*, où les cellules sécrétantes sont en général relativement plus excitables. Cette hypothèse peut être soumise à l'épreuve de l'expérimentation directe.

J'étudiai d'abord la réaction du même spécimen à l'aide de chocs thermiques appliqués sur les deux surfaces simultané-ment. La direction du courant de réaction de la surface interne vers l'externe, à travers le tissu, prouvait évidemment que la surface interne était la plus excitable, puisqu'elle devenait négative par rapport à l'externe.

L'effet secondaire de chocs alternatifs égaux était analogue. Je pris ensuite des tracés de l'effet direct de chocs alternatifs égaux. Le courant de réaction était comme précédemment dirigé de la surface interne vers l'externe.

Dans le fruit du melon d'eau, nous trouvons un autre spéci-men, dont la cavité intérieure est remplie d'une sécrétion. En préparant convenablement ce fruit, et en établissant des connexions électriques avec la surface épidermique extérieure, et la surface intérieure sécrétante, je trouvai que le courant de réaction, à la suite de chocs électriques alternatifs et égaux, était dirigé de la surface sécrétante interne vers la surface épidermique externe. La figure 176 donne un tracé de ces réactions.

D'après les effets de réactions typiques ainsi obtenues avec des organes végétaux dans les conditions les plus simples, nous pouvons voir que l'effet d'une excitation localisée dépend de la réaction caractéristique des couches superficielles de l'organe.

En étudiant cette question de la réaction électrique de l'épi-thélium et des glandes, Biedermann arriva à la conclusion que c'était la couche épithéliale superficielle qui était, au point de vue électromoteur, la plus sensible, cette couche, prise dans son sens le plus large, comprenant l'épithélium des glandes et les papilles.

Un facteur de complication dans les réactions électriques des épithéliums et des glandes des animaux, mais à peu près absent dans les conditions plus simples des végétaux, est l'effet de lésion produit par la préparation de ces tissus. Le fait de pratiquer la section nécessaire produit une excitation de grande

Fig. 176. — Tracé photographique des réactions du melon d'eau à des chocs électriques alternatifs et égaux.

Le courant de réaction est dirigé de la surface interne, sécrétante, vers la surface externe, épidermique.

intensité; et, à moins que l'effet de celle-ci n'ait complètement disparu, l'effet secondaire d'une telle excitation peut être suffisant pour inverser le courant normal de repos, et modifier l'excitabilité du tissu. On le voit par exemple dans une expérience de Waller (¹) sur une patte de chat isolée. Il trouvait un courant de repos dirigé de la surface du bourrelet vers la section. Il fut amené par là à conclure que ce courant ne pouvait pas être dû à la lésion, puisque dans ce cas il aurait été dirigé de la surface sectionnée vers la surface intacte, et non dans le sens inverse, comme c'était le cas.

Cette fausse interprétation vient de ce qu'il oubliait que le courant dit de lésion est en réalité un effet secondaire de l'exci-

---

(¹) WALLER, Les signes de la vie, p. 101.

tation. Dans le cas étudié, la section, agissant comme une excitation intense, produirait simplement une plus forte réaction d'excitation au niveau de la surface excitable, qui dans ce cas, comme nous devions nous y attendre, est la surface glandulaire. Le courant de lésion est donc nécessairement dirigé de la surface glandulaire, plus excitée, vers la surface non glandulaire, moins excitée.

Un résultat analogue a été obtenu dans le cas des organes végétaux anisotropiques, où l'excitation causée par la lésion de la face, moins excitable, se diffusant intérieurement, produit une variation électrique négative plus grande du point distal, plus excitable. Pour une expérience typique sur une préparation glandulaire montrant les principaux effets, et les complications qui peuvent survenir du fait de la lésion, nous pouvons prendre le pied détaché du limaçon d'eau, dont la surface inférieure sécrète, on le sait, un liquide visqueux. En laissant une période de repos suffisante après la préparation, et en établissant ensuite des connexions électriques, nous observons un courant de repos, dirigé de la surface glandulaire vers la surface de section. Il ne faut pas le confondre avec le véritable courant naturel de repos; car c'est, en fait, l'effet secondaire d'une variation négative, consécutive à la section, et plus forte sur la surface glandulaire, plus excitée. L'expérience suivante confirme cette idée. En excitant simultanément les deux surfaces par des chocs alternatifs et égaux, le courant de réaction part intérieurement de la glande plus excitable, qui devient ainsi électronégative. Le courant de réaction est dans ce cas de même sens que le courant dit de repos, et en constitue une variation positive.

De ces expériences, il ressort clairement que le courant de réaction est dû à ce que la variation négative est plus forte sur la surface glandulaire, plus excitable. Il faut toutefois remarquer ici que cette interprétation précise du phénomène a été obtenue en fixant notre attention sur les réactions d'excitation relatives des deux contacts. Si, au lieu de cela, nous l'avions étudié du point de vue habituel des variations du courant de repos seulement, nous aurions dû l'interpréter comme une

variation positive anormale (¹); car le courant dit de repos, dans
ce cas, par suite de l'effet secondaire d'excitation dû à la lésion,
doit aussi, comme nous l'avons vu, être dirigé de la glande, plus
excitée, vers le muscle, moins excité. Cette grande confusion,
et cette fausse interprétation des observations, sont venues de
ce qu'on ne tenait pas assez compte de ces faits, que le courant
de repos peut être produit de deux manières distinctes et que
l'effet d'excitation peut, par suite, s'additionner avec lui de
plusieurs manières différentes. Le courant de repos, dans la
condition primaire, est, comme je l'ai montré ailleurs, le *courant naturel*. Il provient des différences naturelles d'excitabilité entre divers points, et est dirigé, dans la plante intacte,
à travers les tissus du point le moins excitable vers le plus
excitable. Une excitation externe donne lieu d'autre part à un
courant de réaction, qui est de sens inverse, et constitue donc
une variation négative du courant de repos. Cette variation
apparaît parce que le point le plus excitable, qui était naturellement positif, est devenu négatif. Mais nous pouvons avoir
un courant de repos, dû à une excitation antérieure, ou à une
lésion comme peut en produire le choc résultant de la préparation. Ce courant, bien que considéré en général comme étant
le courant de repos, n'est pas le véritable courant naturel de
repos. Tout se passe, en réalité, comme si le courant de réaction
devenait durable. Des excitations successives, amenant une
réaction électronégative du point le plus excitable, donneront
naissance à un courant de même sens que ce courant de repos,
dont il constitue une variation positive. C'est seulement quand
la fatigue est apparue au point le plus excitable, et y a déterminé une grande diminution d'excitabilité, que le courant de
réaction peut subir une inversion et être alors dirigé du point
qui était primitivement le moins excitable vers le point primitivement le plus excitable (p. 154). J'ai trouvé un exemple de
ce phénomène dans le pied sectionné du grand escargot de

(¹) Nous verrons au Chapitre XXV que des interprétations
fausses ont été de même proposées du courant de réaction dans
la rétine.

jardin de l'Inde. Ici, l'action d'excitation sur la surface glandulaire, due au choc résultant de la préparation, était très intense, se manifestant par une sécrétion profuse immédiate. Par suite de cette excitation excessive, la fatigue apparaissait avec une forte diminution d'excitabilité consécutive. Aussi, le courant de réaction se trouvait alors inversé par rapport à la surface glandulaire, et dirigé de dedans en dehors, au lieu de l'être de dehors en dedans.

Nous avons montré plus haut que le courant de repos dirigé de dehors en dedans, observé sur la surface glandulaire après préparation, n'était pas le véritable courant naturel, mais était dû à l'effet d'excitation secondaire à la lésion. J'ai pu vérifier le fait en observant le courant naturel de repos dans des conditions normales, en dehors de toute excitation. Je laissais un escargot ramper à la surface d'une glace, au milieu de laquelle était un morceau de toile imbibée de la solution saline normale. La surface glandulaire était mise par là en connexion électrique avec une des deux électrodes impolarisables. Quand l'escargot s'était arrêté spontanément sur ce morceau de toile, l'autre électrode était placée avec précaution contre la peau de la face supérieure du corps, émergeant de la coquille. Le courant naturel de repos paraissait alors dirigé de dedans en dehors, par rapport à la surface glandulaire du pied, le point le plus excitable étant ainsi électropositif. La différence de potentiel absolue était de + 0,0013 volt. Le pied était ensuite sectionné, et la différence de potentiel entre les mêmes points se trouvait alors inversée. Le soi-disant courant de repos était alors dirigé de dehors en dedans, à travers la surface glandulaire. Ainsi, par suite de l'excitation consécutive à la préparation, la surface la plus excitable, positive à l'origine, était devenue négative. La variation produite depuis la condition d'origine était dans ce cas de + 0,0013 à — 0,0020 volt. On voit ainsi que toute irritation peut changer la positivité naturelle d'une surface glandulaire très excitable en négativité. Les analogies supposées entre les courants de réaction de la peau de grenouille, dirigée de dehors en dedans et la surface glandulaire de l'estomac, ne sont donc pas réelles.

La preuve que ces deux cas sont complètement différents se trouve dans le fait qu'une excitation locale de la surface de la peau détermine une variation positive, tandis qu'une excitation semblable de la surface glandulaire détermine une variation négative.

En expérimentant sur des tissus animaux, il est donc prudent, chaque fois qu'on le peut, de se servir d'animaux intacts.

Fig. 177. — Tracé photographique des réactions électriques de l'aisselle de l'homme.

Le courant de réaction est dirigé de l'aisselle vers l'épaule.

Les nombreuses difficultés expérimentales, en présence desquelles nous nous trouvons dans ce cas, peuvent être surmontées à l'aide de la méthode des chocs simultanés égaux et alternatifs, que nous avons décrite. On verra combien cette méthode a été rendue pratique, d'après les expériences que je vais décrire sur l'homme.

Nous avons vu que, toutes choses égales d'ailleurs, une surface protégée est plus excitable qu'une surface nue. En partie par suite de ce fait, et en partie par suite de sa plus grande richesse en glandes, il me paraît probable que la face interne de l'aisselle serait électriquement plus excitable qu'une surface semblable prise, par exemple, sur la partie supéro-externe de l'épaule du même côté. Dans les tracés que j'ai obtenus (*fig.* 177) cette hypothèse se trouve complètement vérifiée. Des chocs alternatifs et égaux d'une seconde de durée étaient appliqués à des intervalles d'une minute, et l'effet direct était inscrit photographiquement. Les réactions résultantes étaient dirigées de dedans en dehors dans l'aisselle, montrant que cette surface était la plus excitable.

Pour montrer ensuite que les cellules épithéliales de l'animal

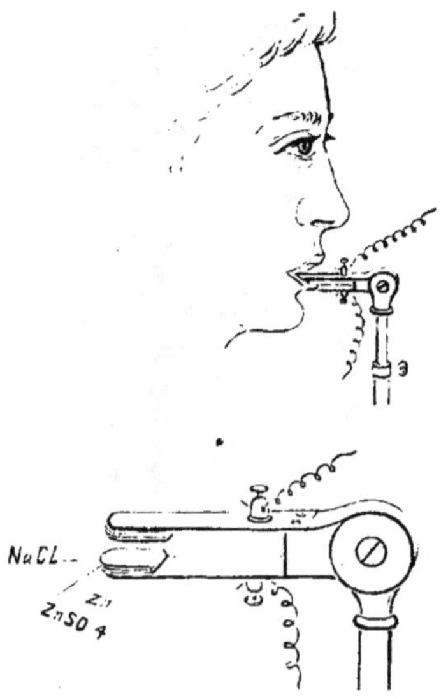

Fig. 178. — Dispositif expérimental pour l'étude de la réaction de la lèvre de l'homme.

La partie inférieure de la figure représente une vue agrandie des électrodes à ressort.

sont relativement plus excitables que les cellules épidermiques, comme nous l'avons déjà observé pour les tissus végétaux, je fis l'expérience suivante sur la lèvre d'un homme.

Il était important ici d'avoir de bonnes connexions électriques. On préparait donc une pince munie d'un léger ressort, telle que la montre la partie inférieure de la figure 178. Le contact inférieur de cette pince à ressort était une plaque de zinc amalgame, reliée à l'électrode inférieure. Au-dessus de celle-ci

étaient fixées quatre épaisseurs de papier buvard imprégné
d'une solution de sulfate de zinc. Par-dessus celles-ci, on plaçait encore trois couches de papier buvard imprégné d'une solution saline normale. La plaque de zinc, qui formait la branche
supérieure de la pince, reliée à la seconde électrode, était
de même recouverte de couches séparées de papier buvard,
imprégné alternativement de sulfate de zinc et d'une solution

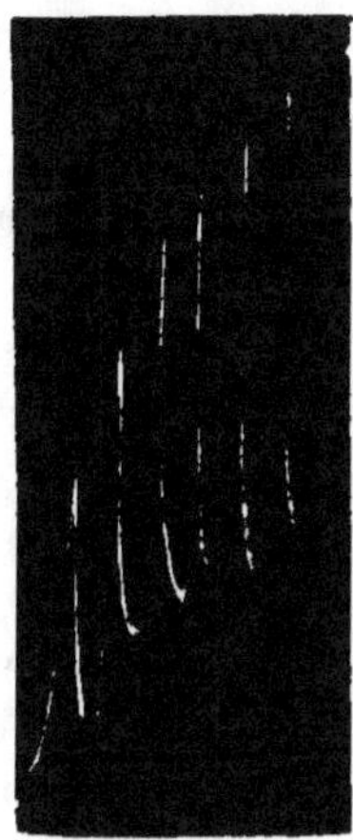

Fig. 179. — Tracé photographique des réactions électriques
de la lèvre humaine intacte.

Le courant de réaction est dirigé de la surface épithéliale
vers la surface épidermique.

saline normale. La lèvre inférieure était alors attirée dans la
pince, comme le montre la partie supérieure de la figure, de
manière à assurer un contact parfait, mais sans violence. Un
galvanomètre et une source de courants alternatifs égaux
étaient ensuite mis en circuit. Des deux électrodes, la supérieure
était en connexion avec la surface épithéliale et l'inférieure
avec la surface épidermique. On trouvait alors le courant naturel
dirigé dans le tissu, comme dans les cas correspondants des
tissus végétaux, de la surface épidermique vers la surface
épithéliale. La perfection du contact était vérifiée par la fixité
de la déviation de la tache lumineuse du galvanomètre. En

appliquant alors le choc excitant alternatif, le courant de réaction paraissait être de sens opposé à celui du courant naturel, montrant que la couche épithéliale était ici, comme dans la plante, la plus excitable des deux. La régularité de cet effet se verra par la série des tracés de la figure 179, où l'on reconnaît une légère croissance en escalier des réactions.

Nous allons à présent nous occuper de la réaction d'un organe glandulaire, la langue. La langue de la grenouille a été l'objet d'une série de recherches très complètes faites par Engelmann et par Biedermann. Après une préparation très minutieuse, faite avec le minimum de lésions possible, ces auteurs trouvaient que le courant naturel était dirigé de dehors en dedans, c'est-à-dire traversait la langue de la face supérieure vers l'inférieure. Des excitations, tant électriques que mécaniques, ont paru à ces auteurs donner lieu toujours à une variation négative de ce courant naturel.

Comme l'isolement d'un organe aussi excitable que la langue peut donner lieu à des effets secondaires inconnus, il me parut très désirable de faire une expérience sur la langue de l'homme intact ; je dois rappeler que les deux surfaces de la langue sont excitables. Notre recherche ne porte donc que sur l'excitabilité relative des deux surfaces, supérieure et inférieure. Ici, la difficulté expérimentale vient de la très grande excitabilité de l'organe, par suite de laquelle la tache lumineuse du galvanomètre peut présenter des oscillations continuelles — excepté à l'état de repos, et avec un contact très bien assuré —. On évite en grande partie cette difficulté en tenant la langue tirée hors de la bouche, et légèrement serrée entre les dents. Les surfaces supérieure et inférieure peuvent être facilement tenues dans la pince que nous avons déjà décrite. En maintenant ainsi l'organe à la fois avec la pince et avec les dents, il est possible, avec un peu d'habitude, de tout disposer de telle sorte que la tache lumineuse du galvanomètre soit pratiquement stable. On voit alors que le courant de repos, dans la langue de l'homme intact, est dirigé de la face supérieure vers l'inférieure, comme chez la grenouille. D'après nos résultats antérieurs, on pourrait conclure que la face supérieure est la moins excitable. Cette hypothèse se vérifie également, quand nous soumettons l'organe à l'excitation de chocs alternatifs égaux. On trouve un courant de réaction très intense, dirigé, à travers la langue, de la face supérieure vers l'inférieure.

La langue est si sensible que sa réaction caractéristique peut être provoquée même avec une excitation très faible. J'ai déjà expliqué que les courants alternatifs produits en parlant devant un téléphone ne sont pas exactement égaux et opposés, le courant étant un peu plus intense dans un sens que dans l'autre. Si de tels courants agissent sur un organe qui ne présente que des différences d'excitabilité légères, la prépondérance de l'une des deux phases des chocs alternatifs peut masquer l'effet d'excitation vraie. Mais les différences d'excitabilité dans la langue sont assez grandes pour que le courant de réaction soit toujours dirigé de bas en haut, que le courant excitant passe dans un sens favorable ou non. Ainsi, si l'on parle, même avec une voix normale, dans un téléphone excitateur, qui est en série avec le reste du circuit, que ses pôles soient directs ou inversés, il se produit dans la langue un courant de réaction de sens défini. Ce courant, comme nous l'avons déjà dit, est toujours dirigé de la face inférieure vers la supérieure.

Les types où la réaction reste normale dans de larges limites d'intensité d'excitation sont trop nombreux pour qu'un exemple spécial soit nécessaire. Mais cette réaction normale peut s'inverser sous l'influence de la fatigue. En général, un tissu très excitable peut présenter, toutes choses égales d'ailleurs, une fatigue plus précoce ou plus grande qu'un tissu moins excitable (¹). Ainsi, à la suite d'une excitation forte ou prolongée, l'excitabilité d'une surface B primitivement plus excitable peut être diminuée jusqu'à devenir inférieure à celle de A, ce qui entraîne une inversion de la réaction. On le verra nettement dans une expérience typique faite sur le renflement moteur du *Mimosa*. Des connexions électriques étaient établies avec la face supé-

---

(¹) Il faut aussi tenir compte de la nature du tissu, le nerf étant par exemple moins sujet à la fatigue que le muscle.

rieure A, moins excitable, et avec la face inférieure B, plus excitable, et l'on prenait ensuite des tracés de réactions normales à
des chocs électriques alternatifs égaux. L'excitation employée
était de faible intensité, le secondaire n'engainant qu'à peine le
primaire. On voit que les réactions (*fig.* 180, *a*) sont normales

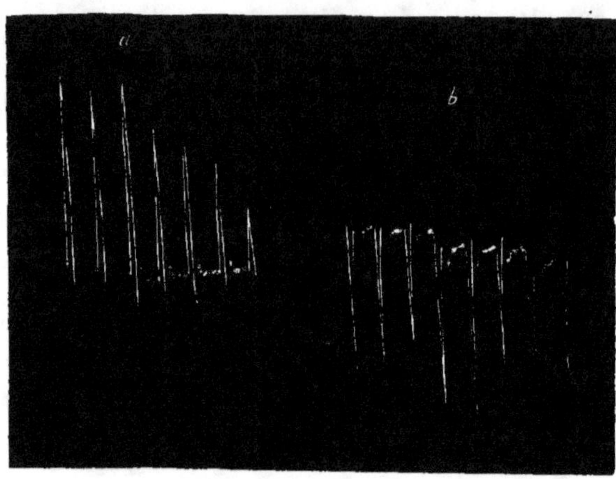

Fig. 180. — Tracé photographique montrant l'inversion de la
réaction normale dans le renflement moteur du **Mimosa**, par
suite de la fatigue.

a. Série de réactions normales : le courant est dirigé de la face
inférieure, plus excitable, vers la supérieure, moins excitable;
b. Inversion des réactions dans le même échantillon, due à la
fatigue résultant d'une tétanisation préalable.

et que le courant de réaction est dirigé de la face inférieure
vers la supérieure. On constate aussi des signes de fatigue
légère des réactions, leur amplitude subissant une diminution.
On engainait ensuite complètement le secondaire sur le primaire, et le tissu était soumis à une excitation intense pendant
deux minutes sans interruption. Le secondaire était ensuite
ramené à sa position initiale, et l'on prenait un nouveau tracé
de ses réactions successives à des excitations de même intensité
qu'auparavant. On voit (*fig.* 180, *b*) que la réaction est complètement inversée par la diminution relative de l'excitabilité

de la surface inférieure B. On trouvera au Chapitre suivant une inversion analogue due à la fatigue dans l'organe glandulaire de *Drosera* (*fig.* 187). J'ai obtenu d'autres variations intéressantes de la réaction normale par la fatigue. Ainsi, avec le carpelle de *Dillenia indica*, en établissant des connexions électriques avec ses faces externe et interne, on trouvait après une excitation d'intensité moyenne des réactions normales, c'est-à-dire dirigées de la face interne vers l'externe, le secondaire engainant ici le primaire partiellement jusqu'à la division 6 de la graduation. Le secondaire était ensuite poussé à fond et le tissu soumis pendant quelque temps à une excitation intense et prolongée. On produisait ainsi une fatigue modérée. Quand le secondaire était ramené à la sixième division de la graduation, la réaction se trouvait inversée. Ainsi, une fatigue modérée avait suffi pour amener une inversion des excitabilités relatives des deux surfaces du carpelle de *Dillenia indica*, alors que l'excitation avait conservé son intensité initiale.

CHAPITRE XXII.

RÉACTIONS DES ORGANES DIGESTIFS.

Considérations sur les particularités fonctionnelles des organes digestifs. — Phases alternantes de sécrétion et d'absorption. — Relation entre les réactions sécrétoire et contractile. — Exemple : *a*. d'une préparation de *Mimosa;* *b*. d'un tentacule glandulaire de *Drosera*. — Caractère général de la réaction par contraction. — Le véritable courant de repos dans les organes digestifs. — Expériences sur le *Népenthe*. — Trois types déterminés de réactions, correspondant à des conditions différentes. — Réactions électriques négatives et positives, accompagnant la sécrétion et l'absorption. — Réactions multiples, dues à une excitation intense. — Réaction de la feuille glandulaire de *Drosera*. — Inversion de la réaction négative normale en une réaction positive à la suite d'une excitation prolongée. — Réactions multiples de *Drosera*. — Réaction de l'estomac de grenouille à une excitation mécanique. — Réaction de l'estomac de tortue. — Réaction de l'estomac de salamandre. — Réactions multiples de l'estomac de grenouille présentant trois stades, négatif, diphasique et positif. — Variations phasiques.

Après avoir étudié les caractéristiques des réactions de la peau, de l'épithélium et des glandes, chez les végétaux et chez les animaux, il nous reste à considérer les réactions de la muqueuse digestive, et nous devons déterminer d'abord s'il y a ou non une continuité entre les réactions des organes digestifs et celles que nous venons d'étudier ; ensuite, dans quelles limites la spécialisation fonctionnelle du tissu intervient pour accentuer certaines particularités de sa réaction.

Si nous considérons dans son ensemble la fonction digestive, nous voyons qu'elle consiste schématiquement en deux processus différents : d'abord une sécrétion, qui rend l'aliment soluble; ensuite une absorption des résidus alimentaires dissous. Dans la membrane de l'organe digestif le plus simple, la couche épithéliale, en prenant ce terme dans son sens le plus large, doit donc posséder ces deux propriétés de sécrétion et d'absorption dans diverses circonstances. La question se présente alors de savoir quelles sont les circonstances qui déterminent ces propriétés. Dans les processus digestifs, chez l'animal comme chez le végétal, chacune de ces réactions, sécrétion ou absorption, doit être plus ou moins durable. Ainsi ces réactions, au lieu d'être simples et spasmodiques, sont multiples et prolongées. La réaction caractéristique à l'excitation d'un organe sécréteur est évidemment une sécrétion. Cette réaction est-elle essentiellement différente de ces processus fondamentaux qui conditionnent les réactions des organes contractiles, ou devons-nous regarder la contraction et la sécrétion simplement comme des expressions différentes d'un même phénomène de réaction ?

Pour répondre à cette question des rapports entre la réaction par sécrétion et la réaction par contraction, nous devons rappeler ici certaines expériences de Sachs, sur la réaction du *Mimosa*, bien que nos conclusions soient différentes de celles qu'en tirait cet auteur. Si nous prenons une coupe longitudinale de la moitié inférieure du renflement moteur du *Mimosa* et que nous la gardions quelque temps dans une chambre humide, jusqu'à ce que l'effet d'excitation dû à la section ait disparu, et si nous soumettons ensuite ce tissu à une nouvelle excitation, nous verrons du liquide suinter, ou une sécrétion se produire dans le tissu excité. Nous pouvons expliquer ce phénomène de deux manières : 1° par suite des changements moléculaires produits par l'excitation, une contraction et des variations de perméabilité se produisent dans les cellules, l'expulsion de liquide étant une expression du processus actif de contraction; ou 2° l'issue de liquide est un processus passif, dû seulement à la variation de perméabilité des cellules gonflées, sans contraction.

On peut donc distinguer ainsi les deux théories de la contraction active et de la sécrétion passive. Dans la coupe mince du renflement moteur de *Mimosa*, c'est l'exsudation de liquide

qui est le phénomène visible, et non un mouvement caractéristique de la contraction. Mais dans le renflement moteur
intact, du fait de sa structure anisotropique, la contraction
plus énergique de la moitié inférieure, plus excitable, se manifeste d'une manière visible par un mouvement mécanique de
haut en bas, amplifié par le long index du pétiole. L'organe
intact est d'autre part recouvert d'un revêtement imperméable;
aussi l'exsudation, ou l'expulsion de liquide, dus à l'excitation,
reste interne et ne se manifeste pas extérieurement. Ainsi, une
même réaction peut se présenter suivant les points de vue
comme une sécrétion ou comme une contraction.

L'existence de la contraction est ainsi très facilement démontrée, quand elle s'accompagne de mouvements visibles. Mais
ce cas exige une anisotropie physiologique considérable, les
inégalités de contraction donnant alors lieu à un mouvement
latéral très marqué, comme dans le *Mimosa*. Dans les organes
végétaux à structure radiée au contraire, les contractions
étant compensées par d'autres, de direction opposée, il n'y a
pas de mouvement de réaction net. Aussi les organes ordinaires
des plantes ont-ils été regardés jusqu'ici comme dépourvus de
sensibilité et de contractilité. Mais j'ai montré que ces organes
radiés présentent une contraction longitudinale qu'on peut
déceler et enregistrer avec des dispositifs grossissants convenables. Nous rappelons que toutes les réactions motrices sont
produites par un transport ou une répartition nouvelle des
liquides. Dans des organes entourés de membranes imper-
méables, l'effet de la migration des liquides est un mouvement
mécanique, tandis que dans les tissus nus, le mouvement des
liquides se voit directement sous la forme d'une sécrétion.

Par la série très importante des recherches entreprises par
Darwin sur les réactions à l'excitation dans les tentacules de
Drosera, nous savons que le pédicule, portant la glande à son
sommet, est un peu aplati et que c'est cette partie inférieure
anisotropique qui est seule douée de mouvement. Les cellules
glandulaires au sommet du tentacule ont été trouvées par
Gardiner pourvues de parois délicates, sans cuticule, qui sont
curieusement creusées sur leur face supérieure libre. L'organe

terminal, ou tête, qui est radié semblerait ainsi spécialement adapté à l'exsudation de liquide après excitation. Dans la partie motrice, anisotropique, du pédicule, au contraire, la réaction à l'excitation se traduit par une incurvation. Il semblerait ainsi que la même réaction à l'excitation puisse se manifester dans des parties différentes du même organe par un mouvement mécanique ou une sécrétion, suivant les facilités qu'offre l'une ou l'autre de ces parties.

Il paraît très probable que le phénomène de contraction est à l'origine de l'expulsion de liquide provoquée dans un organe végétal par l'excitation, d'après certains résultats que montrent les réactions électriques. L'excitation d'un tissu végétal ordinaire donne lieu à distance à deux effets électriques distincts. Le premier correspond à l'arrivée de l'effet électrique de l'onde hydropositive, avec une variation de turgescence positive. Le second est l'onde d'excitation vraie, avec sa variation négative de turgescence et sa variation électrique négative concomitante. La première, consistant en un choc hydraulique appliqué à une certaine distance, peut seulement, à mon avis, être assimilée à un processus actif de contraction, qui est la cause de l'émission de liquide par la région excitée. Une issue de liquide passive, due à une simple variation de perméabilité, ne pourrait pas, je pense, déterminer cette impulsion hydraulique qui est transmise à distance. Pour qu'un tel résultat soit possible, une expulsion active paraît nécessaire.

En présence de ces faits, devons-nous admettre la théorie de la discontinuité, ou devons-nous plutôt croire à une continuité entre ces réactions en apparence différentes ? Les réactions à l'excitation de tissus de catégories différentes ont été jusqu'ici regardées comme différentes, surtout parce que certains tissus étaient considérés comme moteurs et d'autres comme non moteurs : le muscle par exemple était considéré comme le type des premiers et le nerf, comme le type des seconds. Dans le cas du nerf, on a cru qu'il n'y avait pas de manifestation visible du changement produit par l'excitation. Je montrerai que cette hypothèse même est illégitime, puisque la réaction à l'excitation dans le nerf est en réalité accompagnée d'une contraction. L'indication électrique de variation négative qui accompagne la contraction dans les tissus contractiles se voit aussi dans le cas des glandes excitées. Les changements visibles qui sont produits par l'excitation dans ces trois types de tissus semblent ainsi ne présenter que des différences de degré.

Nous pouvons à présent nous occuper spécialement des réactions électriques de la muqueuse digestive. A propos du courant naturel de repos, nous avons vu que Rosenthal et d'autres ont trouvé que ce courant était dirigé de dehors en dedans, c'est-à-dire que la couche muqueuse était négative par rapport à la musculeuse de l'estomac. Biedermann a aussi remarqué un courant de repos intense entre la surface glandulaire de *Drosera* et le pétiole. Mais nous montrerons que la couche glandulaire de l'estomac est plus excitable que la musculeuse. Nous devrions donc nous attendre à ce que le courant naturel de repos soit dirigé du point le moins excitable vers le point le plus excitable, la couche muqueuse au repos étant ainsi relativement positive. La direction du courant observé, qui est inverse, semblerait plutôt devoir être rapportée à l'effet d'excitation secondaire dû à la préparation. J'ai déjà montré que la surface glandulaire du pied de l'escargot, dans des conditions de repos absolu, est électriquement positive, mais que l'excitation causée par la préparation rend négative cette surface glandulaire très excitable. Il était à prévoir que le fait d'inciser l'estomac pour l'ouvrir en vue de la préparation expérimentale causerait de même une excitation intense, avec une variation électrique négative. Je montrerai, par des expériences que je vais décrire, que le choc résultant de cette préparation produit, non pas une, mais une longue série de réactions multiples.

J'ai trouvé presque constamment, en établissant des connexions électriques, après section, avec les surfaces externe et interne de l'estomac de grenouille, que les réactions multiples produites par la section se prolongent pendant plus d'une heure, et, jusqu'à ce qu'elles aient disparu, on ne pouvait entreprendre de nouvelle expérience, pour obtenir des tracés de la réaction de l'estomac à une excitation externe. J'ai trouvé aussi que beaucoup de ces grenouilles avaient l'habitude d'avaler des cailloux, qui contribuaient par irritation mécanique à entretenir l'état négatif de la muqueuse.

Ayant donc trouvé qu'il serait impossible d'obtenir le courant naturel dans un estomac ouvert par section, je me préoccupai de chercher des estomacs qui fussent naturellement ouverts. Tel est le cas de la surface supérieure concave de la feuille de *Drosera*, par exemple, qui est pourvue de tentacules glandulaires. J'établis des connexions électriques avec les faces supérieure et inférieure respectivement. Mais les tentacules, excités par le contact de l'électrode, se repliaient et se collaient autour d'elle; l'excitation paraissait donner lieu au galvanomètre à une variation négative de cette surface. On peut par là apprécier les difficultés d'observation du courant naturel de repos vrai dans un organe aussi excitable que l'estomac. La démonstration de la positivité électrique du pied de l'escargot et de la surface glandulaire interne du carpelle de *Dillenia indica* est un argument puissant en faveur du fait que le courant de repos vrai dans l'estomac est dirigé des couches non muqueuses vers la muqueuse.

Ayant vu ainsi les difficultés résultant de la très grande excitabilité motrice des tentacules de *Drosera*, j'étudiai d'autres plantes. Nous avons vu qu'il se produit une sécrétion à l'extrémité inférieure de la cavité du pédoncule du *Lis Uriclis*, et que la couche sécrétante interne est ici électriquement positive à l'état de repos. Comme ce tube est fermé, il ne peut être considéré comme servant à l'absorption de matières alimentaires. Mais cette restriction ne s'applique pas aux feuilles modifiées qui constituent l'organe du *Népenthe* (*fig.* 181). On sait que cet organe est ouvert. Il présente en outre une différenciation histologique de sa membrane d'enveloppe où se trouvent de véritables glandes (*fig.* 182, 183), que l'on considère comme comparables à celles de l'organe digestif de l'animal, bien que d'un type plus simple. Ces glandes sécrètent un liquide, et les insectes, pris dans le calice, y sont dissous ou décomposés. Les produits sont ensuite absorbés par le tissu, comme, dans le cas corres-

pondant, par l'estomac des animaux. Par l'étude des particularités des réactions d'un type d'estomac primitif, nous pourrions
nous attendre à avoir une connaissance plus complète de l'action
d'organes digestifs plus complexes et plus hautement spécialisés.
Pour obtenir d'abord le vrai courant de repos, je pris un jeune
calice qui avait été au préalable maintenu à l'abri de toute
perturbation. J'établis ensuite des connexions électriques, par

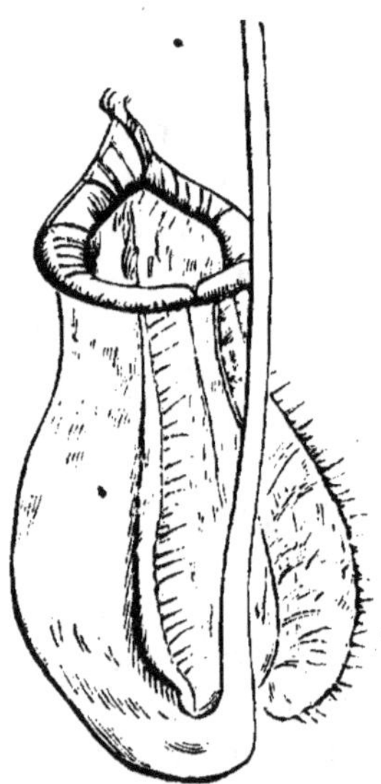

Fig. 181. — Le *Népenthe*, après ablation de son opercule.

des électrodes non polarisables, avec la surface interne, glandulaire, et avec la surface externe de ce calice respectivement,
Comme on peut provoquer une réaction d'excitation dans un
organe très excitable, même par le contact d'une solution saline
normale, les fils de coton en connexion avec ces électrodes non
polarisables étaient mouillés avec la sécrétion naturelle du
calice lui-même. En pratiquant l'expérience dans ces conditions idéales, je trouvai, comme je m'y étais attendu, que le
courant de repos était dirigé de la surface externe, non glandulaire, vers la surface interne, glandulaire, celle-ci étant ainsi
électriquement positive.

En étudiant ensuite la réaction à l'excitation, j'obtins trois types différents de réactions — négative, diphasique et positive — caractéristiques chacun de certaines conditions déterminées. Avant d'entrer dans le détail de ces expériences, il est bon de discuter ici la signification probable des réactions négatives et positives observées.

Nous avons vu qu'une tranche de tissu du renflement moteur de *Mimosa* excrète du liquide après excitation. La réaction

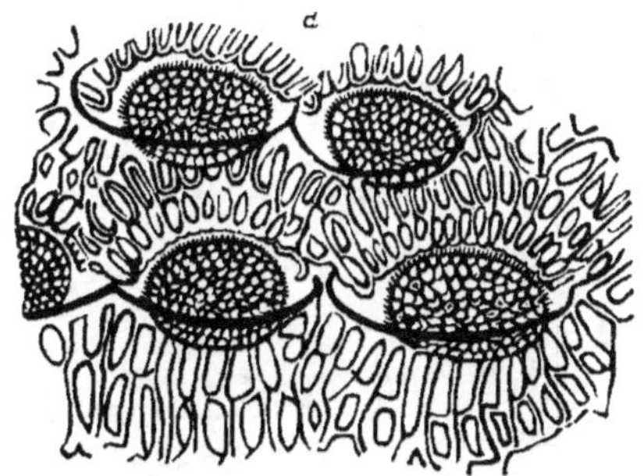

Fig. 182. — Surface glandulaire d'une portion de la membrane vivante du *Népenthe*.

électrique dans ce cas est une variation négative. Mais pendant la période du retour à l'état de repos, quand le tissu est en train d'absorber du liquide, cette négativité diminue, et cette diminution est équivalente à la variation positive, que nous avons déjà vue accompagner toujours une variation positive de turgescence.

Si donc la négativité électrique doit être regardée comme accompagnant l'expulsion ou la sécrétion de liquide, il semblerait que le processus inverse d'absorption doive être accompagné d'une réaction électrique positive.

Le renflement moteur du *Mimosa*, à l'état frais, réagit quand il est excité, par un affaissement mécanique, une variation négative de turgescence, et une variation électrique négative. Mais, après une excitation prolongée, ces réactions normales se trouvent subir une inversion. Le renflement moteur se gonfle; une nouvelle absorption de liquide doit avoir lieu.

et la feuille se dresse de nouveau. La réaction électrique négative normale est ainsi inversée, et devient positive. On voit ainsi que, tandis que dans un tissu frais, l'excitation donne lieu à une expulsion de liquide, — ce processus se traduisant électriquement par une variation négative — dans un tissu qui au contraire a déjà été soumis à une excitation prolongée, il y aura une tendance à l'inversion phasique de la réaction, qui devient positive, symptomatique du processus d'absorption.

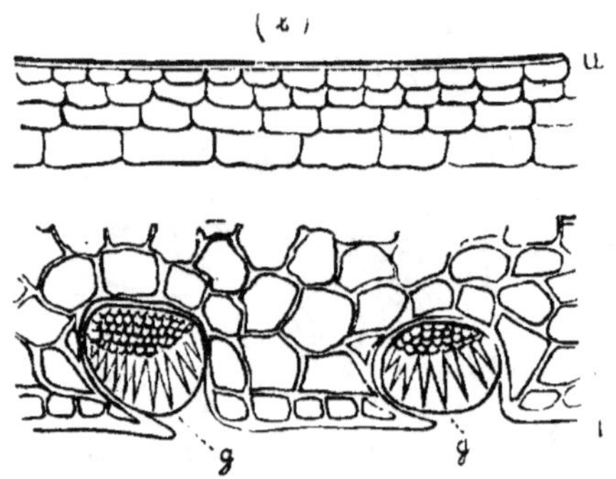

Fig. 183. — Coupe transversale d'un tissu de *Népenthe*.
u, surface extérieure; *L*, surface intérieure;
g, glandes de la surface intérieure.

Dans le cas des tissus moteurs, ces réactions à l'excitation dues à l'issue ou à la pénétration de liquide nous apparaissent de peu d'importance, excepté au point de vue de la forme des réactions motrices appropriées qu'elles produisent. Mais dans des organes glandulaires, elles présentent une importance plus grande, puisqu'elles constituent la fonction principale de ces tissus.

Des réactions électriques, identiques à celles qui ont été décrites, peuvent être obtenues avec la surface glandulaire des organes digestifs. C'est-à-dire que la surface glandulaire fraîche réagit après excitation par une variation négative. Dans le *Drosera*, par exemple, on voit dans ces conditions se produire une sécrétion. Ainsi, la phase négative de la réaction, dans ce cas comme dans le cas du *Mimosa*, est associée à une expulsion

de liquide ou à une sécrétion. Après une excitation prolongée,
la réaction électrique est ici inversée comme dans le cas du
Mimosa et devient positive, indiquant, selon toute probabilité,
une absorption. Par l'étude des fonctions de l'organe digestif,
nous devons nous attendre à rencontrer, comme nous l'avons
déjà montré, deux processus alternatifs. A l'état frais, l'in-
gestion d'aliments, agissant comme un excitant, amènerait
naturellement une sécrétion secondaire à cette excitation; et
cette sécrétion doit être suivie de l'absorption des aliments
dissous. Ces phases alternatives de sécrétion et d'absorption
se produisent incontestablement. Nous trouverons aussi dans
les tracés de réactions électriques une alternance des réactions
négatives et positives dans des conditions appropriées.

Nous avons vu qu'il y a une continuité entre les diverses
réactions des tissus glandulaires et des tissus non glandulaires.
Nous avons vu aussi que, dans un cas comme dans l'autre,
il se produit une inversion, la réaction devenant, de négative,
positive. Dans l'organe digestif, nous avons à tenir compte
surtout des mouvements de liquides — sécrétion et absorption — et des variations électriques consécutives, qui consistent
en deux phases opposées, positive et négative. Dans les limites
où j'ai pu le vérifier expérimentalement, j'ai toujours trouvé
que la phase négative était associée à une sécrétion, et tout
porte à croire que l'inverse — l'association de la phase électrique positive avec le processus d'absorption — se trouve
également vrai.

Revenons à la question de la réaction normale du *Népenthe*
à ses trois états différents.

A l'état le plus jeune, il n'y a pas encore de mouches : une
telle plante sera considérée comme fraîche. Dans d'autres, plus
âgées, il y a quelques insectes. Ces calices peuvent être regardés
comme modérément excités, par suite des efforts des insectes,
ou de l'apport d'aliment qu'ils représentent, ou pour ces
deux raisons. On trouve encore un autre état où la partie
glandulaire de la surface intérieure du calice est pratiquement
tapissée d'insectes capturés, et a été ainsi soumise à une excitation prolongée. Les réactions de ces trois types de plantes

sont dans chaque cas, comme je le montrerai, très caractéristiques.

Je décrirai d'abord des expériences faites avec des plantes fraîches. Je prenais des tracés de leurs réactions à des chocs alternatifs égaux d'intensité moyenne, se succédant à des intervalles de deux minutes. Le courant de réaction se trouvait

Fig. 184. — Tracé photographique d'une série de réactions négatives normales d'une surface glandulaire de *Népenthe* frais, à des chocs électriques alternatifs et égaux, appliqués avec des intervalles de deux minutes.

Le courant de réaction est dirigé de la surface interne, glandulaire, vers l'externe, non glandulaire. On notera l'existence de réactions multiples, et l'ascension de la ligne de base de la courbe.

dirigé de la surface interne, glandulaire, vers la surface externe, non glandulaire. La figure 184 montre une série de ces réactions. Nous avons dit en commençant que les réactions des organes digestifs pouvaient être multiples. On voit qu'il en est ainsi même avec l'excitation modérée appliquée dans le cas présent. Mais sous l'action d'une excitation plus forte, telle que celle d'un choc thermique, il se produit une série longue et multiple de réactions, dont nous verrons des tracés plus loin.

Une autre particularité à noter dans la série des réactions de la figure 184 est que la ligne de base du tracé est ascendante.

Cela indique que la surface glandulaire, par suite de l'effet
résiduel de l'excitation, devient de plus en plus négative. On
s'explique ainsi que la surface interne de l'estomac ait été

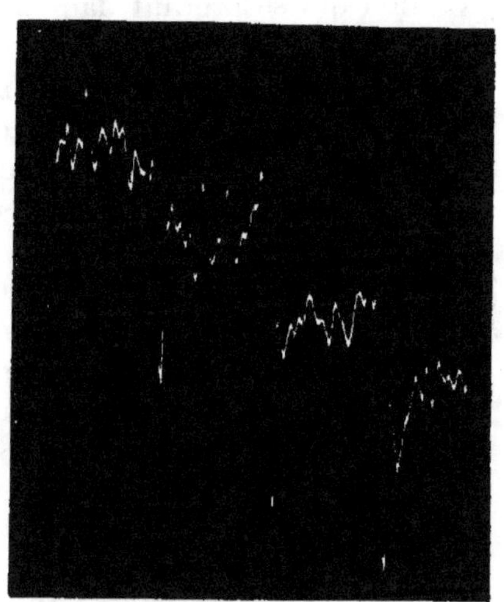

Fig. 185.   Fig. 186.

Fig. 185. — Tracé photographique des réactions du *Népenthe*
à un stade intermédiaire, après capture de quelques insectes.

On remarquera l'existence de deux phases dans les réactions,
la positive étant prédominante.

Fig. 186. — Tracé photographique des réactions du *Népenthe*
au troisième stade, quand la surface glandulaire est complètement recouverte d'insectes. Excitations séparées par des
intervalles de deux minutes.

La réaction est ici positive, le courant est dirigé de la surface
non glandulaire vers la glandulaire. Remarquer aussi la multiplicité des réactions à chaque excitation.

trouvée négative par divers observateurs, cet état négatif
plus ou moins persistant étant dû nettement à l'effet d'excitation secondaire dû à la préparation. Si nous n'avions pas
trouvé les facilités exceptionnelles offertes par le calice ouvert
de *Népenthe*, il aurait été impossible d'établir des connexions

électriques avec la surface glandulaire interne intacte, et ainsi de s'assurer que cette surface est naturellement positive.

Je puis montrer ici la modification très intéressante de la réaction qui se produit dans la même plante à la suite d'une série prolongée d'excitation. Cette modification, due à la fatigue, se manifeste d'abord par une diminution de hauteur des réactions. Certaines des réactions multiples consécutives à une seule excitation se trouvent alors inversées et deviennent positives, et elles présentent ensuite une tendance à s'inverser plus ou moins complètement.

Il est aussi intéressant de noter que les mêmes modifications apparaissent dans le même ordre, et plus ou moins marquées, dans les calices qui ont été soumis à une excitation prolongée par l'apport d'insectes. C'est-à-dire qu'un calice contenant quelques insectes présentera des réactions multiples, dont les éléments seront tantôt positifs, tantôt négatifs. Cette phase intermédiaire est bien illustrée par le tracé de la figure 185. Mais dans le calice dont la surface intérieure est déjà recouverte d'une couche épaisse d'insectes, et qui a été longtemps exposé à l'action persistante d'une telle excitation, la réaction caractéristique est inverse de celle de la plante jeune. On verra par le tracé de la figure 186 que dans ce cas l'effet isolé d'une seule excitation est représenté par une série de réactions multiples qui sont positives.

On observera que les résultats obtenus avec le calice frais et avec un calice soumis pendant une longue période à l'excitation des aliments sont en faveur de la théorie de la digestion, processus diphasique, où la négativité électrique est associée à une sécrétion prédominante, et la positivité, à une absorption prédominante au niveau de la couche glandulaire.

Il est aussi important de noter qu'à l'état frais, la surface glandulaire est positive, et qu'à l'état d'excitation modérée elle est négative, mais que la positivité de la surface glandulaire ne doit cependant pas toujours être prise pour un signe de son état frais. Car nous avons vu qu'à la suite d'une excitation prolongée, l'état électrique peut s'inverser et devenir positif.

Avant de passer du *Népenthe* à l'étude des tissus digestifs chez les animaux, nous devons parler du type plus complexe d'organe digestif végétal fourni par le *Drosera*. Je pris pour une expérience un plan de *Drosera longifolia* de l'Inde, où la face supérieure des feuilles est couverte, comme on sait, de tentacules glandulaires. Ici, comme dans le cas du *Népenthe*,

Fig. 187. — Tracé photographique des réactions de la feuille fraîche de *Drosera* à des chocs électriques alternatifs et égaux.

La première série montre les réactions normales. Le courant va de la surface supérieure, glandulaire, vers l'inférieure, non glandulaire. Dans la seconde série, la réaction normale est inversée et devient positive, après tétanisation.

la réaction des feuilles fraîches, qui n'ont pas reçu d'excitation antérieure, est une réaction négative de la surface glandulaire, qui s'inverse, et devient positive à la suite d'une prolongation de l'excitation. Les deux phases se voient dans la figure 187, où la première série est un tracé de réactions négatives normales à des chocs alternatifs égaux appliqués à des intervalles d'une minute, et où la seconde série montre les réactions inverses présentées par la même feuille à la même excitation, quand elle a au préalable été soumise à des chocs tétanisants pendant trois minutes sans interruption.

Nous avons vu ainsi les réactions typiques présentées par les organes digestifs des plantes; nous allons passer à l'étude des réactions présentées par les estomacs des animaux.

Ici aussi deux questions différentes sont à étudier : la direction du courant naturel de repos, et celle du courant d'action ou de réaction. Pour la première question, nous rappellerons que Rosenthal a trouvé le courant de repos dirigé nettement de dehors en dedans, c'est-à-dire de la muqueuse vers la musculeuse de l'estomac. On a voulu en conclure, comme nous l'avons vu, que la couche musculeuse de l'estomac de grenouille présente la même réaction électromotrice que le tégument externe de l'animal. Nous verrons que cette analogie n'existe pas, puisque, tandis que la réaction produite par l'excitation rend le tégument externe électriquement positif, elle rend la surface muqueuse dans les conditions normales électriquement négative. Dans le cas du *Népenthe*, nous avons vu que le courant naturel de repos est dirigé de la surface externe, non glandulaire, vers la surface interne, glandulaire, et que ce phénomène est susceptible d'inversions par suite d'un effet d'excitation secondaire dû à la préparation. Le courant dirigé de dehors en dedans qu'on observe dans la préparation de l'estomac de grenouille doit être regardé, non comme le courant naturel de repos, mais comme l'effet d'excitation secondaire dû à la préparation.

Quant au courant d'action, Biedermann montre que l'excitation électrique directe par des chocs alternatifs à succession rapide produit une variation négative habituellement précédée d'une variation positive. Puisque le courant dit de repos est dirigé de dehors en dedans, une « variation négative » de ce courant est évidemment un courant dirigé de dedans en dehors, c'est-à-dire une variation positive de la couche muqueuse. Aussi, la réaction de la couche muqueuse, telle que la décrit Biedermann, est une variation négative passagère, suivie d'une variation positive.

En étudiant la réaction électrique de l'organe digestif,

nous devons nous attendre, après les expériences précédentes sur les plantes, à rencontrer des variations de l'effet d'excitation, dues à la condition phasique du tissu. Et d'abord, pour pouvoir montrer clairement l'effet de l'excitation sur la surface muqueuse, débarrassé des modifications produites au niveau du second contact, j'employai la méthode rotatoire d'excitation mécanique de la zone étudiée. Les électrodes

Fig. 188.

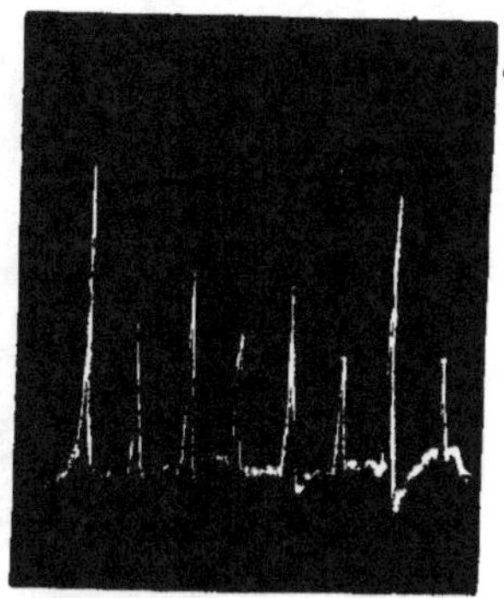

Fig. 189.

Fig. 188. — Tracé photographique des réactions négatives normales de l'estomac de grenouille à une excitation mécanique.

Fig. 189. — Tracé photographique des réactions négatives normales de l'estomac de tortue à des excitations par des chocs électriques alternatifs et égaux, séparés par des intervalles d'une minute.

tournantes étaient appliquées à l'intérieur d'un estomac de grenouille convenablement préparé, et l'expérience commençait quelque temps après la cessation de la réaction multiple due à la préparation. Le tracé de la figure 188 montre les quatre premières de ces réactions à des excitations mécaniques isolées, appliquées à des intervalles d'une minute. La réaction était une variation négative de la surface excitée. Quand l'excitation était prolongée, la fatigue apparaissait, les réactions diminuaient d'amplitude, et même tendaient à l'inverser, et à devenir positives.

Pour montrer que la surface intérieure, muqueuse, est relativement plus excitable que la couche musculeuse, je soumis ces deux couches à une excitation simultanée par des chocs électriques égaux et alternatifs. Et pour donner à mes résultats une portée plus générale, je me servis d'un spécimen différent, l'estomac de tortue. Les réactions de la figure 189 montrent une négativité relative de la surface interne de l'estomac.

Nous avons vu que l'estomac végétal frais présente norma-

Fig. 190. — Tracé photographique de la réaction normale de l'estomac de salamandre, à des chocs électriques alternatifs égaux, et de son inversion, après tétanisation.

lement une réaction négative, mais qu'après une excitation prolongée, il se produit un changement phasique, la réaction s'inverse et devient positive (cf. *fig.* 187). Je vais montrer le phénomène correspondant dans l'estomac de l'animal. Avec une préparation d'estomac de salamandre, j'ai obtenu des réactions normales dirigées de la couche interne glandulaire vers la couche musculeuse externe. Après une période intermédiaire de tétanisation, on voit les réactions s'inverser (*fig.* 190).

Le tracé suivant a été pris pour montrer les transitions entre la réaction négative normale et la réaction inversée, positive. L'organe étudié était l'estomac de grenouille. Au commence-

ment de l'expérience, la tache du galvanomètre était immobile :
mais quand le tissu était soumis à un choc thermique énergique
et unique, il se produisait une série de réactions multiples
pendant plus d'une heure. Je reproduis dans la figure 191
quatre parties différentes de cette série.

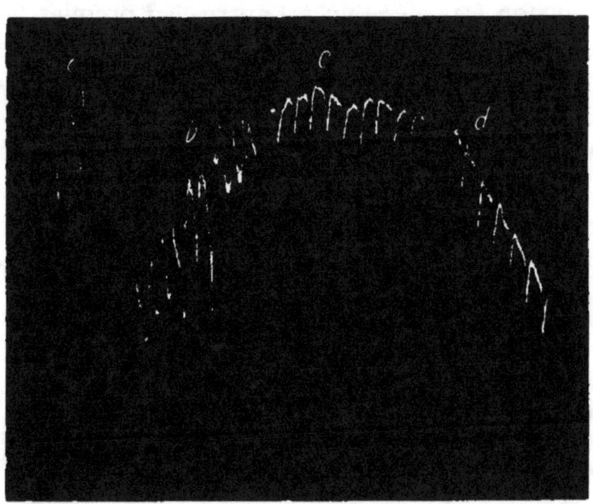

Fig. 191. — Tracé photographique des réactions multiples
de l'estomac de grenouille à un seul choc thermique énergique.

Quatre portions de cette longue série sont représentées : *a*. Série
négative; *b*. Réactions négatives et positives alternativement:
c. Série positive; *d*. Série positive. On notera l'ascension de la
ligne de base de la courbe dans la série négative *a*, et sa descente
dans la série positive *d*.

Nous avons déjà montré qu'au sujet des particularités fonctionnelles de l'organe digestif, on peut prévoir que les réactions
alternatives de sécrétion et d'absorption ne sont ni l'une
ni l'autre isolées et spasmodiques, mais sont toutes deux
prolongées. Il convient du reste de remarquer combien les
réactions des organes digestifs présentent à un haut degré le
caractère de multiplicité. Il apparaît ainsi, comme nous l'avons
déjà dit, que l'excitation mécanique produite pendant l'inges-

tion des aliments donne lieu comme réaction à une sécrétion, manifestée électriquement par une variation négative de la surface interne. Puis survient la phase inverse, avec inversion de la réaction électrique, indiquant probablement le processus d'absorption. Cette inversion de la réaction, qui devient positive, peut être le résultat de deux facteurs différents, qui peuvent ou non être liés l'un à l'autre. En premier lieu, nous avons vu qu'une excitation prolongée pouvait par elle-même, toutes choses égales d'ailleurs, donner lieu à une inversion de la réaction. En second lieu, après que la sécrétion a atteint son maximum, les cellules muqueuses vides en contact avec du liquide tendent naturellement à le réabsorber.

CHAPITRE XXIII.

L'ASCENSION DE LA SÈVE DANS LES PLANTES.

Théorie physique et théorie physiologique. — Caractère discutable de l'expérience de Strasburger sur l'effet des toxiques. — Expérience montrant l'arrêt de l'ascension de la sève par les toxiques. — Enregistreur automatique pour la détermination de la vitesse d'ascension de la sève. — Ascension due à l'activité pulsatile des cellules vivantes. — Effet des variations physiologiques sur la vitesse de l'ascension de la sève. — Effet des variations de température. — Arrêt et reprise de l'ascension de la sève sous l'influence des variations de température au-dessous et au-dessus du minimum critique. — Effet du chloroforme. — Localisation de la couche active à l'aide de l'explorateur électrique. — Tracé des pulsations internes agissant sur la circulation de la sève. — Effet du chloroforme sur les pulsations internes. — Mécanisme cellulaire de la propulsion de la sève. — Fonction du xylème. — Action de la continuité des pulsations cellulaires sur le sens unique de la propulsion de la sève.

Une des manifestations vitales fondamentales dans la plante est l'absorption de l'eau du sol et la conduction de la sève vers toutes les parties de l'arbre. Grâce à ces phénomènes, la plante reçoit ses aliments inorganiques des substances dissoutes dans le sol, et est pourvue de l'eau nécessaire à la conservation de la turgescence de ses cellules, sans laquelle sa croissance et les divers mouvements vitaux seraient arrêtés. Le problème de l'ascension de la sève, jusqu'au sommet d'un arbre qui peut atteindre une hauteur de 150^m, a été l'objet de recherches depuis plus de 200 ans. Deux théories différentes, une théorie physique et une théorie physiologique, peuvent être proposées pour expliquer ce phénomène. D'après la première, les cellules vivantes ne participent pas au processus. Des forces physiques qui ont été invoquées, évidemment ni la capillarité, ni la pression atmosphérique ne peuvent fournir une explication du phénomène. Quant à l'action osmotique, c'est un phénomène

Fig. 192. — Érection complète d'une branche sectionnée, avec affaissement des feuilles, après immersion dans l'eau de l'extrémité sectionnée (Chrysanthème).

Photographie montrant la différence avant (à droite)
et après l'immersion (à gauche).

très lent : elle ne peut donc expliquer l'ascension relativement rapide de la sève, dont la vitesse atteint souvent 20 000^m par heure. La seule explication qui reste valable est la théorie physiologique, d'après laquelle le transport du liquide est dû essentiellement à l'activité des cellules vivantes. La théorie

physiologique n'est généralement pas admise, à cause des
résultats des expériences de Strasburger, qui pensait que les
solutions toxiques n'influencent pas l'ascension normale de la
sève. Mes expériences m'ont conduit à des conclusions exactement opposées, car les tracés que m'ont fourni mes appareils
montrent que les substances toxiques peuvent causer l'arrêt
provisoire ou définitif de l'ascension de la sève. Une expérience
simple, mais concluante, consiste à prendre deux tiges fanées

Fig. 193. — Photographie de branches sectionnées de Chrysanthème et fanées (à gauche) qui s'affaissent encore davantage
quand l'extrémité sectionnée est plongée dans une solution de
formaldéhyde (à droite) alors qu'elle se redresse avec l'eau.

semblables de *Chrysanthème*, et de placer leurs extrémités
sectionnées, la première dans l'eau, la seconde dans une solution toxique telle que le formaldéhyde. Dans le premier cas,
la tige fanée se redresse bientôt sous l'influence de l'ascension
de la sève (*fig.* 192). Mais dans le second cas, il n'y a pas de
redressement, la plante étant tuée par le poison (*fig.* 193).
Dans une seconde série d'expériences, nous prenions deux
plantes semblables, gonflées et érigées : la première était plongée
dans l'eau, et la vitesse d'ascension de la sève se trouvait rester
uniforme pendant un temps assez long.

La seconde plante était soumise à l'action du toxique, qui
causait un retard immédiat, puis un arrêt de l'ascension
de la sève. Les expériences décrites ci-dessus prouvent d'une

manière absolue que *l'ascension de la sève est la conséquence de l'activité des cellules vivantes.*

Le mouvement de la sève à l'intérieur de l'arbre est invisible, et l'on n'a trouvé jusqu'ici aucun moyen satisfaisant de mesurer la vitesse de ce mouvement, et les modifications qui sont produites par des variations physiologiques. J'ai réussi à obtenir ce résultat, grâce à mes enregistreurs automatiques, de trois types différents, dont deux donnent des tracés de réaction mécanique, et le troisième, celui d'une réaction électrique. Quand on supprime l'eau à une plante en pot, ses feuilles commencent à s'affaisser. Ce mouvement d'affaissement est amplifié à l'aide d'un levier enregistreur, qui inscrit des points successifs sur la plaque mobile qu'on fait osciller par exemple au rythme de 10 oscillations par seconde. Les points successifs représentent donc des intervalles de 10 secondes. Après arrosage, l'eau atteint la feuille affaissée, qui se redresse : le tracé montre ainsi la réaction mécanique de la feuille à l'augmentation de turgescence causée par l'ascension de la sève. L'intervalle entre l'arrivée de l'eau et le commencement de la réaction nous permet de mesurer le temps nécessaire à l'ascension de l'eau à travers la distance interposée. La vitesse de l'ascension peut être ainsi facilement calculée.

La suppression de l'eau ne provoquait pas seulement l'affaissement de la feuille, mais aussi celui de la tige. Le point d'inflexion d'une tige affaissée est relié à l'enregistreur; l'ascension de la sève après arrosage détermine un mouvement d'érection de la tige affaissée, qui est enregistré par l'appareil (*fig.* 194). Nous avons ainsi deux méthodes différentes de mesure de la vitesse d'ascension de la sève par la réaction mécanique des feuilles ou des tiges affaissées. La troisième méthode est électrique. J'ai déjà dit avec quelle soudaineté l'augmentation de turgescence donne lieu à une réaction électrique positive. Si nous prenons une tige affaissée, et que nous établissions des connexions électriques convenables, l'une avec le point infléchi de la tige, l'autre avec un point quelconque éloigné, l'arrivée de l'eau au premier point, en déterminant une augmentation de turgescence, donnera lieu à une réaction électrique positive.

La figure 195 montre la méthode de détermination simultanée de la vitesse de l'ascension par les réactions électrique et mécanique. La vitesse ainsi déterminée par ces deux méthodes indépendantes se trouve être la même.

La propulsion de la sève est donc évidemment due à l'acti-

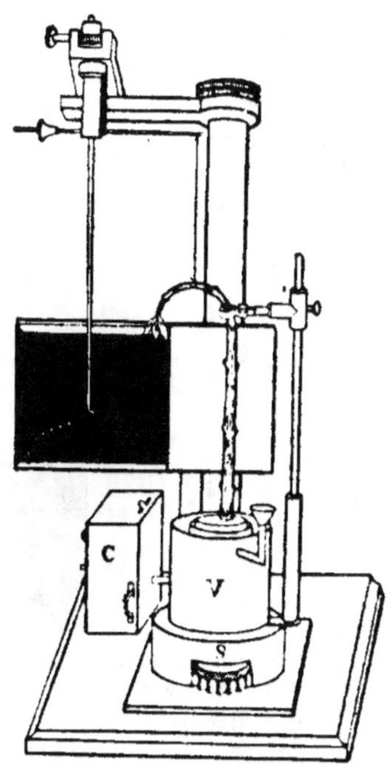

Fig. 194. — Enregistreur automatique de la réaction érectile de la tige affaissée.

c, mouvement d'horlogerie ; v, récipient extérieur ;
s, dispositif à vis permettant d'élever ou d'abaisser la plante.

vité des cellules vivantes. Le point suivant à étudier est le mécanisme cellulaire de ce phénomène. Chez l'animal, la circulation du sang est entretenue par les pulsations périodiques du cœur, qui exerce l'action d'une pompe. Je vais montrer que la circulation de la sève est entretenue par une activité pulsatile analogue. Une contraction provoquée par l'excitation donne lieu à une expulsion de sève dans une cellule végétale. On peut le démontrer facilement avec une préparation convenable du renflement moteur du *Mimosa*. Pendant la phase inverse d'expansion, la sève est absorbée. Pour la propulsion continue de la sève, il est nécessaire d'avoir une activité automatique de caractère pulsatile, qui provoque une expulsion périodique et une absorption de sève.

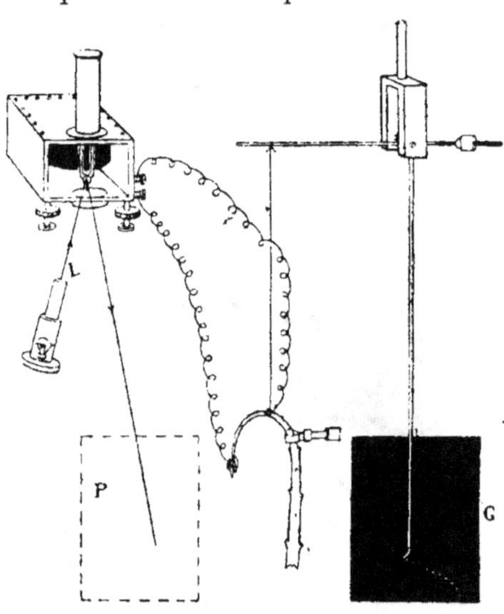

Fig. 195. — Détermination simultanée de la rapidité d'ascension de la sève à l'aide de la réaction mécanique et de la réaction électrique.

Le levier inscripteur mécanique est à droite, avec la plaque de verre G servant à l'inscription; le galvanomètre est à gauche; le faisceau lumineux, L, réfléchi par le miroir, tombe sur la plaque photographique P. La partie incurvée de la tige est reliée par un ressort au levier inscripteur: le même point est en connexion électrique avec le galvanomètre.

Je vais à présent décrire quelques expériences qui montrent que la propulsion de la sève est provoquée par l'activité pulsatile des cellules vivantes. Dans le dernier Chapitre, j'ai signalé divers faits qui démontrent évidemment l'activité pulsatile de certaines cellules. Nous avons vu que cette activité est augmentée, entre certaines limites, par l'élévation de la température. Si donc l'ascension de la sève est causée par les pulsations de certaines cellules, celles-ci seront accélérées par une élévation de température, l'activité de l'aspiration sera donc augmentée par l'accroissement de la vitesse d'ascension. Mes expériences montrent que la vitesse d'ascension est augmentée d'environ 1,9 fois par une élévation de température de 30° à 35°.

Un abaissement de la température au contraire diminue l'activité pulsatile jusqu'à une températur ecritique minimum, où les pulsations s'arrêtent. La température critique moyenne pour l'arrêt des pulsations dans la foliole de *Desmodium* est d'environ 14° C. La foliole pourrait être rendue alternativement inactive ou active par un abaissement léger ou une légère élévation de la température au-dessous ou au-dessus du point critique. Donc une preuve croisée que *le maintien de l'ascension de la sève résulte de l'activité pulsatile des cellules vivantes serait fournie par les alternatives d'arrêt et de reprise de l'ascension de la sève sous l'influence de variations de la température au-dessous et au-dessus du point critique.* En faveur de cette thèse, je trouve que l'ascension de la sève est arrêtée au-dessous d'une certaine température critique, qui varie avec les diverses plantes. La température critique pour les plantes tropicales est plus élevée que celle des plantes vivant dans des climats plus froids. Dans la tige coupée de l'*Impatiens*, plante tropicale, l'ascension de la sève s'arrêtait quand la température descendait à 14°; elle reprenait quand la température s'élevait seulement d'un degré. L'ascension de la sève pouvait être ainsi arrêtée ou rétablie plusieurs fois par une petite variation de température au-dessous ou au-dessus du point critique. C'est là une preuve certaine que l'ascension de la sève est essentiellement due à l'activité pulsatile des cellules vivantes. Enfin je citerai la preuve fournie par l'application de chloroforme. Nous avons vu que son action préliminaire sur les pulsations de la foliole de *Desmodium* est une augmentation suivie d'un arrêt (cf. *fig.* 127). L'effet de cet anesthésique sur l'ascension de la sève est précisément semblable, car il détermine immédiatement un très grand accroissement de la vitesse d'ascension, mais, si son action se prolonge, le mouvement de la sève est bientôt complètement arrêté.

Les expériences qui précèdent prouvent complètement que

le mouvement de la sève est dû à l'activité pulsatile de certaines couches ou de certaines cellules actives à l'intérieur de la plante. Le problème suivant à résoudre est la localisation de cette couche active, dont l'existence doit être démontrée en obtenant un tracé véritable des pulsations. J'ai pu y réussir grâce à l'invention de mon explorateur électrique, qui consiste essen-

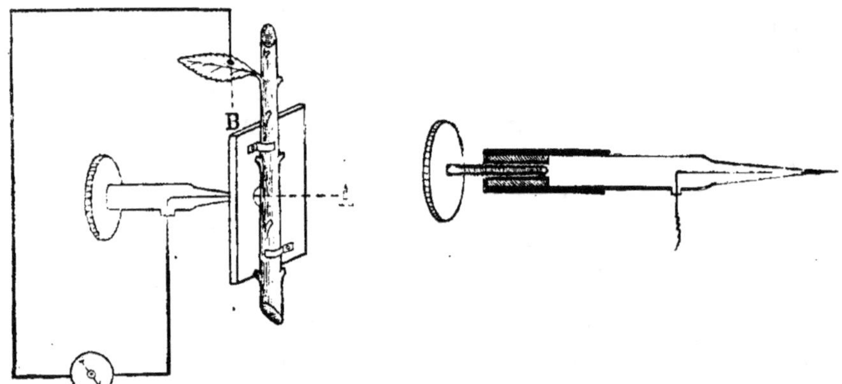

Fig. 196. — L'explorateur électrique pour la localisation
de la couche active.

La pointe de l'explorateur pénètre dans la tige en A, le second contact électrique étant pris sur la feuille suivante. La figure de droite est une vue agrandie de la vis micrométrique servant à l'introduction graduelle de l'explorateur dans les tissus de la plante.

tiellement en un fil fin de platine isolé, excepté au niveau de son extrémité pointue. Une des bornes du galvanomètre est reliée à l'explorateur et l'autre à un point éloigné indifférent (*fig.* 196).

L'explorateur fin est alors introduit dans la tige progressivement, jusqu'à ce qu'il entre en contact avec la couche pulsatile. Le galvanomètre, immobile jusque-là, donne alors un tracé des pulsations électriques de la couche active. Car la cellule pulsatile est caractérisée par des alternatives d'expansion et de contraction, la première étant accompagnée d'une absorption de la sève et d'un accroissement de la turgescence, et la seconde d'une expulsion de la sève et d'une diminution de turgescence. Or un accroissement de la turgescence a paru être accompagné d'une variation électrique positive, tandis

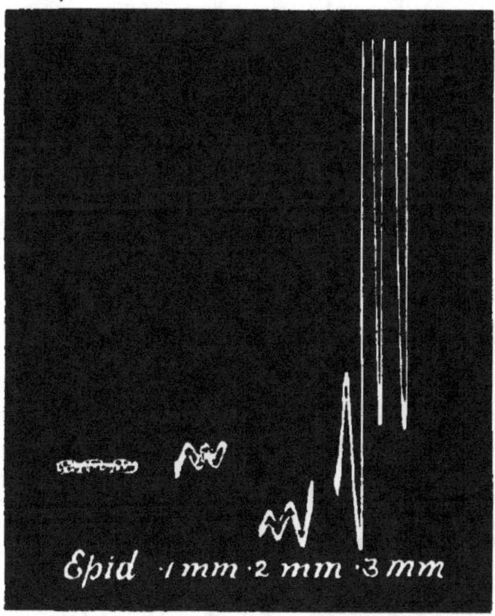

Fig. 197. — Tracé montrant l'amplitude des pulsations électriques dans les diverses couches d'*Impatiens*.

Noter l'augmentation brusque à une distance de $0^{mm},3$ de la surface, cette couche particulière se trouvant dans la corticale interne; une partie du tracé est en dehors du champ de la plaque.

qu'une diminution de la turgescence s'accompagne d'une variation électrique négative. La tache lumineuse du galvanomètre montre ainsi, par ses déplacements alternatifs vers la droite et vers la gauche, les pulsations invisibles des cellules actives à l'intérieur de la plante.

A ce sujet, il convient de se rappeler que, dans des circonstances favorables, toutes les cellules vivantes sont susceptibles

de présenter une activité pulsatile. Mais une certaine couche de
cellules est naturellement plus active que les autres, et c'est
par l'activité automatique de cette couche que se trouve maintenue la propulsion normale de la sève. Pour localiser cette
couche active dans l'*Impatiens*, l'explorateur était introduit
transversalement dans la tige par progressions successives
de $0^{mm},1$. On ne pouvait déceler de pulsation au niveau de

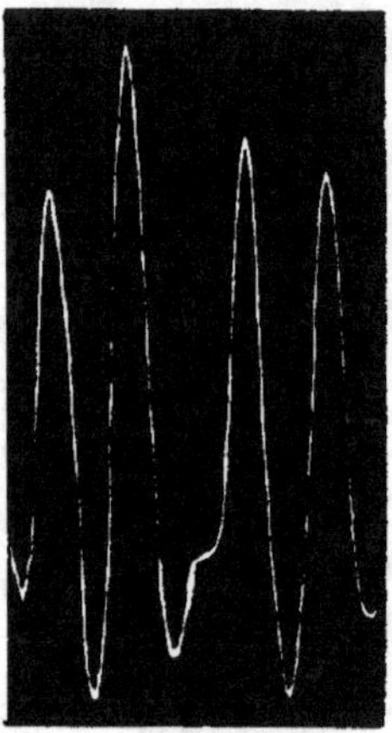

Fig. 198. — Tracé des pulsations cellulaires du Manguier.

l'épiderme. Quand l'explorateur atteignait une profondeur
de $0^{mm},1$, il révélait une faible pulsation ; on obtenait un résultat analogue à une profondeur de $0^{mm},2$. Au stade suivant,
quand l'explorateur atteignait une profondeur de $0^{mm},3$, les
pulsations présentaient une augmentation brusque. Elle était
si marquée, qu'une partie du tracé se trouvait en dehors de la
plaque servant à l'enregistrer (*fig.* 197) ; l'explorateur était
évidemment arrivé au contact des cellules qui présentaient des
pulsations très actives. Quand l'explorateur était enfoncé plus
loin dans la tige, l'activité pulsatile disparaissait rapidement.
Si l'on pratiquait une section transversale de la tige au niveau
du passage de l'explorateur, on trouvait que l'activité maxima

se trouvait au niveau de la couche interne du cortex, empiétant sur le tissu vasculaire. Le contact de l'explorateur avec le xylème donnait peu ou pas de pulsations : ce fait est très intéressant, en ce qu'il prouve que le xylème, qui est formé essentiellement de cellules mortes, ne prend pas une part active à l'ascension de la sève.

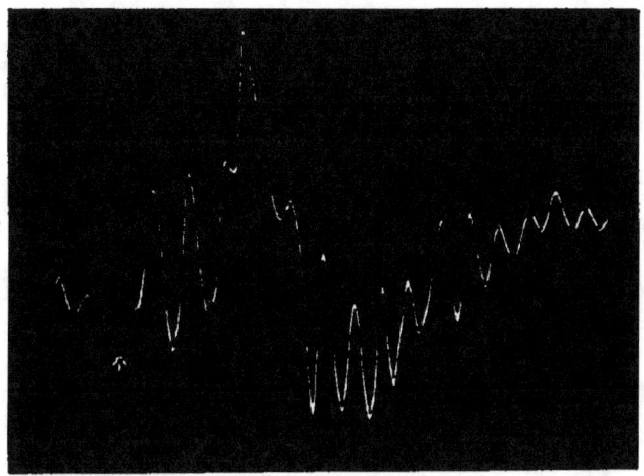

Fig. 199. — Action du chloroforme sur la pulsation cellulaire de la *Sagittaire*.

On notera l'augmentation initiale de la pulsation et l'ascension prolongée de la courbe; la pulsation s'arrête quand on prolonge l'application.

De nombreuses autres expériences faites avec diverses plantes montrent que c'est la couche corticale interne qui joue le rôle le plus actif dans la propulsion de la sève. Un tracé des pulsations intervenant dans la propulsion de la sève se voit dans la figure 198; la période de chaque pulsation dans les conditions normales est d'environ 13 secondes. L'activité pulsatile subit des variations caractéristiques sous l'action de divers agents physiologiques. Nous avons montré que le chloroforme a pour effet de déterminer d'abord une augmentation de la vitesse d'ascension, suivie d'un arrêt. La preuve que ce phénomène est réellement dû aux variations provoquées dans les pulsations se voit nettement dans le tracé de la figure 199. Les deux premières pulsations sont normales; l'application de chloroforme provoque ensuite une augmentation immédiate des pulsations. La prolongation de l'action du chloroforme amène ensuite une diminution, et enfin un arrêt.

Dans une plante dicotylédone, la couche corticale cylindrique qui entoure le xylème joue un rôle dans la propulsion active de la sève. Les cellules actives par leur action d'aspiration, non seulement font monter la sève, mais pendant leur contraction injectent du liquide latéralement dans le bois jeune, qui joue le rôle d'un réservoir pour l'accumulation du liquide. Quand la transpiration des feuilles est faible, l'ascension normale de la sève le long de la corticale interne satisfait à tous les besoins. Mais pendant une transpiration active, l'excès de liquide est fourni par le réservoir du xylème.

Pour que l'ascension de la sève se fasse toujours dans le même sens, il est nécessaire qu'il y ait une continuité des pulsations de cellule à cellule. J'ai décrit ailleurs les recherches électriques qui m'ont permis d'établir cette continuité. Il en résulte que la sève expulsée par une cellule quelconque pendant sa contraction est absorbée par une cellule susjacente pendant sa phase d'expansion. Il y a ainsi une propagation d'une onde de contraction, précédée d'une onde d'expansion, par suite de quoi la sève avance en quelque sorte par secousses. Une succession de ces ondes maintient la continuité de l'ascension de la sève.

Les résultats importants ainsi établis sont les suivants. L'arrêt de l'ascension de la sève sous l'action d'un toxique prouve que le phénomène est essentiellement dû à l'activité des cellules vivantes. Les alternatives d'arrêt et de reprise de l'ascension de la sève sous l'influence d'une variation de la température au-dessous et au-dessus du point critique, et l'augmentation initiale de vitesse suivie d'un arrêt sous l'action du chloroforme, prouvent que le mouvement de la sève est dû à l'action d'inspiration d'une couche de cellules pulsatiles. A l'aide de l'explorateur électrique, on voit que cette couche pulsatile est localisée dans la corticale interne. Enfin nous avons montré que divers agents physiologiques produisent des réactions très analogues sur l'activité pulsatile qui maintient la circulation de la sève dans la plante, et la circulation du sang chez l'animal.

CHAPITRE XXIV.

RÉACTION A L'EXCITATION LUMINEUSE.

Les mouvements héliotropiques des plantes peuvent être ramenés à une réaction fondamentale de contraction ou d'expansion. — Divers effets mécaniques de la lumière sur des organes pourvus de renflement moteur et sur des organes en croissance. — La réaction électrique produite par la lumière n'est pas spécifique, mais est concomitante avec les effets résultant de l'excitation. — Effet de l'application unilatérale de l'excitation sur un point diamétralement opposé. — La réaction positive est due à l'effet indirect de l'excitation, et la négative, à la transmission de l'excitation vraie. — Réaction mécanique de la feuille de *Mimosa* à la lumière appliquée sur la moitié supérieure du renflement moteur. — La réaction mécanique consiste en un mouvement positif d'érection, suivi d'un affaissement, ou mouvement négatif. — Réaction électrique de la feuille de *Mimosa* à la lumière appliquée sur la moitié supérieure du renflement moteur : production dans la moitié inférieure du renflement moteur d'une variation positive, suivie d'une négative. — Transmission longitudinale de l'effet d'excitation, avec variation électrique négative concomitante. — Effet direct de la lumière et effet secondaire positif. — Circonstances pouvant inverser la réaction normale. — Des plantes dans une condition d'hypotonicité légère donnent une réaction positive suivie d'une négative. — Réaction mécanique multiple à la lumière. — Effet direct et effet secondaire. — Réaction électrique multiple à la lumière, avec phases alternantes ($-+-+$) ou ($+-+-$). — Effets secondaires : apparition d'éléments antagonistes, positifs ou négatifs. — Trois types d'effets secondaires.

La première question importante relative à la réaction des tissus vivants à la lumière est de savoir si cette réaction offre un caractère particulier, ou si elle est analogue à celle que produisent les autres formes d'excitation. Les mouvements mécaniques des plantes déterminés par l'action de la lumière sont en apparence si divers qu'il semblerait au premier abord presque impossible de les ramener à une réaction commune fondamentale. C'est ainsi qu'on trouve que certains organes végétaux se tournent vers la lumière, tandis que d'autres s'en détournent, et que d'autres se placent perpendiculairement à sa direction. On voit donc que trois effets typiques différents — positif, négatif et dia-héliotropique — peuvent résulter dans des cas différents d'une même excitation. On voit ces effets se produire aussi bien dans les organes en croissance que dans les organes évolués. Cette inconstance des résultats a été la cause de grandes difficultés, donnant à penser aux observateurs que la réaction d'un organe végétal à la lumière était déterminée, non par une réaction donnée, mais par sa propre aptitude à choisir ce qui lui était le plus favorable.

J'ai montré ailleurs (¹) qu'en ce qui concerne la réaction mécanique, la réaction des organes végétaux à l'excitation lumineuse est bien déterminée. Elle donne lieu, comme les autres formes d'excitation, à une variation de turgescence négative et à une contraction, ainsi qu'à un retard consécutif de la croissance des organes en voie de développement. Ces effets d'excitation, si le tissu est bon conducteur, peuvent être transmis transversalement ou dans le sens longitudinal. L'intensité de cet effet d'excitation transmise dépend ainsi, comme je l'ai montré, de l'intensité et de la durée de l'excitation, et de la conductibilité du tissu. Si l'intensité de l'excitation et la conductibilité du tissu sont faibles toutes deux, ce sera l'effet indirect de l'excitation, ou effet hydro-positif, qui atteindra le point éloigné, et y déterminera une variation de turgescence positive et une expansion.

J'ai aussi montré que les divers mouvements mécaniques résultant de l'action unilatérale de la lumière varient : 1° suivant que l'excitation reste localisée du côté proximal de l'organe

---

(¹) *Réactions des plantes*, p. 551 à 685.

ou atteint le côté distal; et 2° suivant les excitabilités relatives du côté proximal et du côté distal. J'ai encore montré que tous les divers effets produits par la lumière peuvent être rapportés à l'action de ces divers facteurs combinés de diverses manières. Enfin, certains tissus très excitables, par suite de l'excès d'énergie que leur apporte une excitation prolongée, présentent des phases alternées, positive et négative, ou inversement, constituant des réactions polyphasiques, ou oscillantes. Il est possible, en tenant compte de ces faits, de résumer les effets les plus simples de la lumière dans le tableau suivant :

Effets mécaniques de la lumière sur les organes en croissance et les organes évolués.

Type du Tissu.	Action.	Effet observé.
Organe d'excitabilité normale soumis à l'action unilatérale de la lumière.	A 1. Lumière d'intensité moyenne provoquant une contraction du côté proximal et une expansion hydropositive du côté distal.	1. Incurvation vers la lumière, héliotropisme positif.
	A 2. Lumière intense. Effet d'excitation transmis à la face distale, ayant d'abord une action neutralisante.	2. Effet neutre.
	A 3. Lumière intense et prolongée. Fatigue de la face proximale, contraction due à l'excitation de la face distale.	3. Réaction inversée, ou négative, héliotropisme négatif.
Tissus présentant des réactions multiples et autonomes	Absorption considérable d'énergie externe.	Apparition d'une réaction multiple ou autonome dans *Biophytum* et *Desmodium*.

Comme j'ai déjà montré que les effets héliotropiques typiques présentés par les plantes sont dus à des différences dans l'excitation de la face proximale et de la face distale d'un même organe, je vais à présent montrer expérimentalement la partie électrique de ces phénomènes. Comme je veux aussi montrer que la réaction électrique générale à l'action unilatérale de la lumière est analogue à celle qui résulte des autres formes d'excitation, la première expérience que je vais décrire se rapportera à l'application unilatérale d'une excitation non lumineuse, mais thermique.

Si sur une face d'un organe en croissance nous appliquons

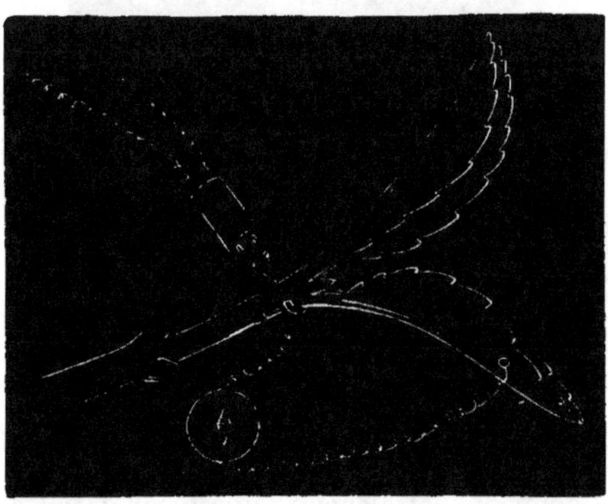

Fig. 200. — Dispositif expérimental pour l'étude des modifications électriques au point diamétralement opposé au point excité.

Le point supérieur est excité par des chocs thermiques obtenus à l'aide d'un excitateur électrothermique, le point inférieur est diamétralement opposé.

une série de chocs thermiques, à l'aide de l'excitateur électrothermique, la face proximale se contractera, tandis que le liquide refoulé, par un effet hydropositif, déterminera une expansion du côté distal. Ces deux actions concordantes auront pour effet d'infléchir l'organe vers la source de l'excitation. La variation électrique de la face distale sera donc positive; mais si l'excitation appliquée est assez intense et assez prolongée, l'excitation vraie sera transmise à travers le tissu jusqu'à

la face distale. Ainsi sera neutralisé le premier mouvement
mécanique, et l'effet électrique correspondant sera une inversion de la variation positive initiale qui deviendra négative
sous l'action de l'excitation. On observera encore des effets
électriques analogues, même si les mouvements de l'organe
étudié sont empéchés, ou s'il est assez vieux pour être dépourvu
de motilité.

Je pris une tige jeune de *Bryophyllum,* et appliquai une série

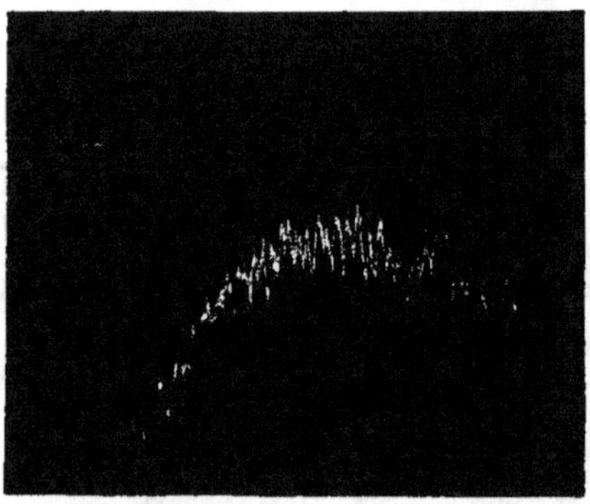

Fig. 201. — Tracé des réactions à une excitation unilatérale modérée
avec le dispositif expérimental décrit.

Réaction du point diamétralement opposé par variation électrique
positive due à l'effet hydropositif. On remarquera un début
de réactions multiples.

d'excitations thermiques au point proximal (*fig.* 200). Des
fermetures périodiques du circuit électrique à l'aide d'un
métronome donnaient lieu à des chocs thermiques se succédant
rapidement sur la face supérieure, ou proximale. Le courant de
chauffage était réglé de manière à produire d'abord une excitation modérée. On voit par le tracé photographique de la
figure 201 qu'elle donnait lieu au point diamétralement opposé
à un effet électrique positif croissant. Ce point subissait donc
une variation de turgescence positive, par suite du refoulement du liquide chassé de la face supérieure par la contraction
résultant de l'excitation. C'est à ce stade l'effet indirect de

l'excitation, et non l'effet d'excitation vraie, qui est transmis
au point B. Cette expérience montre aussi que l'incurvation
positive résultant de l'application unilatérale d'une excitation
représente l'effet combiné de la contraction de la face proximale directement due à l'excitation, et de l'expansion indirecte ou hydropositive de la face distale.

Fig. 202. — Tracé obtenu avec le même dispositif expérimental.
mais avec un échantillon différent, quand l'excitation est d'abord
d'intensité moyenne, puis augmentée.

a, Réaction positive, due à l'effet hydropositif : elle devient négative
en *b* par transmission de l'effet d'excitation quand l'excitation
est plus intense.

Un autre phénomène intéressant à noter dans cette courbe
est qu'après que l'effet maximum a été atteint, il y a une série
de réactions multiples oscillantes. On peut l'expliquer par le
fait qu'après que la tension hydropositive maxima a été atteinte.
il peut y avoir une transmission graduelle de l'effet d'excitation vraie, avec sa réaction de sens inverse, l'équilibre instable
ainsi produit se manifestant par des oscillations.

Pour ce qui est de la conduction en général, nous savons

qu'une excitation intense est transmise à une distance plus
grande qu'une excitation faible. Le tracé de la figure 202 illustre
ce fait d'une manière intéressante. D'abord, une excitation
modérée donnait lieu à une variation positive maxima du point
distal B (*a*). On augmentait ensuite l'intensité de l'excitation
et l'on constatait que l'effet de l'excitation atteignait alors B,
et donnait lieu à une inversion de la courbe, par suite de la

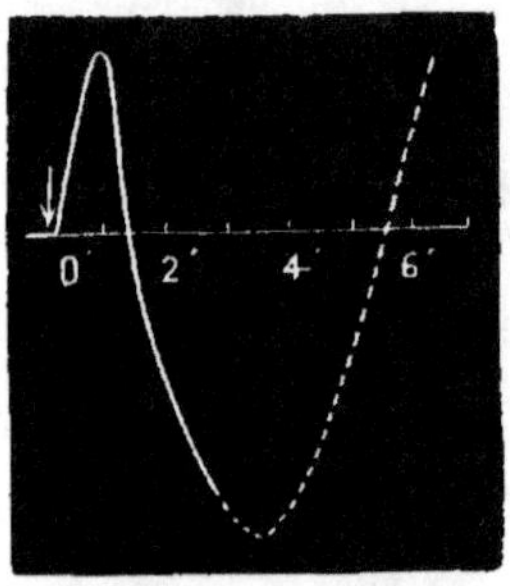

Fig. 203. — Réaction mécanique du renflement moteur du *Mimosa*
sous l'action continue de la lumière sur la face supérieure,
appliquée au moment marqué ↓.

Le mouvement positif héliotropique produit par l'excitation de la
moitié supérieure est neutralisé par transmission à la face distale,
et finit par s'inverser par suite de l'excitabilité plus grande de
la moitié inférieure. En pointillé, le retour à l'état antérieur
après cessation de la lumière.

variation électrique négative produite. Si nous avions d'abord
employé une intensité d'excitation suffisante, le premier effet
aurait été une variation positive de B, due à l'effet indirect de
l'excitation; puis secondairement l'effet d'excitation aurait
atteint ce point graduellement, neutralisant, puis inversant la
première réaction.

Je vais à présent décrire les effets correspondants, tant
mécaniques qu'électriques, qui sont produits par l'excitation
lumineuse. Prenons un plant de *Mimosa* et soumettons seulement la moitié supérieure de l'un de ses renflements moteurs
primaires à l'action de la lumière solaire. Il en résultera : 1° la

contraction locale de la moitié supérieure excitée, et l'expansion de la moitié inférieure due à l'effet hydropositif ; 2° la transmission graduelle de l'excitation vraie à la moitié inférieure et par suite l'apparition d'une contraction de ce côté ; enfin 3° la prolongation de l'excitation, et la contraction croissante de la moitié inférieure plus excitable. Tous ces effets se voient dans la réaction mécanique que montre la figure 203, où le premier correspond à la partie ascendante de la courbe, qui

Fig. 204. — Réaction électrique dans la moitié inférieure du renflement moteur du *Mimosa*, due à l'excitation de la moitié supérieure distale par la lumière.

Noter la première phase positive, due à l'effet hydropositif, devenant ensuite négative, par transmission de l'excitation vraie.

indique l'action combinée de contraction de la face supérieure et d'expansion de la face inférieure, donnant lieu à un mouvement d'érection. Après un intervalle d'une minute, on voit que l'effet d'excitation a atteint la moitié inférieure, donnant lieu à un mouvement inverse, de haut en bas, qui, par suite de l'excitabilité plus grande de la moitié inférieure, abaisse la feuille, très au-dessous de sa position d'origine. La partie pointillée de la courbe montre l'effet secondaire après cessation de l'excitation lumineuse.

La figure 204 montre les effets électriques consécutifs à l'excitation d'un autre renflement moteur de *Mimosa* par la lumière. Les contacts électriques sont établis dans ce cas. l'un

avec la moitié inférieure du renflement moteur, l'autre avec
un point éloigné indifférent. L'excitation lumineuse est appliquée, comme dans le cas précédent, sur la moitié supérieure.
Le premier effet électrique produit dans la moitié inférieure
du renflement moteur par l'application de la lumière sur la
moitié supérieure, distale, se présente dans la figure 204 comme
une variation positive croissante. Elle est concomitante avec
l'effet hydropositif sur la moitié inférieure, qui, concordant

Fig. 205. — Tracé photographique d'une série de réactions négatives du pétiole de *Bryophyllum* à des excitations par la lumière
solaire d'une durée de 5 secondes, avec des intervalles de 2 minutes.

Remarquer l'effet secondaire positif.

avec la contraction de la moitié supérieure, donne lieu à ce
mouvement d'érection de la feuille que montrait la figure
précédente. L'effet d'excitation atteint ensuite la moitié inférieure, et nous voyons se produire à ce niveau une variation
électrique négative. Elle correspond au mouvement mécanique
d'affaissement. Cette expérience montre nettement que la
lumière, comme les autres formes d'excitation, produit une
variation électrique négative, qui est la réaction d'excitation
vraie, tandis que l'effet indirect, ou hydropositif, est une variation électrique positive.

Dans ce dernier cas, nous obtenions donc une transmission transversale de l'effet d'excitation vraie. On peut aussi obtenir des effets analogues par transmission longitudinale. Pour y parvenir, il faut choisir un organe très bon conducteur. J'ai pu ainsi observer une série de réactions à l'excitation transmise de la lumière, en me servant de pétioles de *Bryophyllum*. La lumière était alors appliquée à une distance de 5^{mm} du contact proximal, et l'on voyait se produire une série de réactions électriques négatives d'excitation vraie.

Fig. 206. — Tracé photographique de la réaction positive du pétiole de Chou-fleur à des applications de lumière d'une durée de 5 secondes, avec des intervalles de 2 minutes.

Après avoir ainsi établi indiscutablement le signe négatif de la variation électrique produite et transmise après une excitation lumineuse, je vais donner des tracés obtenus par l'application directe de la lumière. L'effet observé dans ces cas est naturellement beaucoup plus intense, puisqu'il n'est pas affaibli par la transmission. La figure 205 montre une série de ces réactions, obtenues avec des intervalles de deux minutes, par l'application de la lumière solaire, qui avait traversé au préalable une couche d'eau, sur le pétiole d'une feuille vigoureuse de *Bryophyllum* pendant cinq secondes seulement chaque fois. On voit qu'après chaque réaction électrique négative, il y a un effet positif secondaire, par suite duquel la ligne de base de la série de courbes, au lieu de rester horizontale, tend à descendre.

Nous allons à présent étudier la production de la réaction positive, que peut quelquefois provoquer la lumière. Elle peut être due à des causes diverses. Il y a un fait qu'on doit se rappeler en étudiant l'action de la lumière. Si par exemple nous soumettons la moitié inférieure du renflement moteur de *Mimosa* à l'action de la lumière solaire, l'affaissement de la

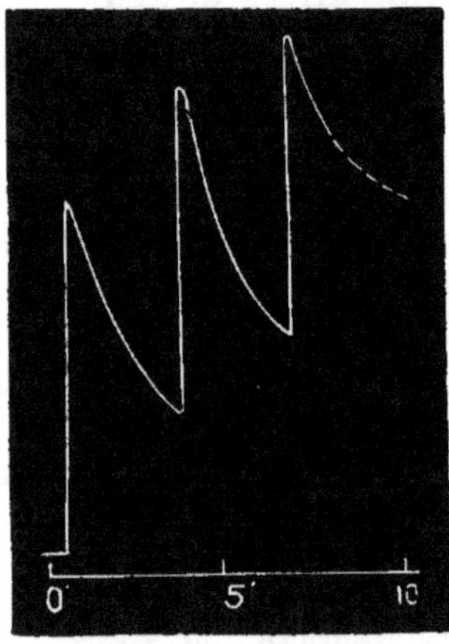

Fig. 207.— Réaction mécanique multiple d'une foliole de *Biophytum* à l'action prolongée de la lumière.

feuille sera graduel, tandis que cette réaction est brusque après une excitation thermique ou mécanique. C'est parce que la lumière ne représente en général qu'un excitant d'intensité modérée; et nous avons vu qu'une excitation, dont l'intensité est inférieure à un certain niveau critique, donne lieu à une réaction positive et non négative. Nous avons vu également qu'avec un tissu hypotonique, on obtient une réaction positive plus facilement qu'avec un tissu très excitable.

L'excitation lumineuse, dont l'intensité est très modérée, peut donc mieux faire apparaître les différences de tonicité d'un tissu que d'autres modes d'excitation. Si cette condition tonique est favorable et que l'excitabilité soit assez grande,

on observera la réaction électrique négative normale. Si la
condition tonique est moins favorable, on pourra observer une
réaction positive. Nous verrons une démonstration frappante
de ce dernier fait dans un Chapitre ultérieur, par les expériences
faites sur les nerfs. On verra que, tandis qu'un nerf très excitable fournit la réaction négative normale, le même tissu, si
sa condition tonique est devenue inférieure à la normale, fournira une réaction positive plus ou moins persistante. Ce n'est

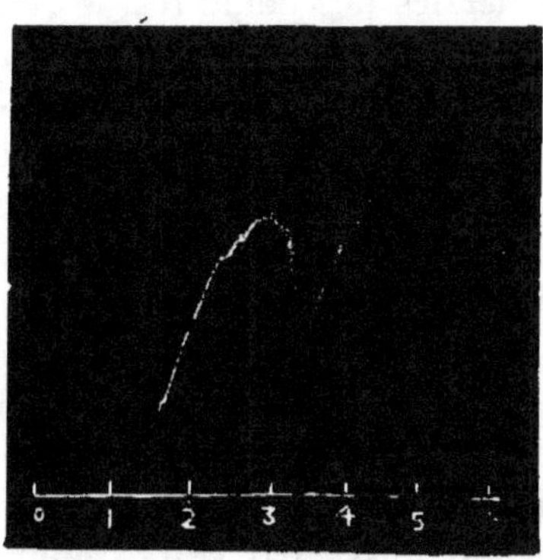

Fig. 208. — Tracé photographique d'une réaction électrique
multiple d'une feuille de *Bryophyllum* sous l'action prolongée
de la lumière.

qu'après que la condition tonique du nerf aura été relevée par
l'action d'une excitation prolongée qu'il fournira de nouveau
une réaction normale. La fatigue peut également donner lieu
à la réaction positive anormale.

La figure 206 montre la réaction positive d'un pétiole de
chou-fleur dont la tonicité était légèrement diminuée ; chaque
excitation lumineuse, d'une durée de cinq secondes, était
appliquée après un intervalle de deux minutes. Il est à noter
que le même tissu, qui fournit une réaction positive avec
l'excitation modérée de la lumière, présentera la réaction
négative normale quand il sera soumis à une excitation
plus intense, telle que l'excitation mécanique.

Nous n'avons jusqu'ici étudié que des réactions isolées pro-

duites par la lumière. Mais elle peut aussi donner lieu à des
réactions multiples. Je pris par exemple un plant de *Bryophyllum*, où les folioles sont étalées, en présence d'une lumière
diffuse et je l'exposai à l'action directe de la lumière solaire.
Il se produisait alors une série de réactions multiples, sous
l'action prolongée de cette excitation, comme le montre le
tracé de la figure 207. Les parties ascendantes de la courbe
représentent ici des mouvements d'abaissement produits par
l'excitation, et les parties descendantes, le retour partiel à la
normale. Nous avons vu par les indications mécaniques que
la lumière produit des excitations multiples. Nous avons donc
à déterminer si de telles excitations multiples peuvent être
décelées électriquement. La figure 208 est un tracé photographique d'une série de ces réactions électriques, obtenues avec
le limbe d'une feuille de *Bryophyllum* soumise à l'action
prolongée de la lumière. Nous voyons ici des phases alternantes dans la réaction, une phase négative étant suivie
d'une phase positive chaque fois dans toute la série. Il y a
là un cas parallèle à celui de la réaction mécanique de la
figure 207, où l'on voit aussi, par suite d'un retour incomplet
à l'état antérieur après chaque phase négative, la ligne de
base de la courbe s'élève progressivement. Mais ce phénomène n'est pas constant, car les deux phases peuvent être
égales, et dans ce cas la ligne de base reste horizontale.

Nous avons vu, dans le Chapitre sur les réactions multiples
et autonomes, que ces effets sont dus à l'absorption d'un excès
d'énergie ; quand cette absorption est considérable, l'énergie
peut trouver une manifestation extérieure, même après cessation de l'excitation. On trouve un exemple de ce fait dans la
réaction mécanique d'une foliole de *Desmodium* (*fig.* 126).
La plante était d'abord dans une condition hypotonique, et
la pulsation autonome de ses folioles latérales avait cessé.
Une des folioles était alors exposée à l'action prolongée de la
lumière, puis on prenait un tracé. On voit que sous l'influence
de cette excitation lumineuse apparaissaient des réactions
multiples, qui se prolongeaient pendant quelque temps, comme
un effet secondaire, même après cessation de la lumière. En

prenant des tracés électriques des effets secondaires de l'excitation lumineuse, j'ai obtenu des effets secondaires multiples analogues. Et en même temps, j'ai découvert certaines particularités caractéristiques de l'effet secondaire électrique qui paraissent éclairer la question obscure des effets secondaires dans la rétine. L'effet secondaire électrique de l'excitation lumineuse présente de grandes variations suivant les diverses conditions du tissu, mais on peut distinguer trois types différents.

Le premier de ces types se rapporte aux tissus à réactions multiples qui présentent la réaction électrique négative unique habituelle, après une courte exposition à la lumière. Quand ces tissus sont soumis à l'action prolongée de cette excitation, ils présentent des réactions multiples dont les phases alternent dans l'ordre suivant : négative - positive - négative - positive (—+—+). Si nous étudions les deux premiers groupes de phases alternatives dues à l'excitation lumineuse prolongée (*fig.* 209), nous voyons que, dans la première période, la négativité résultant de l'excitation atteint son maximum en b, puis on voit une inversion, et une phase positive, au cours de laquelle la courbe peut revenir à la ligne de base initiale, ou un peu en deçà, ou un peu au delà. Nous désignerons le point limite de cette phase, a', comme le *point de positivité maxima*. La prolongation de l'excitation lumineuse détermine encore une nouvelle phase négative et ainsi de suite.

Ces phases périodiquement alternantes sont dues à des réactions antagonistes qui deviennent alternativement prédominantes. Ainsi, dans les cas où l'on observe normalement une réaction négative, une excitation prolongée donne lieu à une réaction antagoniste positive progressivement croissante. Aussi, dans ces cas, la phase négative diminue progressivement, et l'on finit par observer une inversion. Une fois que le point de positivité maxima est atteint, l'élément négatif redevient prédominant.

Avec un tissu frais, qui présente des réactions à phases multiples sous l'action prolongé de la lumière, il m'a paru facile d'obtenir une démonstration nette de l'existence du facteur positif, en interrompant brusquement l'excitation au moment convenable. Si l'excitation est interrompue en b (*fig.* 209). l'effet secondaire sera, en général, ba'; c'est-à-dire qu'il se confondra avec le retour naturel à l'état antérieur.

Quand la seconde phase, positive, a atteint son maximum a',

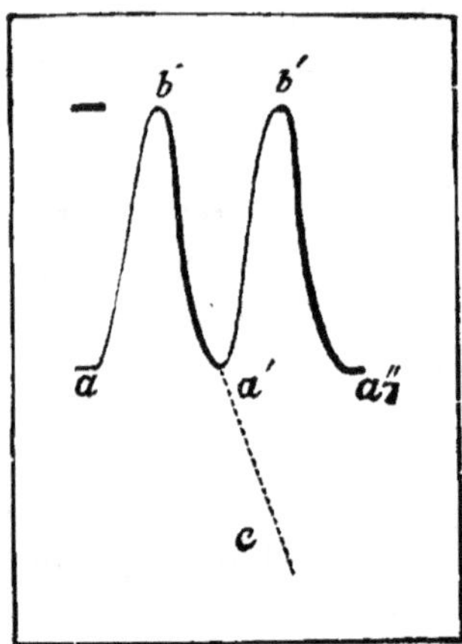

Fig. 209. — Diagrammes représentant les phases alternantes
et l'effet secondaire dans le type I.

Pendant l'action de la lumière, les phases alternantes sont ab, ba', $a'b'$, $b'a''$ (— + — +); b est ici le maximum négatif, et a' le maximum positif. L'interruption de l'excitation au point d'inversion a' permet de déceler la composante positive, qui se manifeste par un prolongement de la courbe dans le sens positif $a'c$.

la réaction à l'excitation lumineuse prolongée s'inverse encore, et l'on a la phase négative $a'b'$, comme nous l'avons vu. Au point d'inversion $a_{,}$, la phase positive est compensée par la négative. Si donc en ce point l'excitation incidente est brusquement interrompue, l'élément positif, n'étant plus neutralisé, dépassera ce point d'équilibre et la courbe se prolongera dans le sens positif vers c (*fig.* 209). Cette succession de phases (type I) pendant l'excitation et secondairement à celle-ci devrait être ainsi (— + ∴), le signe pointillé représentant l'effet

secondaire. On voit qu'il en est bien ainsi par la série de tracés
photographiques de la figure 210, où les traits pointillés repré-

Fig. 210. — Tracé photographique des phases alternantes, montrant
les effets directs et secondaires de la lumière dans le type I,
avec le *Bryophyllum*.

a. Premier tracé de la série. L'effet secondaire positif représenté
en pointillé est ici très intense; *b* et *c*. Effets secondaires positifs
moins intenses dus à la fatigue; en *c*, la lumière était supprimée
un peu après la seconde phase de maximum positif; *d*. Par
suite de la fatigue, l'effet secondaire devient négatif. Les parties
pointillées de la courbe représentent, comme d'ordinaire, l'effet
secondaire après interruption de la lumière.

sentent l'effet secondaire. L'intensité de cet effet secondaire
positif varie suivant l'état de fraîcheur et la vigueur du tissu.
L'influence de la fatigue, qui diminue progressivement cet

effet, se voit dans les deux séries suivantes (*b*) et (*c*) obtenues avec le même tissu. Cette diminution a pour conséquence la diminution graduelle de l'effet secondaire positif, et sa conversion en un effet secondaire négatif comme on le voit en (*d*).

Nous arrivons ainsi à un cas intermédiaire (type II), celui des tissus qui ne sont pas très vigoureux. La succession est

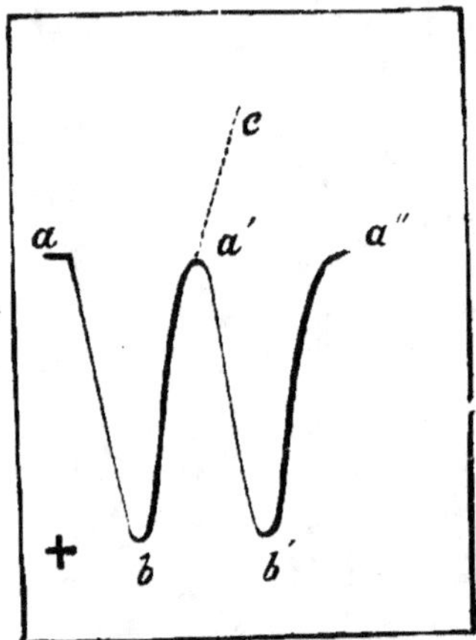

Fig. 211. — Diagramme représentant les phases alternantes et l'effet secondaire dans le type III.

Pendant l'action de la lumière, les phases alternantes sont ab, ba', $a'b'$, $b'a''$ ($+ - + -$); b est ici le maximum positif, et a' le maximum négatif. L'interruption de l'excitation au point d'inversion a' démasque l'élément négatif, qui se manifeste par un prolongement de la courbe dans le sens négatif $a'c$.

ici ($- + ...$). Dans certains cas, si l'excitation est interrompue à la fin de la première phase négative, on voit par suite de l'effet secondaire une légère augmentation de la négativité. La succession des phases est ici ($-...$).

Dans le type III, nous trouvons des tissus dont la réaction à une excitation lumineuse de courte durée est une réaction électrique positive, et dont les phases multiples, dans le cas d'une excitation prolongée, se succèdent dans l'ordre représenté figure 211, c'est-à-dire ($+ - + -$). Comme les réactions

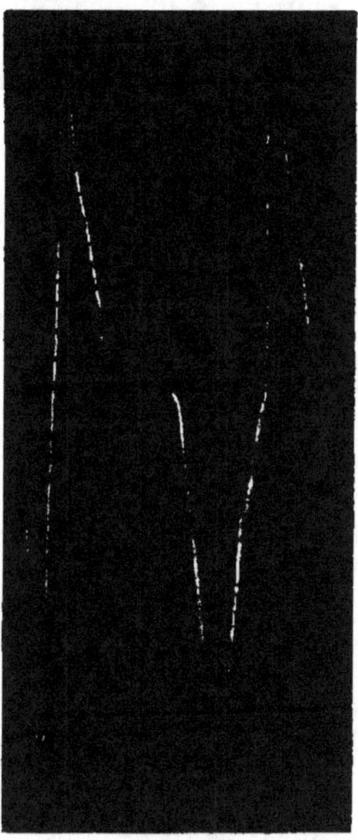

Fig. 212.   Fig. 213.

Fig. 212. — Tracé photographique de phases alternantes, montrant
l'effet direct et l'effet secondaire dans le type III, avec un
pétiole de Chou-fleur.

Le trait plein représente l'effet pendant l'application de la lumière.
L'excitation était interrompue un peu avant que soit atteint le
second maximum négatif, et il en résultait un prolongement
de la courbe dans le sens négatif. Le trait pointillé représente
l'effet secondaire, après interruption de la lumière.

Fig. 213. — Tracé photographique de deux réactions obtenues
avec un autre Chou-fleur, pour illustrer le type III.

L'excitation lumineuse était dans ces cas interrompue exactement
au moment du maximum négatif. Le trait pointillé du tracé
représente l'effet secondaire.

sont ici exactement inverses de celles du type I, nous devrons voir apparaître l'élément *négatif* de la réaction par suite d'un effet secondaire, après cessation de l'excitation. Il faudrait pour cela que l'excitation cesse à la fin de la seconde phase, au *point de négativité maxima*. L'élément négatif, ainsi débarrassé de l'élément inverse positif, se manifestera par une continuation de la courbe dans le sens négatif (*fig.* 211). On le voit dans les deux figures ci-dessus (*fig.* 212 et 213). L'expérience était faite avec le pétiole de chou-fleur, dans cette condition particulière où la réaction immédiate est positive. On voit la succession (+ — + —) à la suite d'une excitation prolongée dans la première partie de la figure 212. L'excitation était ensuite interrompue en un point rapproché du point de négativité maxima, et l'on voit la continuation de la courbe qui en résulte dans le sens négatif. Dans la figure 213, on voit une seule alternance de (+ —) pendant l'excitation d'un autre pétiole, avec son effet secondaire, suivi du retour à l'état antérieur. L'excitation incidente était dans ce second cas interrompue au point de négativité maxima exactement, et la continuation de la courbe montre, par sa verticalité, la brusquerie de la disparition de l'élément positif inverse. Ainsi, dans ce cas du type III, nous arrivons à la formule typique (+ —...). On peut dire qu'à propos de ces alternances de phases, nous avons vu des cas représentatifs des deux types extrêmes I et III, entre lesquels s'observent de nombreuses transitions, classées dans le type II, intermédiaire.

Nous voyons donc que la réaction électrique des plantes à la lumière ne diffère pas essentiellement de leur réaction aux autres modes d'excitation. Les divers effets observés sont les manifestations électriques des effets d'excitation que nous avions déjà observés dans la réaction mécanique. Dans un tissu très excitable l'effet direct donne lieu à une variation électrique négative. L'effet indirect de l'excitation est une variation positive. On peut aussi obtenir une réaction positive avec un tissu qui n'est pas très excitable, ou avec un tissu qui est dans une condition hypotonique, ou fatigué. Comme dans le cas de la réaction mécanique et de la réaction de croissance,

de même pour la réaction électrique, une excitation prolongée
donne lieu à des réactions multiples, par suite de son effet
direct ou de l'effet secondaire. La succession des phases, sous
l'action directe d'une excitation prolongée, peut être (— + — +)
ou (+ — + —).

Si nous considérons à la fois l'effet direct et l'effet secondaire, les résultats observés peuvent être classés suivant trois
types. Dans le premier type, celui des tissus frais et très excitables, la formule est (— + +). Dans le second type, ou type
intermédiaire, elle est (— + ...) ou (— ...). Dans le troisième type,
nous avons la formule (+ — ...).

CHAPITRE XXV.

RÉACTIONS ÉLECTRIQUES DES FEUILLES VERTES A LA LUMIÈRE.

Réaction électrique à l'excitation lumineuse. — Réactions couplées A et D sous l'influence de la lumière. — La réaction D à
l'excitation, sa variation électrique négative. — La cellule
photo-électrique. — L'effet D prédominant dans la réaction
électrique de *Musa* à la lumière. — L'effet secondaire positif
et le phénomène de l'accentuation de la réaction normale. —
Réaction électrique positive 'd'*Hydrilla*. — Effet de la température sur la réaction électrique. — Action des anesthésiques.
— Action d'un excès d'acide carbonique.

Dans le dernier Chapitre, notre étude portait surtout sur la
réaction dynamique dans les mouvements héliotropiques.
Sous l'action unilatérale de la lumière, la face proximale de
l'organe, directement excitée, présentait du fait de l'excitation
une contraction et une variation négative; la face distale indirectement excitée présentait au contraire une expansion et
une variation positive. L'excitation donne lieu ainsi à une
double réaction négative et positive, à une diminution, puis à
un accroissement d'énergie.

Des organes directement excités réagissent en général à
l'excitation par une augmentation des oxydations respiratoires,
et, par suite, par une perte d'énergie, c'est ce que nous appellerons le processus D. Dans les feuilles vertes, l'action directe de
la lumière donne lieu en outre à une réaction inverse. L'absorption de l'énergie lumineuse solaire se traduit par un processus
de réduction, qui fait entrer l'acide carbonique dans la formation d'hydrocarbures, d'où résulte un accroissement de l'énergie
potentielle du système. C'est ce que nous appellerons le processus A. L'action directe de la lumière sur les feuilles vertes

donne donc lieu à deux réactions opposées, A et D. Nous montrerons que la réaction électrique du processus A est une variation électrique positive, et celle du processus D, une variation électrique négative.

Nous allons décrire un procédé de recherche électrique des réactions A et D à la lumière. La difficulté que l'on rencontre à déceler la réaction A vient de ce que la réaction électrique positive concomitante est relativement faible, tandis que la

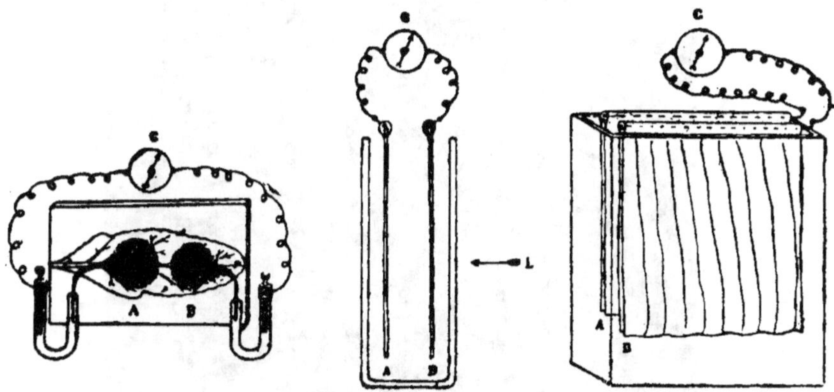

Fig. 214. — Dispositif permettant d'obtenir la réaction électrique
à la lumière.

Les deux figures de droite montrent la cellule photo-électrique.

réaction négative D est beaucoup plus ample, et masque ainsi la réaction positive A. Ce n'est que dans des circonstances favorables que la réaction électrique positive qui accompagne l'effet A devient assez ample pour pouvoir être décelée. Nous rencontrerons ce cas pour un organe spécialement organisé pour une photosynthèse énergique.

Je décrirai d'abord une méthode qui permet d'obtenir la réaction électrique des feuilles à la lumière. On prend une large feuille de *Musa*, et l'on dispose en A et en B des morceaux de mousseline fine (*fig.* 214, à gauche). La mousseline imbibée d'une solution saline normale devient transparente et par suite n'arrête pas la lumière. Les morceaux de mousseline humide, étaient en relation avec deux électrodes impolarisables, et un

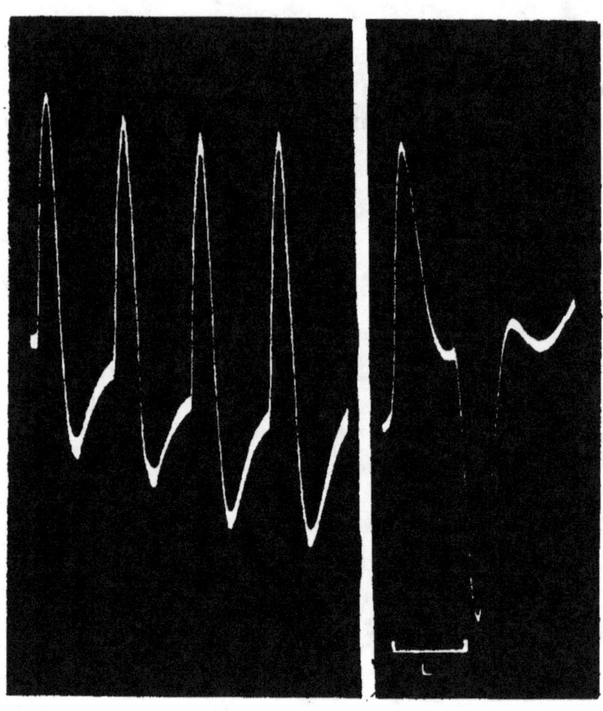

Fig. 215 a.   Fig. 215 b.

Fig. 215 *a*. — La réaction électrique négative de *Musa* à la lumière;
courbe ascendante montrant la prédominance de la réaction D.

On notera que l'effet A peut être reconnu dans l'effet secondaire
positif.

Fig. 215 *b*. — Le prolongement de la réaction de *Musa*
dans le sens positif après interruption de la lumière.

On notera la neutralisation par l'action prolongée de la lumière,
et l'apparition de l'effet positif A après interruption de l'éclairement L.

galvanomètre sensible était intercalé dans le circuit. On obtenait la réaction électrique de A et de B en projetant alternati-

vement un rayon lumineux sur A ou sur B. On trouvait à la feuille de *Musa* une réaction négative, l'effet D masquant l'effet A. Je vais à présent indiquer les procédés qui permettent de déceler la réaction A.

L'emploi d'électrodes impolarisables présente certains inconvénients : 1° les électrodes présentent une forte résistance électrique; 2° la solution de sulfate de zinc dans le tube en U peut pénétrer dans le tissu végétal et exercer une action toxique. J'ai pu éviter ces difficultés par l'emploi d'une cellule photoélectrique, qui dispense de recourir aux électrodes impolarisables. On divise la feuille en deux moitiés suivant la nervure médiane, et ces deux moitiés sont suspendues dans un récipient en verre rempli d'eau; chaque moitié est reliée au galvanomètre par l'intermédiaire d'un fil d'or fixé à la nervure médiane. Les deux moitiés correspondent aux deux plaques métalliques d'une cellule galvanique, l'électrolyte conducteur étant représenté par l'eau. L'excitation de l'une des moitiés de la feuille sous l'action de la lumière donne lieu à un courant de réaction dirigé dans un sens, tandis que l'excitation de l'autre moitié donne lieu à un courant de sens opposé. La réaction électrique est abolie par la mort de la feuille.

Nous avons dit que l'effet positif A produit par l'excitation lumineuse est souvent masqué par l'effet D. J'ai cependant réussi à déceler A; quand la lumière est brusquement supprimée, l'effet A persiste souvent plus longtemps que l'effet D, d'où résulte une accentuation de la réaction dans le sens positif.

Dans le tracé des réactions électriques de Musa à la lumière, les parties ascendantes de la courbe indiquent une réaction négative qui dure pendant tout le temps du passage de la lumière. Après suppression de celle-ci, on reconnaît A par l'effet secondaire positif. Car le retour à la normale ne se fait pas seulement par une descente jusqu'au zéro d'origine, mais ce point est dépassé dans le sens positif, et il se fait ensuite seulement un retour au zéro.

J'ai réussi à montrer l'effet A par une méthode différente, où l'effet positif, d'abord masqué, est décelé par le prolongement de la courbe. Sous l'action continue de la lumière, la réaction négative subit une diminution allant presque jusqu'à sa disparition. Ce phénomène est dû à l'action combinée de la fatigue et de la réaction positive croissante qui neutralise la négative. Après suppression de la lumière, l'effet A, jusque-là masqué, se manifeste par une accentuation de la réaction dans le sens positif (*fig.* 216).

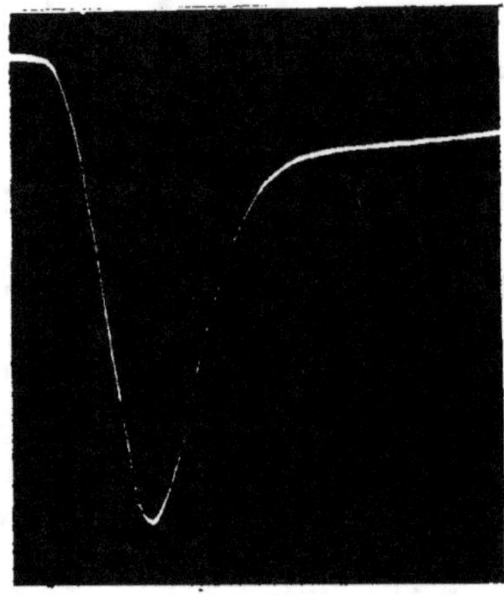

Fig. 216. — La réaction électrique positive d'*Hydrilla*.

J'ai aussi pu déceler l'effet positif, qui est prédominant chez certaines plantes. L'*Hydrilla* absorbe énergiquement le CO_2 de l'eau, et son activité anabolique est évidente d'après la rapidité du cycle évolutif de l'oxygène pendant la photosynthèse. Il est certain que le processus d'excitation D intervient également, mais j'espérais que dans des plantes très actives, le processus anabolique A serait assez prononcé pour n'être pas complètement masqué par le processus catabolique D. Mes prévisions ont été pleinement confirmées, comme le montrent les expériences suivantes.

Deux parties moyennes de tiges d'*Hydrilla* portant des feuilles jouaient le rôle des deux plaques de la cellule photo-électrique, et les connexions électriques avec le galvanomètre étaient établies par des fils d'or fixés à l'intérieur des tiges.

Après une période de repos convenable, on voyait reparaître l'activité normale de la plante. La cellule photo-électrique était remplie d'eau de citerne contenant une proportion suffisante de CO_2. L'exposition alternative des deux plantes à la lumière solaire, convenablement réfléchie par un miroir, déterminait une photosynthèse, que démontrait l'évolution de l'oxygène dansc haque plante alternativement. La cellule photo-électrique était enfermée dans une caisse obscure, pourvue d'un obturateur photographique permettant les expositions nécessaires.

Je donne (*fig.* 216) un tracé de la réaction électrique ainsi obtenue; la durée de l'exposition était d'une minute, et il se produisait une réaction descendante très ample, correspondant à une variation électrique positive des feuilles exposées. Après cessation de l'excitation lumineuse, la réaction électrique disparaissait pendant la période de retour à l'état antérieur. Le tracé que nous reproduisons montre l'effet A prédominant. Les réactions à la lumière de *Musa* et de *Hydrilla*, cette dernière possédant un pouvoir d'assimilation considérable, présentent des différences caractéristiques, du fait de la prédominance relative de l'effet D ou de l'effet A.

Dans *Musa*, D est prédominant, A se manifestant, soit comme un effet secondaire positif, soit par l'accentuation de la réaction dans le sens positif. Dans un plant d'*Hydrilla* exceptionnellement vigoureux au contraire, A est prédominant, et la réaction est positive. Avec un plant d'*Hydrilla* moins vigoureux, la réaction positive est masquée par la négative, et la réaction résultante paraît ainsi semblable à celle de *Musa*.

Il nous reste à étudier les modifications caractéristiques de la réaction positive dans *Hydrilla* sous l'influence des variations extérieures.

L'activité physiologique est arrêtée, à une température suffisamment basse; elle augmente quand la température s'élève, jusqu'à une température optima, où elle atteint son maximum; quand la température s'élève au delà de ce point, l'activité diminue. Ces effets caractéristiques se manifestent pour la réaction électrique positive d'*Hydrilla*. La température était d'abord abaissée à l'aide d'une application d'eau glacée : la réaction devenait alors très faible. La température était ensuite élevée jusqu'au point optimum, puis au-dessus de ce point. On observait alors une augmentation suivie d'une diminution de l'amplitude de la réaction. La réaction électrique d'un organe apte à la photosynthèse présente ainsi des modifications caractéristiques à la suite d'une variation physiologique de la température.

La réaction électrique d'*Hydrilla* subit des variations appropriées sous l'influence des anesthésiques. Elle est abolie par l'application d'une forte dose d'éther.

La détermination de l'action de CO^2 présente une grande importance théorique. Il est vrai qu'une certaine quantité d'acide carbonique est nécessaire à la photosynthèse, mais sa présence en excès doit amener une dépression physiologique générale. J'ai observé que la croissance était ralentie et pouvait même être arrêtée par un excès de gaz carbonique. L'incurvation géotropique des tiges est non seulement arrêtée, mais même inversée, par l'action de ce gaz. L'action dépressive de CO^3 se voit nettement sur les pulsations autonomes des folioles de *Desmodium*. La réaction normale est arrêtée par l'action de ce gaz, et l'interruption de cette action est suivie d'un retour à l'activité normale.

Quant à l'action de CO^2 sur la réaction électrique anabolique d'*Hydrilla*, l'expérience suivante montre l'action dépressive d'une application prolongée de ce gaz en excès. La réaction électrique positive normale d'*Hydrilla* dans l'eau de citerne contenant ce gaz en quantité normale se voit sur le tracé de la figure 217. On introduisait ensuite dans la cellule photo-électrique de l'eau chargée de CO^2 en excès, et il en résultait une abolition graduelle de la réaction.

J'observai qu'un excès de gaz carbonique exerce également une action dépressive sur l'activité photosynthétique d'un plant d'*Hydrilla*.

Nous avons montré que dans la réaction électrique des

feuilles à l'excitation lumineuse, l'effet négatif D prédominant masque souvent l'effet positif A.

Après suppression de la lumière, l'effet A apparaît, et se présente comme un effet secondaire positif.

L'effet A peut aussi se manifester par une accentuation de la réaction normale.

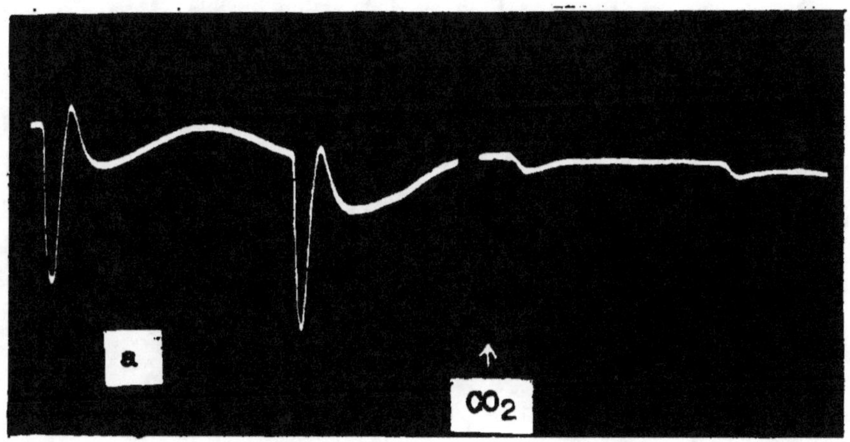

Fig. 217. — Diminution de la réaction électrique d'*Hydrilla* par CO^2 en excès.

a. Réaction normale; *b*. Réaction diminuée par l'application de CO^2 en excès.

La réaction électrique du plant d'*Hydrilla*, dont l'activité d'assimilation est considérable, est positive, ce qui correspond à une prédominance de l'action anabolique A.

La réaction électrique positive d'*Hydrilla* peut subir des modifications dues aux variations physiologiques. Une élévation de la température jusqu'à un point optimum augmente l'amplitude de la réaction; elle diminue par une élévation de la température au delà de cet optimum.

Les anesthésiques, tels que l'éther, déterminent une diminution ou une abolition de la réaction électrique. Un excès de gaz carbonique détermine une diminution ou un arrêt de la croissance; il arrête également l'activité pulsatile des folioles de *Desmodium gyrans*. La réaction électrique d'*Hydrilla* subit de même une diminution ou un arrêt sous l'influence d'un excès d'acide carbonique. La photosynthèse subit une diminution parallèle.

CHAPITRE XXVI.

RÉACTION DE LA RÉTINE A L'EXCITATION LUMINEUSE.

Réaction de la rétine. — Détermination du véritable courant de
repos. — Détermination des différences d'excitabilité du nerf
optique et de la cornée, et du nerf optique et de la rétine. —
La soi-disant variation positive des auteurs antérieurs correspond à une variation négative d'excitation vraie. — Effets
rétino-moteurs. — Réactions motrices du nerf. — Variations
des effets de réaction suivant les conditions. — Inversion de la
réaction normale de la lumière due : 1º à une diminution de
l'excitabilité au-dessous de la moyenne; 2º à la fatigue. — La
succession des phases de la réaction pendant et après l'action de
la lumière. — Démonstration de l'existence de réactions multiples
dans la rétine, sous l'action de la lumière, analogues à celles
des tissus végétaux. — Trois types d'effets secondaires. —
Excitations secondaires multiples dans la rétine de l'homme.
— Alternance binoculaire de la vision. — Démonstration de
l'existence d'une réaction pulsatile dans la rétine de l'homme
pendant l'exposition à la lumière.

La nature de la réaction électrique de la rétine à l'excitation
lumineuse constitue un problème qui a attiré bien des cher-
cheurs, dont les premiers et les principaux sont Holmgren,
Kuhne et Steiner, Dewar et Mac Kendric. Leurs résultats ont
été confirmés par les recherches ultérieures; mais tandis que
leurs observations générales concordent, les rapports entre les
phénomènes qu'ils ont décrits et la réaction à l'excitation sont
restés jusqu'ici mal déterminés.

Les résultats observés sembleraient montrer que les réactions électriques de la rétine sont d'une nature complètement
différente de celles que présentent les autres tissus animaux.

Car, tandis que le nerf ou le muscle par exemple répondent à l'excitation par une variation négative, la rétine, dans les mêmes conditions normales, présente une variation positive. La question est compliquée par la confusion qui est née malheureusement sur le sens des termes positif et négatif. Ces variations positives et négatives sont ainsi appelées par rapport au courant de repos existant, qui, comme nous l'avons vu, ne constitue pas un critérium défini et invariable. Une autre source de complication survient encore quand, par suite de certains changements internes de la rétine elle-même, la réaction normale se trouve inversée.

L'étude présente se résume donc dans les questions suivantes : 1º quel est le véritable courant de repos, et les divers courants qui ont été observés doivent-ils être rangés sous cette appellation, ou non; 2º quel est le caractère électrique, négatif ou positif, de la réaction de la rétine à l'excitation, c'est-à-dire le phénomène de l'excitation dans l'œil est-il analogue à celui des autres tissus, ou différent; 3º ne pouvons-nous observer dans le cas de la rétine les réactions d'excitation multiples que nous avons déjà vues produites par la lumière dans les tissus végétaux; 4º enfin, quels sont les effets secondaires de cette excitation particulière dans la rétine ?

Nous étudierons d'abord la question de la direction du courant de repos. Dans un globe oculaire entièrement isolé, on a trouvé que le nerf est négatif par rapport à la cornée, et que le courant de repos doit donc être dirigé, dans l'œil, du nerf vers la cornée. Dans une rétine isolée, au contraire, la couche des bâtonnets de la rétine est négative par rapport au nerf, le courant étant ainsi dirigé de la rétine vers le nerf. Ces courants peuvent toutefois n'être pas les vrais courants de repos, mais plutôt des effets secondaires d'excitation, dus à la lésion produite par la préparation. Dans ces cas, nous avons vu que la partie naturellement plus excitable devient électriquement négative d'une manière durable. Nous avons aussi trouvé que le véritable courant de repos est dirigé du point le moins excitable vers le plus excitable, ce dernier étant ainsi électropositif. Donc, pour déterminer la nature du véritable courant de repos, nous avons d'abord à déterminer laquelle de chacune des deux surfaces, nerf et cornée ou nerf et rétine, est la plus excitable.

J'ai déjà montré comment, à l'aide de chocs électriques alternatifs égaux, on peut déterminer les différences d'excitabilité existant dans une préparation. Nous avons vu également.

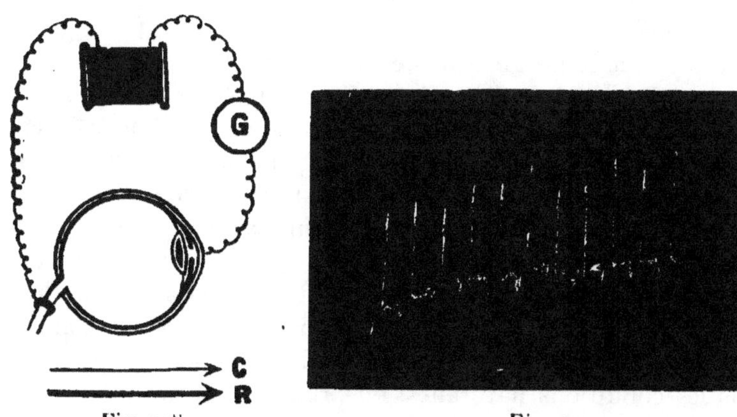

Fig. 218.

Fig. 219.

Fig. 218. — Dispositif expérimental pour la détermination de l'excitabilité différentielle du nerf optique et de la cornée. C, courant de lésion, dit courant de repos; R, courant de réaction.

Fig. 219. — Série de tracés photographiques de réactions à l'excitation d'un œil de grenouille par des chocs électriques égaux et alternatifs, séparés par des intervalles d'une minute.

Le courant de réaction est dirigé du nerf vers la cornée.

que dans ces conditions, le courant de réaction résultant est dirigé du point le plus excitable vers le moins excitable. La figure 218 montre le dispositif utilisé pour cette recherche. Dans cette expérience, des chocs alternatifs égaux sont appliqués à la préparation à l'aide d'une bobine secondaire incluse dans le circuit. Le courant existant, dirigé du nerf vers la cornée, peut être neutralisé au préalable par un potentiomètre. Que le tracé soit pris dans les conditions habituelles ou après neutralisation du courant, on trouve que dans un œil normal, le

courant de réaction est dirigé du nerf vers la cornée, ce qui
montre que le nerf est le plus excitable relativement des deux
tissus. La figure 219 montre une série de ces réactions. On remarquera aussi que le courant résultant de l'excitation est de même
sens que le courant excitant, dont il constitue ainsi une variation positive. *Cette variation positive du courant dans le globe
oculaire indique ainsi une réaction d'excitation vraie du
nerf optique.*

Du fait que le nerf est plus excitable que la cornée, on peut
évidemment conclure qu'en le sectionnant pour isoler le globe
oculaire, on provoquera une excitation intense, et l'on y déterminera une négativité, qui persistera pendant quelque temps,
puis disparaîtra lentement. Il en résulte un courant, dirigé
du nerf, plus excité, vers la cornée, moins excitée. Sa disparition
plus ou moins rapide montre bien que ce n'est pas le véritable
courant de repos, mais plutôt un effet d'excitation produit
par la préparation. D'autre part, du fait que le nerf est, comme
nous l'avons montré, le plus excitable, on doit prévoir que,
dans les conditions naturelles, ou primaires — c'est-à-dire en
l'absence de toute perturbation résultant d'une excitation —
le courant de repos sera dirigé du point le moins excitable vers
le plus excitable, donc, de la cornée vers le nerf. J'ai pu vérifier ce fait en isolant soigneusement un œil de grenouille et
en établissant des connexions avec la surface longitudinale du
nerf dans l'orbite non sectionné et avec la cornée. Dans ces
conditions idéales on obtenait le courant de repos véritable,
qui était dirigé effectivement de la cornée vers le nerf.

Pour déterminer si le courant dirigé, dans une préparation
de nerf et rétine, de la rétine vers le nerf, est un véritable
courant de repos, ou seulement un effet secondaire résultant
de l'excitation, je m'appliquai à déterminer, par la technique
que j'ai déjà décrite, laquelle des deux surfaces était la plus
excitable sous l'action excitante de chocs électriques égaux et
alternatifs, le courant de réaction me parut dirigé de la rétine
vers le nerf, ce qui montrait que la rétine était plus excitable
(*fig.* 220). La première série de réactions de la figure 221 donne
un tracé de ces effets obtenus avec une intensité d'excitation

moyenne, tandis que la seconde série montre les réactions obtenues avec une intensité à peu près double. Le courant dit « de repos » observé dans la préparation de nerf et rétine doit donc être considéré comme un effet secondaire à la préparation, inévitable au cours de l'isolement d'un tissu aussi excitable.

On notera également que l'effet d'excitation vraie sur la rétine est de même sens que le courant de lésion existant, et en constitue ainsi une variation positive.

Ainsi, pour les formes d'excitation autres que la lumière, telles que par exemple l'excitation électrique, la réaction de la rétine est une variation négative. Cela permet d'écarter l'hypothèse que la réaction générale de la rétine puisse être de signe différent de celle des autres tissus. Mais nous avons encore à déterminer si l'excitation lumineuse en particulier amène ou non la même variation négative normale. La question à étudier à présent est donc celle de la véritable nature de la variation produite dans la rétine par la réaction à la lumière. Nous avons vu que l'effet enregistré comme normal par de nombreux observateurs, dans l'œil ou dans la rétine isolée (Kühne et Steiner) est une variation positive. Mais, puisque nous savons à présent que la réaction de la rétine à l'excitation en général n'est pas différente de celle des autres tissus, et qu'avec l'excitation lumineuse en particulier, nous avons vu se produire une excitation vraie dans les tissus végétaux, nous pourrions prévoir que la réaction de la rétine à l'excitation par la lumière sera une variation négative.

Je décrirai, dans le cours de ce Chapitre, certains effets produits sur la rétine, qui prouveront d'une manière irréfutable, que, quand elle est exposée à la lumière, elle subit une variation électrique négative. Il est donc nécessaire de montrer que ce qui a été décrit comme variation positive est dû en réalité à la variation négative produite par l'excitation de la rétine. Ce qu'il faut montrer, c'est comment cette simple réaction négative fondamentale peut se présenter comme une variation positive des courants de repos de sens opposés dans le globe oculaire et dans la rétine isolée respectivement.

Quant aux expériences courantes sur le globe oculaire, avec des contacts pris sur le nerf et sur la cornée, nous avons vu que le courant de lésion existant est dirigé du nerf vers la cornée, et qu'il subit une variation positive quand le nerf est excité d'une manière quelconque. C'est parce que l'addition à ce courant de la variation négative produite dans le nerf donne naissance à une augmentation, ou variation positive, du courant existant (*fig.* 218). Quand la lumière frappe l'œil, elle agit à la fois sur la cornée et sur la rétine. La première est relativement inexcitable, surtout vis-à-vis d'une excitation aussi modérée que l'excitation lumineuse. Mais la rétine aussi est excitée, et son état d'excitation est rapidement transmis au nerf optique, qui devrait être ainsi électriquement négatif. La variation dite positive observée avec un tel dispositif expérimental est donc en réalité le résultat de l'excitation vraie de la rétine, conduite jusqu'au nerf optique.

Dans des expériences faites sur des préparations de nerf et de rétine, avec des contacts pris sur le nerf et sur la rétine, le courant de lésion existant est dirigé de la rétine vers le nerf. Quand le nerf et la rétine sont excités simultanément par des chocs alternatifs égaux, nous avons vu que, par suite de l'excitabilité plus grande de la rétine, le courant de réaction résultant est dirigé de la rétine vers le nerf, constituant une variation positive du courant de lésion existant. Dans le cas de l'excitation lumineuse, c'est la rétine qui est directement excitée. L'addition de la négativité ainsi produite dans la rétine donne lieu à une augmentation, ou variation positive, du courant de lésion existant (*fig.* 220). Donc, dans tous ces cas, la variation dite positive correspond en réalité à l'effet normal négatif d'excitation.

L'hypothèse d'après laquelle la réaction de la rétine à la lumière serait anormalement positive, c'est-à-dire inverse de celle des autres tissus excitables, paraît ainsi résulter d'une mauvaise interprétation des faits observés. Il est fâcheux que, par suite de cette mauvaise interprétation, les effets, dits positifs par divers observateurs, de la réaction de l'œil, doivent être considérés comme négatifs, et inversement. En citant leurs résultats, j'indiquerai donc toujours l'effet réel, en italiques et entre parenthèses.

Une autre observation, qui vient encore confirmer l'hypothèse que la rétine présente la réaction d'excitation vraie, se trouve dans le fait, noté par Van Genderen, Stort et Engelmann, que les cônes présentent un effet moteur de rétraction sous l'action de la lumière.

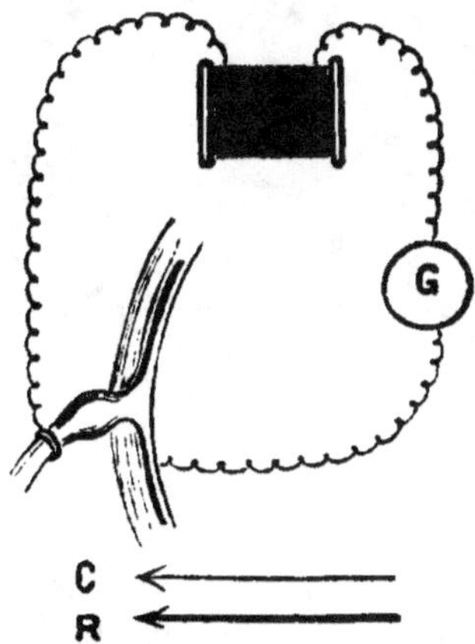

Fig. 220. — Dispositif expérimental pour la démonstration des différences d'excitabilité entre la rétine et le nerf optique.

C, courant dit de repos; R, courant de réaction.

J'ai déjà montré que ces réactions anormales se présentent dans les divers tissus dans les deux conditions, d'hypotonicité ou de fatigue. Dans le cas du tissu nerveux en particulier, je puis parler ici par anticipation des résultats dont le détail sera donné dans un Chapitre ultérieur. Dans des conditions d'excitabilité normales, le nerf réagit par une variation négative. Cette réaction à l'excitation sera, ici comme dans les Chapitres précédents, appelée négative. Nous avons vu que le maintien d'un tissu très excitable dans sa condition normale dépend de sa réserve d'énergie. Si donc un tel tissu est isolé de l'organisme dont il fait partie, sa tonicité peut tomber au-dessous du niveau normal. Cette condition de dépression ne correspond pas à une dépréciation chimique permanente, mais

seulement à une diminution temporaire de sa réserve d'énergie.
Par suite de cet abaissement de la tonicité, la réaction du tissu
s'inverse, et devient positive. Mais après une excitation prolongée, l'excitabilité augmente de nouveau, et la réaction positive anormale redevient une réaction négative normale (cf.
fig. 223).

Fig. 221. — Série de tracés photographiques des réactions à
l'excitation d'une rétine de grenouille par des chocs électriques
égaux et alternatifs, séparés par des intervalles d'une minute.

Le courant de réaction est dirigé de la rétine vers le nerf. La
première série montre des réactions à une excitation d'intensité
moyenne ; la seconde série, à une excitation d'intensité à peu près
double de la première.

Ainsi nous obtenons avec un tissu dont la tonicité est diminuée les résultats suivants :

1º Sous l'action d'une excitation brève ou instantanée,
dont la valeur effective descend au-dessous du niveau de
l'excitation vraie, la réaction est positive.

2º Sous l'action d'une excitation prolongée, la valeur effective est d'abord au-dessous, mais après quelque temps s'élève
au-dessus de l'intensité efficace d'excitation. Par suite, nous
obtenons une première phase de réaction positive, suivie d'une
deuxième phase négative.

La seconde condition qui peut produire une inversion de la
réaction normale est la fatigue, due à une excitation antérieure
excessive.

3º Une réaction positive inversée par suite de la fatigue.

Nous verrons que les diverses anomalies de la réaction de l'œil peuvent toutes être ramenées à l'un ou l'autre de ces cas. Je vais d'abord décrire certaines expériences qui montreront l'inversion produite par la diminution de la tonicité. Nous avons vu que normalement un œil, avec deux contacts pris sur le nerf et sur la cornée, réagit par un courant dirigé du nerf vers la cornée. J'ai déjà donné des tracés de ces réactions normales, obtenues en soumettant la préparation à des chocs électriques alternatifs égaux (*fig.* 219). Dans certains cas cependant, avec un œil isolé de grenouille, dont la tonicité était descendue au-dessous de la normale, la réaction se trouvait inversée, le nerf par l'excitation devenant positif, au lieu d'être négatif comme normalement. Nous avons déjà dit qu'une telle inversion est due à un état de dépression considérable du nerf. Je pensai que dans ce cas il serait possible de rétablir la réaction normale par l'application d'un agent excitant, par exemple une solution de carbonate de soude, sur le nerf en état de dépression. Je trouvai en effet à la suite de cette application que la réaction inversée redevenait normale.

J'obtins des résultats identiques aux précédents avec une rétine isolée de grenouille. La réaction normale — un courant dirigé de la rétine vers le nerf (*fig.* 208) — à des chocs alternatifs égaux, se trouvait inversée dans un tissu en état de dépression. Mais l'application d'une solution de carbonate de soude sur la surface de la rétine rétablissait les réactions normales. Ces réactions anormales, qu'on peut ramener à la normale, sont donc la conséquence de l'hypotonicité. Enfin, à la suite de la fatigue due à une excitation excessive ou prolongée, je trouvai que la réaction normale de l'œil se trouvait inversée.

Je rapporterai ici les divers effets anormaux constatés par les observateurs antérieurs, et j'en proposerai des explications satisfaisantes fondées sur les résultats dont je viens de parler. Je donnerai donc un résumé de ces effets, d'après le compte rendu de Biedermann ([1]).

([1]) BIEDERMANN, *Electrophysiologie* (traduction anglaise), vol. II, p. 474 à 477.

1º Sur des grenouilles, qui ont été exposées pendant des
heures à l'action de là pleine lumière du jour, l'oscillation positive, précédant la variation négative, qui accompagne l'action
de la lumière, disparaît complètement ou est très atténuée.
Puisque cette *variation positive* du courant existant correspond en réalité, comme je l'ai déjà montré, à la réaction négative d'excitation vraie, et la *variation négative*, inversement,
à une réaction positive, cette observation signifie qu'un œil
de grenouille, préalablement exposé pendant longtemps à
l'action de la lumière, fournit une réaction positive.

Il y a donc là simplement un exemple de l'inversion de la
réaction négative, qui devient positive sous l'action de la fatigue,
comme je l'ai dit plus haut (cf. *cas* 3º).

2º Le fait que les trois phases du courant d'action de la
rétine, dû à une action passagère de la lumière, apparaissent
dans des préparations sensibles, même quand, comme avec
l'étincelle électrique, l'action de la lumière est très brève, montre
que la phase moyenne négative (en réalité *positive*) ne doit pas
être regardée simplement comme la conséquence d'une action
permanente de la lumière, puisque c'est précisément cette
phase qui apparaît *seule* dans des préparations moins excitables,
avec des excitations lumineuses instantanées.

A ceci, nous pouvons répondre que la phase moyenne positive, dont il est ici question, de la réaction de la rétine excitable
à une excitation prolongée, n'est pas la même que cette réaction positive, qui « apparaît seule dans des préparations moins
excitables, sous l'action d'excitations lumineuses instantanées ».
La première est due à l'inversion produite par la fatigue, tandis
que la dernière est un exemple de la réaction positive anormale
d'un tissu hypotonique à une excitation de faible intensité.
On le comprendra par les considérations suivantes. Dans la
rétine, avec une excitation prolongée, la première phase de la
réaction est la phase négative d'excitation vraie. Elle est suivie
d'une seconde phase, positive, due à la dépression résultant
de la fatigue. A celle-ci succède ensuite un effet négatif transitoire, au moment de la cessation brusque de la lumière.

C'est ainsi qu'on doit interpréter les trois phases du courant d'action de la rétine, résultant d'une excitation prolongée, dont il est question ci-dessus. Cette succession de phases ne doit pas être représentée par le symbole ($+ - +$), car les réactions réelles sont ($- + -$).

Dans des tissus très excitables, sous l'action d'une excitation instantanée, nous observons une suite de réactions en apparence analogues : la première est une réaction négative normale, la seconde est positive, en partie par suite du retour à l'état antérieur, en partie par suite de l'effet positif secondaire; et la dernière phase représente un retour de cette phase positive à l'état antérieur. Ces trois phases, bien qu'analogues en apparence, ne sont donc pas en réalité les mêmes que celles que nous venons de voir à la suite d'une excitation prolongée, où la « phase moyenne négative » (en réalité *positive*) était le résultat d'une inversion due à la fatigue. L'effet dit négatif (en réalité *positif*) qui apparaît seul après une excitation instantanée de tissus relativement inexcitables, est la réaction positive d'un tissu hypotonique à une excitation de valeur insuffisante. Des réactions positives analogues de tissus végétaux hypotoniques sous l'action de la lumière sont représentées dans la figure 206.

Nous arrivons à la question de savoir si nous pouvons ou non découvrir dans la rétine des réactions multiples analogues à celles que nous avons déjà vues chez les végétaux. L'existence d'un tel effet n'a pas été jusqu'ici soupçonnée. Nous avons vu que, sous l'action prolongée de la lumière, les végétaux présentent des réactions multiples; et puisque nous avons trouvé une analogie générale étroite entre les réactions à la lumière de ces derniers, et celles de la rétine, nous pouvons nous attendre à rencontrer des réactions multiples analogues pour l'œil. La raison pour laquelle elles n'avaient pas été décelées jusqu'ici réside dans la diminution de l'excitabilité inévitable de la rétine ou du globe oculaire, après leur isolement. Dans la rétine de certains poissons, où l'excitabilité ne paraît pas diminuer aussi rapidement, j'ai souvent obtenu des tracés de réactions multiples. Par exemple, dans la rétine du *Wallago attu*, une excitation par la lumière, appliquée pendant trois secondes, produisait comme effet secondaire des réactions multiples qui duraient dix minutes, la période moyenne de chaque oscillation étant de vingt secondes. J'ai aussi obtenu de ces réactions multiples avec l'œil de grosses grenouilles vigoureuses; la figure 222 montre un de ces tracés. Nous verrons aussi, à la

Fig. 222. — Tracé photographique des réactions multiples d'une rétine de grenouille à l'action prolongée de la lumière.

fin de ce Chapitre, qu'il est très facile de déceler ces réactions multiples produites par la lumière dans l'œil humain intact.

Comme nous avons vu que la réaction multiple est l'expression d'une énergie préalablement absorbée, et conservée quelque temps latente dans le tissu, et puisque, comme nous l'avons montré, la rétine elle-même présente des réactions multiples, il est facile de voir que cet organe, après cessation de la lumière, présentera des effets secondaires.

Dans mes expériences sur les effets de la lumière sur les végétaux, j'ai trouvé, comme je l'ai déjà dit, trois types différents d'effets directs et d'effets secondaires.

Le premier se rapportait aux tissus très excitables qui, sous l'action d'une excitation prolongée, présentaient une réaction normale ($-+-+$). Si dans ces cas, l'excitation était interrompue au moment du maximum positif, l'effet secondaire immédiat était une augmentation de cette positivité. La formule était alors ($-+...$). Dans le troisième type, avec des tissus hypotoniques, la série, après une excitation prolongée, était ($+-+-$), et, si l'on interrompait l'excitation au moment du maximum négatif, cette négativité était brusquement augmentée. La formule était donc alors $(+ - ...)$. Dans le second type, intermédiaire, la formule des effets directs et des effets secondaires était, ou $(- + ...)$, ou $(- ...)$.

Je vais à présent discuter en détail les divers types d'effets

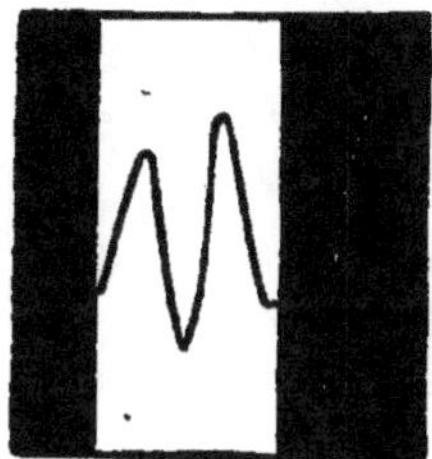 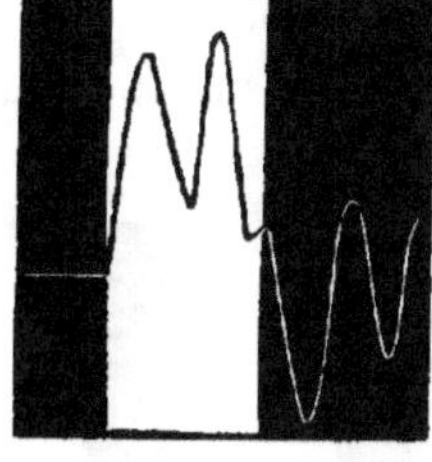 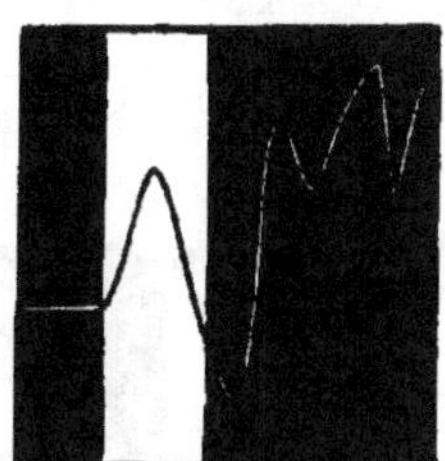

Fig. 223.   Fig. 224.   Fig. 225.

Fig. 223, 224, 225. — Tracés parallèles des réactions fournies par une plante et par une rétine, pendant et après éclairement, illustrant le type I $(- + +)$. Dans tous ces cas, la partie ascendante de la courbe représente la variation négative; la descendante, la variation positive. Le fond blanc représente la lumière dans ce tracé et dans les suivants; la partie noire, l'obscurité.

Fig. 223. — Réaction du pétiole de *Bryophyllum*. La lumière était interrompue au moment du maximum positif dans la seconde des réactions multiples.

Fig. 224. — Effet analogue dans la réaction d'une rétine d'*Ophiocéphale*.

Fig. 225. — Le même effet avec un autre spécimen. La lumière était ici interrompue après la première oscillation.

secondaires observés avec la rétine, correspondant, comme je le montrerai, aux effets observés avec les tissus végétaux. Des effets secondaires comme ceux du type I n'avaient pas été observés jusqu'ici avec la rétine, parce qu'ils peuvent être observés seulement avec un tissu d'excitabilité normale élevée, et non avec un tissu qui a subi une dépression du fait de sa préparation. J'ai été assez heureux pour rencontrer un poisson, *Ophiocephalus marulius*, dont la vitalité est si considérable, qu'il vit pendant des jours entiers après qu'il est sorti de l'eau. Quand la moelle est détruite, le cœur continue à battre énergiquement pendant des heures. Je fis une préparation de l'œil de ce poisson, et j'entrepris des expériences sur l'action de la lumière.

La figure 227 montre un tracé obtenu avec cet organe pendant l'application de la lumière et après sa cessation. On voit que, pendant l'application de la lumière, la succession des

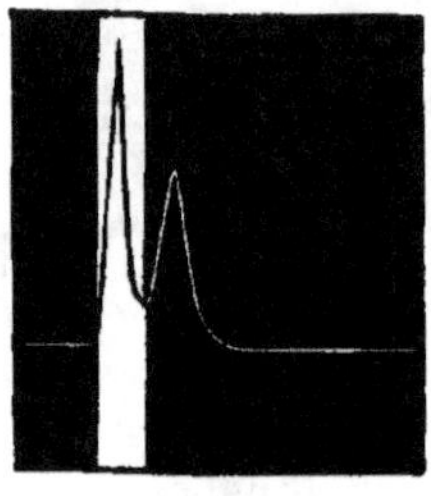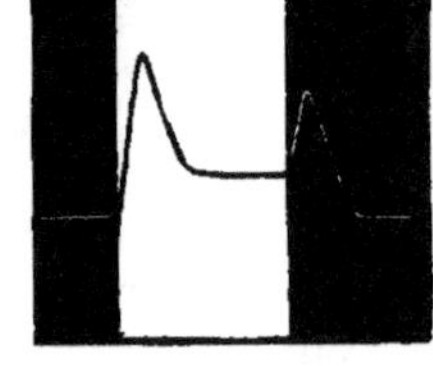

Fig. 226.   Fig. 227.

Fig. 226, 227. — Tracés parallèles, obtenus avec une plante et avec un œil, pendant et après exposition à la lumière, illustrant le type intermédiaire II (— + ...).

Fig. 226. — Réaction de la rétine d'*Ophiocéphale* légèrement fatiguée.

Fig. 227. — Réaction de l'œil de grenouille (Kuhne et Steiner).

réactions était (— + — +). On remarquera qu'après deux oscillations complètes, et après que la courbe des réactions avait dépassé légèrement sa phase positive maxima, la lumière était interrompue. L'effet immédiat était une augmentation brusque de la positivité, suivie d'une série d'oscillations secondaires. Dans la figure 225, obtenue avec un autre organe du même poisson, la lumière était interrompue au moment précis du maximum positif, et l'on voit que le résultat est semblable au précédent : une augmentation immédiate de la positivité, suivie d'une oscillation secondaire. Les analogies essentielles entre ces tracés et les tracés correspondants, obtenus

sur un cylindre à mouvement rapide, de la réaction du pétiole
de *Bryophyllum* à la lumière (*fig.* 223), sont assez évidentes.

Quand l'excitabilité du tissu est moins considérable, nous

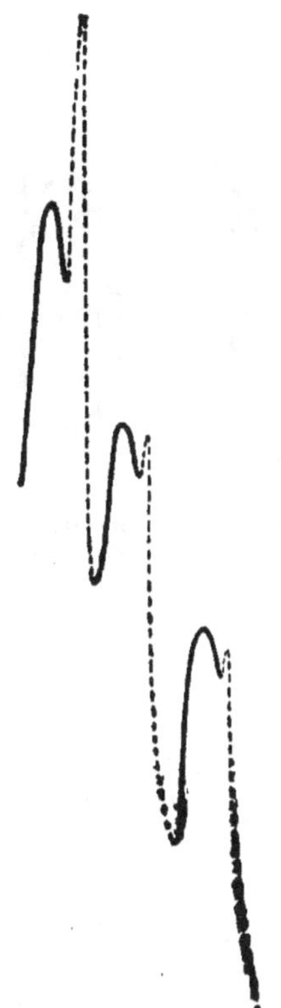

Fig. 228. — Effet secondaire de la lumière
sur le bromure d'argent.

Le trait plein représente la réaction pendant l'exposition à la
lumière (durant une demi-minute), et le trait pointillé, le retour
à l'état antérieur pendant l'obscurité. On notera la secousse
positive terminale au moment de l'interruption brusque de
la lumière.

pouvons obtenir des effets secondaires du type II, où la formule est (—+...) ou (—...). Nous l'avons vu pour des tissus
végétaux (*fig.* 210, *d*). Avec l'*Ophiocephalus*, j'ai pu aussi obtenir

ce résultat, quand l'organe était légèrement fatigué (*fig.* 226).
Avec l'œil de grenouille, Kuhne et Steiner ont obtenu le
tracé 227, qui est, comme on le voit, parallèle à celui de la
figure 226, et qu'on peut traduire par la formule (— + ...).

Une variante du type II est représentée par (— — ...), où, après

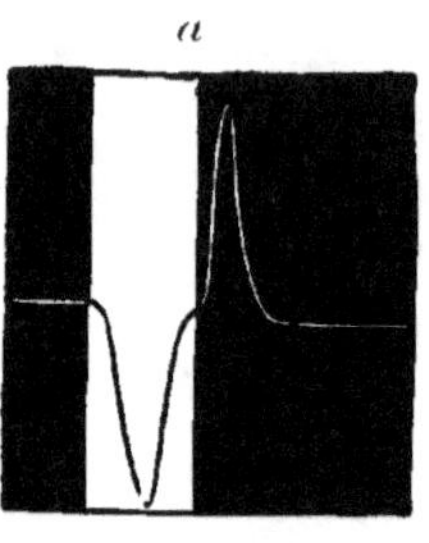
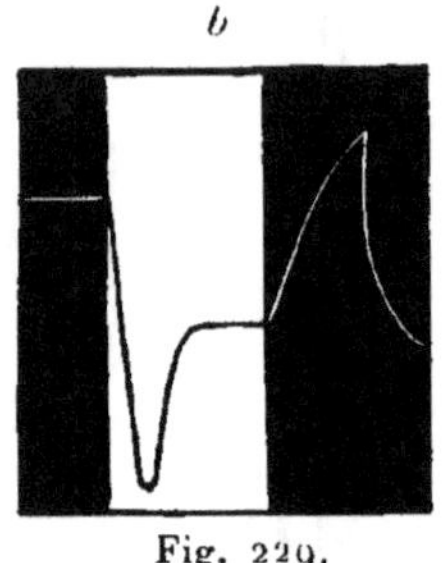
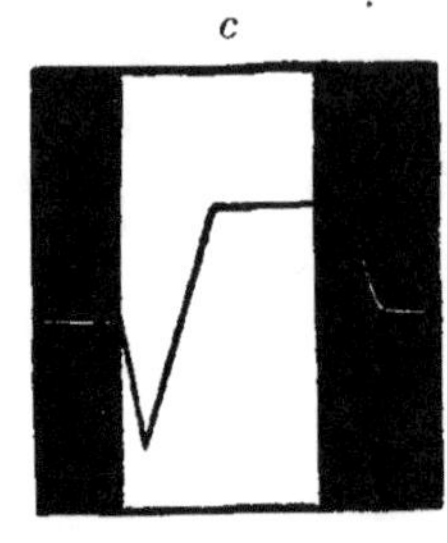

Fig. 229.

Fig. 229. — Tracés parallèles obtenus avec une plante et des
rétines, pendant et après exposition à la lumière, illustrant le
type III (+ — — ...).

Fig. 229 *a*. — Réaction du pétiole de Chou-fleur.
La lumière était interceptée au moment du maximum négatif.

Fig. 229 *b*. — Réaction de la rétine fatiguée d'*Ophiocéphale*.

Fig. 229 *c*. — Réaction de la rétine isolée de poisson
observée par Kuhne et Steiner.

N. B. — Ces auteurs ont décrit comme « variation positive »
la réaction négative d'excitation vraie.

l'interruption brusque de la lumière, il y a une augmentation
transitoire de la réaction produite par l'excitation. Elle est
due, comme nous l'avons vu, à la brusque suppression de
l'influence antagoniste d'une force inverse.

Passons ensuite au type III, où la suite des réactions, du fait
de la dépression du tissu, est inversée, la formule étant ici
(+ — + —) tandis que les effets directs et secondaires sont
représentés par (+ — ...). Ce résultat a été déjà observé avec
le tissu hypotonique du pétiole de chou-fleur (*fig.* 229, *a*). J'ai
pu déceler des effets analogues dans une rétine d'*Ophiocephalus*,
où la réaction avait subi une inversion par suite de l'hypo-

tonicité résultant d'un isolement prolongé (*fig. 229, b*). Ces résultats expliqueront la réaction anormale obtenue par Kuhne et Steiner avec la rétine isolée de certains poissons (*fig. 229, c*).

Après avoir ainsi étudié les réactions multiples, pendant et après l'exposition à la lumière, dans des organes préparés, où les résultats doivent être modifiés d'une manière inconnue par les effets de l'isolement et de la préparation, nous allons passer à l'étude des réactions de l'œil intact, avec lequel seulement nous pouvons songer à obtenir des effets vraiment normaux. Nous pouvons nous servir pour cette étude de la sensation visuelle elle-même. Une excitation multiple, effet secondaire d'une excitation lumineuse intense, est ici assez facile à montrer. Mais sa mise en évidence pendant l'action de la lumière présente des difficultés expérimentales inusitées.

C'est un fait bien connu que si, après avoir regardé pendant quelque temps un objet brillant, nous fermons les yeux, nous voyons son image plusieurs fois répétée. La production de ces images secondaires est différente, avec une lumière passagère, et après une exposition plus prolongée à la lumière. Comme la sensation visuelle doit être regardée comme l'effet de l'excitation, il y aura, puisque cette excitation doit atteindre son maximum, quelque temps après la cessation d'une exposition instantanée, une persistance de l'effet secondaire de l'excitation, avec sa sensation visuelle correspondante. Il n'en est pas ainsi, quand l'œil est fermé après avoir regardé un objet brillant pendant longtemps. Dans ce cas, il y a un contre-coup positif, inverse de l'effet négatif d'excitation vraie, avec une sensation d'obscurité concomitante. Le contre-coup suivant est négatif, donnant lieu à une répétition de la sensation primitive ; et ces phases alternantes peuvent se répéter plusieurs fois. Quand les yeux sont fermés, les phases négatives, ou lumineuses, sont prédominantes.

Le même phénomène peut s'observer d'une manière différente, quand, après avoir fixé un objet brillant, nous regardons un mur bien éclairé. Les phases obscures seront prédominantes. Si au contraire le mur est faiblement éclairé, les phases sombres et brillantes se verront alternativement. On a pensé que ces phénomènes étaient dus à une forme obscure de fatigue, mais les alternances régulières observées montrent qu'ils étaient un cas de variations oscillatoires, et de réactions multiples.

La démonstration des réactions multiples comme effet secondaire dans la rétine de l'homme paraît ainsi facile. Mais leur production pendant une exposition prolongée de l'œil à la lumière est plus difficile à prouver. Cela vient du fait que l'augmentation et la disparition de l'effet sont si graduelles, qu'on ne peut les observer que par rapport à un point de comparaison défini. Je montrerai à présent que pendant la durée d'application d'une lumière constante, il se produit des effets secondaires pulsatiles. Ces pulsations ne se remarquent pas dans la sensation visuelle, non seulement à cause de l'absence d'un point de comparaison, mais à cause du fait remarquable que j'ai découvert, que tandis que les impressions de chaque rétine en particulier subissent une variation, la somme totale des deux reste à peu près constante. J'ai pu obtenir le point de comparaison nécessaire en produisant deux images reconnaissables dans les deux yeux, les fluctuations de l'excitation visuelle dans un œil pouvant être ainsi décelées, par comparaison avec celle de l'autre. Il aurait été impossible de déceler ces fluctuations, si la variation résultant de l'excitation s'était produite dans les deux yeux simultanément, c'est-à-dire si l'excitation maxima de l'un s'était produite au même moment que l'excitation maxima de l'autre. Mais j'ai trouvé que, par rapport à l'excitation, il y a une différence de phase relative d'une demi-période entre les deux rétines, si bien que l'effet maximum à un moment donné dans un œil correspond au minimum dans l'autre. Ce fait constitue le phénomène que j'ai appelé l'alternance binoculaire de la vision. C'est par suite de ce fait que les excitations périodiques dans chaque rétine se produisent certainement dans l'expérience suivante, qui consiste à regarder dans un stéréoscope qui contient, à la place de photographies, des plaques comportant deux fentes inclinées; l'œil droit voyant la fente inclinée vers la droite, tandis que l'œil gauche voit la fente inclinée vers la gauche. Quand l'observateur regarde dans le stéréoscope tourné vers le ciel éclairé, ses deux yeux reçoivent une forte excitation lumineuse par ces deux fentes inclinées en sens inverse. La sensation résultante donne l'image d'une croix oblique (*fig.* 230). En fermant les yeux, l'effet secondaire multiple s'observe sous la forme d'images récurrentes. La différence relative d'une demi-période, dont nous avons déjà parlé, est perçue ici d'une manière très intéressante, car l'image secondaire n'est pas la croix oblique complète. Au lieu de cela, chacune des deux branches est vue

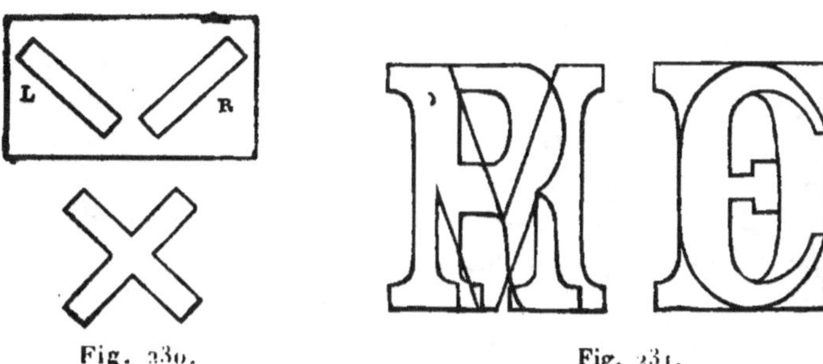

Fig. 230.   Fig. 231.

Fig. 230. — Fentes inclinées pour le stéréoscope, et image composite vue par les deux yeux.

Fig. 231. — Mot composite indéchiffrable, dont les éléments sont vus nettement en fermant les yeux.

alternativement dans une succession régulière, c'est-à-dire que, quand l'une est le plus brillante, l'autre a complètement disparu, et inversement. L'impression dans chaque œil subit ainsi une fluctuation périodique. On peut voir ainsi des effets très curieux, quand, au lieu d'une voix oblique, les fentes dessinent les lettres d'un mot. C'est ainsi que deux lettres formant la moitié du mot peuvent être vues par un œil, et les deux autres, par l'autre. Il en résulte que, tant que les yeux sont ouverts, nous obtenons une image indéchiffrable, due à une superposition, comme dans la figure 231.

Mais quand les yeux sont fermés, par suite de l'alternance binoculaire de l'effet secondaire multiple, la confusion disparaît, et le mot est lu à plusieurs reprises dans le champ de la vision obscure, sous la forme RO ME RO ME, etc. Dans ce cas, on voit mieux les yeux fermés que les yeux ouverts !

Le problème suivant qui se présente est la démonstration de la nature pulsatile de la sensation visuelle dans chaque œil, sous l'action d'une lumière continue. On prend le stéréoscope, avec ses deux fentes obliques, et on le tourne vers le ciel éclairé : quand on regarde l'image fixement, on voit que, par suite de l'excitation pulsatile de chaque œil et de l'alternance binoculaire de la vision, quand une branche de la croix commence à être obscure, l'autre devient brillante, et inversement. Le succès de cette expérience est dû à ce que l'image de chaque œil constitue un point de comparaison pour l'autre. Et comme les variations dans les deux yeux se font dans des sens opposés, les fluctuations visuelles pendant l'action prolongée de la lumière sont très distinctes. On peut dire ici que la période de cette oscillation visuelle a une valeur moyenne d'environ quatre secondes. Elle est en général plus courte chez les sujets jeunes, plus longue chez les sujets âgés. Même pour un même sujet, elle varie suivant l'état antérieur de repos ou d'activité. Je donne ici une série de lectures faites par un observateur :

Heure du jour.	Période.	Heure du jour.	Période.
h	s	h	m s
8	3	18	5,4
12	4	21	5,4
15	5	23	6,3

Il peut être intéressant de noter que la période d'une seule oscillation d'une réaction multiple, mesurée dans la rétine de grenouille, dans des conditions expérimentales, était de 10 secondes. Dans le cas de la rétine de *Wallago*, la période moyenne était de 20 secondes.

CHAPITRE XXVII.

RÉACTION GÉO-ÉLECTRIQUE.

Réaction à l'excitation de la pesanteur par incurvation des tiges, des pédoncules et des pétioles. — Complication résultant du poids de l'organe. — Période latente prolongée avant l'apparition de l'incurvation géotropique. — Découverte de la réaction géo-électrique. — Excitation géotropique de la face supérieure manifestée par la variation électrique négative concomitante. — Localisation de la couche géosensible à l'aide de l'explorateur électrique. — Distribution géo-électrique à l'intérieur de l'organe. — La couche géosensible est localisée dans la couche des grains d'amidon. — L'incurvation géotropique est due à une contraction de la face supérieure et à une expansion de la face inférieure. — Réaction géo-électrique d'un organe physiquement contraint. — Courte période latente de la réaction géo-électrique.

Quand la tige d'une plante en croissance est amenée de sa position verticale à l'horizontale, elle s'incurve jusqu'à ce que la tige redevienne droite et verticale. Le mystère qui entoure les phénomènes de géotropisme vient : 1° de l'invisibilité de la force excitante; 2° de ce qu'on ne sait pas précisément si la réaction fondamentale correspond à une expansion ou à une contraction; et 3° du caractère particulier de l'excitation par l'action *extrinsèque* de la pesanteur, qui provoque une irritation de certaines cellules sensibles *à l'intérieur* de la plante. La seule explication de l'action de la pesanteur consiste à admettre qu'elle est perçue par la plante par l'intermédiaire du poids de particules pesantes contenues dans un groupe de cellules sensibles qui agiraient comme un organe sensitif.

Cette hypothèse a été proposée par Nemee et Haberlandt par analogie avec les réactions de certains animaux inférieurs : ils sont rendus sensibles à l'action de la pesanteur par l'action de certaines particules pesantes qui exercent une pression sur une couche sensible. Un examen *post mortem* d'une section transversale de la tige d'une plante a montré qu'il existe une couche de cellules de l'endoderme qui contiennent des grains pesants d'amidon, dont la chute de la base sur la face latérale des cellules peut déterminer une irritation de l'ectoplasme de ces cellules sensibles. Il n'y a pas eu jusqu'ici de preuve physiologique directe en faveur de cette théorie statolithique, contre laquelle diverses objections ont été soulevées. Par exemple, le diamètre de ces cellules statolithiques est inférieur à $0^{mm},1$, et le temps nécessaire à la chute des grains de cette courte distance de la face basale à la face latérale de la cellule devrait être d'environ une seconde. Mais, même avec des organes à réactions rapides, il y a un intervalle d'environ une heure avant que l'organe placé horizontalement présente une incurvation notable. Il y a des sources d'erreur nombreuses dans la méthode mécanique d'observation de la réaction géotropique. Je m'occupai donc de trouver une méthode électrique pour l'étude de la réaction géotropique. Il y avait à instituer une expérience directe avec la plante, pour découvrir la réaction physiologique qui donne lieu au mouvement d'orientation. Enfin il s'agissait d'atteindre une seule cellule ou un groupe de cellules sensorielles *in situ*, et dans leur pleine vitalité, de déceler et de suivre par un procédé quelconque les modifications produites dans l'organe de perception, et l'irradiation de l'excitation dans les cellules voisines, à travers le cycle complet de la réaction, depuis le commencement de l'excitation géotropique jusqu'à la fin. L'idée de trouver accès jusqu'à la cellule géosensible à l'intérieur de la plante peut au premier abord paraître absurde. J'ai pourtant réussi à écarter toutes les difficultés grâce à l'invention de mon explorateur électrique, que je vais décrire.

Si l'on admet que c'est le poids des particules pesantes qui est la cause de l'irritation géotropique, il est évident que les effets produits sur les faces supérieure et inférieure de la tige

sont antagonistes; malgré cela, la résultante est une incurvation
en haut. Il doit donc y avoir une action différentielle entre les
faces supérieure et inférieure, due au fait que, sur la face
supérieure, la pression des grains d'amidon ou statolithes
s'exerce sur la paroi tangentielle interne et, sur la face inférieure,
elle s'exerce sur la paroi externe. On ne sait si l'incurvation des
tiges vers le haut, qu'on constate, est due à l'action combinée

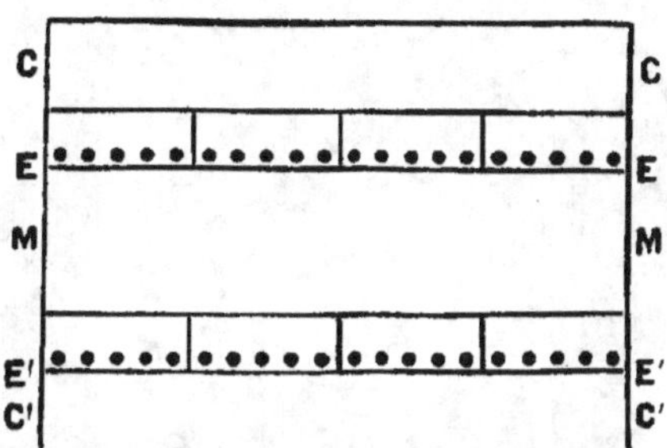

Fig. 232. — Diagramme représentant un organe pluricellulaire
placé horizontalement et soumis à l'excitation géotropique.

Sur la face supérieure, les statolithes agissent sur la paroi tangentielle interne et, sur la face inférieure, sur la paroi externe
(d'après Francis Darwin).

de ces deux causes. Cette question a été tranchée définitivement grâce aux résultats que je vais exposer dans ce
Chapitre.

Nous allons rechercher le moyen de déceler l'excitation
géotropique à l'aide de procédés électriques. J'ai déjà montré
que toutes les réactions à l'excitation peuvent être décelées
à l'aide d'une variation électromotrice, le côté excité devenant
électriquement négatif. Si nous prenons une tige, et si nous
établissons des contacts électriques avec deux points diamétralement opposés, A à droite et B à gauche, il passe un courant
faible dans le galvanomètre, ou il n'en passe pas, quand la
tige est verticale, puisque dans cette position il n'y a pas
d'excitation géotropique. Mais quand on rend la plante horizontale, en l'inclinant vers la droite ou vers la gauche, on constate
aussitôt l'existence d'un courant de réaction. Quand la tige

est inclinée de 90° vers la droite, la face supérieure B devient électriquement négative. Le courant de réaction disparaît quand on ramène la tige à sa position verticale d'origine. Si la tige est ensuite inclinée de 90° vers la gauche, on constate encore un courant de réaction, mais dont la direction est inverse

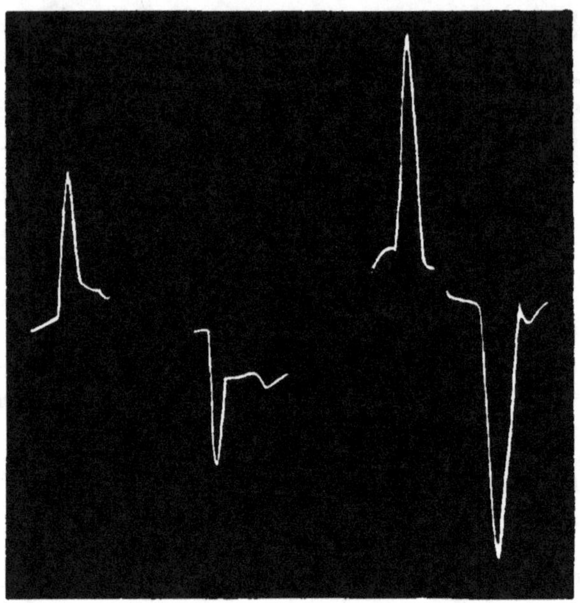

Fig. 233. — Réaction géo-électrique alternée,
à + 45° et — 45°, à + 90° et — 90°.

de celle du précédent : la face supérieure est alors A, et c'est cette face qui est électriquement négative. Il ressort de là que la face supérieure d'un organe placé horizontalement présente une réaction électrique négative d'excitation, correspondant à une contraction.

L'excitation géotropique effective dépend de l'angle de rotation Je donne ci-après des tracés de réaction géotropique pétiole de *Tropæolum*, incliné successivement de + 45°, — 45°, + 90° et — 90°.

Dans la réaction mécanique à une excitation géotropique, il y a une période latente d'une heure environ, avant qu'on observe une incurvation en haut. Cette durée anormale est en grande partie due au fait que l'organe s'incline vers le bas par suite de son poids, et ce n'est que longtemps après, que la véritable action géotropique peut enfin compenser ce mouvement d'abaissement préliminaire. Mais il n'y a pas une telle complication dans la réaction électrique, qui peut se produire

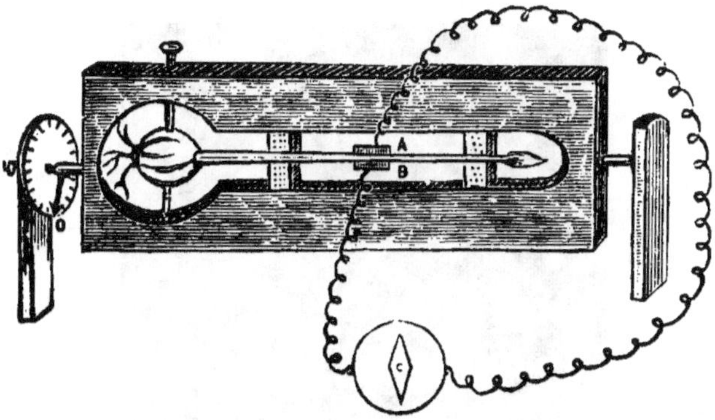

Fig. 234. — Dispositif expérimental permettant de soumettre un organe à l'excitation géotropique, en empêchant la réaction mécanique.

même si l'on empêche tout mouvement mécanique. Nous indiquons ci-dessous la méthode expérimentale qui permet d'obtenir cette réaction géotropique quand l'organe est maintenu fixe. Il est évident que, quand deux points quelconques subissent symétriquement l'action de la pesanteur, il n'y a pas d'action géotropique résultante. Il en est ainsi dans le cas de deux points diamétralement opposés, A et B, sur les côtés d'une pousse verticale. Quand cette branche est disposée horizontalement, deux points latéraux subissent également symétriquement l'action de la pesanteur, et il n'y a pas ainsi de *différence d'action* sur ces deux points. Mais si l'on fait tourner la branche sur elle-même, de façon qu'un de ces points se trouve à l'extrémité supérieure du diamètre et l'autre en bas, il y aura des actions différentes sur les faces supérieure et inférieure, la supérieure étant relativement plus excitée. Dans l'expérience suivante, je pris un pédoncule de *Lis Uriclis* et fixai toute la plante horizontalement (*fig.* 234). Le support à pivot était d'abord disposé de façon que les points réagissants A et B fussent latéraux. Par suite de la symétrie, il n'y avait pas de différences d'action, ni de variation électrique résultante, entre ces deux points. On faisait ensuite subir à la plante sur son support une rotation rapide de 90°. Les particules statoli-

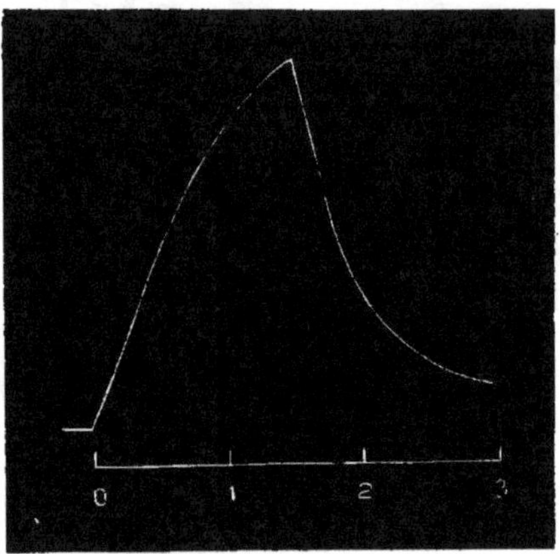

Fig. 235. — Réaction géo-électrique du pétiole de *Tropœolum*.

thiques étaient ainsi déplacées, tombant sur la paroi tangentielle interne de la face supérieure, et sur la paroi tangentielle externe de la face inférieure. On voyait apparaître rapidement une réaction électrique, qui disparaissait avec le retour au zéro. Une rotation de —90° donnait lieu à un courant électrique de sens inverse. Je donne (*fig.* 235) un tracé de la réaction géo-électrique obtenue avec le pétiole de *Tropœolum*, quand l'angle de rotation augmentait rapidement de o à 90°. Le mouvement de réaction de la tache lumineuse du galvanomètre commençait après moins de cinq secondes, et l'excitation maxima indiquée par la déviation du galvanomètre était atteinte en moins de 90 secondes. L'angle était ensuite ramené à zéro, et la déviation disparaissait pratiquement en une minute et demie.

La période latente du *Tropœolum*, plante à réactions rapides, est ainsi d'environ cinq secondes, et cette valeur est plus en rapport avec l'idée d'une excitation due à la chute des grains d'amidon d'une hauteur très réduite.

Je vais à présent décrire la méthode d'exploration électrique de l'intérieur de l'organe pour la localisation de la couche géosensible. Le siège de l'irritation géotropique se trouve au

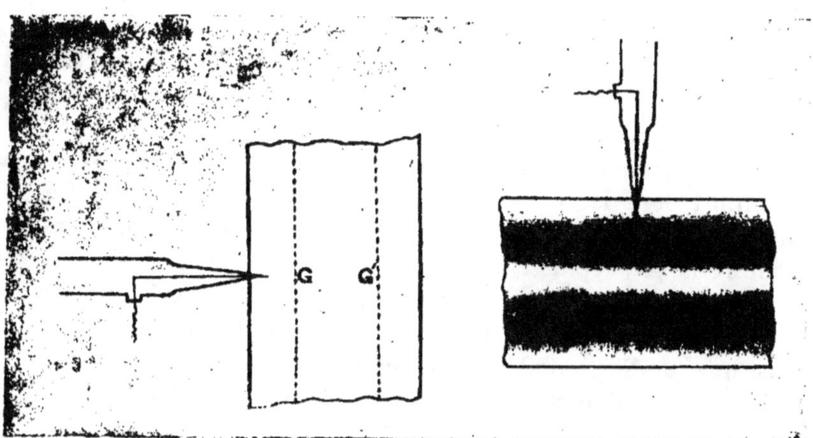

Fig. 236. — Diagramme représentant l'excitation géotropique des différentes couches, dans la position verticale, où il n'y a pas d'excitation, et, dans la position horizontale, où l'excitation se produit.

niveau de la couche sensible elle-même ; si bien que la réaction électrique est maxima au niveau de cette couche. J'ai pu ainsi localiser la couche géosensible à l'aide de l'explorateur électrique dont j'ai déjà parlé dans un Chapitre antérieur. On comprendra le principe de la méthode par la description suivante :

Comme toutes les faces d'un organe radié sont sensibles à l'excitation géotropique, il faut que les cellules géosensibles soient distribuées dans une couche cylindrique, à une profondeur inconnue au-dessous de la surface ; et cette couche, sur une section longitudinale de la branche aurait l'apparence de deux lignes droites, G et G' (*fig.* 236). En position verticale, la couche géosensible ne sera pas impressionnée, mais une rotation de 90° déterminera une réaction d'excitation. Nous nous occuperons d'abord de la couche géosensible G, qui est en haut. Cette couche sensible perçoit l'excitation, et est par conséquent le point de départ d'une irritation ; l'état d'excitation se manifeste, comme nous l'avons vu, par une variation électrique négative, et la variation électrique sera maxima au niveau de la couche sensible elle-même. L'excitation de la couche sensible irradiera dans les cellules voisines en diminuant d'intensité suivant les différents rayons. L'intensité de la réaction électrique ira donc en diminuant dans les deux directions, en dehors et en dedans.

La répartition de la variation produite par l'excitation, débutant dans la couche sensible et irradiant dans toutes les directions, est représentée sur la figure par les parties ombrées, l'ombre la plus épaisse correspondant à la couche sensible. Si l'excitation avait été accompagnée du passage de la lumière à l'obscurité, nous aurions constaté une ombre épaisse (disparaissant vers les extrémités) étendue à différentes couches de cellules pendant le passage de l'organe de la verticale à l'horizontale ; l'ombre aurait disparu par le retour de l'organe à la position verticale.

Des degrés d'excitation différents dans des couches différentes peuvent être distingués à l'aide de l'explorateur électrique, isolé, excepté à sa pointe, qu'on enfonce progressivement à l'intérieur de la tige (*fig.* 237). Cette pointe rencontrera d'abord sur son trajet des modifications dues à l'excitation progressivement croissante, à mesure qu'elle approche de la couche sensible, où l'irritation atteint son maximum. Le galvanomètre relié à l'explorateur indiquera donc une variation électrique négative croissante, qui atteindra son maximum au moment où l'explorateur atteindra la couche sensible. Puis, quand l'explorateur dépassera cette couche, l'indication électrique de l'excitation ira en diminuant, puis disparaîtra. Les effets caractéristiques dont nous venons de parler s'observent seulement sous l'action de l'excitation résultant de la pesanteur ; ils ne se produisent pas quand l'organe est maintenu en position verticale, c'est-à-dire à l'abri de l'excitation géotropique.

Les recherches électriques faites avec l'explorateur dans les conditions que je viens de décrire m'ont permis de préciser les variations électriques produites à l'intérieur d'un organe par l'excitation résultant de la pesanteur. La négativité électrique de la face supérieure de la tige qui caractérise l'excitation m'a

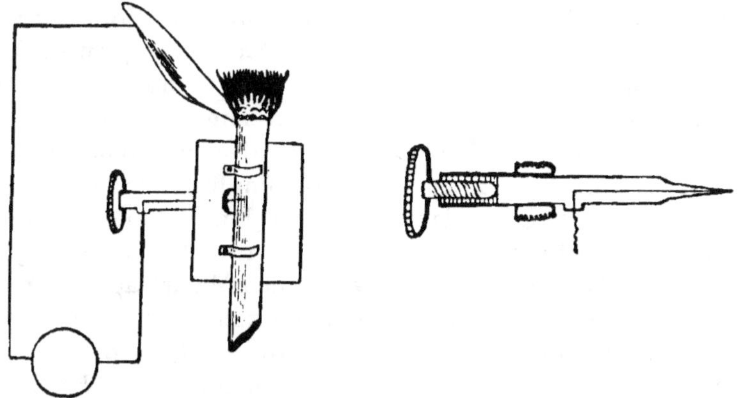

Fig. 237. — L'explorateur électrique pour la localisation de la couche géosensible.

La figure de gauche représente un contact électrique pris sur un sépale de *Nymphœa*, et l'autre, sur le pédoncule, à l'aide de l'explorateur; le galvanomètre en circuit est représenté par un cercle. La figure de droite est une vue agrandie de l'explorateur.

paru subir des variations aux diverses profondeurs, et atteint une valeur maxima au niveau d'une couche déterminée, au delà de laquelle elle diminue. *La couche géosensible peut être ainsi localisée expérimentalement par la mesure de la profondeur à laquelle pénètre l'explorateur, pour rencontrer le maximum négatif.*

La réaction électrique de la face inférieure de l'organe à l'excitation de la pesanteur est de signe opposé à celle de la face supérieure : c'est une *variation électrique positive*, correspondant à une expansion et à une augmentation de turges-

cence. Les indications électriques de la face inférieure présentent aussi des variations dans les différentes couches, le
maximum positif se trouvant au niveau de la couche sensible.
*Ces variations électriques de la réaction indiquent que les couches
de tissu contiguës à la couche sensible supérieure subissent une
contraction, tandis que les couches contiguës à la couche sensible
inférieure subissent une expansion.*

Des résultats détaillés d'expériences sur la localisation de la
couche géosensible dans le pétiole de *Tropæolum* sont donnés
ci-après comme type de la réaction des autres plantes. Le
Tropæolum offre les avantages spéciaux suivants. Il est très
sensible au géotropisme; sa période latente de réaction est
très courte, le pétiole placé horizontalement commence à
s'incurver vers le haut en quelques minutes. On peut isoler
la feuille du reste de la plante, et placer dans du coton humide
l'extrémité sectionnée du pétiole. L'irritabilité géotropique
normale de la plante est rétablie une demi-heure après la section. La manipulation d'une feuille sectionnée, dans les posi-
tions verticale ou horizontale alternativement, n'offre pas de
difficultés. On peut en outre prélever sur la même plante un
très grand nombre d'échantillons. La variation électrique produite par la réaction géotropique du pétiole de *Tropæolum* est
considérable, et atteint son maximum en peu de temps; le
retour à la normale est pratiquement complet quand l'organe
redevient vertical.

L'expérience est conduite de la manière suivante. L'explorateur est enfoncé dans le pétiole par étapes successives de
$0^{mm},5$, et l'on observe la réaction électrique en ramenant le
pétiole de la position verticale à l'horizontale, l'organe étant
exposé dans cette dernière position à l'irritation géotropique.
La variation électrique résultante est, comme nous l'avons
dit, très intense. L'irritation résultant de la piqûre faite par
l'explorateur est minime, car la pointe très fine écarte les tissus
sans déterminer de lésion. L'effet immédiat de l'introduction
de l'explorateur est une déviation négative du galvanomètre qui
diminue et a pratiquement disparu au bout de 5 minutes environ. L'irritabilité géotropique est redevenue intacte moins

de 15 minutes après la piqûre, et l'on peut alors prendre des tracés photographiques de la réaction géotropique. Je donne ci-dessous des tracés photographiques de réactions à l'excitation par la pesanteur dans les différentes couches que rencon-

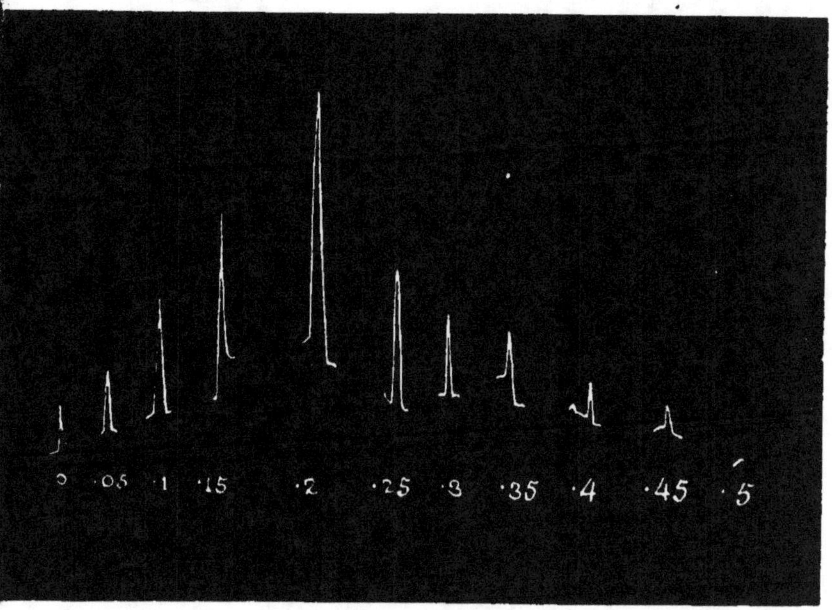

Fig. 238. — Intensité de la réaction géodésique
à diverses profondeurs dans le pétiole de *Tropæolum*.

On notera que l'excitation est maxima à une profondeur
de 20^{mm}.

trait l'explorateur enfoncé pas étapes successives de 0^{mm},5 (*fig.* 238). On voit que la réaction géo-électrique augmentait régulièrement jusqu'à l'excitation maxima, qui se rencontrait à une profondeur de 0^{mm},20. On constatait au delà de ce point une diminution rapide, et la réaction disparaissait à une profondeur de 0^{mm},50. Le tableau suivant donne les résultats quantitatifs de l'expérience :

*Tableau montrant la réaction géotropique dans les différentes
couches d'un pétiole de* Tropœolum.

Distance de la surface (en mm).	Réaction géo-électrique négative (en divisions).
0,00	5
0,05	9
0,10	18
0,15	29
0,20	42
0,25	20
0,30	11
0,35	7
0,40	5
0,45	2
0,50	0

La couche du grain d'amidon se trouvait à une profondeur
de $0^{mm},20$.

Une section microscopique pratiquée ensuite montrait que

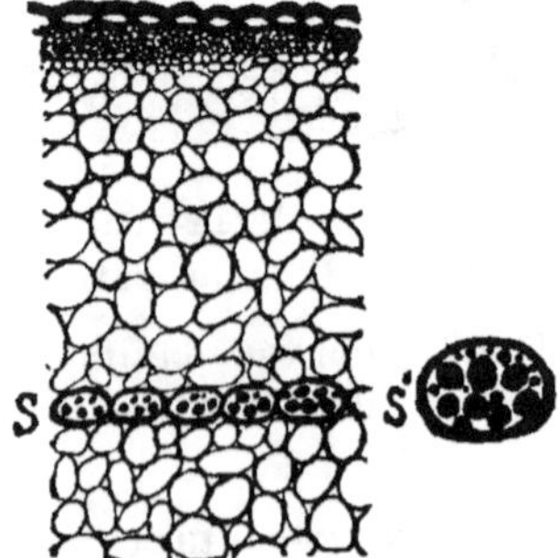

Fig. 239. — Section transversale montrant la couche géosensible
continue S; vue agrandie S′ d'une cellule de l'endoderme renfer-
mant un groupe de gros grains d'amidon (*Bryophyllum*).

la couche qui correspondait à l'excitation maxima, à une profondeur de 0^{mm}, 20, était la couche qui contenait les grains d'ami-

don. La couche géosensible est donc la couche des grains d'amidon.

Je donne ci-dessous le résultat d'une expérience montrant la réaction électrique de la face inférieure due à la pesanteur.

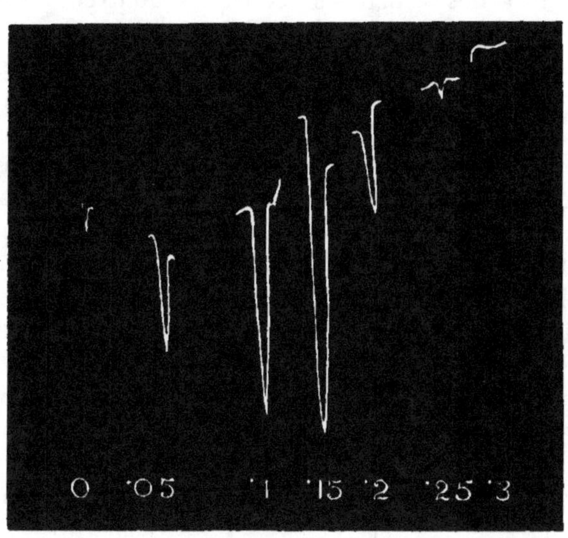

Fig. 240. — Intensité de l'excitation géo-électrique à diverses profondeurs, à la face inférieure d'un pétiole de *Tropæolum*. L'excitation est maxima à une profondeur de $0^{mm},15$ où se trouve la couche des grains d'amidon.

On notera la courbe descendante, indiquant que la réaction est électropositive.

La réaction électrique de la couche épidermique était de + 6 divisions. A une profondeur de $0^{mm},05$, elle s'élevait à +15 divisions; à $0^{mm},1$, à +26. A une profondeur de $0^{mm},15$, elle atteignait sa valeur maxima (+ 40 divisions). Elle diminuait ensuite, pour redescendre à + 11 divisions à une profondeur de $0^{mm},20$, et à + 2 à $0^{mm},25$. La réaction géo-électrique disparaissait enfin à une profondeur de $0^{mm},30$. La distribution géo-électrique est ainsi semblable à celle de la face supérieure, la seule différence réside dans le changement de signe de la réaction, qui est positive, au lieu d'être négative (*fig.* 240). Je donne ci-contre des courbes de la distribution géo-électrique dans *Nymphœa* et dans *Bryophyllum*, qui peuvent être pris comme types d'autres plantes.

Les résultats des recherches électriques montrent ainsi qu'une réaction électrique d'excitation se produit sous l'action de la pesanteur quand un pédoncule, une tige ou un pétiole, est écarté de la verticale, l'excitation croissant avec l'angle d'écartement.

La réaction électrique de la face supérieure est une variation électrique négative, correspondant à une diminution de turgescence et à une contraction. La réaction de la face inférieure de l'organe est une variation électrique positive, qui indique une augmentation de turgescence et une expansion.

L'incurvation géotropique est due aux effets combinés de la contraction de la face supérieure et de l'expansion de la face inférieure.

La couche géosensible a été localisée à l'aide de l'explorateur électrique. On la trouve dans la partie de l'entoderme contenant un grand nombre de grains d'amidon. Ces particules pesantes sont par leur chute la cause de l'excitation géotropique.

Le temps de latence qui précède la réaction géotropique n'est que de quelques secondes : c'est le temps nécessaire à la chute des grains d'amidon de la base vers la face latérale des cellules sensibles pendant le passage de l'organe de la position verticale à l'horizontale.

CHAPITRE XXVIII.

EFFETS POLAIRES DU COURANT ÉLCTRIQUE
DANS L'EXCITATION DES PLANTES.

Effet polaire d'un courant de faible intensité sur une feuille primaire de *Mimosa*. — L'excitation se produit seulement à la cathode avec un courant faible. — Excitation cathodique de fermeture et excitation anodique de rupture avec un courant d'intensité moyenne. — Effets polaires du courant électrique sur les folioles de *Mimosa* et de *Biophytum*. — Transmission de l'excitation. — Lois de l'excitation polaire des plantes.

En outre des divers modes d'excitation que j'ai déjà décrits, je dois citer l'effet remarquable d'excitation produit par l'action polaire d'un courant constant. Je choisirai pour cela un cas simple, et prendrai le renflement moteur de *Mimosa* comme organe contractile devant déceler l'action d'excitation.

Des connexions électrolytiques convenables sont établies avec le renflement moteur, et avec un point éloigné indifférent de la tige. Pour établir ou pour interrompre le courant, ou pour l'inverser, on peut se servir d'un commutateur de Pohl, ou d'un inverseur. Quand le commutateur est en position médiane, le courant est interrompu; quand il est incliné vers la gauche, le courant pénètre par la tige, et sort par le renflement moteur, qui est ainsi à la cathode. En inclinant partiellement le commutateur vers la droite, le courant est interrompu. En l'inclinant complètement à droite, le courant est renversé, et le renflement moteur passe à l'anode. Le courant peut être interrompu aussi en inclinant légèrement le commutateur vers la gauche. Nous pouvons ainsi soumettre

le renflement moteur à une fermeture ou à une rupture brusque
à la cathode et à une fermeture ou à une rupture brusque à
l'anode. La figure 243 montre un diagramme représentant la

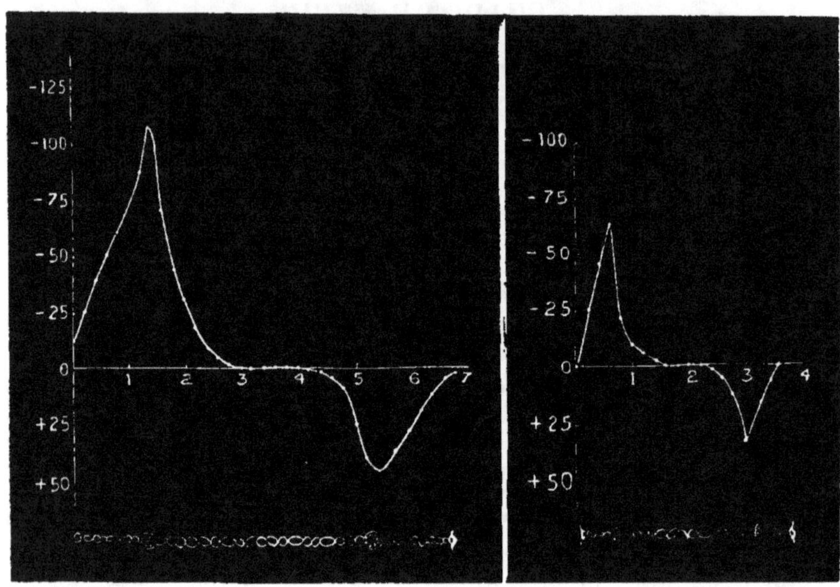

Fig. 241.　　　　　　　　　　　　Fig. 242.

Fig. 241. — Courbe d'excitation géo-électrique dans différentes
couches de *Nymphœa*.

En ordonnées, l'excitation géo-électrique; en abscisses, la distance
de la face supérieure du pédoncule. Le diagramme du bas de
la figure montre la situation de la couche géosensible (couche
des grains) correspondant aux variations électriques positives,
et négatives maxima des deux faces.

Fig. 242. — Courbe d'excitation géo-électrique dans différentes
couches de *Bryophyllum*.

tige et le renflement moteur de *Mimosa*, et le dispositif servant
à inverser le courant à l'aide du commutateur.

L'expérience suivante a été faite avec une feuille de *Mimosa*,
dans un état de grande sensibilité; les connexions étaient

établies comme nous venons de les décrire. La résistance électrique opposée par le tissu de la plante entre les deux points de contact était d'un demi-million d'ohms. Une force électromotrice de 4 volts parut suffisante à produire l'excitation de fermeture, quand le renflement moteur était à la cathode. L'intensité du courant excitant était faible, et ne dépassait pas 8 microampères (1 microampère = 1 millionième d'ampère). Quand le commutateur était tourné vers la gauche, le renflement moteur passait brusquement à la cathode, et il en résultait une excitation, donnant lieu à un abaissement de la feuille. L'action excitante est produite par une variation brusque, et non par le passage continu du courant. Si donc après l'abaissement produit par l'excitation, on continue à faire passer le courant, la feuille n'est plus excitée, et se redresse. On interrompt ensuite le courant : la feuille n'est pas excitée. On incline ensuite le commutateur vers la droite, ce qui fait passer le renflement moteur à l'anode : il n'y a toujours pas d'excitation, et l'on n'en constate pas non plus à la rupture du courant à l'anode.

On voit ainsi qu'avec un courant peu intense, il se produit une excitation de fermeture à la cathode, mais rien à la rupture à la cathode, rien à la fermeture ni à la rupture à l'anode.

Après avoir ainsi décrit la réaction fondamentale des tissus végétaux à des courants de faible intensité, il nous reste à étudier les effets d'excitation de courants plus intenses. Pour cela, la force électromotrice était élevée jusqu'à 10 volts. On trouvait alors que l'excitation se produisait par la fermeture à la cathode, mais non par la rupture. Avec l'anode, il n'y avait pas d'effet à la fermeture, mais la rupture produisait une excitation. Ainsi, tandis qu'avec des courants faiblement intenses, on obtenait seulement une excitation de fermeture à la cathode, avec des courants d'intensité moyenne, l'excitation se produisait à la fois avec la fermeture à la cathode, et avec l'ouverture à l'anode.

Dans les tissus des animaux, on constate également avec un courant d'intensité faible une excitation seulement avec la fermeture à la cathode. Avec un courant d'intensité moyenne, l'excitation se produit également avec la fermeture à la cathode et avec l'ouverture à l'anode. En somme, les réactions des tissus animaux et des tissus végétaux sont identiques vis-à-vis de l'action polaire des courants électriques.

Bien que ces excitations polaires apparaissent à la cathode et à l'anode, elles ne restent pas nécessairement localisées. Quand le tissu est conducteur, l'excitation est transmise à distance. Pour observer l'apparition et la transmission de l'excitation polaire par les courants, nous pouvons nous servir de diverses plantes, dont les folioles latéraux sont sensibles. Nous pouvons employer pour cela les folioles latérales de *Mimosa* ou de *Biophytum sensitivum*.

Dans l'expérience suivante portant sur des folioles de *Mimosa*, le courant polarisant employé était d'abord faible, d'une intensité de 0,7 microampère. A la fermeture du courant, la cathode était le siège d'une excitation, qui était transmise dans les deux directions, en dedans et en dehors. Onze paires consécutives de folioles s'abaissaient ainsi successivement dans la partie intrapolaire, et trois paires dans la partie extrapolaire. Il ne se produisait pas d'excitation avec l'ouverture du courant à la cathode. Il ne s'en produisait pas non plus avec la fermeture ni avec l'ouverture à l'anode.

Un courant d'intensité moyenne produisait en outre de l'action précédente, une excitation avec la rupture du courant à l'anode. Dans ce cas, à la fermeture du courant, la cathode était le point de départ d'une excitation : quatre paires de folioles s'abaissaient dans la partie extrapolaire de la tige, et six paires dans la partie intrapolaire. Il n'y avait pas d'excitation à l'anode. A l'ouverture du courant, l'excitation se manifestait à l'anode par l'abaissement successif de trois paires de folioles dans la partie intrapolaire de la tige, et de deux paires dans la partie extrapolaire.

Des effets semblables ont été obtenus avec les folioles de *Biophytum sensitivum*. Avec un courant faible, l'excitation se produisait seulement au moment de la fermeture à la cathode. Avec un courant moyen, elle apparaissait au moment de la fermeture à la cathode et de l'ouverture à l'anode. La figure 244 illustre l'effet de fermeture à la cathode (partie supérieure de la figure) et l'effet à l'anode (partie inférieure de la figure).

Les effets polaires observés dans les diverses plantes sensitives sont donc en tout semblables à ceux des tissus animaux. Les lois de l'excitation polaire des plantes sont les suivantes :

1° Avec un courant d'intensité faible, l'excitation se produit avec la fermeture à la cathode et non avec l'ouverture. L'excitation ne se produit point à l'anode ni à la fermeture, ni à l'ouverture du courant.

2° Avec un courant d'intensité moyenne, l'excitation se produit avec la fermeture à la cathode, et non avec l'ouverture. Il se produit à l'anode une excitation d'ouverture, et non de fermeture.

CHAPITRE XXIX.

DÉTERMINATION DE LA VITESSE DE TRANSMISSION DE L'EXCITATION CHEZ LES VÉGÉTAUX.

La transmission de l'excitation dans les plantes n'est pas due à une perturbation hydromécanique mais à une modification protoplasmique produite par l'excitation. — Pseudo-conduction. — Conduction de l'excitation sans perturbation mécanique. — Épreuves croisées pour l'étude de l'impulsion produite par l'excitation. — Arrêt de l'impulsion par des obstacles physiologiques. — Action du froid et des toxiques. — Arrêt électrotonique pendant le passage du courant électrique. — Variation électrique négative concomitante de l'impulsion produite par l'excitation. — Localisation du tissu conducteur dans le *Mimosa* par l'explorateur électrique. — Détermination automatique de la vitesse de transmission de l'excitation. — L'Inscripteur Résonant. — Détermination de la période latente et de la vitesse réelle de transmission. — Conductibilité optima. — Action d'une élévation de la température sur la vitesse de transmission. — Vitesse de transmission chez les animaux inférieurs et chez les plantes.

Quand un point d'un tissu est excité, l'état d'excitation est souvent transmis à distance. On le voit bien dans le cas des plantes sensitives, où l'excitation appliquée en un point donne lieu à des réactions motrices de la feuille ou des folioles éloignées.

Dans cette transmission de l'influx excitant à distance dans la plante, nous trouvons un phénomène qui semblerait analogue à la transmission nerveuse chez l'animal. Pour des raisons que nous allons indiquer, on a supposé communément qu'il n'y a en réalité rien de commun entre ces deux phénomènes. « Le système nerveux appartient exclusivement à l'organisation animale, et aux métazoaires les plus hautement différenciés seulement. Les plantes, les animaux unicellulaires, et les métazoaires inférieurs, n'ont pas de nerfs, et si, dans des cas exceptionnels — comme dans celui des mouvements produits par l'excitation de nombreuses plantes — il y a des formes d'activité qui ressemblent aux manifestations vitales de l'organisation animale, telles que celles des nerfs, il est facile de prouver que la ressemblance est purement superficielle » (¹).

. Cette idée, qu'il ne pourrait y avoir rien de commun dans la transmission des impulsions produites par l'excitation chez la plante et chez l'animal, paraissait confirmée par l'expérience de Pfeiffer sur l'effet des anesthésiques sur la conduction dans le *Mimosa*. L'anesthésie du renflement moteur abolit son excitabilité motrice. L'effet d'une excitation intense a cependant été trouvé par Pfeiffer, transmis à travers la zone anesthésiée, donnant lieu à un abaissement des feuilles au delà de cette zone. Il était naturel d'en conclure que, comme l'excitabilité motrice du renflement moteur était abolie par l'anesthésique, la conductibilité du protoplasme devait aussi avoir été abolie. On concluait donc que, à l'encontre de ce qu'on observe pour la conduction de l'excitation dans les tissus des animaux, où cette transmission se fait par la propagation de modifications protoplasmiques, la conduction apparente de l'excitation dans la plante était purement hydromécanique.

Mais j'ai montré ailleurs, et je montrerai encore (Chap. XXXII) de diverses manières que, bien que la conductibilité et l'excitabilité soient des phénomènes liés entre eux, cependant la variation de l'un n'est pas nécessairement liée à celle de l'autre. Ainsi, un certain degré d'anesthésie peut suffire à amener un arrêt de l'excitabilité motrice, et cependant peut ne pas abolir toujours la conductibilité (²).

Une autre objection qui a été opposée à la théorie de la

(¹) BIEDERMANN, *Electrophysiologie* (traduction anglaise), vol. II, p. 32.

(²) BOSE, *Réactions des plantes*, p. 227-229.

transmission des modifications protoplasmiques à travers une plante est basée sur certaines expériences d'Haberlandt. Dans ces expériences, l'excitation dans le *Mimosa* passe pour avoir été propagée à travers des tractus morts du pétiole, qui ont été tués par brûlure. Mais il est extrêmement difficile d'affirmer la mort de tissus profonds par un procédé tel qu'une brûlure superficielle. C'est seulement par l'immersion prolongée dans l'eau bouillante que la réaction électrique est complètement abolie. C'est seulement après une ébullition prolongée qu'on peut donc être absolument sûr que le tissu intérieur est réellement tué par brûlure; et, si ce résultat n'est pas complet, il est facile de voir que les cellules intérieures peuvent continuer à conduire l'excitation.

Il y a encore un autre cas, celui d'une *pseudo-conduction*, où l'effet de l'excitation pourrait paraître transmis à travers des zones anesthésiées ou mortes. Dans l'expérience d'Haberlandt, même si les tissus intermédiaires avaient été détruits, il y aurait encore deux masses de tissus, séparées par une zone intermédiaire de tissu mort. Une forte excitation appliquée sur l'une de ces masses pourrait donc avoir pour résultat une expulsion de liquide, susceptible, quand elle est transmise à travers la zone morte, d'imprimer à la seconde masse de tissu vivant un choc mécanique, suffisant pour déterminer une nouvelle excitation de cette portion du pétiole.

Il est évident que, pour les recherches sur la *transmission de l'excitation*, on doit éviter l'emploi de méthodes grossières et brutales d'excitation, qui pourraient provoquer une perturbation hydromécanique. Nous devons chercher pour cette étude un mode d'excitation qui puisse provoquer une excitation physiologique, pure de tout élément de perturbation physique On trouve un tel mode d'excitation dans l'action polaire d'un courant, que nous avons étudiée dans le Chapitre précédent. L'effet transmis ne peut être dû dans ce cas qu'à la propagation d'une modification protoplasmique résultant de l'excitation. Nous allons donc chercher des épreuves qui confirment la transmission de l'excitation. On trouve un signe confirmatif de la transmission des modifications résultant de l'excitation dans la réaction électrique négative provoquée par l'excitation transmise. Il est même possible d'arrêter l'impulsion produite par l'excitation dans un nerf conducteur, par l'application de divers arrêts physiologiques. La conduction de l'excitation peut ainsi être arrêtée par une application locale de froid, ou d'une solution toxique. Elle peut être également arrêtée par l'arrêt électrotonique, par suite duquel le pouvoir conducteur est suspendu pendant le passage du courant, et rétabli, une fois le courant arrêté.

Ces diverses épreuves confirmatives nous permettent de distinguer l'impulsion résultant de l'excitation vraie, d'une simple perturbation hydromécanique. Celle-ci en effet ne peut absolument pas être influencée par les divers arrêts physiologiques que nous venons de signaler. Nous allons donc nous servir de ces diverses épreuves pour montrer le rôle de l'excitation dans l'impulsion transmise dans les plantes.

Nous avons déjà étudié dans le dernier Chapitre les effets polaires du courant électrique sur l'excitation. Il produit une excitation à la fermeture à la cathode, et une autre à la rupture à l'anode. Nous avons ainsi un mode d'excitation qui produit une excitation sans aucune perturbation mécanique. Nous avons montré que ce processus d'excitation, né à la cathode ou à l'anode, se propage à distance, comme le montre l'abaissement successif des folioles du *Mimosa*, ou du *Biophytum*. On peut encore obtenir une excitation sans perturbation mécanique avec un courant alternatif d'intensité moyenne à l'aide d'une bobine d'induction. Nous allons voir que l'impulsion produite par l'excitation est transmise à distance avec une vitesse déterminée.

Pour les expériences qui suivent, sur l'arrêt de l'impulsion résultant de l'excitation par un bloc physiologique, nous nous servons de la feuille de *Mimosa*. L'excitation est appliquée en S, par des chocs d'induction d'intensité moyenne. Un courant interrompu dans la bobine primaire (qui n'est pas représentée sur la figure) alimente la bobine secondaire. Nous appliquons divers arrêts physiologiques au point B, intermédiaire entre le point excité et le renflement moteur P, siège de la réaction.

L'expérience montrant l'arrêt de l'impulsion produite par l'excitation sous l'action d'un froid intense a été conduite de la manière suivante. Une bande de tissu de 10^{mm} de largeur était enroulée autour du pétiole en B. Avant l'application du froid, on trouvait qu'une intensité maximum d'excitation de 2 unités était transmise régulièrement. On abaissait la température en B en plaçant des morceaux de glace sur la bande de tissu. On constatait alors que l'onde d'excitation, qui, jusque-là, avait été transmise régulièrement, était arrêtée et que la feuille cessait de réagir. Cette abolition de la réaction n'était pas due à une dépression de l'excitabilité motrice du renflement moteur, car la feuille réagissait normalement à une excitation appliquée directement sur le renflement moteur.

On étudiait ensuite l'abolition du pouvoir conducteur sous l'action de divers toxiques. Des solutions toxiques concentrées étaient appliquées sur la bande de tissu en B. On laissait passer un temps suffisant pour l'absorption du toxique par le tissu. Dans la plupart des cas, il suffisait d'une application de 10 minutes. On trouvait alors que l'excitation maximale, qui avait été jusque-là régulièrement transmise, était complètement arrêtée. Une excitation directe du renflement moteur amenait au contraire l'abaissement normal de la feuille, montrant que l'application locale du toxique en B n'avait pas altéré la mobilité du renflement moteur.

L'application d'un toxique produirait une abolition permanente de la conductibilité en déterminant la mort du tissu. Beaucoup plus intéressante est la suspension temporaire de la conductibilité par l'arrêt électrotonique maintenu *pendant* la durée du passage du courant électrique en B, la conductibilité redevenant normale après l'arrêt du courant. Le courant électrotonique peut être établi et interrompu par la manœuvre de la clef K. Dans cette expérience, nous appliquons d'abord, à l'aide d'un choc d'induction, une excitation d'intensité suffisante pour qu'elle soit transmise au renflement moteur. Nous prenons ensuite des tracés des réactions de la feuille, avec et sans l'arrêt électrotonique, et cela, plusieurs fois de suite. Les tracés montrent que la conductibilité est interrompue pendant le passage du courant électrotonique, et est rétablie après l'arrêt de ce courant (*fig.* 246).

L'apparition de l'impulsion, produite par l'excitation de fermeture à la cathode et d'ouverture à l'anode, prouve que cette impulsion, qui est ensuite propagée à distance, n'est pas due à une perturbation hydromécanique, mais à une excita-

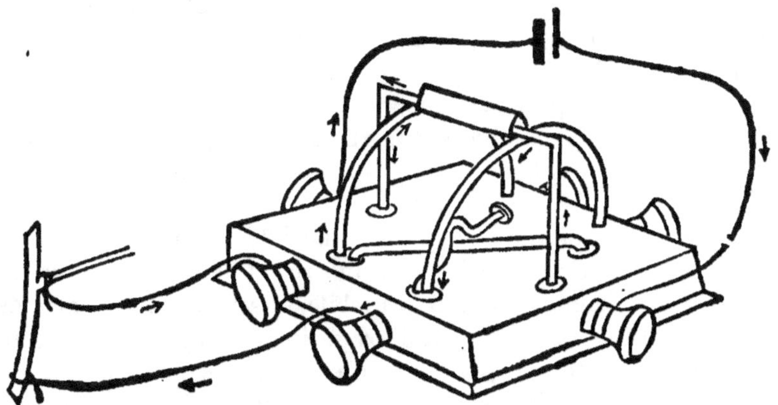

Fig. 243. — Commutateur de Pohl, servant à établir les fermetures et les ruptures à la cathode ou à l'anode.

tion protoplasmique. La transmission de cette onde d'excitation et son arrêt par un bloc physiologique tel que le froid, un toxique, ou l'électrotonus, conduit à rejeter complètement la théorie hydromécanique de la transmission de l'excitation. On en arrive à conclure que la transmission de l'excitation dans les plantes est un processus essentiellement analogue à celui qu'on observe pour les nerfs de l'animal, et qu'il s'agit, dans un cas comme dans l'autre, de la propagation d'une modification protoplasmique résultant de l'excitation. Du moment que la conduction de l'excitation se fait par la transmission de modifications protoplasmiques, il est évident qu'elle doit suivre de préférence les voies le long desquelles la continuité protoplasmique est la plus complète. Il est donc clair que certains éléments du faisceau fibrovasculaire, formant le liber, constitueront le meilleur canal conducteur. Au contraire, les cellules d'un tissu non différencié, tel que le parenchyme de la feuille, sont séparées les unes des autres par des cloisons plus ou moins complètes, et les minces filaments qui peuvent établir des connexions protoplasmiques entre deux cellules voisines, sont si ténus, que la conduction de l'excitation le long de canaux si imparfaits doit être relativement faible. De tels tissus ne sont donc pas des conducteurs différenciés de l'excitation, qui y reste plus ou moins localisés. Les organes de la plante qui contiennent des éléments fibrovasculaires, tels que la tige, le pédoncule ou le pétiole, sont donc de ce fait relativement bons conducteurs. La conductibilité dans ces organes est, comme c'était à prévoir, beaucoup plus grande dans le sens longitudinal que transversalement.

La conduction de l'excitation dans les plantes peut être étudiée par la méthode électromotrice, où le galvanomètre remplace la feuille ou la foliole mobile, et sert à déceler l'arrivée de l'impulsion produite par l'excitation. Nous employons, en somme, la méthode qui est utilisée pour déceler l'arrivée de l'impulsion produite par l'excitation dans le nerf de l'animal, où elle produit une réaction électrique négative. Je vais décrire une expérience parallèle faite sur des plantes, où, comme je l'ai expliqué, le tissu conducteur est contenu dans les faisceaux fibrovasculaires. Nous prenons une feuille, et nous établissons deux contacts électriques convenables, le premier avec la nervure médiane, et le second avec un point éloigné indifférent. Si nous excitons ensuite la nervure médiane à une certaine distance du premier contact, nous voyons qu'après un court intervalle de temps, l'arrivée de l'impulsion produite par l'excitation au premier contact se manifeste par une variation électrique négative. Si, au lieu de la nervure médiane nous excitons le parenchyme de la feuille, aucune impulsion n'est transmise après l'excitation, et le galvanomètre reste fixe. A l'aide de cette méthode, j'ai pu, avec l'explorateur électrique, localiser le tissu conducteur dans le pétiole de *Mimosa*. La réaction électrique négative maxima à l'excitation transmise avait lieu au moment où la pointe de l'explorateur attei

gnait le liber; on ne pouvait déceler d'excitation transmise
dans la partie du faisceau formant le xylème.

Le tissu du liber transmet ainsi l'excitation dans la plante
comme le nerf chez l'animal. La propagation des modifications
produites par l'excitation est si analogue dans la plante à celle
de l'animal, que j'ai réussi à isoler certains tissus de la plante
dont les réactions caractéristiques ne se distinguent en rien
de celles du tissu conducteur de l'animal, et qu'on doit donc les
considérer comme des nerfs végétaux (Chap. XXXI).

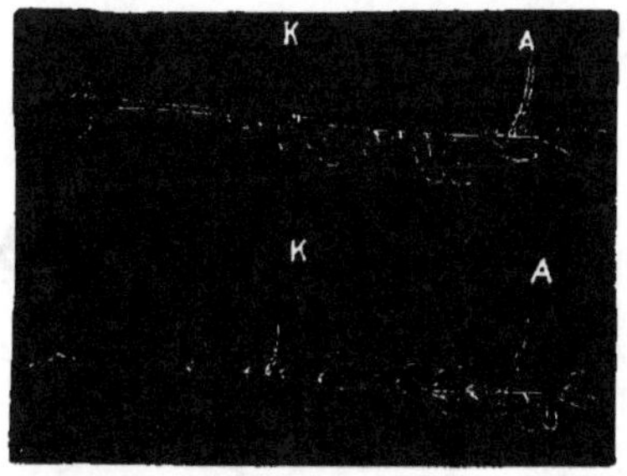

Fig. 244. — Effets de fermeture à la cathode et d'ouverture à l'anode
dans *Bryophyllum*.

La partie supérieure de la figure montre l'effet de fermeture,
après excitation de la cathode. La partie inférieure montre l'effet
à la rupture, après excitation à l'anode.

Pour la détermination de la vitesse de transmission de
l'excitation dans le *Mimosa*, il est nécessaire d'employer des
excitations par chocs d'induction appliquées en S (cf. *fig.* 245)
et de déterminer l'intervalle de temps exact que met l'impulsion produite par l'excitation à atteindre le renflement moteur
et à provoquer la réaction mécanique de la feuille. Pour obtenir
un résultat exact, il faut en soustraire la période latente du
renflement moteur lui-même. Toutes ces recherches exigent
une mesure précise d'intervalles de temps extrêmement courts,
qui ne peuvent être appréciés par des observations visuelles,
mais seulement grâce à l'enregistrement automatique par la
plante elle-même. L'arrivée de l'excitation donne lieu à l'abais-

sement de la feuille, qui peut être insérée sur une plaque mobile de verre recouvert de noir de fumée. Mais le frottement du style inscripteur sur le verre introduit un facteur de retard indéterminé dans la réaction motrice, qui fausse les résultats quantitatifs.

Cet inconvénient a été complètement écarté grâce à l'invention de mon Inscripteur Résonant, où le levier inscripteur n'est pas en contact permanent avec la surface d'inscription, mais est maintenu en vibration par un dispositif électromagné-

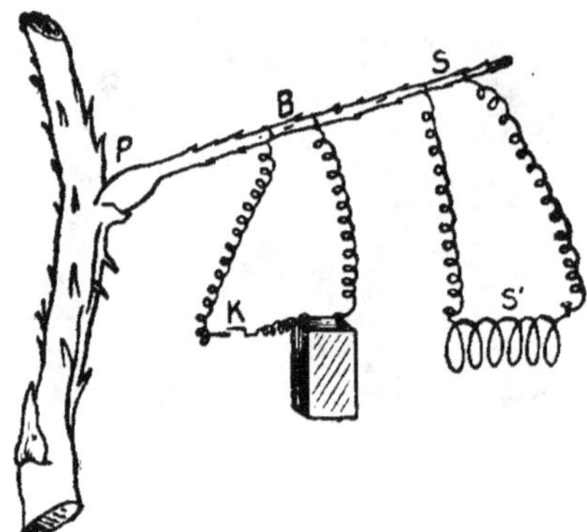

Fig. 245. — Tracés d'excitation transmise
avec et sans arrêt interposé.

Arrêt de l'excitation transmise, par un bloc électrotonique en B, B.

tique, à un rythme, par exemple, de 200 vibrations par seconde. Le tracé ainsi obtenu ne consiste pas en une ligne continue, mais dans une série de points, l'intervalle entre deux points successifs étant d'environ $\frac{1}{200}$ de seconde. Non seulement ce dispositif élimine les erreurs du tracé dues aux frottements, mais les points successifs du tracé mesurent exactement des intervalles de temps de l'ordre de $\frac{1}{200}$ de seconde. Avec une vibration plus rapide du levier, il est possible de mesurer même $\frac{1}{1000}$ de seconde. L'inscripteur vibrant est fait d'un fil d'acier fin, dont l'extrémité inférieure est incurvée de manière à venir frapper la surface du verre fumé. Cet inscripteur est fixé au centre du noyau cylindrique d'un électro-aimant, à travers

lequel est envoyé périodiquement un courant électrique interrompu. Si le fil d'acier est réglé exactement de manière à vibrer
200 fois par seconde, le courant de l'électro-aimant interrompu
200 fois par seconde déterminera une vibration résonante du
fil d'acier inscripteur. Le courant est interrompu suivant ce

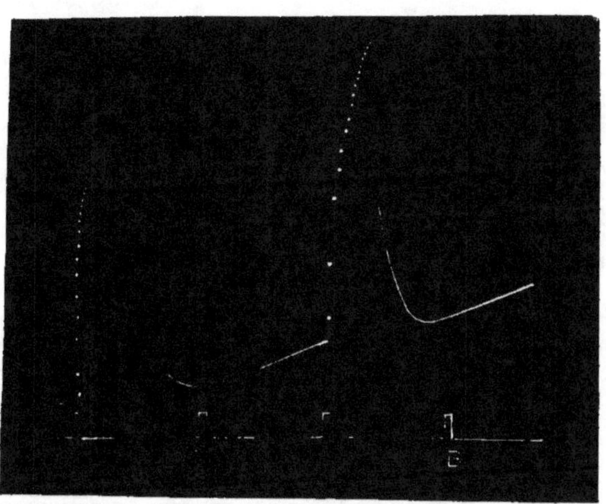

Fig. 246. — Tracés d'excitation transmise
avec et sans arrêt interposé.

Arrêt de l'excitation transmise par un bloc électrotonique en B, B.

rythme grâce à la tige C, exactement réglée pour vibrer 200 fois
par seconde (*fig.* 247).

La figure 248 donne une reproduction semi-diagrammatique
de l'appareil, avec le levier enregistreur fixé à un pétiole de
Mimosa. La plaque servant à l'inscription est remontée, et
descend pendant l'inscription du tracé. En un point donné de la
descente, un contact électrique est établi, puis interrompu.
Le circuit primaire de la bobine d'induction est ainsi fermé et
ouvert, si bien qu'un choc d'induction est ainsi appliqué en
un point du pétiole, à une distance donnée du renflement
moteur. Après un intervalle de temps très court, l'excitation
atteint le renflement moteur, ce qui donne lieu à un abaisse-

ment de la feuille et à une descente brusque du tracé. Le nombre de points intermédiaires entre l'instant de l'excitation et le commencement de la réaction donne la mesure du temps nécessaire à la transmission de l'excitation à travers la distance intermédiaire et à l'abaissement de la feuille. Il faut en

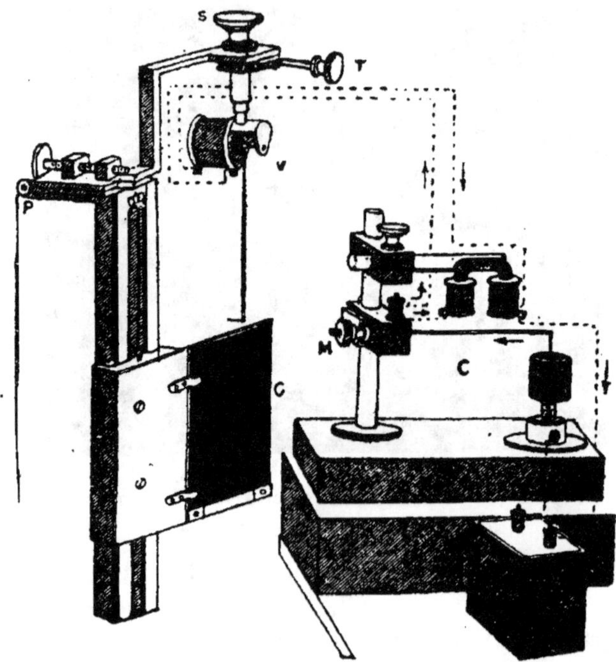

Fig. 247. — Partie supérieure de l'inscripteur Résonant.

soustraire la période latente du renflement moteur pour obtenir le temps exact de la transmission de l'excitation.

L'extrême précision de cette méthode automatique se voit par le tracé de la période latente du renflement moteur de *Mimosa*, représenté dans la figure 249. L'excitation était appliquée au moment représenté par la ligne verticale; il y a 15 espaces intermédiaires dans le tracé, avant l'apparition de la réaction. L'inscripteur était réglé pour vibrer 200 fois par seconde, si bien que la période latente de la plante dans l'expérience était de $\frac{15 \times 1}{200}$ ou 0,075 seconde. La période latente varie suivant les échantillons de 0,075 à 0,12 seconde.

Pour la détermination de la vitesse de transmission, le choc

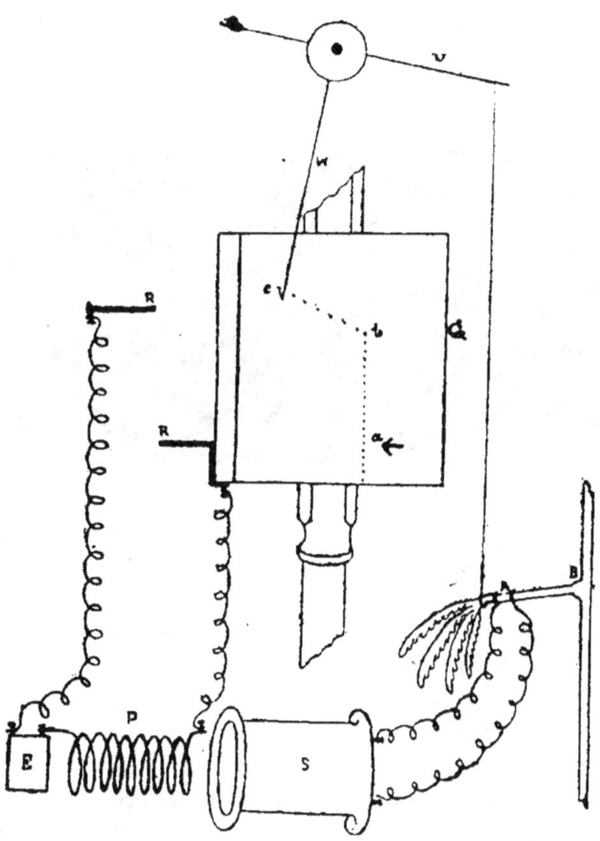

Fig. 248.— L'inscripteur Résonant.

d'induction excitant est appliqué sur le pétiole à une distance d du renflement moteur qui réagit. Supposons que t soit le temps réel nécessaire pour que l'excitation atteigne le renflement moteur; l'apparition du mouvement de réaction est retardée par la période latente du renflement moteur, L. L'intervalle de temps total T qui sépare l'application de l'excitation de l'apparition de la réaction est donc la somme du temps réel t de transmission de l'excitation et de la période latente L. Le temps réel est donc obtenu en soustrayant la période latente L du temps observé T, et l'on a $t = T - L$. On trouve alors la vitesse de transmission en divisant la distance par le temps réel.

Le plant de *Mimosa* utilisé dans l'expérience suivante était

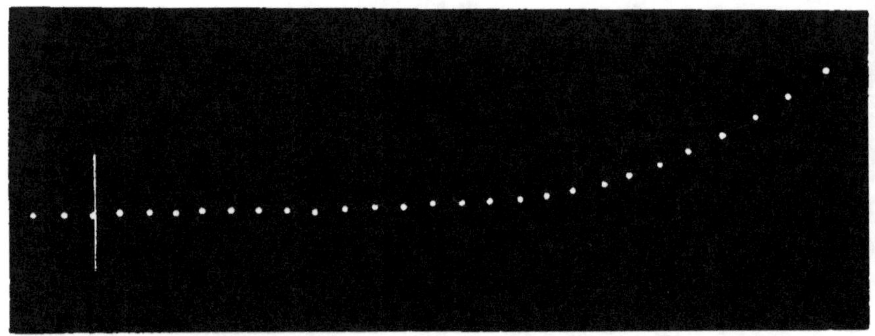

Fig. 249. — Tracé de la période latente du renflement moteur de *Mimosa*. Les points successifs représentent des intervalles de $\frac{1}{200}$ de seconde.

très vigoureux ; l'excitation était appliquée à une distance de 30^{mm} du renflement moteur. La fréquence de l'inscripteur vibrant était dans ce cas de 10 vibrations par seconde : la distance entre deux points successifs du tracé représente donc un intervalle de temps de $\frac{1}{10}$ de seconde. Le tracé inférieur de la figure 250 représente le résultat de la première expérience. Il y a 16,2 intervalles, dont chacun représente 0,1 seconde. Le temps total T est donc de 1,62 seconde. L'expérience était renouvelée après une période de repos de 15 minutes, et le tracé central de la figure ainsi obtenu donne la même valeur du temps que le premier, soit 1,62 seconde. Le renflement moteur était ensuite excité directement, et le tracé supérieur indique une période latente de 0,12 seconde. La vitesse de transmission dans les deux expériences successives est identique, et l'on a :

$$t = 1,62 - 0,12 = 1,5 \text{ seconde};$$

$$v = \frac{d}{t} = \frac{30}{1,5} = 20^{mm} : \text{sec.}$$

La vitesse de transmission de l'excitation dans le pétiole de *Mimosa* varie suivant la saison. En été, la vitesse est d'environ 30^mm par seconde. En hiver, elle descend à 4^mm par seconde.

La conductibilité est également modifiée par la condition tonique qui, comme nous l'avons vu, dépend de l'action des excitations du milieu extérieur. Un plant de *Mimosa* conservé à l'abri dans une pièce peut offrir l'apparence extérieure d'une santé parfaite, mais il présente une variation latente de sa condition interne. Les éléments conducteurs existent, mais leur valeur fonctionnelle est nulle. Une excitation appliquée sur le pétiole ne sera pas transmise à distance. La prolongation de l'excitation rendra la conductibilité au tissu. La vitesse, d'abord faible, augmente ainsi considérablement. L'excitation s'est ainsi créé à elle-même une voie de conduction.

Dans des plantes normales, l'excitation est propagée dans les deux sens, vers l'axe central, et loin de cet axe. Mais la conduction se fait mieux dans certaines directions. La vitesse de transmission dans le pétiole de *Mimosa* est environ six fois plus grande dans le sens centrifuge que dans le sens centripète. Dans le pétiole de *Biophytum*, elle est seulement deux fois plus grande.

La méthode automatique de détermination de la vitesse de transmission nous permet des recherches quantitatives sur les effets des variations extérieures sur cette vitesse. Les variations de la température ont une influence considérable ; une élévation de température d'environ 9° C. double la vitesse de transmission.

J'ai déterminé la vitesse de transmission dans les plantes communes en me servant de la méthode électrique. On peut dire en général que la vitesse de transmission dans le tissu conducteur des plantes est plus faible que chez les animaux supérieurs. Mais elle est plus grande que la vitesse de l'influx ner-

veux chez les animaux inférieurs. Le tableau suivant montre
la vitesse de transmission dans certains cas typiques :

TABLEAU INDIQUANT LA VITESSE DE TRANSMISSION DES ONDES
D'EXCITATION.

a. Chez l'animal.

Organe étudiée.	Vitesse (en mm : sec).
Nerf d'*Anodon*	10
Nerf d'*Elidone* (Observation de Uexküll)	0,5 à 1

b. Chez les plantes sensitives.

Mimosa pudica : pétiole	10
Neptunia oleracea : pétiole	1,1

Biophytum sensitivum :

pétiole, direction centripète	2,1
pétiole, direction centrifuge	3,8
pédoncule	3,7

c. Chez les plantes communes.

Fougère : nerf isolé	50
Ficus religiosa : tige	9,4
Courge vrille	5
Artocarpus : pétiole	0,54

Les expériences décrites dans ce Chapitre prouvent que la
transmission de l'influx résultant de l'excitation dans la plante
n'est pas due à une perturbation hydromécanique, mais à la
propagation d'une excitation protoplasmique. Ce fait est
démontré d'une manière évidente par la transmission de l'excitation produite par la fermeture du courant à la cathode et par
la rupture à l'anode, et par l'arrêt de la conduction par l'obstacle physiologique constitué par une application locale de
froid, ou d'une solution toxique. L'impulsion produite par
l'excitation est aussi arrêtée par l'obstacle électrotonique qui
persiste pendant toute la durée du passage du courant, cet

obstacle disparaissant avec l'interruption du courant. L'impulsion produite par l'excitation dans les plantes, comme l'influx nerveux des animaux est accompagnée d'une variation électrique négative. Grâce à l'explorateur électrique, le tissu con-

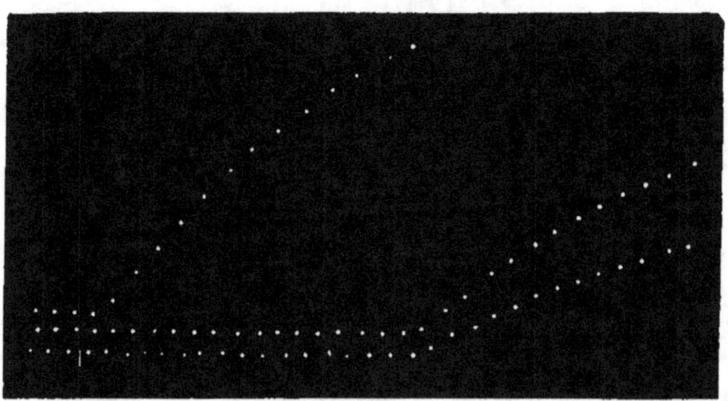

Fig. 250. — Détermination de la vitesse de transmission dans le *Mimosa*.

Les deux tracés inférieurs représentent la réaction à une excitation appliquée à une distance de 30^{mm} : le tracé supérieur, la réaction à une excitation directe, donnant la période latente. Les points successifs correspondent à des intervalles de $\frac{1}{10}$ de seconde.

ducteur dans les plantes a été localisé dans le liber du faisceau fibrovasculaire.

L'excitation est propagée dans les deux sens, mais la conduction se fait mieux dans un sens, la vitesse de transmission étant plus grande dans le sens centripète que dans le sens centrifuge.

Dans une plante hypotonique, on constate que l'excitation rétablit la conductibilité. La vitesse de conduction est modifiée par la température : elle est doublée par une élévation de température d'environ 9° C.

CHAPITRE XXX.

UNE NOUVELLE MÉTHODE D'EXCITATION QUANTITATIVE DU NERF

Inconvénients de l'emploi de l'excitation électrique **pour** enregistrer une réaction électrique. — Réaction à des chocs. électriques alternatifs égaux. — Modification de la réaction suivant le degré de la lésion. — Effet positif secondaire. — Excitation du nerf par des chocs thermiques. — Augmentation de la réaction normale après tétanisation. — La théorie de l'évolution de l'acide carbonique doit être abandonnée. — La réaction positive anormale redevient négative normale après tétanisation. — Transition graduelle entre la réaction positive et la négative, stade intermédiaire diphasique. — Effet de la diminution de la tonicité sur la conductibilité et sur l'excitabilité. — Conversion d'une réaction anormale en une réaction normale par l'augmentation de l'intensité d'excitation. — Variations cycliques de la réaction sous l'action d'une modification moléculaire.

Dans l'étude des effets électriques de l'excitation sur le nerf, la principale difficulté expérimentale vient du choix d'une forme d'excitation qui puisse être quantitative. Dans ces recherches, on emploie d'habitude l'excitant électrique, à cause de sa grande commodité. Un inconvénient sérieux à son emploi réside dans le fait, qu'à moins de précautions extraordinaires, il peut conduire à de graves erreurs. On sait que pour déceler des variations de la réaction du nerf, il faut se servir d'un galvanomètre extrêmement sensible. L'effet d'excitation à déceler se manifestant par une réaction électrique relativement faible, et le mode d'excitation étant également électrique, et de forte intensité, les résultats peuvent être troublés d'une manière indéterminée par la diffusion du courant excitant.

Il est possible dans quelques cas d'y remédier en introduisant le nerf étudié dans un circuit, où la bobine excitante et le galvanomètre sont en série. Dans ces conditions, et en employant des chocs strictement égaux et alternatifs, nous avons vu que

Fig. 251. — Réaction du nerf de grenouille à une excitation simultanée des deux contacts par des chocs électriques égaux et alternatifs, après lésion d'un des contacts.

On notera l'effet secondaire positif.

la réaction résultante est due aux différences d'excitabilité entre les deux contacts du nerf, A et B. Si par exemple nous voulons obtenir la réaction d'un point seulement, soit A, non compliquée par celle de B, il suffit d'abolir l'excitabilité de ce dernier point. On y parvient plus ou moins complètement grâce à une lésion, par exemple en pratiquant une section transversale, ou par une brûlure. La réaction sera alors une variation électrique relativement négative en A. La figure 251 montre une série de tracés ainsi obtenus.

·Au sujet de cette méthode qui permet d'obtenir une réaction après avoir déterminé une lésion d'un des contacts, méthode communément employée, on peut dire que l'opinion d'après laquelle l'excitabilité du point lésé est complètement abolie n'est pas justifiée; car j'ai constaté que, bien qu'une lésion récente donne lieu à une grande diminution de l'excitabilité, cependant, après un certain temps, le point lésé tend à recouvrer son excitabilité plus ou moins complètement.

Nous pouvons, dans ce cas, nous attendre à observer deux effets différents dans les réactions. La réaction résultante étant due, comme nous l'avons vu, à la différence d'excitabilité entre A et B, le retour graduel de l'excitabilité de B diminuera progressivement l'amplitude de la réaction résultante, donnant ainsi l'apparence de la fatigue. Dans ces conditions, et après un intervalle suffisamment long, la réaction peut presque disparaître. Telle me semble être la vraie explication de la diminution graduelle de l'amplitude de la réaction, quand l'organe étudié est un nerf, et qu'un des contacts est pris au niveau de la section transversale. Cela explique aussi pourquoi, dans un tel nerf, une section récente, en causant une nouvelle diminution de l'excitabilité, est nécessaire pour obtenir une nouvelle amplitude de la réaction.

Le second effet dû à cette diminution, sans abolition, de l'excitabilité de B, se voit dans le caractère diphasique des réactions. L'effet secondaire positif, observé dans le tracé de la figure 251, peut être ainsi attribué à la production ultérieure d'une variation négative au niveau du point déprimé B. La réaction du nerf paraît être ainsi susceptible de grandes variations, quand on se sert d'une méthode d'enregistrement différentielle. Mais il faut rappeler que les vraies variations caractéristiques de la réaction déterminées par une modification physiologique peuvent être obtenues seulement par un procédé qui soit rigoureusement indépendant de ce facteur différentiel. J'ai réussi à établir dans ce but un nouveau mode d'observation et d'enregistrement de l'effet direct de l'excitation sur le nerf, non compliqué par le facteur différentiel. Dans un Chapitre ultérieur, nous pourrons, à l'aide de cette méthode, déterminer les conditions qui produisent les variations caractéristiques de la réaction du nerf, depuis l'augmentation en escalier, jusqu'à la diminution par la fatigue, ou même à l'inversion en passant par la phase intermédiaire des réactions uniformes.

La méthode que nous venons de décrire, de l'excitation du nerf aux deux contacts par des chocs alternatifs égaux, n'est cependant pas applicable là où l'objet de la recherche est la conductibilité d'un trajet du nerf intermédiaire entre le circuit excitant et le circuit secondaire. Ici l'emploi comme excitants des chocs électriques donne naissance à des effets perturbateurs unipolaires, qui persistent même quand la conductibilité physiologique du trajet intermédiaire est détruite, par exemple par ligature ou par broiement. Ainsi :

« Si le nerf d'une patte de grenouille est mis entre deux électrodes reliées aux pôles d'une bobine secondaire, de manière à fermer le circuit d'induction, et qu'une ligature soit alors appliquée au segment myopolaire, le tétanos peut être encore observé dans la patte isolée, en la mettant en dérivation à une certaine distance de la bobine. Ces effets unipolaires peuvent être évidemment très troublants, et sont des causes d'erreurs dans la vivisection, et aussi dans les expériences comportant un galvanomètre, si l'on ne les évite pas par des précautions convenables. Hering a montré que dans des expériences sur la variation négative des nerfs, où les galvanomètres et les circuits excitants sont séparés par un long trajet de nerfs, l'isolement le plus complet des deux circuits n'est pas une garantie contre la diffusion de l'électricité induite à travers la partie interpolaire du nerf dans le circuit du galvanomètre.... Cette forme d'excitation unipolaire est un danger évident dans toutes les expériences sur les courants d'action et la variation négative dans le nerf, tandis qu'elle montre quels liens étroits restreignent l'intensité du courant qui peut être utilisé avec sécurité dans ces expériences » [1].

On voit par là combien il importe d'avoir à notre disposition une forme non électrique d'excitation, quand la réaction à

---

[1] BIEDERMANN, *Electrophysiologie* (traduction anglaise), vol. II, 1898, p. 222-223.

enregistrer est une réaction électrique. Heidenhain a employé une forme mécanique d'excitation, dans laquelle le nerf était soumis à des chocs appliqués par un petit marteau d'ivoire, qui était maintenu en vibration à l'aide d'un dispositif électromagnétique. L'emploi de ce mode d'excitation éliminait donc toute erreur due à la diffusion possible du courant, à laquelle exposait l'emploi de l'excitant électrique. Bien que cette méthode doive être regardée comme ayant une grande valeur, il est cependant impossible de dire à quel point l'excitabilité d'un point donné dans un tissu aussi délicat qu'un nerf peut rester indépendante de l'action répétée de ces chocs. En tout cas, il semblait désirable de chercher s'il n'y avait pas d'autre forme non électrique d'excitation qui pût être rendue praticable.

Outre l'excitation mécanique, les seules formes. d'excitation non électriques qui restent sont l'excitation chimique et l'excitation thermique. De ces formes, la première évidemment ne peut être ni répétée, ni rendue quantitative. Quant à la dernière, j'ai déjà montré sa commodité pour des expériences sur les phénomènes d'excitation dans les végétaux. Ainsi, une seule spire de platine peut être placée très près autour du tissu à étudier. Un courant déterminé envoyé à travers la spire de platine pendant un temps donné soumettra la zone enfermée dans cette spire à une brusque variation thermique, qui agit comme un excitant. Des fermetures successives du circuit pendant un temps donné sont assurées par une clef, actionnée par un métronome. L'intensité de l'excitation peut être réglée d'une manière déterminée par le réglage du courant chauffant. L'excitation peut être alors causée par un choc thermique ou par une série de chocs.

Je cherchai donc à déterminer si cette forme d'excitation était avantageuse pour des expériences sur le nerf, et dans le cours de mes recherches, elle me parut extrêmement convenable et appropriée. Avec de bons échantillons de nerf, j'ai pu, à l'aide de chocs thermiques, obtenir des tracés assez longs de réactions parfaitement régulières. Quant à sa maniabilité et à sa facilité d'application, cette forme d'excitation est absolument unique. Combien de problèmes difficiles sont rendus abordables par cette méthode, nous le verrons dans les deux Chapitres suivants, où nous étudierons les variations des réactions des divers tissus conducteurs dans des conditions diverses.

Pour obtenir les réactions électriques du nerf animal, de la grenouille par exemple, le contact distal est tué, et des connexions électriques convenables sont établies avec le galvanomètre. Le courant chauffant est alors réglé pour l'intensité d'excitation voulue. La variation thermique ne doit pas être suffisante pour léser le tissu, si peu que ce soit. La spire de platine n'est pas dans ce cas en contact avec l'organe étudié, et c'est ainsi qu'on procède en général. S'il faut une excitation plus intense, on peut laisser le nerf toucher la spire de platine. Dans ce cas, il faut prendre soin que la température ne soit pas suffisante pour léser le tissu. Le nerf est ordinairement enfermé dans une chambre humide, dont la figure 265 donne un modèle commode.

Je vais donner quelques tracés qui illustreront la facilité et l'efficacité avec lesquelles ce mode d'excitation peut être appliqué. Ces tracés montreront les variations caractéristiques des réactions présentées par le nerf dans diverses conditions. En prenant des tracés des réactions électriques d'un nerf de grenouille, Waller, avec l'excitant électrique, obtint des réactions de trois types différents. Le premier était le type normal, et consistait en des réactions négatives; le second était diphasique ; le troisième était le type positif anormal. Il regardait ce dernier type comme caractéristique du nerf fatigué.

Ces réactions négatives normales du premier des trois types lui avaient paru subir une augmentation après une période de tétanisation; tandis que la troisième, la réaction anormale du nerf fatigué, devient diphasique, ou redevient normale, après tétanisation.

Du fait que l'acide carbonique augmente la réaction négative normale du nerf, Waller a cru pouvoir admettre que l'augmentation de la réaction dans le nerf normal après tétanisation, et la tendance du nerf modifié à revenir à la normale, sont des résultats de l'évolution supposée de l'acide carbonique dans la substance nerveuse, due aux modifications du métabolisme accompagnant les réactions résultant de l'excitation. Il faut dire cependant qu'on n'a pas encore décelé de traces d'acide carbonique dans ces cas. Je montrerai même que ces effets ne

Fig. 252. — Augmentation d'amplitude de la réaction, par action secondaire d'une tétanisation thermique, dans un nerf de grenouille.

Les trois premières réactions sont normales. On pratique ensuite une courte tétanisation thermique, et les réactions ultérieures obtenues avec la même intensité d'excitation qu'au début sont plus amples.

sont nullement dus à l'évolution de l'acide carbonique, mais qu'ils sont la conséquence de modifications moléculaires produites dans le tissu qui réagit, qui se traduisent par des modifications de la conductibilité et de l'excitabilité.

Je vais donner à présent des tracés de réactions de ces divers types obtenus sous l'action d'une excitation thermique. Pour montrer l'effet de la tétanisation, je montre dans la figure 252

une série de réactions négatives normales du nerf de grenouille,
dans son état normal d'excitation. Ce nerf était ensuite soumis
à des chocs thermiques tétaniques; puis on enregistrait sa
réaction à des excitations isolées de l'intensité initiale. Les
réactions ultérieures sont augmentées d'amplitude.

La série suivante de réactions (*fig.* 252) montre une variation électrique positive anormale. Cette réaction positive n'est
pas due en général à une dégradation ·chimique. Au lieu de
cela, comme nous le verrons dans ce Chapitre et dans les suivants, on peut l'attribuer à la diminution de la condition
tonique du tissu, processus qui s'accélère du fait de l'isolement
de ce tissu. Quand ce tissu, en état de dépression, reçoit de
nouveau l'excitation convenable, il redevient normalement
excitable, ou même plus que normalement. La première partie
du tracé suivant (*fig.* 253) montre une série de réactions positives anormales d'un nerf de grenouille qui était hypotonique.
Après l'application de chocs thermiques tétaniques, on remarquera que, dans la deuxième partie de la figure, les réactions
sont devenues normales. Entre ces deux extrêmes, de réactions
négatives normales et de réactions positives anormales, il y a
le stade intermédiaire diphasique. Toutes ces réactions, positive,
diphasique et négative, peuvent se rencontrer dans le même
tissu, dans un même tracé assez long de réactions à des excitations isolées, sans tétanisation. Ce fait est illustré par la
figure 254, où la première série montre la réaction positive
anormale pure. La réaction passe ensuite par une transition
graduelle au stade diphasique, phase positive suivie d'une
phase négative, et cette phase est enfin suivie d'une série de
réactions purement négatives.

Nous arrivons à l'explication de ces phénomènes. Nous avons
vu que, par suite de son isolement, la tonicité d'un tissu très
excitable subit une diminution graduelle. Par suite, son excitabilité et sa conductibilité tomberont au-dessous de la moyenne.
Nous avons vu aussi que, dans cette condition hypotonique,
la réaction négative normale tend à s'inverser et à devenir
positive. Nous pouvons dire aussi que cet état de dépression
diminuera le pouvoir conducteur du tissu pour l'excitation

vraie. Ainsi, une excitation d'une intensité donnée, susceptible normalement d'être transmise à une certaine distance,
ne pourra pas, si le tissu est ainsi déprimé, être transmise à la
même distance. Ce sera donc l'effet hydrostatique positif de
l'excitation qui paraîtra seul au point qui réagit, si ce point est

Fig. 253. — Conversion d'une réaction positive anormale
en une réaction négative normale, après tétanisation thermique.

La réaction positive anormale de gauche devient, à droite, négative
normale, après une période intermédiaire de tétanisation.

éloigné. Et l'expression électrique de ce phénomène sera
positive.

Nous avons vu aussi qu'un tissu qui ne possède pas sa tonicité maxima peut la voir augmenter sous l'action d'excitations
incidentes, qui augmentent en même temps son excitabilité.
Je montrerai aussi (Chap. XXXI) que l'effet d'une excitation
incidente sur un tissu hypotonique est une augmentation analogue de la conductibilité. Il en résultera : 1° ou qu'un tissu qui

a déjà conduit une excitation d'intensité moyenne jusqu'à un point éloigné, présentera, après une excitation prolongée, une augmentation de son pouvoir conducteur; 2° ou que, dans un tissu très hypotonique, où l'excitation vraie n'a d'abord pas atteint le point de la réaction, la réaction négative d'excitation vraie est transmise ensuite, au lieu que ce soit l'effet hydrostatique positif seul.

Dans les conditions de l'expérience actuelle, où l'excitation est appliquée en un point éloigné, les doubles effets d'exaltation de l'excitabilité et de la conductibilité par la tétanisation entrent en jeu tous deux. Dans un nerf qui réagit normalement, l'augmentation de la conduction de l'excitation, et de l'excitabilité du point qui réagit, donnent lieu à une augmentation d'amplitude de la réaction (cf. *fig.* 252). Dans un nerf déprimé, après une série d'excitations successives, la conductibilité et l'excitabilité du tissu sont ensemble graduellement augmentées, et il en résulte un retour graduel consécutif de la réaction négative normale, après le stade diphasique intermédiaire (*fig.* 254). Ou, si nous ne voulons pas mettre en évidence les stades intermédiaires, nous pouvons tétaniser le nerf déprimé pendant quelque temps, et enregistrer seulement le changement final, retour à la réaction négative normale, que montre la figure 253.

Si nous prenons un des cas extrêmes, par exemple celui où la réaction à l'excitation transmise est positive et est convertie après tétanisation en une réaction négative normale, nous voyons que le premier résultat est dû à l'insuffisance de la conductibilité, qui permet à l'effet hydrostatique positif seul de déterminer une réaction. Ensuite, l'augmentation de la conductibilité, rendant possible une meilleure transmission de l'excitation vraie, donne lieu à la réaction diphasique, et enfin à la réaction négative normale. Ce résultat est analogue aux trois types de réaction, positive, diphasique et négative, que nous avons déjà obtenus avec le tissu imparfaitement conducteur du pétiole de chou-fleur et du tubercule de pomme de terre (*fig.* 47 et 48). Nous avons vu dans ce cas que quand l'efficacité de l'excitation transmise était suffisante, elle donnait naissance à la réaction négative normale. Quand elle était moins énergique, la réaction était diphasique. Enfin, quand l'effet d'excitation vraie ne pouvait pas être transmis, la réaction positive anormale apparaissait seule. Cette gradation, par suite de laquelle l'excitation transmise était rendue complète-

Fig. 254. — Transformation progressive de réactions positives anormales en réactions négatives normales, après un stade diphasique, dans un nerf de grenouille.

Cf. un effet analogue dans la réaction de la peau de gecko (*fig.* 174).

ment efficace, partiellement efficace ou inefficace pour la production de l'excitation vraie, était établie d'une manière très simple et très nette avec la pomme de terre, en éloignant le point d'excitation à une distance croissante du point de réaction. Dans les cas décrits, les trois types de réactions présentent donc, pour le même tissu, une relation certaine avec les variations de sa conductibilité effective. Si donc des résultats exactement parallèles peuvent être observés également dans le cas du nerf, il s'ensuit qu'il n'est pas nécessaire de faire intervenir une hypothèse telle que celle de l'évolution de l'acide carbonique, proposée par Waller, pour expliquer la transformation de la réaction anormale en une réaction normale.

Pour montrer comment des variations de la conductibilité
donneront naissance à ces trois types de réactions, je vais
décrire une expérience que j'ai faite avec un nerf de grenouille,
dans un état hypotonique. Dans ce cas, quand l'excitant était
placé à quelque distance du point de réaction, la réaction était
une réaction positive anormale (*fig.* 255). Quand l'intensité

Fig. 255. — Réaction positive anormale transformée en négative
normale après un stade diphasique intermédiaire par une excitation d'intensité croissante, obtenue en diminuant la distance
entre le point d'excitation et le point qui réagit.

effective de l'excitation transmise était légèrement augmentée,
en rapprochant un peu le point d'application, la réaction
devenait diphasique. Enfin, quand l'excitant était appliqué
plus près encore, la réaction devenait négative normale. Ainsi,
avec un même tissu, nous pouvons obtenir à volonté une réaction positive, négative ou diphasique, en changeant seulement
l'intensité effective de l'excitation employée. Nous avons même
vu que si nous maintenons l'excitant à une certaine distance
du point de réaction, de manière à n'obtenir d'abord qu'une
réaction positive, des excitations successives agiront en augmentant progressivement la conductibilité, et donneront lieu
ainsi aux modifications correspondantes, diphasique et négative de la réaction.

La cause finale de ces variations doit donc se trouver dans la condition moléculaire du tissu. Dans des circonstances variables, ce tissu subit un changement cyclique, et la réaction à l'excitation à un moment donné constitue une indication de la condition moléculaire particulière du tissu. Une démonstration plus complète, faite à l'aide d'une méthode différente, sera donnée plus loin. Mon principal but ici a été de montrer l'efficacité du choc thermique comme procédé d'excitation du nerf. La possibilité d'applications plus étendues de ce procédé, pour d'autres recherches, sera étudiée dans les deux Chapitres suivants.

CHAPITRE XXXI.

RÉACTION ÉLECTRIQUE DU NERF VÉGÉTAL ISOLÉ.

Tissus conducteurs spécialisés. — Nerf végétal isolé. — Méthode
permettant d'obtenir une réaction électrique dans un nerf
végétal. — Analogies des réactions du nerf végétal et du nerf
animal : *a*, action de l'éther; *b*, action de l'acide carbonique;
c, action de la vapeur d'alcool; *d*, existence de trois types de
réactions : négative, diphasique et positive; *e*, effets de la tétanisation de nerfs normaux et de nerfs modifiés. — Effet d'une
excitation croissante sur la réaction d'un tissu modifié.

Nous avons montré dans le Chapitre précédent que l'état
d'excitation est transmis à distance dans les tissus végétaux.
Nous avons aussi prouvé que cette transmission n'est pas due
à la propagation d'une perturbation hydrostatique, mais de
modifications protoplasmiques, exactement comme dans le cas
des tissus animaux. Il est évident que cette transmission sera
d'autant plus parfaite que la continuité protoplasmique sera
mieux respectée. Aussi les tissus tels que tiges et pétioles, qui
contiennent des éléments fibrovasculaires, sont bons conducteurs de l'excitation, tandis que des tissus indifférents, tels que
ceux des feuilles ou des tubercules, ne le sont que faiblement;
l'excitation dans ce dernier cas restant tout à fait localisée.

Même pour les tiges et les pétioles, on observe un contraste
entre les éléments fibrovasculaires et le parenchyme. Ainsi,
avec un pétiole de chou-fleur, j'ai fait deux préparations
expérimentales. Dans la première, le parenchyme était détaché,
les éléments fibrovasculaires restant seuls; et dans la seconde,
une colonne de parenchyme était conservée, débarrassée de
ses éléments fibrovasculaires. La première transmettait l'exci-

tation à une certaine distance, tandis que dans la dernière, la transmission était pratiquement absente. Dans une troisième préparation, je divisai en deux moitiés l'organe, enlevant dans l'une les éléments fibrovasculaires, et, dans l'autre, la plus grande partie du parenchyme. Des connexions électriques étaient ensuite établies avec les extrémités libres des tissus fibrovasculaires et du parenchyme, et l'on provoquait une excitation à l'aide d'une section transversale, ou par l'application d'une plaque chauffée, à l'union des deux moitiés. L'effet transmis était une variation électrique négative, à l'extrémité du segment composé d'éléments fibrovasculaires.

En étudiant cette question de la conduction, j'ai trouvé que l'effet transmis d'excitation s'observait d'une façon constante avec les pétioles de fougères ; les réactions successives, obtenues à distance du point d'excitation, étant dans leur cas remarquablement parfaites et uniformes.

J'ai été amené par là à conclure que la disposition des conducteurs doit être ici parfaitement bien adaptée à leur objet. J'ai longtemps voulu isoler tous les éléments qui, dans le tissu végétal, devaient être regardés comme remplissant la fonction des nerfs, et il m'a paru que j'avais trouvé ici un bon sujet pour cette recherche ; j'ai donc pu, en brisant avec précaution la dure enveloppe du pétiole et en l'écartant de part et d'autre, isoler les filaments fibrovasculaires, qui étaient longs, mous, de couleur blanche, remarquablement semblables comme aspect aux nerfs des animaux (*fig.* 256). Ces filaments sont en nombre variable suivant les espèces de fougères. Il est quelquefois possible d'en détacher un sur une longueur de 20^{m} ou plus. Le caractère essentiel du nerf est sa continuité protoplasmique, qui est assurée par sa structure fibreuse. Et dans ce que j'ai appelé le nerf végétal, nous trouvons les mêmes caractéristiques. En examinant cette structure sur une coupe transversale du pétiole, nous le trouvons enfermé dans une gaine de sclérenchyme. Elle consiste principalement en un anneau de fibres fines, avec quelques vaisseaux au centre. Mais, si remarquables que puissent paraître les ressemblances extérieures, elles sont moins étonnantes que les analogies plus fondamen-

tales qui apparaissent dès que nous soumettons ce tissu végétal à l'épreuve de la réaction électrique, qui est caractéristique
du nerf animal. Pour les recherches qui suivent, les nerfs de la
fougère commune capillaire (*Adiantum*) et de *Nephrodium molle*
paraissent convenir parfaitement.

Quand on prépare un nerf végétal pour l'expérimentation,

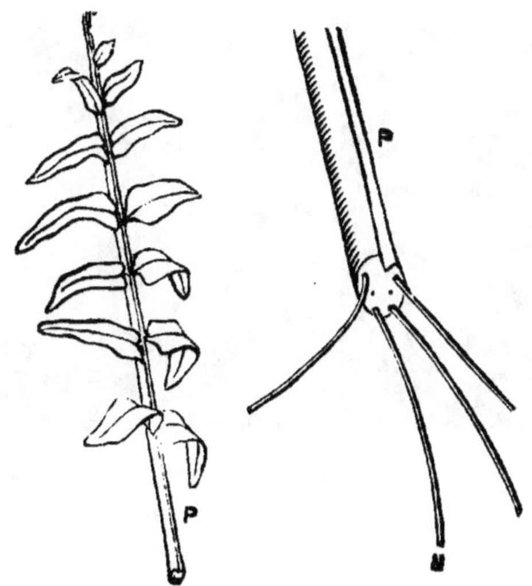

Fig. 256. — Feuille de Fougère, avec les nerfs conducteurs N,
visibles sur la figure agrandie de droite

il est possible de le disséquer sans le léser. Il est alors placé
dans une solution saline normale pendant environ une demi-
heure, de manière à éliminer toute trace d'excitation due aux
manipulations. Quand la température extérieure n'est pas
élevée, l'excitabilité du nerf végétal isolé paraît relativement
peu affectée pendant une période assez longue, mais dans une
atmosphère chaude, elle subit une diminution rapide, et le
seul moyen qui m'ait permis d'éviter cette difficulté a été de
placer l'organe dans une solution saline normale glacée. Les
précautions expérimentales à prendre sont exactement les
mêmes que pour les expériences semblables sur les nerfs d'animaux, c'est-à-dire que l'organe doit être placé dans une

chambre humide. Car la sécheresse paraît amener une augmentation passagère de l'excitabilité, suivie d'une abolition permanente de la faculté de réaction, dans un cas comme dans
l'autre. Pour obtenir des réactions, on peut tuer une extrémité
de l'organe par une application locale d'une solution salée très
chaude. Des connexions électriques sont alors établies, l'une

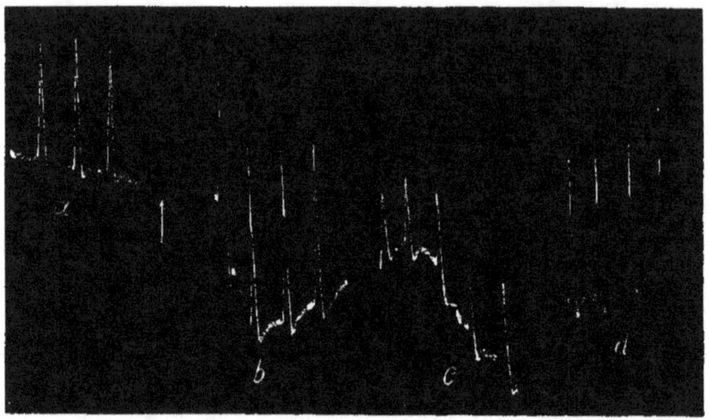

Fig. 257. — Tracé photographique de l'action de l'éther·
sur la réaction électrique du nerf végétal.

a, Réaction normale, application d'éther au point marqué ↑ ;
b, Réaction plus ample au premier stade de l'action de l'éther;
c, Dépression consécutive; *d*, Rétablissement de la réaction
normale après évaporation de l'éther.

avec la partie tuée, l'autre plus haut, avec les parties saines
de l'organe. Pour s'assurer que l'indication électrique correspond à une réaction véritable, il est bon d'employer une forme
non électrique d'excitation. Une des formes les plus parfaites,
comme nous l'avons vu dans le Chapitre précédent, sur l'excitation du nerf de l'animal, est l'excitation thermique, et elle
peut être appliquée ici de la même manière, à l'aide d'un fil
de platine entourant la zone étudiée de l'organe sans être
nécessairement en contact avec elle; ce fil est chauffé périodiquement de la manière que nous avons décrite précédemment,
par un circuit électrique que ferme un métronome. Avec un

organe bien préparé, un seul choc thermique, durant moins
d'une seconde, sera suffisant pour provoquer une forte réaction
électrique; une réaction d'amplitude plus grande encore peut
être obtenue par les effets additionnés de plusieurs excitations
semblables. Une des différences les plus remarquables entre
ce nerf végétal et les autres tissus végétaux est son excitabilité
plus grande.

Une autre caractéristique est son infatigabilité. Une longue

Fig. 258. — Tracé photographique de l'action de CO_2
sur la réaction électrique du nerf végétal.

a, Réactions normales; *b* et *c*, Réaction plus ample au début
de l'action; *d* et *e*, Dépression ultérieure croissante.

série de réactions à des excitations uniformes, qui, dans le cas
de tissus ordinaires, amèneraient une fatigue marquée, en
produira peu ou pas dans le cas du nerf. Des chocs tétanisants,
se succédant rapidement, qui dans d'autres tissus amènent
une diminution rapide de la réaction, n'amènent en général
qu'une très faible diminution de la réaction du nerf. Dans le
cas de ce nerf végétal, on peut faire les mêmes constatations.
Une série prolongée de réactions ne montre que peu de fatigue.
Et, après tétanisation, nous trouvons que les réactions du nerf
animal ou végétal sont augmentées.

Dans les effets produits par les réactifs chimiques sur les
nerfs animaux et végétaux, on observe aussi un parallélisme
étroit. On peut le voir plus en détail dans le Chapitre suivant.
Je me limiterai ici à quelques cas typiques. L'éther, par exemple,

en agissant sur un nerf animal, produit une exaltation préalable de l'excitabilité, qui est suivie d'une dépression quand l'action est prolongée. En chassant les vapeurs d'éther, l'état d'excitabilité initial reparaît. La figure 257 montre les effets semblables de ce réactif sur le nerf végétal : *a* montre la réaction normale; *b*, l'exaltation immédiate due à l'éther; *c*, l'effet de dépression consécutif, qui devient marqué après une action

Fig. 259. — Tracé photographique montrant trois types de réaction, négative normale, diphasique et positive anormale, avec un nerf de Fougère sous divers états.

continue de 25 minutes; et *d*, le retour à l'état initial après évaporation de l'éther.

L'acide carbonique est connu, dans le cas du nerf animal, pour produire, au premier stade, ou en petite quantité, une exaltation qui, par prolongation de son action ou après une application plus énergique, devient une dépression. Un effet semblable se voit dans la figure 258, où *a* montre la réaction normale d'un nerf végétal, et *b*, l'exaltation préliminaire due à l'acide carbonique introduit dans la gaine du nerf végétal. Elle augmente d'une manière continue pendant environ 20 minutes en *c*. Mais après une demi-heure, la dépression apparaît en *d*. Elle devient plus marquée après 40 minutes en *e*.

Les vapeurs d'alcool, en application forte ou prolongée, amènent une diminution marquée de la réaction du nerf animal. Des effets parallèles se voient aussi pour le nerf végétal.

Un caractère très curieux de la réaction électrique du nerf
de grenouille est l'existence de deux types distincts de réactions,
suivant sa condition. Ainsi, comme nous l'avons déjà dit,
tandis que le nerf très excitable présente la réaction négative
normale, le même, s'il est hypotonique, présentera une réaction mixte ou diphasique, et un nerf qui sera encore plus

Fig. 260. — Tracé photographique montrant l'augmentation
d'amplitude de la réaction négative normale du nerf de Fougère
par la tétanisation.

Les réactions normales de la première série sont plus amples
après la tétanisation T.

profondément modifié, présentera une réaction complètement
anormale, ou positive. Dans le cas du nerf végétal, je trouve les
trois mêmes types répétés dans les mêmes conditions (*fig.* 254).
Les réactions normales, qui sont négatives, sont représentées
ici comme ascendantes ; les positives anormales, comme descendantes.

Plus remarquable encore est le parallélisme entre les effets
de la tétanisation sur les nerfs animaux ou végétaux, normaux
ou modifiés. Dans le cas du nerf frais de grenouille, les réactions

sont, comme nous l'avons vu, augmentées après une période
de tétanisation. L'effet de la tétanisation sur le nerf végétal
est identique (*fig.* 260). Pour le nerf modifié de grenouille, la
réaction tend, après tétanisation, à redevenir normale, la réaction anormale, positive ou diphasique, revenant au type
négatif. J'ai obtenu les mêmes effets avec le nerf végétal

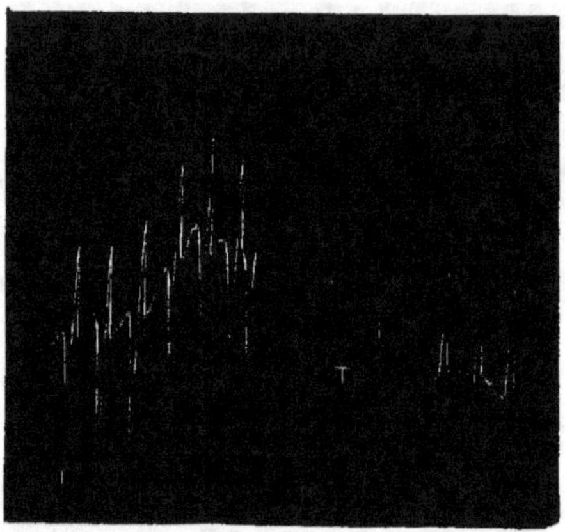

Fig. 261. — Tracé photographique montrant la conversion de la
réaction diphasique anormale en une réaction négative normale,
après tétanisation, dans un nerf de Fougère.

modifié : la figure 261 montre la réaction diphasique anormale convertie après tétanisation en une réaction négative
normale.

Ainsi, comme pour le nerf animal, dans le nerf végétal, la
tétanisation augmente la réaction normale, ou transforme la
réaction anormale en une réaction normale. Nous trouvons
que la réaction anormale du nerf est due à la diminution jointe
de la conductibilité et de l'excitabilité, par suite de quoi la
réaction positive seule se produit, au lieu de la réaction négative d'excitation vraie. En expérimentant avec le nerf de
grenouille, nous avons vu que cette réaction anormale pouvait
à volonté être transformée en une réaction normale, après un
stade diphasique intermédiaire, en augmentant convenable-

ment l'intensité d'excitation effective. Un moyen simple d'y parvenir est d'amener l'excitant graduellement plus près du point de réaction. Dans la réaction du nerf végétal, on observe des effets exactement parallèles.

Avec un fragment donné de nerf végétal, l'excitant avait été d'abord placé à 2ᶜᵐ du contact électrique proximal et les

Fig. 262. — Tracé photographique montrant comment la réaction positive anormale devient diphasique, puis négative normale, par suite de l'accroissement d'intensité de l'excitation, obtenue en diminuant la distance entre le point d'excitation et le point qui réagit.

réactions enregistrées ensuite avaient été des réactions positives anormales. L'excitant ayant été rapproché, et la distance réduite à 1ᶜᵐ, les deux réactions suivantes étaient diphasiques, comprenant une phase positive suivie d'une phase négative. La distance était ensuite réduite jusqu'à 0ᶜᵐ, 5, et la réaction devenait négative normale (*fig.* 262). On voit ainsi qu'il y a une continuité pour un même tissu, entre la réaction anormale et la normale, par l'intermédiaire d'un stade diphasique.

Par les diverses expériences signalées dans ce Chapitre, on voit que la réaction du nerf végétal isolé est en tout semblable aux réactions correspondantes du nerf animal. Nous verrons aussi comment, par l'étude de ce nerf végétal, nous pourrons éclaircir bien des obscurités de la réaction du tissu animal correspondant. Nous étudierons en détail dans le Chapitre suivant la question des modifications de la conductibilité et de l'excitabilité du nerf végétal produite par divers agents externes, et nous verrons qu'elles présentent le parallélisme le plus étroit avec les variations correspondantes chez l'animal.

CHAPITRE XXXII.

LA BALANCE POUR LA MESURE DE LA CONDUCTIBILITÉ.

Réceptivité, conductibilité et réactivité. — Nécessité de les distinguer. — Avantages de la méthode de la balance. — Comparaison simultanée des variations de la réceptivité, de la conductibilité et de la réactivité. — La balance pour la mesure de la conductibilité. — Action de CO_3Na_2 sur le nerf de grenouille. — Action de SO_2Cu. — Action des réactifs chimiques sur le nerf végétal. — Action de $CaCl_2$ sur la réactivité. — Variations de la réactivité par KCl. — Comparaison des effets simultanés de $NaCl$ et de $NaBr$ sur la réactivité. — Action de CO_3Na_2 à diverses concentrations sur la conductibilité. — Démonstration de l'existence de deux éléments différents dans la conductibilité : la vitesse et l'intensité. — La conductibilité par rapport à la réactivité : *a.* Action de KI; *b.* Action de NaI. — Action de l'alcool sur la réceptivité, la conductibilité et la réactivité. — Comparaison des effets simultanés de l'alcool : *a.* Sur la réceptivité par rapport à la conductibilité; *b.* Sur la réceptivité par rapport à la réactivité.

Nous savons qu'un point d'un tissu réagit quand il est soumis à une excitation externe. Cette excitation est ensuite conduite à travers le tissu, et peut se manifester en un point éloigné par une indication particulière, telle qu'une réaction motrice ou électrique. Il y a ainsi trois aspects différents de l'effet d'excitation, qui doivent être distingués les uns des autres : 1º l'effet d'excitation au point de réception de l'excitation, que j'appellerai *excitabilité de réception,* ou *réceptivité; 2º* le pouvoir de transmission de l'excitation, ou *conductibilité; 3º* l'effet d'excitation produit au niveau du point éloigné qui réagit, que j'appellerai *réactivité.* Bien que ces trois aspects de la réaction à l'excitation soient tous également dépendants de la perturbation moléculaire causée par l'excitation, il est cependant important de les considérer séparément, parce que leurs variations ne sont pas toujours parallèles dans les mêmes circonstances. Le terme d'excitabilité est couramment employé au lieu de réceptivité ou de réactivité. Je montrerai au cours de ce Chapitre qu'il est important de faire une distinction entre ces propriétés, puisque le même agent externe peut affecter chacune différemment ('). Dans les recherches qui suivent, l'excitabilité de réception, ou réceptivité, sera représentée par R, et l'excitabilité de réaction, ou réactivité, par E.

Pour déterminer l'effet d'une cause extérieure, telle que l'application d'un réactif chimique, sur l'excitabilité de réaction, dans le cas du nerf animal, on a l'habitude de prendre une série de réactions normales, et d'enregistrer ensuite les réactions modifiées, après l'application du réactif. En comparant un certain nombre de cès séries de tracés, représentant l'action des divers réactifs sur divers tissus, on peut déterminer l'effet relatif de chaque réactif chimique. L'inconvénient de cette méthode est que, par l'addition du réactif chimique, la résistance du circuit électrique subit une modification indéterminée, amenant ainsi une variation de l'amplitude de la réaction, qui n'est pas nécessairement due à la variation électromotrice elle-même produite par l'excitation. Il est vrai que cette difficulté peut être plus ou moins complètement écartée en interposant dans le circuit extérieur une forte résistance; mais celle-ci, en diminuant la déviation, diminue nécessairement aussi la sensibilité de la méthode. Des tissus différents ne peuvent en outre être caractérisés que par de légères particularités individuelles, et les dispositifs expérimentaux peuvent donc seulement être considérés comme parfaits, quand nous pouvons comparer les effets de deux agents sur un même tissu. Avec une série de composés chimiques dont les effets présentent de faibles différences seulement, il faut trouver un dispositif tel, qu'on distingue nettement les variations les plus faibles

---

(¹) *Voir* aussi BOSE, *Réactions des plantes*, p. 215-230.

produites par l'excitation. La même sensibilité dans le dispositif expérimental devient aussi nécessaire quand nous voulons étudier les variations suivant le temps et la quantité de l'application.

Des considérations analogues se présentent quand nous essayons d'observer les effets des divers agents sur la conductibilité et la réceptivité ; et les difficultés à surmonter sont encore plus complexes quand nous avons à étudier la conductibilité indépendamment de la réactivité ou de la réceptivité, ou la réceptivité indépendamment de la réactivité, sous l'action du même agent externe. Les méthodes jusqu'ici en usage ne sont ni assez précises, ni assez sensibles, pour servir à une détermination complète et satisfaisante des divers problèmes qui se présentent dans ce cas. Je vais décrire une méthode parfaite et très sensible, qui comporte un dispositif que j'ai imaginé, et que j'appellerai *Balance de conductibilité*, à l'aide duquel on peut comparer d'une manière continue les variations produites dans une région modifiée avec une zone normale à chacun des trois points de vue, conductibilité, réactivité et réceptivité. Dans cette méthode, le résultat n'est même pas modifié par des variations de résistance du circuit qui pourraient se produire au cours de l'expérience. Elle nous permet aussi de résoudre les diverses difficultés qui se présentent dans la comparaison des modifications relatives de la conductibilité avec celles de la réceptivité ou de la réactivité, ou des deux dernières respectivement, sous l'action d'un réactif donné.

La figure 263 représente un diagramme des principales parties de la balance de conductibilité. L'excitateur thermique détermine l'excitation de la portion du tissu qui y est enfermée. L'onde d'excitation suit les deux bras de la balance, à travers les régions conductrices C et C', et produit des effets électromoteurs d'excitation au niveau des deux points où se fait la réaction, E et E'. Les effets électriques de l'excitation en E et en E' sont opposés, et, quand ils sont égaux et qu'ils se compensent, l'aiguille du galvanomètre est ramenée au zéro. E et E' sont en général séparés par une distance de 4^{cm}. Quand

l'excitant est amené trop près du contact de gauche E', l'effet
électrique négatif d'excitation qui s'y produit est relativement
plus intense qu'en E. L'équilibre est ainsi rompu, et la déviation résultant de la réaction sera, par exemple, dirigée vers le
bas. Si au contraire l'excitant est placé trop près du contact E
à droite, la déviation se fera vers le haut (¹). Par un déplacement convenable de l'excitant de part et d'autre entre ces deux
extrêmes, on peut trouver un point où les effets d'excitation
en E et en E' s'équilibreront exactement. Je donne dans la

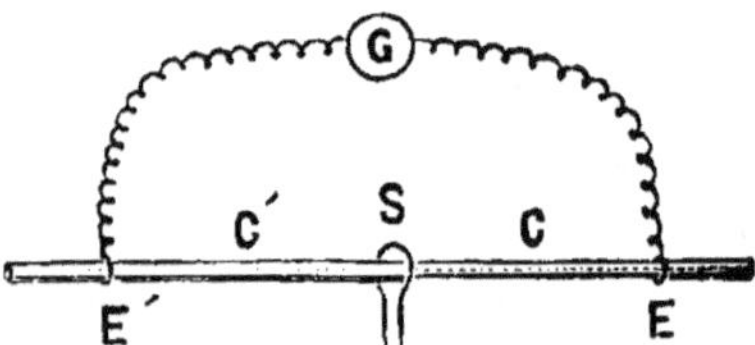

Fig. 263. — Diagramme représentant la balance pour la mesure
de la conductibilité.

S, excitateur thermique ; C et C', les bras conducteurs de la balance ;
    E et E', points de réaction. Les effets électriques d'excitation
    différentielle en E et E' sont enregistrés par le galvanomètre G.

figure 264 un tracé pris pendant ce stade préliminaire de réglage.
Les deux premières réactions, dirigées en bas, étaient obtenues
quand l'excitant était trop à gauche du point d'équilibre. Les
deux suivantes dirigées, en haut, étaient obtenues quand il
était au contraire trop à droite. Un réglage plus précis diminuait cette déviation en haut, comme le montrent les deux
réactions suivantes, et finalement, quand le point d'équilibre
exact était atteint, l'effet était nul, comme le montre l'horizon-
talité du tracé.

Pour étudier la question des variations de l'excitabilité
résultant de l'application d'un réactif donné, on applique le
réactif au point E, à droite. Toute variation de l'excitabilité

(¹) Il est entendu que tout cela se rapporte à un nerf dont la
conductibilité est normale.

rompra l'équilibre de la balance. Si le réactif est un excitant, nous obtiendrons une réaction résultante dirigée vers le haut ; mais s'il est dépresseur, E deviendra le moins excitable des deux points, et la réaction sera dirigée vers le bas. On voit

Fig. 264. — Tracé photographique obtenu pendant le réglage préliminaire de la balance avec un nerf de Fougère.

Les deux premières réactions descendantes indiquent un déséquilibre, S étant trop à gauche ; E est alors relativement plus excité. Les réactions ascendantes indiquent un déséquilibre dû à ce que S est trop à droite. Le tracé horizontal montre que l'équilibre exact est obtenu.

ainsi que la rupture d'équilibre de la balance, qui donne lieu à des réactions ascendantes ou descendantes, est due simplement à l'effet d'excitation ou de dépression relative du réactif, et est complètement indépendante de toute variation de résistance qui pourrait résulter de son application. Dans le cours des recherches qui suivent, il faut se rappeler que les connexions électriques sont disposées de façon qu'une excitation plus forte, au contact de droite, est toujours représentée par une réaction ascendante, et inversement. S'il fallait faire une comparaison entre les réactions obtenues avec deux réactifs, on appliquerait les deux réactifs simultanément, l'un en E et l'autre en E'. Le tracé résultant nous offre une illustration graphique con-

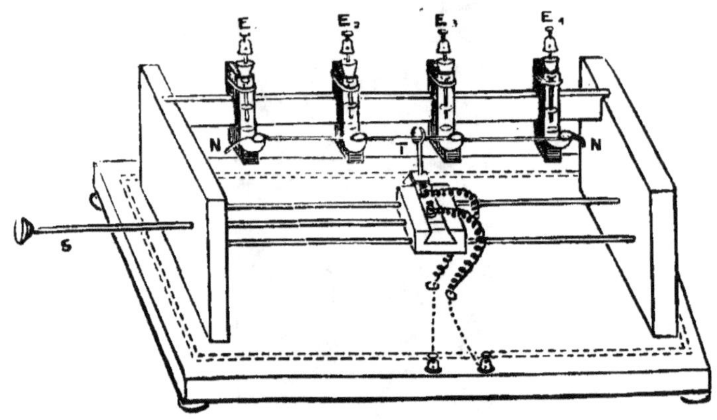

Fig. 265. — Dispositif complet de la balance pour la mesure de la conductibilité.

Le nerf N est fixé à des électrodes E_2, E_3. Les deux autres électrodes E_1, E_4 ne sont pas utilisées dans cette expérience, mais servent à des expériences sur l'électronus; T, excitateur thermique; les longueurs relatives des bras de la balance sont réglées à l'aide du chariot S.

tinue des variations relatives des effets de chacun des deux réactifs.

Si nous voulons étudier l'influence d'un agent quelconque sur la conductibilité, nous prendrons d'abord un tracé d'équilibre, et nous appliquerons ensuite le réactif à étudier sur une surface d'environ 1^{cm} en C, sur le bras conducteur. Dans ce cas, les excitabilités modifiées par les réactions des deux points E et E' sont les mêmes; mais si l'effet du réactif a été d'augmenter la conductibilité de C, l'excitation transmise en E, du côté droit, sera plus forte, et la réaction produite par la rupture d'équilibre de la balance sera dirigée en haut. Inversement, une réaction dirigée en bas indiquera que l'effet du réactif a été de diminuer la conductibilité. Nous pouvons aussi comparer les effets relatifs sur les variations de la conductibilité produits

Fig. 266.   Fig. 267.

Fig. 266. — Action d'une solution de $CO^3 Na^2$
sur l'excitabilité de réaction du nerf de grenouille.

Dans ce tracé et dans les suivants, le trait horizontal du début indique l'équilibre exact. La déviation de la balance en haut représente, ou une augmentation de la réactivité du point qui réagit à droite, E, ou une augmentation de la conductibilité du bras de droite, C. Les déviations en bas représentent les dépressions correspondantes, absolues ou relatives. Le $CO^3 Na^2$, appliqué en E, augmente la réactivité de ce point.

Fig. 267. — Action de $SO^4 Ca$ sur le nerf de grenouille.
La descente du tracé montre une diminution de l'excitabilité.

par deux réactifs différents, qui sont appliqués simultanément l'un sur le bras C et l'autre sur C'.

Il est encore possible de comparer les variations de la conductibilité et celles de la réactivité, en appliquant un réactif sur une région qui réagit, par exemple E, et l'autre sur le bras opposé de la balance, en C'. Nous allons décrire à présent la méthode d'exploration des variations de la réceptivité.

La figure 265 nous montre l'appareil complet. Le nerf animal ou végétal, NN, repose sur des électrodes impolarisables en forme de U. Pour les expériences qui suivent, deux électrodes,

E^2 et E^3 suffisent, leur distance réciproque pouvant être modifiée à l'aide d'un mouvement de glissement le long d'une barre.
Le même appareil pourrait être utilisé pour des expériences
sur l'électrotonus, pour lesquelles il suffirait de deux électrodes
supplémentaires. La situation de l'excitateur électrothermique T
peut être réglée très soigneusement de manière à donner la

Fig. 268. — Tracé photographique montrant l'augmentation
de la réactivité par une application de $Ca\,Cl^2$.

On voit que $Ca\,Cl^2$ appliqué en E augmente la réactivité de ce point.

position d'équilibre, à l'aide d'un mouvement de glissement le
long de la tige S. Un châssis de verre, qui n'est pas reproduit
sur la figure, s'ajuste dans la rainure qui est représentée par une
double ligne pointillée encadrant l'appareil, et permet de
maintenir dans l'enceinte où se trouve le nerf une humidité
convenable. Dans toutes ces expériences avec la balance, il
faut se rappeler que le réglage est toujours disposé de telle
sorte qu'on ait l'équilibre parfait au commencement du tracé,
représenté sur les courbes par une courte ligne plus ou moins
horizontale.

Pour montrer les effets typiques des variations de l'excitabilité en rapport avec la rupture de l'équilibre de la balance, je donnerai d'abord des tracés d'expériences faites avec un nerf de grenouille. Le carbonate de soude dilué est connu comme augmentant l'excitabilité. Une application prolongée, ou l'application d'une dose plus forte, peut cependant amener une diminution de cette excitabilité. Quand une solution diluée de carbonate de soude était appliquée au point qui réagit, E,

Fig. 269. — Tracé photographique montrant la diminution de l'excitabilité de réaction par l'application de K Cl.

à droite, le déplacement en haut de la balance signalait immédiatement l'augmentation de l'excitabilité produite par le réactif. L'action prolongée de ce réactif montrait cependant que cette augmentation d'excitabilité diminuait graduellement (*fig.* 266).

Pour déceler la modification caractéristique causée par un agent dépresseur, j'employai sur un autre tissu une solution toxique de sulfate de cuivre, que j'appliquai en E, à droite. L'état primitif d'équilibre se voit dans la partie initiale horizontale du tracé, et la diminution d'excitabilité consécutive en E se manifeste par la déviation en bas de la balance (*fig.* 267).

Je vais à présent étudier les changements produits par les agents chimiques sur l'équilibre des nerfs végétaux, et je commencerai par décrire les divers effets qui peuvent résulter de

l'application de sels de calcium et de potassium. Pour cela.
j'employai des solutions décinormales. La figure 268 montre
l'effet du chlorure de calcium sur un nerf végétal, la solution
étant appliquée en E, du côté droit. On remarquera que cette
application détermine une rupture d'équilibre de la balance,
et donne lieu à une augmentation de l'excitabilité qui devient
considérable au bout de 5 minutes. Dans le cas du chlorure de

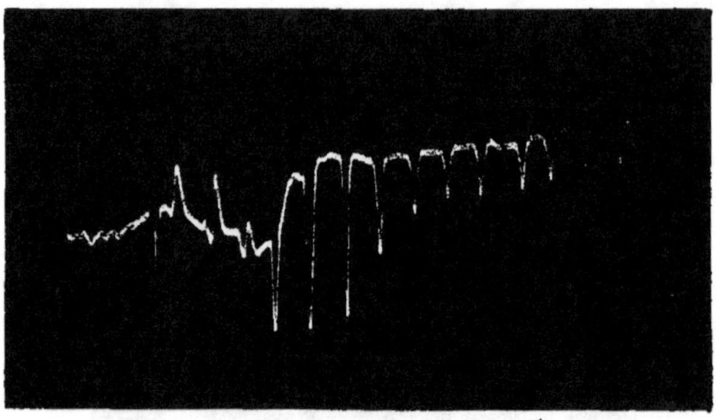

Fig. 270. — Tracé photographique montrant les effets comparés
de Na Cl et Na Br sur la réactivité.

Na Cl était appliqué en E', et Na Br en E, la formule étant
$E_{NaCl} E'_{NaBr}$. Le tracé montre une action plus intense et plus précoce de Na Br en E, qui détermine une excitation relative
suivie d'une dépression.

potassium, cet effet était inversé, c'est-à-dire qu'il se produisait une dépression. On le voit par la figure 269, où le tracé de
la balance montre d'abord une réaction diphasique, puis une
réaction descendante qui indique l'existence d'un effet de
dépression en E. Ces deux expériences montrent le rôle du ra-
dical basique dans la production de modifications de l'excitabilité de réaction.

Je vais à présent décrire des expériences qui permettent de
comparer les effets simultanés de deux réactifs différents sur
la réactivité d'un tissu donné. Pour cela, on applique un des
réactifs à une extrémité de la balance, E, l'autre étant appliqué
en E'.

Dans le cas du nerf animal, Grützner a montré que le Na Cl et le Na Br produisent tous deux des effets d'excitation, celui produit par le Na Br étant relativement le plus énergique. Mais l'action prolongée de l'un de ces réactifs produit une dépression, qui apparaît plus tôt dans le cas du Na Br. L'action

Fig. 271. — Tracé photographique de l'action d'une solution étendue (à 0,5 pour 100) de CO^3Na^2 sur la variation de la conductibilité.

Le réactif était appliqué sur le bras droit C. Le tracé montre une augmentation immédiate de la conductibilité, qui détermine une ascension de la courbe, suivie d'une dépression, que montrent les descentes de la courbe. On notera l'apparition d'une oscillation descendante au commencement de la sixième réaction, due à l'arrivée tardive de l'excitation en E. On notera ensuite le remplacement des réactions dirigées en haut par des réactions croissantes dirigées en bas.

de ces deux réactifs sur le nerf végétal est précisément la même, comme on le verra par le tracé de la figure 270. Le Na Br était appliqué sur le côté droit E, et le Na Cl à gauche, en E', ce qu'on peut représenter en abrégé par la formule $E_{NaCl}E_{NaBr}$. L'effet d'excitation plus intense et plus précoce du Na Br appliqué du côté droit se reconnaît à ce que la réaction résultante est dirigée en haut. Mais, au bout de quelque temps, E étant alors déprimé par la prolongation de l'action du Na Br, l'effet du Na Cl appliqué à gauche devient relativement prédominant, ce que montre la déviation de la balance dans le sens opposé, avec une réaction concomitante dirigée en bas.

Nous allons aborder la question des variations de la conductibilité. Nous avons vu que des solutions diluées de $CO^3 Na^2$ ont pour effet d'exalter l'excitabilité de réaction.

Des applications prolongées, ou des solutions fortes, ont pour effet d'amener une dépression. De même, je trouve que ce

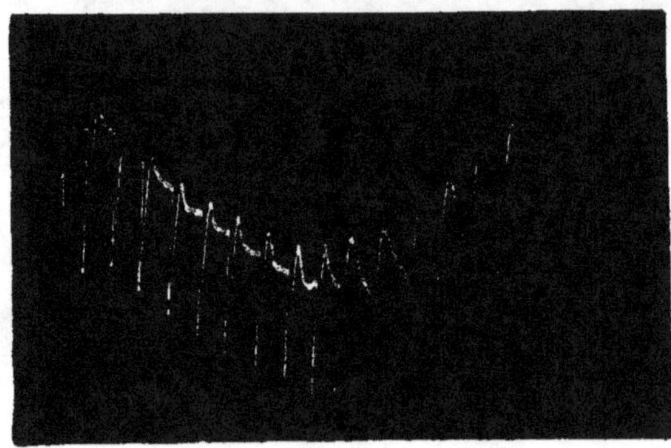

Fig. 272. — Tracé photographique de l'effet d'une dose plus forte (2 pour 100) d'une solution de $CO^3 Na^2$ sur la conductibilité.

La solution était appliquée sur le bras droit de la balance C. On notera la dépression croissante et l'apparition d'un effet diphasique.

réactif a pour effet d'augmenter la conductibilité, pourvu que la solution soit suffisamment diluée. Dans le cas des pétioles de fougère, une solution à 2 pour 100 détermina une exaltation préliminaire de l'excitabilité, suivie d'une dépression (p. 113). En étudiant les variations de la conductibilité de certains nerfs végétaux isolés, on trouvait qu'une solution à 2 pour 100 déterminait une diminution de la conductibilité, tandis qu'une solution à 5 pour 100 déterminait une augmentation, suivie d'une diminution quand l'application était prolongée.

Ces faits sont illustrés d'une manière très intéressante par les tracés des figures 271 et 272. Dans ces deux cas, la solution

était appliquée sur la branche droite de la balance en C, avec
cette seule différence, que dans la première expérience la concentration de la solution était de 0,5, et dans la seconde, de
2 pour 100. La figure 271 montre que l'application de la pre-

Fig. 273. — La réactivité par rapport à la conductibilité
sous l'action de KI.

Ce tracé photographique montre l'action de KI sur la réactivité
et la conductibilité, quand le réactif est appliqué en E' et C
simultanément. La formule est $E'_{KI} C_{KI}$. Le tracé montre que
la dépression de la réactivité est plus grande que celle de la
conductibilité.

mière solution déterminait immédiatement une augmentation
considérable de la conductibilité, qui donnait lieu à des réactions dirigées en haut, surtout marquées pendant les quatre
premières minutes.

Cette augmentation de la conductibilité paraissait ensuite
régresser d'une manière continue, puis s'inverser, et l'on observait alors une dépression croissante, que montrent les réactions

croissantes dirigées en bas. Ce tracé mérite une attention spéciale, car il nous fournit la notion d'un phénomène qui, autrement, n'aurait pu être soupçonné. Une conductibilité plus grande est en général associée à une augmentation de

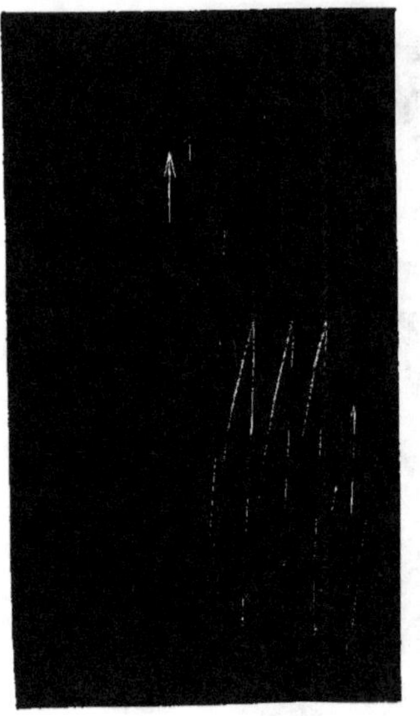

Fig. 274.   Fig. 275.

Fig. 274. — La réactivité par rapport à la conductibilité
sous l'action de Na I.

La formule est, dans ce cas, E'_{NaI}. C_{NaI}. Le tracé photographique montre une action inverse de celle de KI précédemment décrite : la dépression est ici relativement plus grande pour la conductibilité que pour la réactivité.

Fig. 275. — Action de l'alcool sur la réactivité du nerf de grenouille.
La déviation de la balance vers le bas indique une dépression.

la vitesse de transmission. Il semblerait cependant que le terme de conductibilité désigne en réalité deux phénomènes qui peuvent n'être pas toujours concomitants. C'est ainsi qu'une augmentation de la conductibilité peut correspondre, soit à une augmentation de la vitesse de transmission de l'excitation,

soit à une augmentation de l'intensité de l'excitation transmise. Dans les quatre premières courbes de la série ci-contre,
l'augmentation de la conductibilité se reconnaît à l'existence
de réactions dirigées en haut exclusivement. La cinquième
courbe montre une oscillation préliminaire nette dans le sens
négatif, suivie d'une réaction de grande amplitude dirigée en
haut. On peut en conclure que l'effet d'excitation a atteint

Fig. 276. —- Tracé photographique de l'action de la vapeur d'alcool
sur la réceptivité.

Les trois réactions de gauche sont normales; l'amplitude augmente
après une application d'éther au point de réception.

l'extrémité droite E plus tardivement que la gauche, bien que
l'excitation soit encore restée plus intense. En prolongeant
l'action du réactif, on voyait ensuite l'intensité diminuer, si
bien que cette réaction diphasique se transformait finalement
en une réaction monophasique dirigée en bas, croissant graduellement jusqu'à un maximum. Dans la figure 272, nous voyons
la diminution de la conductibilité produite par une dose plus
forte d'une solution de CO^3Na^2 à 2 pour 100 appliquée du côté
droit, en C. Ici aussi, nous pouvons voir les effets séparés des
deux éléments de la conductibilité, l'intensité de l'effet transmis,
et la vitesse de transmission. Dans les premières réactions de

cette série, nous voyons la diminution de l'intensité de transmission du côté droit donner lieu à des réactions uniquement dirigées en bas. Plus tard, cette transmission d'une excitation affaiblie est en outre retardée, et de la différence de phase ainsi produite résultent les effets diphasiques croissants qui ont été déjà expliqués (*fig.* 85). Par suite de cette différence de phase croissante, les deux effets opposés ne se neutralisent plus aussi complètement qu'auparavant, et nous voyons une amplitude croissante des deux phases élémentaires. La partie descen-

Fig. 277. — Tracé photographique de l'action de l'alcool
sur la conductibilité.

Les trois réactions amples de gauche montrent l'effet normal d'excitation transmise. Les réactions sont presque abolies, comme on le voit à droite, par la dépression de la conductibilité.

dante de la réaction diphasique crorrespond à une arrivée plus précoce, et à une intensité relativement plus grande, de l'effet d'excitation au contact de gauche E'. Et la courbe ascendante correspond à l'arrivée plus tardive d'un effet moins intense au contact de droite E. On voit ainsi nettement que la conductibilité comprend deux éléments différents, vitesse et intensité, qui peuvent ne pas varier ensemble dans tous les cas.

Je vais à présent décrire des expériences qui montreront les variations de la conductibilité indépendamment de l'excitabilité à la suite de l'action d'un même réactif. Dans le nerf animal, l'excitabilité est diminuée par l'application de solutions concentrées de sels neutres, et les sels de potassium sont plus dépresseurs que les sels de sodium correspondants. Mais les sels neutres en général affectent beaucoup moins la conductibilité que la réactivité. Il y a cependant une curieuse exception à cette règle dans le cas du nerf animal, où une solution de NaI à 6,1 pour 100 affecte la conductibilité beaucoup plus que la réactivité.

Je trouve un parallélisme remarquable avec ces effets dans

Fig. 278. — Tracé photographique montrant l'action de l'alcool
sur la réactivité.

a. Réactions normales, diminuées, après application d'alcool, en *d*;
et transformées ensuite en réactions positives anormales *c*.

le cas du nerf végétal, qui peut être montré d'une manière frappante par la méthode comparative des variations simultanées de la conductibilité et de l'excitabilité que nous avons déjà décrite. Pour montrer ces effets opposés de KI et de NaI sur la conductibilité et sur l'excitabilité, je vais rappeler ici deux expériences. Dans la première, après avoir obtenu l'équilibre préliminaire, KI était appliqué en C sur la branche droite, le même réactif étant aussi appliqué à l'extrémité E′ de la branche gauche, ce que représente la formule $E'_{KI}C_{KI}$. Le tracé de la figure 273 montre, par les réactions ascendantes résultantes, que la réactivité en E′ a été diminuée plus que la conductibilité en C. Dans l'expérience suivante (*fig.* 274) NaI était appliqué au lieu de KI en C à droite, et en E′ à gauche, la formule représentative étant ainsi $E'_{NaI} C_{NaI}$. Les réactions résultantes étaient alors dirigées en bas, montrant qu'il y avait une diminution relativement plus grande de la conductibilité que

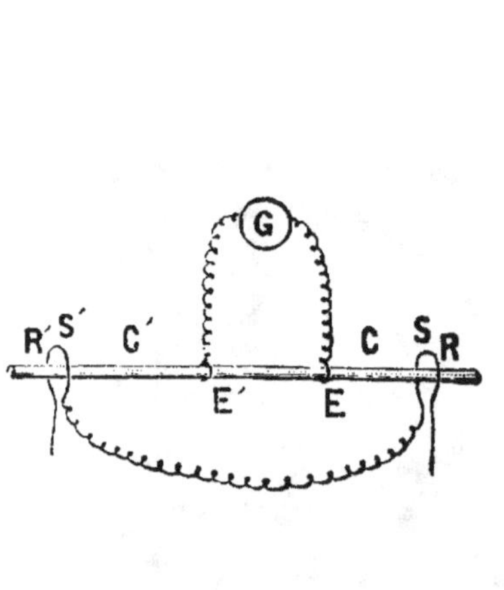

Fig. 279.   Fig. 280.

Fig 279. — Diagramme représentant un dispositif expérimental
pour l'étude de la réceptivité par rapport à la conductibilité,
ou de la réceptivité par rapport à la réactivité.

S et S' sont des spires chauffantes en série, servant à l'excitation;
R et R' sont les points de réception qu'elles entourent; C et C',
les bras conducteurs; E et E', les points de réaction.

Fig. 280. — Réceptivité par rapport à la réactivité,
sous l'action de l'alcool.

L'alcool était appliqué au point de réception de gauche, R', et
au point de réaction de droite, E. La formule était $R'_{alc} E_{alc}$.
Le tracé photographique montre l'augmentation relative de la
réceptivité.

de la réactivité. Au point de vue de la conductibilité et de la
réactivité, les effets des deux réactifs KI et NaI sont donc
inverses.

Pour observer l'effet de l'alcool sur le tissu nerveux à l'aide de la balance, j'expérimentai d'abord avec le nerf de grenouille. Une solution à 5 pour 100 était appliquée au point qui réagit E'. On voit (*fig. 275*) qu'elle produit une diminution de la réactivité. Une solution plus étendue produit en général une augmentation préliminaire suivie d'une diminution.

Nous avons dit dans le Chapitre précédent que quand la vapeur d'alcool était envoyée à travers la chambre contenant le nerf végétal, les réactions disparaissaient rapidement. Ce résultat était dû à l'action combinée des variations de la réactivité, de la conductibilité et de la réceptivité, dont les unes peuvent se produire dans le sens positif, tandis que les autres se produisent dans le sens négatif. Pour déterminer le rôle de chacun de ces éléments, il faut donc faire des expériences séparées. J'ai fait cette détermination, à l'aide de la méthode de la variation négative, où le contact électrique proximal était pris sur un point intact, et le distal sur un point lésé. La première de ces expériences portait sur les variations de la récep, tivité. L'excitateur thermique était muni d'un écran de mica si bien que la zone de réception était strictement limitée au centre de la spire de platine chauffante. On enregistrait d'abord des réactions normales ; puis, sur la zone de réception, on appliquait une solution d'alcool à 1 pour 100, et l'on enregistrait les réactions modifiées. La figure 276 montre les résultats, et donne une démonstration frappante de l'augmentation de la réceptivité produite par l'action de l'alcool étendu.

L'effet sur la conductibilité offre un curieux contraste avec le précédent. En appliquant une solution à 1 pour 100 sur la région conductrice entre l'excitateur et le contact proximal, on observe une très grande diminution du pouvoir conducteur, que montre la figure 277. On peut dire ici qu'une augmentation de l'excitabilité de réception et une diminution de la conductibilité sont également le résultat de l'action de l'alcool sur le nerf animal.

Dans l'expérience suivante, c'est la variation de la réactivité sous l'action de l'alcool étendu qui est mise en évidence. Après avoir noté les réactions normales comme d'habitude, on appliquait une solution d'alcool à 1 pour 100 sur le contact proximal. Le tracé de la figure 278 montre que l'effet immédiat était une diminution d'amplitude de la réaction. On observait ensuite une réaction diphasique, comprenant une phase positive préliminaire, suivie de la phase négative normale; et enfin la réaction complètement inversée devenait positive, par suite de l'abolition de l'effet d'excitation vraie.

On voit ainsi que, tandis que l'alcool étendu exalte la réceptivité, il produit une diminution à la fois de la conductibilité et de la réactivité. Je vais à présent décrire des expériences où sont comparés les effets relatifs de l'alcool sur la conductibilité et la réceptivité, et sur la réceptivité et la réactivité.

Pour cette comparaison, il faut employer un nouveau dispositif de balance (*fig.* 279). Ici, deux excitateurs électrothermiques sont en série, de façon que les excitations puissent être produites en deux points différents simultanément. Le circuit du galvanomètre est établi en deux points E et E′ intermédiaires entre les excitateurs. La distance de l'un des deux excitateurs est maintenue constante, par exemple à 2^{cm} à gauche de E′, tandis que l'autre est rapproché ou écarté de E jusqu'à ce qu'on obtienne l'équilibre. Une solution d'alcool à 1 pour 100 est alors appliquée au point de réception de gauche R′, et sur la zone conductrice de droite, C, la formule étant alors $R'_{alc} C_{alc}$. Le fait que l'excitabilité de réception est augmentée par ce réactif, et la conductibilité diminuée, reçoit une confirmation supplémentaire par la rupture d'équilibre de la balance, qui donne lieu à une réaction dirigée en bas.

L'expérience suivante consiste en une comparaison des variations simultanées de la réceptivité et de la réactivité. L'alcool est appliqué en R′ et en E, la formule étant ainsi $R'_{alc} E_{alc}$. Et nous trouvons ici confirmés nos résultats antérieurs, montrant les effets opposés de ce réactif sur les excitabilités de réception et de réaction; car la réaction résultante est dirigée en bas (*fig.* 280), c'est-à-dire qu'il y a eu une augmentation relative de la réceptivité. Ainsi les expériences que j'ai décrites montrent que le même réactif peut avoir des effets différents sur l'excitabilité de réception et sur l'excitabilité de réaction, et qu'il est nécessaire d'établir une distinction nette entre elles.

CHAPITRE XXXIII.

ACTION DE LA TEMPÉRATURE ET EFFETS SECONDAIRES
DE L'EXCITATION SUR LA CONDUCTIBILITÉ.

Production de variations de la conductibilité sous l'action de la
température : *a*. Méthode de la réaction mécanique; *b*. Méthode
de la balance électrique. — Action du froid. — Action d'une élévation de température. — La cellule thermique. — Effet secondaire de l'excitation sur la conductibilité. — La théorie de
l'avalanche. — Détermination de l'effet secondaire de l'excitation sur la conductibilité par la balance électrique. — Effet
secondaire d'une excitation d'intensité moyenne. — Effet
secondaire d'une excitation excessive.

Pour étudier les variations de la conductibilité produites
par l'action de la température, nous pouvons employer deux
méthodes : celle de la réaction mécanique et celle de la réaction
électrique. Pour la première, il est nécessaire d'avoir une
plante dite « sensitive », dont les feuilles ou les folioles fournissent
des indications motrices visibles de l'arrivée à distance de
l'onde d'excitation. Dans ce cas, l'intervalle de temps qui sépare
l'application de l'excitation et la réaction d'une foliole à une
distance connue, nous donne une mesure de la vitesse de conduction, et si nous faisons des expériences successives à diverses
températures, nous avons un moyen de déterminer l'effet de
la température sur la conductibilité. A l'aide de cette méthode
j'ai déterminé ailleurs l'effet de la température sur la vitesse
de transmission, dans *Biophytum sensitivum*. J'ai montré
alors que l'abaissement de la température diminue la vitesse
de transmission, jusqu'à l'abolir même quand le refroidissement est suffisant. Avec un refroidissement modéré, la vitesse

était diminuée d'environ un tiers. Une élévation de la température avait au contraire pour effet un accroissement de la vitesse. Quand la température était élevée d'environ 9° C., la vitesse était doublée.

Avec la méthode électrique de réaction, nous n'avons plus

Fig. 281. — Tracé photographique montrant
l'action du refroidissement sur la conductibilité du nerf végétal.

L'équilibre était obtenu à l'origine, quand la température des deux bras de la balance était de 30° C. En refroidissant le bras droit, l'équilibre était rompu, et l'on constatait une diminution de la conductibilité de ce côté. Après rétablissement de la température normale, on voit l'équilibre se rétablir à la fin du tracé.

besoin de plantes sensitives, et à l'aide de la balance pour la mesure de la conductibilité, nous pouvons déceler la plus faible variation de conductibilité entre la branche gauche de la balance, maintenue à une température fixe, et la branche droite, soumise à la variation étudiée.

Ainsi, dans une expérience donnée faite avec un nerf de fougère, la température de l'enceinte était de 30° C. Après avoir d'abord obtenu l'équilibre du tracé, la température d'une portion de la branche droite de la balance était abaissée. Ce refroidissement unilatéral était obtenu en soutenant la branche droite du nerf, sur une certaine longueur, dans la concavité d'un tube en U à travers lequel passait de l'eau à 15° C. Des excitations étaient ensuite appliquées, avec des intervalles d'une minute. Au début, comme on le comprend, ces excitations, par suite de l'équilibre de la balance, ne produisaient pas d'effet résultant. Mais ensuite, par suite de la diminution de la conductibilité du côté droit, résultant du refroidissement, l'équilibre était rompu, et la réaction dirigée en bas de la figure 281 montre la diminution de conductibilité de la branche droite. Quand on interrompait la circulation de l'eau froide, l'équilibre était graduellement rétabli, à mesure que se faisait le retour à la température primitive.

J'étudiai ensuite les effets d'une élévation de température, et je voulus particulièrement observer les variations de la conductibilité, non à une température quelconque, mais pendant une élévation graduelle et continue de la température. Je fus arrêté au commencement de cette recherche par la difficulté résultant de ce qu'il n'y avait pas de moyen satisfaisant de faire varier localement la température du nerf, dans une proportion déterminée et connue.

En outre, il y avait cette autre difficulté, qu'une variation brusque de la température agit elle-même comme une excitation. Or, pour étudier les effets de la température elle-même, il est essentiel qu'il n'y ait pas de variation brusque. Ces difficultés ont été tournées par l'emploi d'un dispositif électrique permettant d'élever la température d'une manière graduelle et continue.

Une certaine longueur du nerf végétal sur la branche droite de la balance pour la mesure de la conductibilité était ainsi portée à une température croissant d'une manière continue, et sa conductibilité était comparée à celle de la branche gauche, maintenue à la température de la chambre, qui était de 33°. La figure 282 montre le dispositif qui permettait d'y parvenir. Une petite chambre, mesurant 1^{cm} dans tous les sens, est

taillée dans un morceau de liège. On y a placé du papier buvard
mouillé qui la maintient humide, et il y passe une longueur
de 1^{cm} de la branche droite du nerf végétal de la balance. Cette
chambre est munie de tubes t et t' d'entrée et de sortie. Le premier contient une spirale H de platine, qui peut être portée à

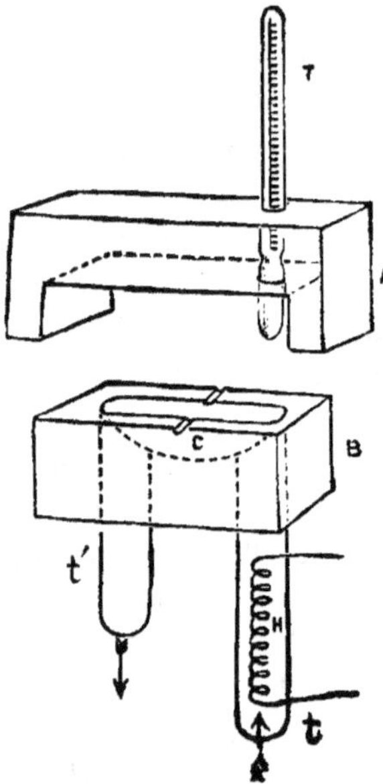

Fig. 282. — Chambre de liège servant à l'élévation progressive
de la température d'un bras de la balance.

A et B, les deux moitiés de la chambre ; T, thermomètre ;
t et t', tubes d'arrivée et de départ ; H, spire de chauffage.

une température convenable par un courant électrique, dont
l'intensité peut être réglée exactement. La chambre de liège
est fermée par un couvercle, que traverse un thermomètre,
qui indique la température à l'intérieur. Le tube t' est relié à
un aspirateur, et l'air est ainsi aspiré par t, est chauffé en passant
sur la spirale de platine, et élève la température du nerf dans la
chambre. Cette élévation de température est réglée : 1° par
le réglage du courant électrique qui chauffe la spirale ; et 2° par

le réglage de l'arrivée de l'air. Pour le premier de ces deux réglages, le circuit électrique chauffant présente sur son trajet un rhéostat de charbon qui règle la vitesse d'élévation de la température. La vitesse du courant d'air est, d'autre part, réglée par le robinet de l'aspirateur. En combinant ces deux facteurs, on peut rendre parfaitement uniforme la vitesse d'élévation de la température dans la chambre, et cette vitesse dans mes expériences était d'environ 1° par minute.

Comme je l'ai déjà dit, je choisis un fragment de nerf végétal, et pris un tracé d'équilibre. La température de la cellule thermique de la branche droite était ensuite élevée d'une manière continue, le tracé de la réaction étant pris après chaque élévation de la température de 1°, jusqu'à 50°. La figure 283 montre que la conductibilité augmentait de plus en plus jusqu'à 47° C., par rapport au côté gauche, qui était maintenu à 33°. A 48°, l'inversion de la réaction montrait alors que la conductibilité diminuait. A des températures plus élevées encore, elle paraissait subir une diminution très considérable, comme le montre la brusque descente de la courbe. On voit ainsi que, par la méthode de la balance, cette question de la variation de conductibilité avec les variations de la température peut être étudiée très exactement.

Je vais à présent indiquer les résultats d'une étude des effets secondaires de l'excitation sur la conductibilité et sur l'excitabilité, question difficile, et d'une grande importance théorique. On a trouvé en physiologie animale que le nerf sciatique d'une grenouille, par exemple, n'est pas également excitable sur toute sa longueur. Quand ce nerf, avec son muscle terminal, est détaché de la moelle, il paraît d'autant plus excitable que le point excité du nerf est plus éloigné du muscle. De ce fait, que l'excitation augmente avec la distance du point excité à l'organe moteur, Pfluger fut amené à proposer sa théorie de l'avalanche, d'après laquelle l'excitation gagne en intensité dans son trajet le long du nerf. Mais il est clair que cela ne peut pas être exact, puisque nous avons vu que, toutes choses égales d'ailleurs, l'excitation est toujours d'autant plus intense que le point d'excitation est plus rapproché de la région qui réagit, et ce

fait était la condition de toutes les expériences que nous avons
décrites, qui exigeaient un équilibre minutieux d'excitations
égales. Il s'ensuit que l'augmentation observée de l'excitabilité
d'un point du nerf distant du muscle, et voisin d'une section,
doit être attribuée à une autre cause. Heidenhain explique la

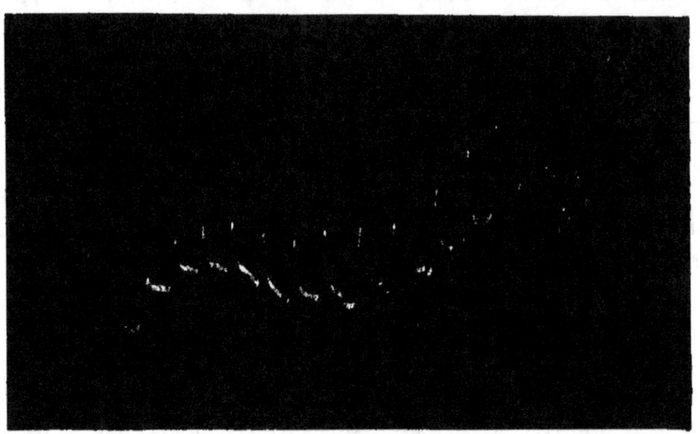

Fig. 283. — Tracé photographique montrant
l'action d'une élévation de la température sur la conductibilité.

L'équilibre est obtenu au départ à 33° C. Les réactions successives
sont enregistrées après chaque élévation de température de 1° C.
Le tracé montre que la conductibilité va en augmentant
jusqu'à 47° C. Une inversion de la courbe à 48° indique une diminution de la conductibilité, qui devient très marquée à 50° C.

plus grande excitabilité de fragments plus élevés du nerf coupé
par la proximité de la section artificielle. Car l'extrémité inférieure du nerf présente une activité aussi intense que la supérieure, si l'on pratique une section plus bas. L'excitabilité est en
fait augmentée près de la section, où qu'elle soit faite. La distance parcourue, par l'excitation, ne pouvait donc pas être le
facteur déterminant de l'amplitude de la réaction. Car, loin
de l'augmenter, elle cause en fait une diminution. Il faut
rappeler que, bien que l'excitabilité soit augmentée près du
point de section, elle est cependant abolie au niveau de ce

point même, sinon, il n'aurait pu y avoir de réaction par variation négative. Il reste donc à se demander pourquoi l'excitabilité est augmentée près du point de section.

On a supposé que ce fait était dû à certaines modifications électriques produites par la section qui, à leur tour, produiraient dés variations électrotoniques de l'excitabilité. Nous verrons au Chapitre XXXVII que le passage d'un courant électrique à travers un tissu vivant donne lieu à des modifications de l'excitabilité. Et ce phénomène est connu comme un effet électrotonique. Une lésion, telle qu'une section mécanique ou thermique produit d'autre part une variation négative ou une variation positive au niveau du point de section ou dans son voisinage. Mais c'est l'effet cathodique qui est dû à l'excitation. Et l'excitabilité plus grande du nerf près d'un point de section est supposée due au catélectrotonus produit sur une certaine longueur à partir de la section transversale par le passage du courant du nerf dans le nerf. On verra que cette explication n'est pas entièrement satisfaisante par certaines expériences que je décrirai, où, à la suite de modifications électrotoniques exactement semblables, dues à la section, on voit se produire un résultat exactement inverse du précédent, c'est-à-dire une dépression.

Tous ces divers faits paraîtront parfaitement conciliables, si l'on admet, comme je l'établirai, que, dans un nerf, une excitation modérée augmente l'excitabilité et la conductibilité, tandis qu'une excitation excessive les diminue toutes deux. Il est naturel de prévoir que, tandis qu'une excitation modérée, en augmentant la mobilité moléculaire, amènerait un effet donné, une excitation excessive, en produisant une contrainte exagérée, produirait l'effet inverse. Avant de donner une démonstration expérimentale de cette hypothèse, nous considérerons d'abord l'explication qu'elle donne des changements particuliers observés à la suite de l'excitation dans le cas d'un nerf sectionné transversalement. Nous savons d'abord qu'une section agit comme un excitant. Et puisque nous avons trouvé que l'effet de l'excitation est en raison inverse de la distance au point d'excitation, il apparaît qu'au niveau de la section même, l'excitation sera excessive; modérée, à une certaine distance; et négligeable à une grande distance. Nous voyons concorder pleinement avec ces faits, l'augmentation de l'excitabilité qu'on observe près du point de section, tandis qu'au niveau de ce point même, le nerf est relativement inexcitable.

Le fait qu'une excitation, quand elle n'est pas trop intense, augmente la conductibilité et l'excitabilité, est illustré par l'augmentation en escalier de la réaction électrique, et par l'augmentation de son amplitude après tétanisation; dans les nerfs animaux et végétaux (*fig.* 252 et 260). Ce fait sera encore démontré plus loin à l'aide de la réaction mécanique du nerf. Je vais à présent décrire des expériences qui le montreront, encore, d'une manière nouvelle et intéressante.

Un nerf végétal était monté dans la balance, avec ses extrémités dépassant un peu les électrodes de chaque côté. Pour montrer que l'effet de lésion est dû à l'excitation en elle-même, quelle que soit sa forme, je pratiquais une section thermique, au lieu d'une section mécanique, en appliquant une solution saline chauffée à environ 60° C., dans la région A, à une distance de 1^{cm} à droite de E (*fig.* 284). Cette excitation avait pour effet de déterminer une excitation modérée du bras droit de la balance, par rapport au gauche. Si cette excitation modérée devait déterminer un accroissement de l'excitabilité et de la conductibilité, on en trouverait la démonstration dans la rupture de l'équilibre de la balance, et la réaction résultante serait dirigée en haut. On voit qu'il en est bien ainsi par la figure 285. On remarquera qu'à la suite de l'excitation à droite de E, ce point est devenu électronégatif, pour un temps plus ou moins long. Ce phénomène est représenté par la ligne pointillée ascendante du commencement du tracé. Nous devons rappeler qu'avant l'application de la section thermique, les excitations de droite et de gauche partant du point médian soumis à une excitation électrothermique, étaient exactement égales et équilibrées. Le fait qu'après cette application on constate des réactions résultantes dirigées en haut, montre, comme nous l'avons déjà dit, que par l'excitation modérée du côté droit, l'excitabilité et la conductibilité ont été toutes deux accrues. La réaction résultante dirigée en haut, est ici de même sens que le courant dit « de lésion », et en constitue une *variation positive*.

Dans une autre expérience, où je voulais étudier l'effet d'une excitation très intense, au lieu d'appliquer une solution à

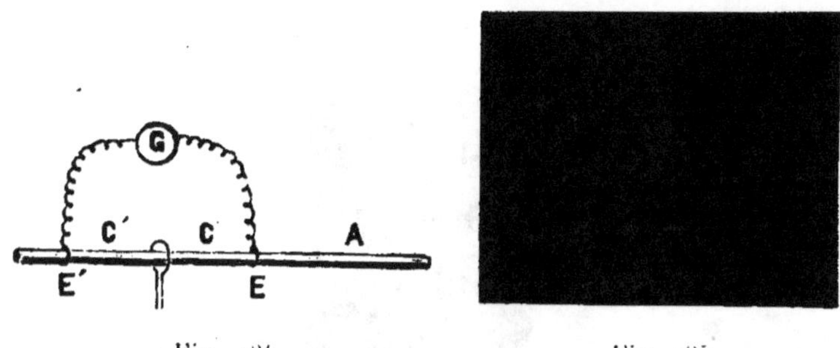

Fig. 284.

Fig. 285.

Fig. 284. — Dispositif expérimental pour l'étude de l'effet secondaire de l'excitation sur la conductibilité et l'excitabilité.

L'excitateur est réglé de manière à obtenir l'équilibre entre E et E'. Une excitation de forte ou de moyenne intensité est appliquée en un point à droite de E. Une déviation de la balance en haut indique une augmentation de la conductibilité et de l'excitabilité; en bas, une diminution.

Fig. 285. — Tracé photographique montrant l'augmentation de la conductibilité et de l'excitabilité par une excitation modérée.

Le trait pointillé du début correspond au courant de repos, effet persistant de l'excitation antérieure. La déviation en haut de la balance constitue une variation positive du courant de repos, et indique une augmentation de la conductibilité et de l'excitabilité.

60° C., je déterminai une lésion plus profonde, et une excitation consécutive très intense, en brûlant le nerf au même point que précédemment, avec un fil de platine porté au rouge. Dans ce cas, la réaction résultante était dirigée en bas, montrant que l'excitabilité et la conductibilité de la branche droite de la balance avaient été diminuées par cette excitation excessive.

Je voulus ensuite montrer que l'excitabilité du point trop

excité subit une dépression. Pour cela, je pris un fragment frais de nerf, et obtins d'abord un état d'équilibre. Une excitation identique en E′ et en E produisait un effet nul, et l'équilibre persistait. Le point E était ensuite lésé par contact avec un fil de platine chauffé au rouge. De nouveaux tracés pris ensuite montraient que les réactions étaient dirigées en bas, indiquant la diminution de l'excitabilité au point lésé E (*fig.* 286).

Fig. 286. — Tracé photographique montrant la diminution de l'excitabilité et de la conductibilité par une excitation trop intense.

La partie initiale ascendante correspond au courant de repos dû à l'effet secondaire de l'excitation. La déviation en bas de la balance constitue une variation négative du courant de repos, et indique une diminution de la conductibilité et de l'excitabilité.

Le fait qu'une variation électrique négative a été produite en E à la suite de la lésion, est montré au commencement du tracé par l'ascension de la courbe. Les réactions suivantes, dues à l'excitation simultanée de E et de E′, se présentent comme une *variation négative* du courant de repos résultant de la lésion. On voit ainsi que, tandis que des excitations simultanées de deux points normalement excitables E et E′ s'annulent et ne donnent ainsi lieu à aucune réaction, la réaction à l'excitation devient apparente quand l'équilibre de la balance est rompu par une lésion de l'un des contacts galvanométriques, et que, dans ces conditions, la réaction consiste en une variation négative du courant de lésion. Cette expérience est importante, car elle fournit une explication théorique de la réaction dite

« variation négative ». Elle montre aussi dans quelles limites restreintes se vérifie le fait que la réaction est toujours une variation négative. Car, dans l'expérience analogue que nous avions auparavant décrite, avec une excitation d'intensité modérée, la réaction était une variation positive du courant de repos.

On voit encore par ces expériences que l'augmentation de l'excitabilité produite par l'excitation résultant d'une lésion de gravité moyenne ne peut pas être due à l'effet électrotonique produit. Car la même modification anodique produite par une lésion en E détermine, dans le cas d'une lésion de gravité moyenne, une augmentation, et, dans celui d'une lésion plus profonde, une diminution de l'excitabilité. Il est ainsi évident que l'influence modificatrice est l'intensité effective d'excitation. Ce fait, qu'une intensité modérée augmente, et qu'une intensité excessive diminue l'excitabilité, sera encore montré dans un Chapitre ultérieur, à l'aide d'une méthode différente qui permettra d'éliminer complètement les effets de l'électrotonus.

CHAPITRE XXXIV.

FONCTIONS DU NERF VÉGÉTAL.

Faible conductibilité des tissus corticaux. — L'effet héliotropique dépend seulement de la réaction des tissus corticaux. — Phénomène de la corrélation. — L'excitabilité d'un tissu est maintenue normale seulement par l'action des excitations. — Les activités physiologiques de la croissance, de l'ascension de la sève, et de la sensibilité motrice, sont entretenues par l'action des excitations. — Importance capitale de l'énergie lumineuse. — Le réseau de nervures de la feuille sert de réceptacle aux excitations. — Transmission de l'énergie aux parties les plus éloignées de la plante. — La plante est ainsi une entité organisée.

Dans le corps de l'animal, divers types de tissus sont doués de conductibilité à des degrés divers, le nerf étant différencié en vue de la transmission rapide de l'excitation.

Et nous voyons que dans la plante également on trouve un état de choses analogue, le tissu cortical, par exemple, bien qu'excitable, étant peu conducteur, tandis que le nerf végétal possède cette propriété à un haut degré. On peut donc se demander alors quelle est la fonction, dans l'économie de la plante d'un tissu si hautement spécialisé pour la conduction rapide de l'excitation. Les diverses incurvations de la croissance, à l'aide desquelles les plantes se placent sous l'action d'orientation de la lumière et de la pesanteur, sont favorables au développement de l'organisme végétal. Mais le nerf végétal n'a que pas ou peu de part à la production de ces mouvements. Et il en est ainsi, même quand l'incurvation qui traduit la réaction de la plante se produit à une certaine distance du point de l'excitation. Dans ce cas la transmission se fait lentement, à travers les tissus faiblement conducteurs du cortex.

Si, dans ce cas, les éléments nerveux très bons conducteurs avaient été en cause, les incurvations traduisant la réaction à une excitation unilatérale n'auraient pas pu se produire. On s'en rend bien compte dans le cas d'un organe à structure radiée, tel que la tige, soumis à l'action unilatérale de la lumière. Il se produit alors un mouvement héliotropique positif, à la suite duquel l'organe en croissance se trouve dans la position la plus favorable à son éclairement. Le point particulier de ce phénomène est la contraction du côté soumis à l'excitation, d'où résulte sa concavité, et son incurvation vers la lumière. Ce mouvement héliotropique continue jusqu'à ce que l'organe se soit placé dans la direction des radiations incidentes. Quand cette orientation est devenue parfaite, le mouvement s'arrête, parce que les faces proximale et distale sont alors soumises à des excitations égales. Si le tissu cortical, dont les différences de réactions règlent l'incurvation, avait été aussi bon conducteur que le nerf végétal, ce mouvement dans une direction déterminée aurait été impossible, car l'excitation, au lieu de rester localisée d'un côté, aurait été diffusée, et il en serait résulté des actions antagonistes sur les faces proximale et distale, si bien qu'il n'y aurait pas eu d'incurvation. Cette action neutralisante de la conduction, qui empêche de se produire la réaction par incurvation, s'observe même avec une excitation unilatérale, si elle est très intense. Car dans ce cas l'excitation est propagée transversalement, à travers le tissu mauvais conducteur, et a pour résultat de faire disparaître l'incurvation initiale. Il est évident que si la conductibilité du tissu avait été meilleure, cette neutralisation de l'incurvation se serait produite, même avec une excitation faible.

On voit donc que la conduction à travers des éléments nerveux différenciés n'est pas le facteur essentiel qui détermine ces nombreuses incurvations dont le rôle fonctionnel est si important dans la vie des plantes. La question du rôle tenu dans l'économie de la plante par le nerf végétal reste donc inconnue.

Un problème très obscur en physiologie végétale est celui de la corrélation. Ainsi diverses activités complexes peuvent être mises en jeu en un point de la plante, quand un autre point, plus ou moins distant, subit une variation sous l'influence d'un agent excitant. Chaque élément de l'organisme végétal semblerait être ainsi en rapport avec le reste de la plante, et cette connexion intime entre des zones éloignées entre elles devient compréhensible si l'on se rappelle la facilité des communications offerte par l'existence d'éléments conducteurs spécialisés.

Je vais à présent étudier l'importance de l'excitation, et sa conduction à l'intérieur de la plante, en tant que facteurs essentiels de la conservation des diverses activités vitales de l'organisme. On voit l'importance du rôle de la réception de l'excitation dans le maintien de l'excitabilité d'une plante, dans le cas du *Mimosa*, par exemple, quand on le soustrait à l'action de la lumière. On voit que, dans ces conditions, son excitabilité motrice disparaît. Et elle reparaît seulement après une nouvelle exposition à la lumière.

Nous avons vu également que le nerf végétal isolé, s'il ne se trouve plus dans des conditions normales favorables, perd sa tonicité et meurt, et qu'alors sa capacité normale de réaction est abolie, ou même inversée. Dans ces conditions, on trouve que l'excitabilité normale est rétablie par l'action prolongée de l'excitation. On voit ainsi une réaction positive anormale faire place à une réaction négative normale. Puis, après une période intermédiaire d'excitation, on voit la réaction, d'abord d'amplitude normale, devenir plus ample, comme dans la figure 250. On voit ainsi qu'un tissu, soustrait à sa source d'excitation habituelle, perd son excitabilité normale, et qu'*une source d'excitations plus ou moins continues est indispensable à la conservation de l'état d'excitation convenable d'un tissu.*

On sait que, chez l'animal, quand la conductibilité d'un nerf est abolie, à la suite de la dégénérescence du nerf, les muscles du territoire de ce nerf s'altèrent rapidement. Ainsi la conservation de l'excitabilité convenable de divers tissus dépend de l'apport constant d'excitations ou d'énergie par l'intermédiaire du nerf afférent. Il est donc très probable que l'excitabilité des tissus végétaux indifférents est maintenue à son niveau normal par l'apport de l'énergie des excitations à travers le nerf conducteur.

Je vais à présent dire quelques mots d'un fait sur lequel j'ai insisté ailleurs, c'est que toutes les activités physiologiques principales de la plante, telles que le mouvement autonome, l'ascension de la sève et la croissance, sont essentiellement des phénomènes liés à l'excitation. Ainsi les mouvements rythmiques autonomes des folioles latérales de *Desmodium gyrans* s'arrêtant quand leur provision d'énergie latente est épuisée. Et ce n'est que par l'application d'une nouvelle excitation qu'il est possible de ramener des réactions multiples. Nous appelons hypotonique l'état de la plante dont l'énergie interne est au-dessous de la moyenne, l'état de tonicité normale dépendant de la source totale d'énergie qui lui a été apportée auparavant par les excitations. Quant à la question de l'ascension de la sève, j'ai montré que le facteur le plus important de cette ascension est l'activité rythmique multiple de certains tissus internes de la plante. Sous l'influence des causes qui font descendre la tonicité des tissus au-dessous de la moyenne, la vitesse de l'ascension de la sève sera diminuée, et l'on pourra même observer un arrêt, par suite de la diminution de l'excitabilité qui en résulte. En appliquant ensuite une nouvelle excitation, nous voyons l'excitabilité reparaître, et la vitesse d'ascension reprendre son rythme normal. On en voit un autre exemple dans le *Coprinus*, qui se flétrit après un séjour prolongé dans l'obscurité, mais recouvre sa turgescence normale, après exposition à la lumière.

J'ai montré que la croissance est le résultat d'une activité rythmique multiple. Quand la tonicité de la plante tombe au-dessous de la moyenne, la croissance est arrêtée, quelle que soit la quantité existante de produits pouvant servir à l'édification de nouveaux tissus. Mais si l'on applique une excitation à une plante dont la croissance est arrêtée, on voit reparaître la réaction de croissance.

Dans les cas que nous venons d'étudier, nous avons, pour simplifier, envisagé le seul facteur phototonique, parmi les nombreux facteurs qui déterminent la tonicité générale de la plante.

Et nous avons trouvé que si l'organisme est privé de cette source d'excitation, on voit disparaître son activité motrice. son activité de succion et sa réaction de croissance. Mais, quand la plante est rendue à l'action directe de la lumière, ces diverses activités reparaissent. Or, il est évident que cette action de la lumière ne peut s'exercer directement sur les divers tissus internes dont l'action est essentielle pour les phénomènes vitaux. Comment cette excitation externe leur est-elle trans-

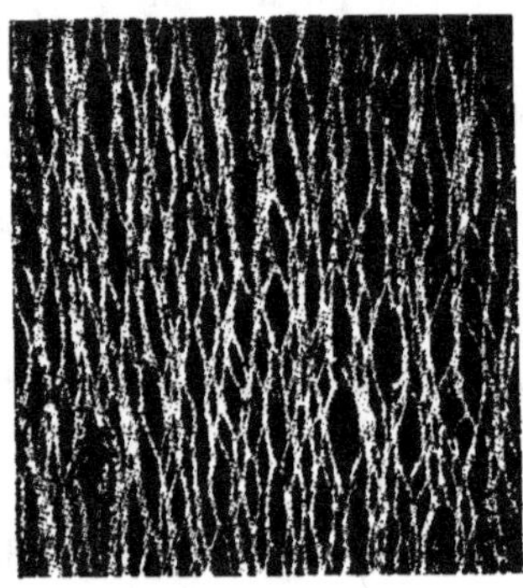

Fig. 287. — Distribution des éléments fibrovasculaires dans une couche isolée d'une tige de *Papaya*.

Il y a au moins 20 couches semblables qui enveloppent la tige.

mise ? Il est évident qu'elle ne peut l'être que par l'intermédiaire des éléments nerveux.

Ce fait, de la transmission à distance, d'un point à l'autre de la plante, de l'effet d'excitation d'une excitation externe, et de la conservation de la tonicité sous l'influence de cette excitation, est encore mieux mis en évidence par l'expérience bien connue sur la sensibilité du *Mimosa* conservé partiellement dans l'obscurité. Si l'on maintient une branche de cette plante dans une boîte obscure, tandis que le reste est exposé à la lumière, on voit que les feuilles de la partie obscure ne perdent pas leur sensibilité et leurs réactions motrices. Il est donc évident que, dans ce cas, pour que les réactions normales à l'excitation persistent, l'excitation phototonique a été transmise des parties éclairées aux parties non éclairées de la plante, par l'intermédiaire de canaux conducteurs.

J'en arrive à l'expérience intéressante de Sachs, où une longue branche de *Cucurbita* pousse à l'intérieur d'une boîte obscure, le reste de la plante demeurant exposé à la lumière. La partie cachée de la plante présentait, dans ces conditions, une croissance normale de la tige et des feuilles. On voyait des fleurs normales et un gros fruit se développer dans l'enceinte obscure. Les vrilles poussées à l'intérieur de la boîte étaient même tout aussi sensibles que celles de l'extérieur. Ainsi se trouve complètement démontrée la transmission de l'excitation par la plante, d'une manière suffisamment effective pour maintenir des activités vitales aussi complexes que la mobilité et la croissance, même en l'absence d'une excitation directe. Et nous pouvons nous faire une idée de l'importance capitale pour la vie de la plante des éléments nerveux qui rendent cette transmission possible.

Une des fonctions les plus importantes du réseau de nervures de la feuille, qui jusqu'ici était restée méconnue, se trouve ainsi mise en évidence. Parmi les excitations externes, aucune n'est peut-être aussi essentielle, ou aussi couramment utile à la vie des plantes vertes, que l'énergie lumineuse. Et nous voyons que les fines ramifications des éléments fibrovasculaires sur une surface aussi large que possible de la feuille fournissent un réceptacle idéal aux excitations. Le limbe étalé de la feuille n'est pas ainsi seulement un tissu spécialisé en vue de la photosynthèse, mais aussi une surface sensible destinée à l'absorption de l'excitation, l'effet de celle-ci se transmettant à travers des troncs nerveux de plus en plus gros, à travers le corps de la plante.

Et même à l'intérieur de la plante, la distribution de ces troncs est telle qu'il n'existe pas de masse de tissu si éloignée qui ne soit atteinte par l'excitation transmise à travers les éléments nerveux qui s'y trouvent. On voit quelles peuvent être les ramifications de ces éléments, même dans le tronc, par la photographie de la distribution des éléments fibrovasculaires dans la tige principale de *Papaya* (fig. 287). Ce réseau, dont la photographie ne montre qu'une petite portion, enveloppe la tige sur toute sa longueur, et dans ce cas particulier, il n'y avait pas moins de vingt de ces couches concentriques superposées.

On voit comment toutes les parties de la plante sont maintenues en communication intime entre elles par l'intermédiaire de la conduction nerveuse. C'est donc grâce à l'existence de ce système nerveux que la plante constitue un tout organisé, dont chaque partie est affectée par un agent quelconque qui serait appliqué à une autre de ses parties.

CHAPITRE XXXV.

RÉACTION PAR VARIATION DE RÉSISTANCE ÉLECTRIQUE.

Modifications produites par l'excitation; leurs diverses expressions. — Difficultés des recherches. — Enregistrement de la mort par une variation de résistance. — Inversion des courbes au point de mort. — Analogies entre les courbes de mort obtenues par les méthodes mécanique, électromotrice et de résistance. — L'effet d'excitation vraie s'accompagne d'une diminution de résistance. — Réaction par variation de résistance à une excitation mécanique. — Action des anesthésiques. — Variations de résistance sous l'action d'une excitation électrique. — Actions opposées d'une excitation faible et d'une excitation énergique. — Réaction multiple après une excitation énergique.

J'ai montré dans le premier Chapitre de ce Livre qu'une même modification moléculaire peut être décelée de diverses manières, suivant la méthode d'observation employée. Ainsi la même réaction à une excitation se traduit à la fois par une modification de forme et par une variation .électromotrice. On voit que chacune de ces manifestations est complètement indépendante de l'autre; par exemple en empêchant la réaction mécanique du *Mimosa* ou du *Desmodium* de se développer, on voit alors la réaction électrique se produire sans changements. Des modifications produites par l'excitation peuvent de même s'exprimer soit par des variations électromotrices, soit par des variations de la résistance électrique. C'est, en fait, à l'aide de cette dernière méthode, celle des variations de résis_ tance, que j'ai pu pour la première fois montrer les modifications moléculaires produites par la réaction des corps inorganiques.

Nous avons à présent à voir si les tissus vivants présentent à l'excitation une réaction par variation de résistance. Il conviendra également de déterminer si c'est une augmentation ou une diminution de résistance qui est produite par l'excitation; enfin nous aurons à chercher si la réaction par variation de résistance présente sous l'influence de variations physiologiques les modifications caractéristiques que nous avons trouvées dans les autres modes de réaction.

Le premier point à déterminer est le caractère, positif ou négatif, de la variation de résistance par laquelle s'exprime la réaction à l'excitation vraie. Nous avons déjà vu que quand un tissu est soumis à une température progressivement croissante, il présente une réaction, qui s'exprime mécaniquement par une expansion croissante, et, électriquement, par une variation positive croissante. Mais quand la température a atteint le point critique de la mort, nous avons vu qu'il y a un effet brusque d'excitation, accompagné d'une inversion du signe de la réaction. Cet effet s'exprime mécaniquement par une contraction brusque, et, électriquement, par une variation négative. J'ai déjà expliqué (Chap. XIV) que, dans les tracés mécanique et électrique du Thanatographe, le point d'inversion représente précisément le point de mort. J'ai montré aussi que cette réaction à la mort est une véritable réaction physiologique; que la température à laquelle elle se produit est bien définie pour tous les phanérogames, et que, pour les plantes normales, elle est à 60° C., ou très près de cette température; et qu'elle met en évidence une dépression, et se produit à une température plus basse, quand le tissu étudié subit une dépression physiologique par l'effet d'une influence telle que la fatigue (¹).

Nous pouvons conclure de ces faits que, si un tissu réagit par une variation de résistance, jusqu'à 60° C. environ, il y aura une variation de résistance continue dans le même sens, remplacée à 60° C. par une inversion brusque, et une variation

---

(¹) BOSE, *Réactions des plantes*, p. 177.

de sens inverse. Ce serait dans ce cas la seconde variation qui
serait le signe de l'excitation vraie. Pour vérifier cette expérience, je pris un pistil radié et physiologiquement isotropique
d'*Hibiscus*, et le montai entre deux électrodes impolarisables.
Cet organe était ensuite interposé dans le quatrième bras d'un
pont de Wheatstone (*fig.* 288), pour déterminer sa résistance

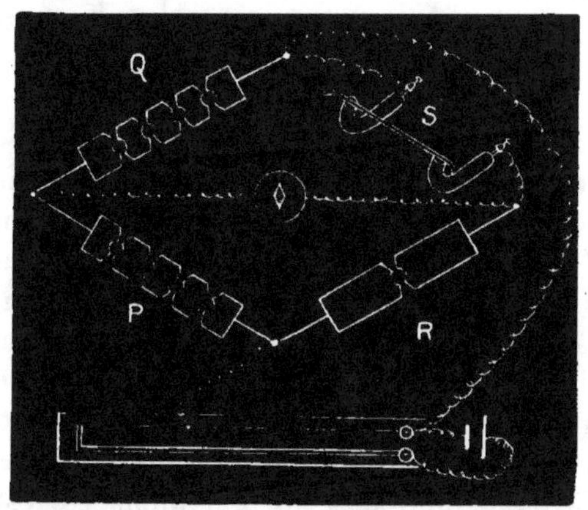

Fig. 288. — Diagramme représentant le dispositif expérimental
servant à enregistrer la réaction par variation de résistance.

PQ, résistances variables du pont de Wheatstone;
R, résistance étalon de 1 ou 0,5 mégohm; S, tissu étudié.

électrique. Les organes végétaux généralement employés présentaient une forte résistance, de l'ordre de plusieurs centaines
de milliers d'ohms. Dans le dispositif de Wheatstone dont je
me servais, P et Q représentaient des résistances variables;
R, une résistance étalon, d'un demi-mégohm; et S, l'organe
dont il fallait déterminer les variations de résistance. Il est
donc évident que, dans la position d'équilibre, $S = \frac{Q}{P} R$.

Les résistances variables, P et Q, étaient des boîtes de résistances pouvant varier de 1 à 10000 ohms. Pour obtenir l'équilibre, il fallait régler le rapport de ces deux résistances. On
employait un galvanomètre très sensible, et la force électromo-

trice utilisée pour obtenir l'équilibre était seulement de 0,05 volt. On obtenait cette faible force électromotrice à l'aide d'un potentiomètre convenablement réglé. On verra que, par suite de la force électromotrice très faible, et de la forte résistance du circuit, le courant traversant l'organe végétal était extrêmement faible. On évitait ainsi toute complication pouvant résulter du passage d'un courant trop intense.

Pour soumettre l'organe à une élévation de température graduelle et continue, on le plaçait dans la chambre thermique qui a été décrite plus haut (*fig.* 115). Avant de commencer à élever graduellement la température, on obtient d'abord un équilibre exact, et l'on règle au zéro la tache lumineuse du galvanomètre. Cette position peut être maintenue indéfiniment, tant que la plante ne subit aucune variation de température. Nous avons déjà vu qu'il ne se produit pas de variation électromotrice à la suite de l'excitation, dans un tissu physiologiquement isotropique. Toute variation enregistrée à la suite d'une élévation de température progressive, doit donc être rapportée à une variation de résistance résultante. Le déplacement de la tache lumineuse du galvanomètre est enregistré de la manière habituelle sur une plaque photographique, une descente du tracé correspondant à une augmentation de résistance; une ascension, à une diminution. Pour que la courbe donne aussi l'indication des différentes températures, la lumière est interrompue un instant chaque fois que la température a monté de 2° C. Chacun des traits successifs du tracé correspond donc à une élévation de température de 2° C.

Si nous prenons un pistil d'*Hibiscus*, et que nous le disposions comme nous venons de le dire, on voit, en élevant graduellement la température, que l'équilibre est détruit, et que la déviation croissante de la tache lumineuse du galvanomètre indique une résistance croissante. La méthode d'expérimentation que nous avons décrite s'est montrée si délicate, qu'il était impossible d'enregistrer la courbe entière dans les limites de la plaque photographique. Il était donc nécessaire de choisir pour le tracé seulement la partie de la déviation qui comprenait le point d'inversion. Le tracé photographique commence donc à 56° C., étant entendu qu'il y a eu, avant le commencement de ce tracé, une déviation plus ample et progressivement

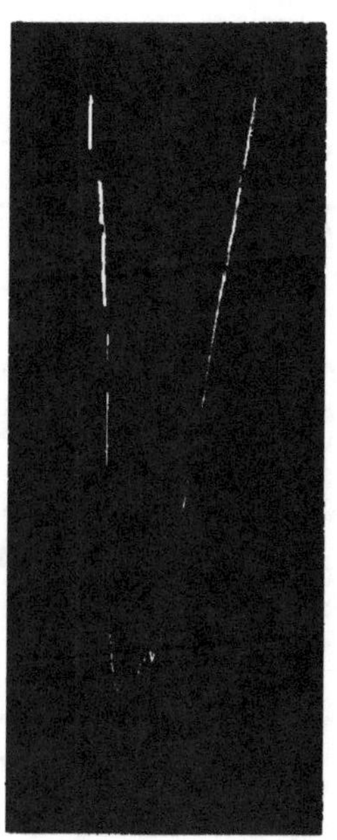

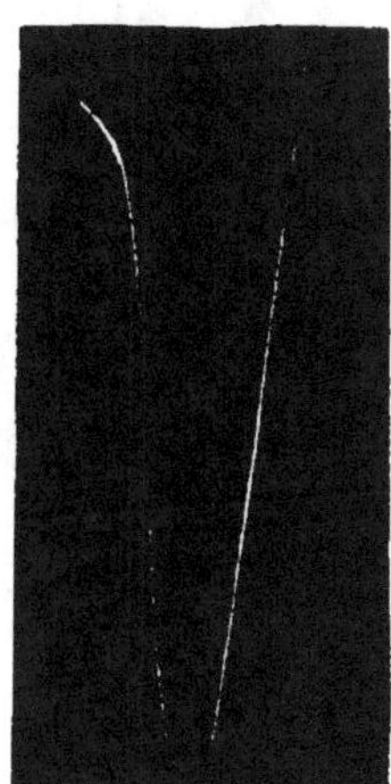

Fig. 289.   Fig. 290.   Fig. 291.

Fig. 289. — Tracé photographique de la courbe thanatographique obtenue par la méthode des variations de résistance avec un pistil d'*Hibiscus*. Le point critique d'inversion est à 60°,8.

Fig. 290. — Tracé photographique de la courbe thanatographique obtenue par la méthode des variations électromotrices avec un pétiole de *Musa*. Le point critique d'inversion est à 59°,6.

Fig. 291. — Tracé photographique de la courbe thanatographique obtenue par la méthode des réactions mécaniques avec un filament de *Passiflora*. Le point critique d'inversion est à 59°,6.

croissante vers le bas, indiquant une résistance croissante. Pendant l'inscription du tracé, la déviation continue à augmenter, jusqu'à ce que le point critique soit atteint. Ensuite, bien que la température continue encore à s'élever avec la même vitesse qu'auparavant, nous voyons une inversion brusque de la courbe caractéristique de résistance, montrant que la résistance, jusque-là croissante, a brusquement commencé à

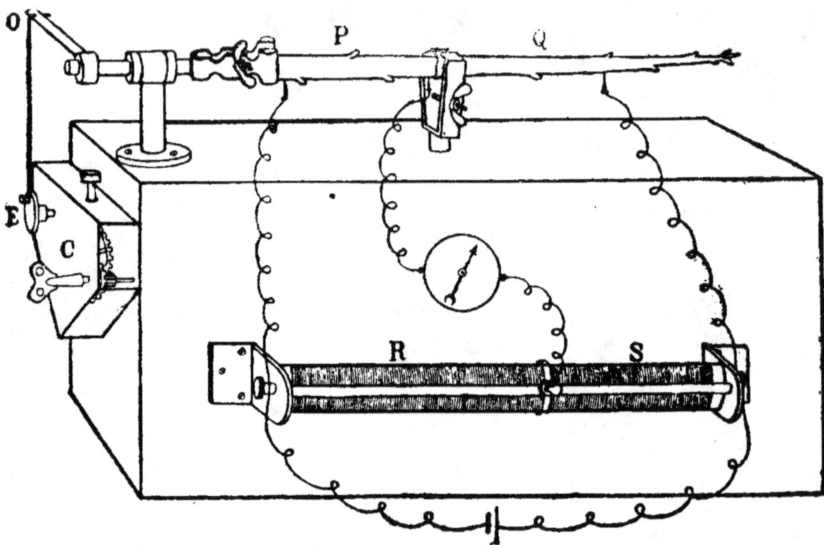

Fig. 292. — Méthode expérimentale servant à l'étude de la réaction à une excitation mécanique par variation de résistance. P et Q sont des segments de la plante qui forment deux bras du pont; P est seul soumis à une torsion vibratoire, par la rotation de l'excentrique E, actionné par le mouvement d'horlogerie C. Les deux autres bras du pont, R et S, sont formés par le rhéostat, avec son curseur, qu'on voit dans le bas de la figure.

décroitre. Cette inversion brusque représente l'effet d'excitation qui se produit au point d'apparition de la mort, et il est, dans le cas présent, à 60°,8 C. (*fig.* 289).

Il est étonnant de trouver que les courbes thanatographiques, obtenues avec divers échantillons par trois méthodes aussi dissemblables que la méthode mécanique, la méthode électromotrice, et celle des variations de résistance, offrent entre elles une si grande ressemblance, comme le montrent ici les trois tracés juxtaposés des figures 289, 290, 291.

L'effet d'excitation peut donc se manifester par une contraction, par une variation électrique négative, ou par une dimi-

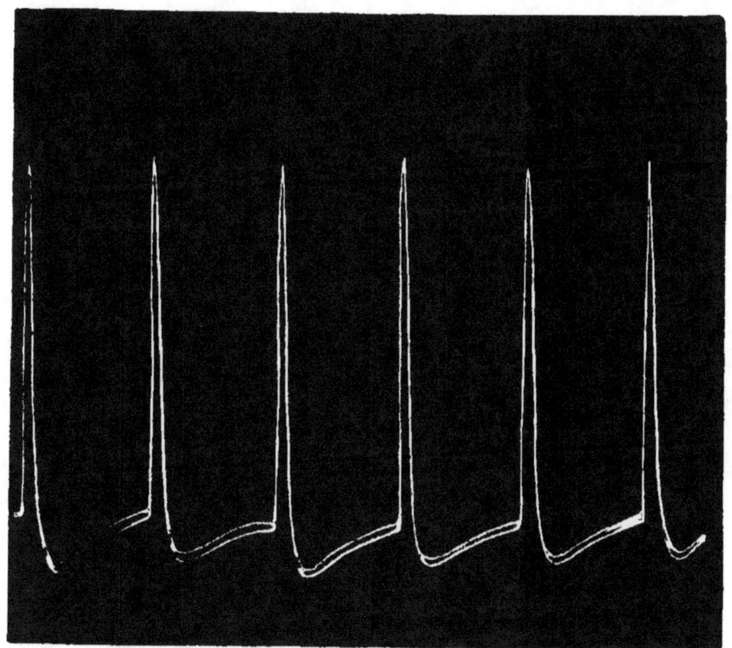

Fig. 293. — Tracés montrant la diminution de résistance uniforme (ascension de la courbe), après des excitations mécaniques uniformes (*Calotropis gigantea*).

nution de la résistance. Nous avons déjà vu que la réaction électromotrice n'est pas une conséquence de la réaction mécanique, mais se produit tout aussi bien, quand le mouvement est physiquement empêché. De même, la réaction par variation de résistance est, comme nous le verrons, une expression indépendante de la modification moléculaire fondamentale due à l'excitation.

Après avoir ainsi établi le fait que la réaction d'excitation vraie se manifeste par une diminution de résistance, nous avons à déterminer si cette méthode des variations de résistance est susceptible d'être employée, dans l'étude des phénomènes d'excitation en général, avec autant 'de commodité que les méthodes mécanique et électromotrice, avec lesquelles nous sommes déjà familiarisés. Pour répondre à cette question, je

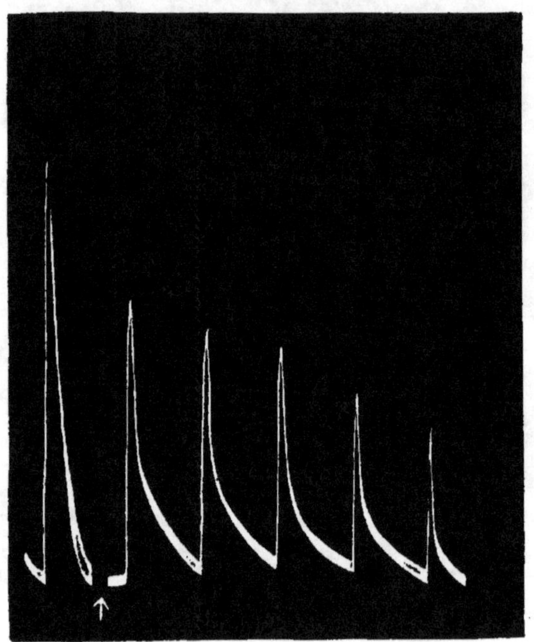

Fig. 294. — Action dépressive du chloroforme sur la réaction.

me suis servi du même dispositif de pont de Wheatstone que précédemment.

Je me servis d'abord d'une vibration par torsion pour l'excitation mécanique. Les deux branches du pont de Wheatstone consistaient en deux longueurs de la tige P et Q, l'équilibre étant obtenu à l'aide du rhéostat divisé par le curseur en deux segments R et S (*fig.* 292). On ne constate pas de déviation du galvanomètre quand l'équilibre est parfait. Si, après qu'on l'a obtenu, la partie P de la tige, formant un des bras du pont est légèrement tordue, par exemple de 5° vers la droite, on constate que cette torsion ne détermine pas de variation mesurable de la résistance. Mais on trouve qu'une torsion rapide donne lieu à une réaction et à une déviation, par exemple vers la droite, indiquant une diminution de la résistance. C'est la brusquerie de la perturbation qui constitue l'excitation. Si ensuite nous provoquons une torsion brusque de 5° vers la gauche, nous obtenons la même déviation vers la droite que ci-dessus, par suite de l'excitation. Ce n'est pas la torsion elle-même, mais la perturbation mécanique brusque, qui est la cause de l'excitation. La plante est ensuite soumise à des alternatives rapides de torsions brusques de 5° vers la droite et vers la gauche; la réaction apparaît alors presque doublée. La vibration par torsion se présente donc comme une méthode très efficace d'excitation; l'intensité de l'excitation, entre certaines limites, paraît, comme nous l'avons montré dans un Chapitre précédent, croître avec l'amplitude de la torsion.

Si l'on maintient constant l'angle de torsion, l'excitation paraît augmenter d'intensité avec le nombre des torsions répétées. *Il est important de noter qu'une excitation isolément inactive devient efficace par sa répétition.* Ainsi, tandis qu'une seule torsion de 2° ne donne pas de résultat, elle devient efficace, si elle est répétée plusieurs fois. On a l'avantage, avec de faibles angles de torsion, de ne produire dans le tissu qu'une faible perturbation physique. Nous trouvons là un exemple parallèle à l'effet cumulatif de chocs électriques répétés, dont un seul serait inefficace. L'excitation mécanique est obtenue automatiquement : l'extrémité de la plante est serrée dans une pince, et des torsions se succédant rapidement dans les deux sens sont appliquées en P à l'aide du mouvement d'horlogerie C. Des dispositifs spéciaux permettent de régler l'angle de torsion. Le mouvement, étant remonté à fond, est déclenché à l'aide d'un bouton à pression, et l'on obtient une vingtaine de torsions se succédant rapidement. La déviation produite par la réaction à l'excitation est enregistrée sur une plaque photographique.

La figure 293 montre une série de réactions uniformes à des

excitations constantes appliquées avec des intervalles de
10 minutes. L'expérience était faite avec une tige de *Calotropis gigantea*. D'autres plantes peuvent donner des résultats
analogues, bien que certaines soient plus sensibles que d'autres.

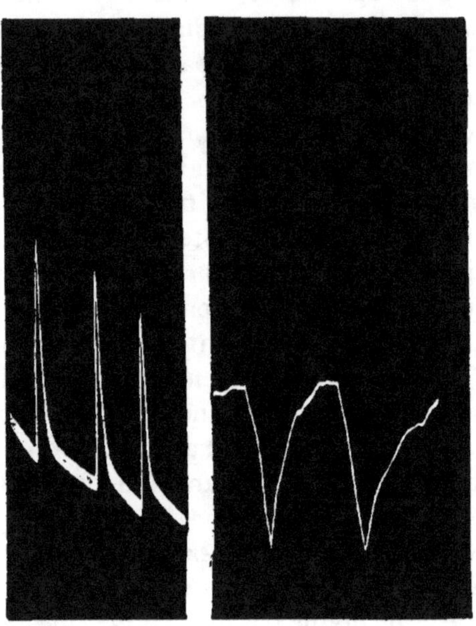

Fig. 295. — Action d'une excitation électrique d'intensité moyenne,
L'ascension de la courbe indique une réaction par diminution
de résistance.

Fig. 296. — Action d'une excitation subminimale. La descente
de la courbe indique une réaction par augmentation de la
résistance (*Helianthus*).

La sensibilité est en outre modifiée par l'âge, par la saison, et
par l'état physiologique du tissu. La variation produite par
la réaction à une forte excitation mécanique peut atteindre
10 pour 100 de la résistance normale.

Le caractère physiologique de la réaction est démontré par
l'application de vapeurs de chloroforme. Nous avons trouvé que

l'excitabilité d'un tissu végétal est diminuée par l'action prolongée de cet anesthésique. Le premier tracé (*fig.* 294) montre
la réaction normale; le chloroforme était ensuite appliqué, à
partir du point marqué d'une flèche, et les réactions suivantes
étaient obtenues avec des intervalles de 10 minutes. La réaction par variation de résistance paraît alors subir une diminution sous l'action prolongée de l'anesthésique. Le chloroforme à dose très faible détermine un effet inverse d'augmentation de la réaction.

Nous avons vu qu'une diminution de la résistance est produite par une excitation mécanique. Il en est de même avec
les autres modes d'excitation, avec un choc électrique ou une
excitation lumineuse. Le grand avantage du mode électrique
d'excitation réside dans sa constance et dans l'ampleur de
ses variations possibles. On peut ainsi faire varier l'intensité
d'excitation à partir de zéro jusqu'à un maximum. On trouvera
ailleurs une étude plus détaillée de la méthode expérimentale
et de ses résultats. Je donne ici un court aperçu des principaux
résultats.

Après une excitation d'intensité moyenne, la réaction
consiste en une diminution de résistance que l'on reconnaît
à des réactions uniformes (*fig.* 295). Une excitation subminimale donne lieu à une réaction inverse, augmentation de la
résistance (*fig.* 296). Une excitation très intense, donne lieu
à une série de réactions multiples, comme nous l'avions déjà
observé pour les réactions mécanique et électromotrice.

La réaction à la lumière par variation de résistance est étudiée
dans le Chapitre suivant.

Les principaux résultats obtenus sont les suivants :

Une excitation d'intensité moyenne — quel que soit le mode
d'excitation — donne lieu à une diminution de la résistance du
tissu.

Une excitation subminimale donne lieu à une réaction de
signe opposé, et à une augmentation de la résistance, au lieu
d'une diminution. Une excitation intense donne lieu à une
série multiple de réactions.

Des anesthésiques, tels que le chloroforme, produisent, à

faible dose, une augmentation, à forte dose une diminution ou une abolition de la réaction.

Le tracé de mort obtenu par la méthode des variations de résistance, avec une élévation de température croissante, est en tout semblable aux tracés de mort obtenus par les méthodes mécanique et électromotrice. La résistance augmente jusqu'à la température critique de 60°, puis on constate une diminution brusque de la résistance due à l'excitation qui accompagne la mort.

CHAPITRE XXXVI.

LA MÉTHODE DES QUADRANTS POUR L'ÉTUDE DE LA RÉACTION A LA LUMIÈRE PAR UNE VARIATION DE LA RÉSISTANCE.

Sensibilité extrême de la méthode des quadrants. — Action d'une intensité lumineuse croissante. — Action du chloroforme. — Théorie des variations de la perméabilité. — Effets parallèles présentés par les divers modes de réaction.

Nous avons vu, dans le Chapitre précédent, que des modes d'excitation aussi dissemblables que l'excitation mécanique et l'excitation électrique, donnent lieu également à une réaction qui se traduit par une diminution de la résistance. Nous allons étudier à présent l'effet de l'excitation lumineuse sur la résistance du tissu; nous avons imaginé pour cette étude une nouvelle méthode très sensible, assez sensible pour déceler l'effet d'une excitation lumineuse ne dépassant pas une durée de $\frac{1}{10000}$ de seconde. Cette sensibilité est due au fait que la déviation du galvanomètre dans cette méthode n'est pas seulement proportionnelle à la variation de résistance produite dans un des bras, mais au produit des variations produites dans les deux bras.

On comprendra le principe de la méthode par le diagramme de la figure 297, qui représente le limbe d'une feuille de *Tropæolum*, où les quatre quadrants P, Q, R, S représentent les quatre bras d'un pont de Wheatstone. Des connexions croisées sont établies avec la batterie et le galvanomètre respectivement. Trois contacts avec la feuille peuvent être fixes, tandis que le quatrième est déplacé légèrement à droite ou à gauche, jusqu'à ce que l'on obtienne dans l'obscurité un équilibre exact, et que $PQ = RS$. Une des paires de quadrants opposés P et Q est

cachée par un double écran en forme de V. Une exposition de
la feuille à la lumière produit une variation de résistance, non
de l'un des bras, mais des deux bras opposés du pont R et S ;
la rupture de l'équilibre est donc due au *produit* des variations
de résistance dans les deux quadrants opposés. La déviation

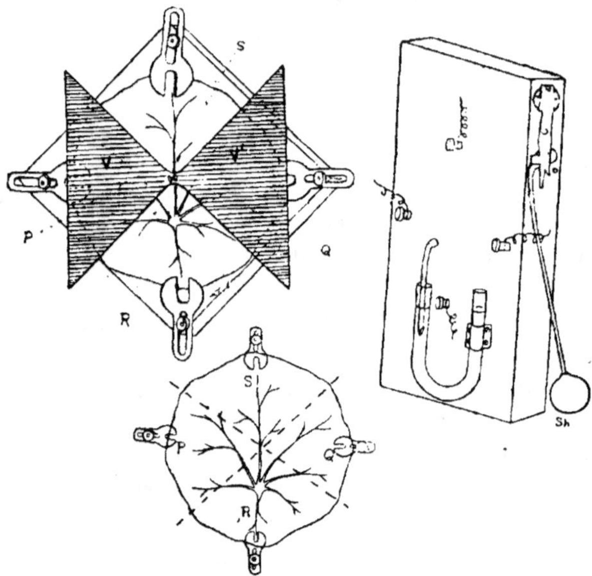

Fig. 297. — La méthode des quadrants pour la détermination des
variations de la résistance électrique. Deux quadrants opposés
de la feuille sont à l'abri de la lumière. Des connexions électriques
sont établies avec les bords des quadrants, et non avec leurs
centres, comme le montre la figure (*cf.* le texte).

du galvanomètre dans une direction donnée est très ample,
et correspond à une diminution de la résistance dans les quadrants excités par la lumière. Le double écran en V subit
ensuite une rotation de 90°; les quadrants P et Q sont alors
exposés à la lumière, et R et S sont marqués. On voit que la
déviation du galvanomètre se fait alors dans le sens opposé.
   On peut vérifier l'exactitude et la sensibilité de cette méthode
des quadrants en obtenant des réactions égales et de sens in-

verses par l'illumination alternative des deux paires de quadrants; cette expérience de contrôle est résumée dans les tracés de la figure 298.

Après avoir établi ce dispositif, on maintient fixe le double écran en V, et la feuille est montée dans une chambre noire

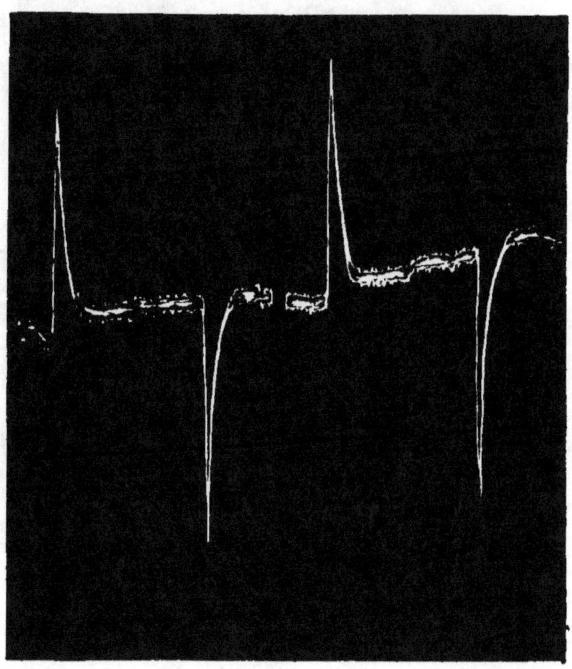

Fig. 298. — Réactions égales et de sens opposés,
à l'éclairement alternatif de chacune des deux paires de quadrants.

rectangulaire fermée de tous côtés, sauf sur sa face antérieure, munie d'un obturateur photographique qui permet d'exposer à la lumière une des paires de quadrants pendant une durée déterminée. Les connexions électriques avec la feuille sont établies à l'aide de quatre pinces; le pétiole sort de la chambre noire et plonge dans un tube en V rempli d'eau (cf. *fig.* 297, à droite).

La source lumineuse est une lampe à arc ou une lampe à

incandescence, placée dans une lanterne, dont le réflecteur
envoie un faisceau de lumière parallèle. Un récipient de verre
rectangulaire, rempli d'une solution d'alun, est interposé sur le
trajet des rayons pour absorber les rayons calorifiques. La durée

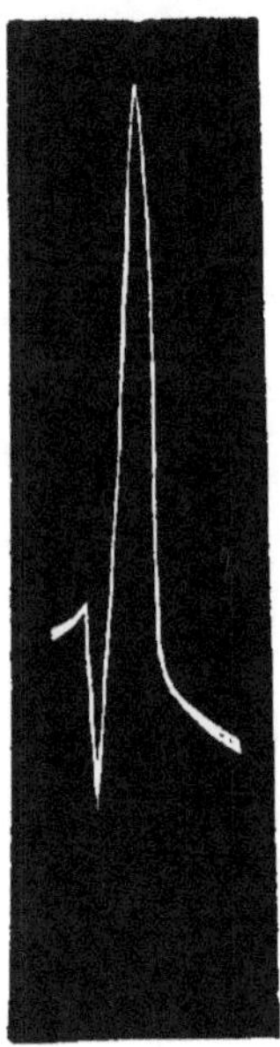
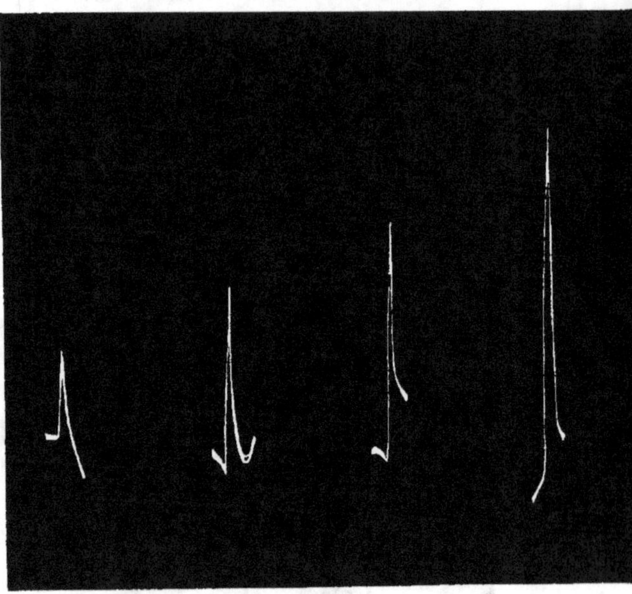

Fig. 299.   Fig. 300.

Fig. 299. — Réaction à la lumière produite par une isolée étincelle.

Fig. 300. — Effets d'excitations lumineuses croissantes
suivant le rapport 1 : 3 : 5 : 7.

d'exposition varie suivant la sensibilité de l'échantillon étudié;
la période d'exposition habituelle est d'environ 20 secondes.

L'extrème sensibilité de la méthode du quadrant sera complètement démontrée par le tracé de la figure 299. La durée
d'une étincelle dans la décharge d'une bouteille de Leyde
peut être considérée comme de l'ordre du cent millièmes de
seconde. La décharge était obtenue à une distance de 15^{cm} de
la feuille, et l'on voit que la réaction consiste en une oscillation
positive préliminaire, suivie d'une ample réaction négative,

Indiquant la diminution normale de résistance. La feuille présentait ensuite un retour complet à l'état initial.

Pour étudier l'effet d'une excitation lumineuse d'intensité croissante, on emploie le faisceau lumineux divergent d'une lampe à arc dans l'expérience suivante. Comme l'intensité lumineuse varie en raison inverse du carré de la distance, des repères étaient marqués sur une graduation fixée sur la table,

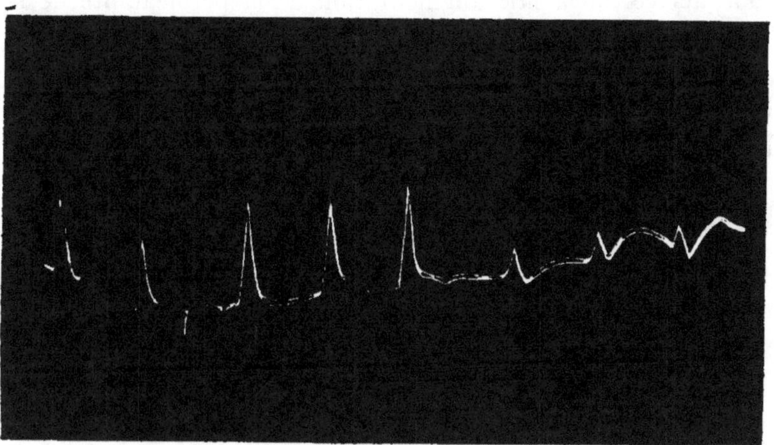

Fig. 301. — Action du chloroforme.

L'augmentation initiale est suivie d'une dépression.

de manière à faire croître l'intensité du faisceau incident sur la feuille suivant la progression : 1, 3, 5, 7, en rapprochant successivement l'arc de la feuille aux distances repérées sur la graduation. La durée d'exposition était maintenue constante.

La figure 300 montre les réactions à des intensités lumineuses croissantes suivant les rapports indiqués ci-dessus. On voit que la résistance diminue à mesure qu'augmente l'intensité de l'excitation.

Nous allons étudier à présent les effets des anesthésiques sur la réaction à l'excitation lumineuse. Nous avons vu que le chloroforme à faible dose détermine une augmentation préliminaire de la réaction, suivie d'une diminution. Cet anesthé-

sique produit un effet analogue sur la réaction à la lumière :
après l'introduction de vapeurs de chloroforme, on voit les
trois réactions successives augmenter d'environ 50 pour 100;
les réactions suivantes sont très diminuées (*fig.* 301).

L'affaissement de la feuille de *Mimosa* produit par l'excitation
est dû à l'expulsion de la sève, chassée des cellules excitées
vers le renflement moteur. Ce fait peut être dû à une contraction active, ou à une augmentation de la perméabilité de la
membrane protoplasmique de la cellule. Notre connaissance
actuelle du mécanisme de la contraction du tissu végétal est
aussi incomplète que celle du phénomène de la contraction
musculaire. D'après Schaefer, la contraction d'un muscle
est produite par un déplacement et une nouvelle répartition
des liquides du muscle; la contraction du renflement moteur
du *Mimosa* est également due à un déplacement de liquide.
Tous les mouvements des organismes vivants, animaux ou végétaux s'effectuent par le même mécanisme essentiel, grâce au
protoplasme contractile, dont on voit la forme la plus spécia-
lisée dans le tissu musculaire de l'animal.

On a supposé que la réaction mécanique du renflement moteur
n'est pas due à une contraction active, mais à la migration du
liquide des cellules distendues, par suite d'une augmentation
de la perméabilité. La diminution de la résistance électrique
des tissus végétaux, observée à la suite de l'excitation, paraît
apporter un argument en faveur de la théorie de l'augmentation
de la perméabilité à la suite de l'excitation.

On a pensé que la forte résistance d'un tissu était due à
l'imperméabilité des membranes cellulaires vis-à-vis des sels,
les solutions salines étant conductrices du courant électrique.
La diminution de la résistance après l'excitation est considérée
comme due à une augmentation de la perméabilité, et l'on suppose que la migration résultante de liquide chargé de sels
augmente la conductibilité électrique ou diminue la résistance
du tissu. Mais cette théorie n'explique pas tous les faits : 1° car
la migration de la sève dans une direction donnerait lieu à une
augmentation de la conductibilité plus ou moins durable;
or on trouve que la résistance redevient normale en un temps

inférieur à 2 minutes; 2° elle ne donne pas d'explication de la réaction multiple à une excitation intense, où nous observons une diminution récurrente, et une augmentation de la résistance; 3° enfin *l'augmentation* de la résistance produite par une excitation faible est en désaccord absolu avec cette théorie.

La variation de la perméabilité, d'après la théorie précédente, est considérée comme sélective, ou de sens constant, le liquide étant chassé *de l'intérieur de la cellule vers l'extérieur*. Mais cette interprétation des faits n'est pas correcte, car on observe une variation phasique alternative, par suite de laquelle la sève n'est pas seulement chassée *de dedans en dehors*, mais aussi absorbée de dehors en dedans; au lieu d'une perméabilité sélective dans un seul sens, il y a en somme des variations alternatives de sens opposé, par suite desquelles le liquide est périodiquement chassé et ramené dans la cellule. Ce fait se voit nettement dans les cellules rythmiques des folioles latérales de *Desmodium gyrans*, où les mouvements récurrents des folioles de bas en haut et de haut en bas sont associés à une expulsion et à une absorption périodiques. Il en est de même pour la propulsion de la sève dans les plantes, qui, comme je l'ai montré, est causée par une expulsion et une absorption périodiques de liquide par la couche active des cellules corticales.

Cette expulsion et cette absorption périodiques sont la caractéristique commune à tous les modes de réaction; j'ai montré qu'il existe une continuité entre les réactions autonomes, les réactions multiples et les réactions ordinaires. Dans les réactions multiples à une excitation intense — par exemple avec la foliole de *Biophytum* — il se produit une contraction récurrente et une expansion, en même temps que l'expulsion périodique et l'absorption. La réaction isolée à une excitation dans les cas courants présente également cette variation périodique d'expulsion suivie d'absorption pendant le retour à l'état initial.

Les faits que nous venons de décrire montrent qu'une simple théorie des variations de la perméabilité ne suffit pas à expliquer complètement les phénomènes observés. Ces résultats et d'autres montrent plutôt l'existence de deux réactions protoplasmiques déterminées, qui peuvent être appelées l'effet A et l'effet D. L'effet A, qui suit habituellement une excitation subminimale, se traduit par une expansion, une augmentation de turgescence, une accélération de la croissance, une variation électrique positive et une augmentation de la résistance électrique. L'effet D, qui suit de préférence une excitation d'intensité moyenne, se manifeste, au contraire, par une contraction, une diminution de turgescence, un ralentissement de la croissance, une variation électrique négative, et une diminution de la résistance électrique.

Le tableau suivant résume les effets parallèles produits par les divers modes de réactions :

Tableau montrant le parallélisme des divers modes de réaction.

Agent externe mo-dificateur.	*Réaction mécanique.*	*Variation de crois-sance.*	*Réaction électromo-trice.*	*Variation de résis-tance.*
Excitation submini-male.	Expansion : érection de la feuille.	Accélération de la croissance.	Variation électrique positive.	Augmentation de la résistance.
Excitation d'intensité moyenne.	Contraction : abais-sement de la feuille.	Ralentissement de la croissance.	Variation électrique négative.	Diminution de la ré-sistance.
Excitation intense.	Réaction multiple.	Réaction multiple.	Réaction multiple.	Réaction multiple.
Vapeurs d'éther à faible dose.	Augmentation d'am-plitude de la réac-tion.	Accélération de la croissance.	Augmentation d'am-plitude de la réac-tion.	Augmentation d'am-plitude de la réac-tion.

Nous donnons ci-dessous un résumé rapide de ce Chapitre.

Dans la méthode du quadrant, pour la détermination des variations de résistance produites par l'excitation lumineuse, les quadrants du limbe représentent les quatre bras du pont de Wheatstone. Une des deux paires de quadrants opposés est protégée par un écran. L'exposition de l'autre paire à la lumière donne lieu à une réaction par variation de résistance.

La méthode apparaît comme extrêmement sensible; la réaction est obtenue par l'effet de la lumière produite par une seule étincelle.

La réaction à l'excitation lumineuse consiste dans une diminution de la résistance, suivie d'un retour à l'état initial après cessation de la lumière.

Une intensité lumineuse croissante produit une diminution correspondante de la résistance du tissu.

Des anesthésiques, tels que la vapeur de chloroforme à faible dose, produisent une augmenfation préliminaire de la réaction, suivie d'une diminution.

On observe une variation phasique de la réaction, par suite de laquelle la sève est alternativement expulsée hors de la cellule et absorbée par elle.

Les indications des effets produits par des agents externes sont les mêmes avec la méthode des variations de résistance qu'avec les variations de la force électromotrice, de la vitesse de croissance et de la réaction mécanique. Ce sont ainsi des expressions diverses de la modification protoplasmique fondamentale qui accompagne la réaction à un agent externe.

Ces modifications peuvent être réunies sous les noms d'effet A et d'effet D. Le premier consiste en une expansion, une accélération de la croissance, une variation électromotrice positive et une augmentation de la résistance; le second se traduit par une contraction, un ralentissement de la croissance, une variation électrique négative et une diminution de la résistance électrique.

CHAPITRE XXXVII.

L'ÉLECTROTONUS.

Effets extrapolaires des courants électrotoniques sur le nerf végétal. — Variation électrotonique de l'excitabilité. — Diminution par polarisation, de Bernstein. — Augmentation par polarisation, de Hermann. — Étude de la loi des variations électrotoniques de la conductibilité. — Étude des variations de l'excitabilité. — La conductibilité augmente quand l'excitation se propage des faibles potentiels électriques vers les plus élevés; elle diminue dans la direction opposée. — Avec des courants faibles, l'anode augmente, et la cathode diminue l'excitabilité. — Tous les phénomènes électrotoniques se ramènent à l'action combinée de ces facteurs. — Explication des anomalies apparentes.

Si l'on fait passer à travers un fragment de nerf un courant électrique pénétrant en A et sortant en K, on constate qu'il détermine des variations électromotrices dans les régions extrapolaires. Du côté de la cathode, on voit le potentiel près de K diminuer par rapport à un point plus éloigné. Du côté de l'anode, inversement, on voit s'élever le potentiel d'un point voisin de A. Ces variations se traduisent par le fait qu'un point voisin de la cathode devient négatif, et positif du côté de l'anode (*fig.* 302, 303). Dans le tissu même, on admet que le courant suit une direction inverse de celle du circuit externe du galvanomètre, comme le montre la flèche en pointillé (¹).

(¹) Certaines considérations, sur lesquelles nous n'avons pas à insister, sont en désaccord avec cette hypothèse. Mais, comme elle est courante dans la littérature physiologique, je m'en tiendrai, en étudiant le courant électrotonique et ses variations, aux indications fournies dans le circuit extérieur par le galvanomètre.

Dans les nerfs à myéline des animaux, le courant électrotonique augmentera l'intensité du courant polarisant. Dans les nerfs végétaux, j'ai obtenu des résultats exactement semblables.

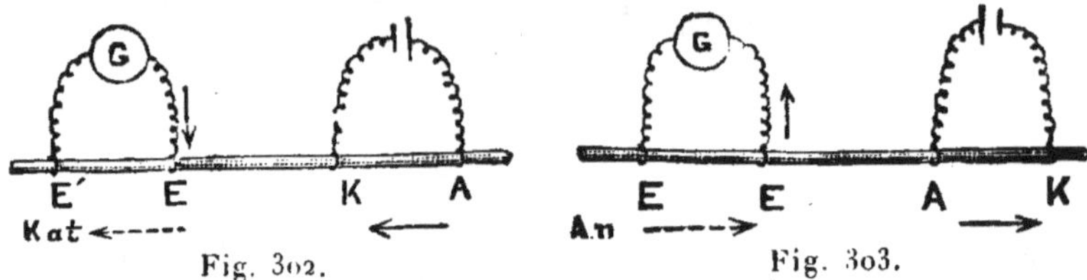

Fig. 302, 303. — Effets cat- et anélectrotoniques extrapolaires.

La figure 302 montre le catélectrotonus, E du côté de K étant électronégatif. La figure 303 montre l'anélectrotonus, E du côté de A étant électropositif.

Sur un échantillon frais et vigoureux, les électrodes étaient placées à 2^{cm}, 5 l'une de l'autre ; les électrodes extrapolaires, servant à observer les effets électrotoniques, se trouvaient à

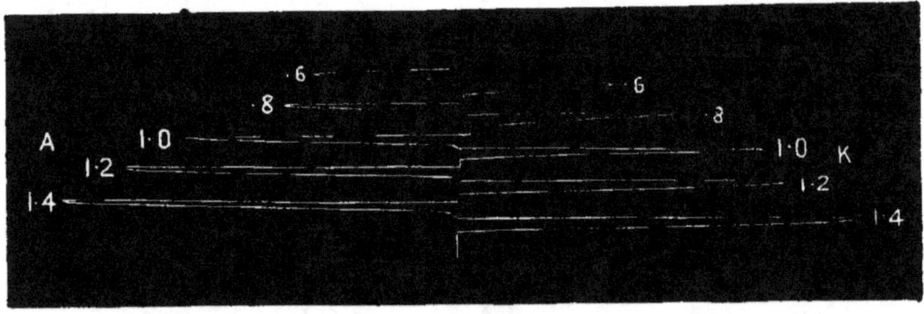

Fig. 304. — Effets électrotoniques extrapolaires
produits par une force électromotrice s'élevant de 0,6 à 1,4 volt.

A, déviations anélectrotoniques, à gauche ;
K, déviations catélectrotoniques, à droite.

une distance de 2^{cm} des précédentes et à 2^{cm} également l'une de l'autre. On pouvait faire varier la valeur de la force électromotrice polarisante à l'aide d'un potentiomètre. Pour pouvoir produire dans le circuit extrapolaire des effets anélectrotoniques et catélectrotoniques alternativement, le courant polarisant peut être renversé à l'aide d'une clef de Morse. L'inscription de la déviation du galvanomètre dans le circuit extrapolaire donne la mesure de l'effet électrotonique produit. Nous le voyons dans la figure 304, qui montre un tracé des effets catélectrotoniques et anélectrotoniques obtenus avec une force électromotrice croissant de 0,6 à 1,4 volt par paliers de 0,2 volt à la fois. Je donne ci-dessous un tableau qui montre la déviation du galvanomètre correspondant à chaque force électromotrice :

Tableau des déviations du galvanomètre et des forces électromotrices correspondantes.

Volts.	Effet anélec-trotonique. (Divisions).	Effet catélec-trotonique. (Divisions).
0,6	50	58
0,8	65	78
1,0	107	110
1,2	126	124
1,4	150	148

Dans cette expérience, on voit que les effets anélectrotoniques et catélectrotoniques sont pratiquement égaux. Plus exactement, l'anélectrotonus est un peu plus faible avec une force électromotrice faible, un peu plus intense avec une force électromotrice plus élevée, que le catélectrotonus correspondant. Nous voyons qu'un courant constant détermine des variations de potentiel, en dehors de ses pôles, dans le nerf végétal.

Nous allons à présent étudier la variation d'excitabilité produite dans un tissu par le passage d'un courant constant. Les principales recherches sont celles de Bernstein et de Hermann. Bernstein, expérimentant sur un sciatique de grenouille, trouvait que l'excitation amenait une diminution de la polarisation. Cette expérience est illustrée par la figure 305, qui montre l'effet cathodique produit dans le circuit extrapolaire. Quand le nerf est excité par des chocs électriques tétanisants, il y a une diminution du courant extrapolaire. Si un effet anodique est produit dans le circuit extrapolaire, par inversion du courant polarisant, on voit que le courant anélectrotonique, dont le sens est inverse de celui du courant précédent catélectrotonique, subit également une diminution par l'excitation du nerf (*fig.* 306). On a pensé que cette diminution du courant électrotonique était due à une diminution hypothétique, pendant

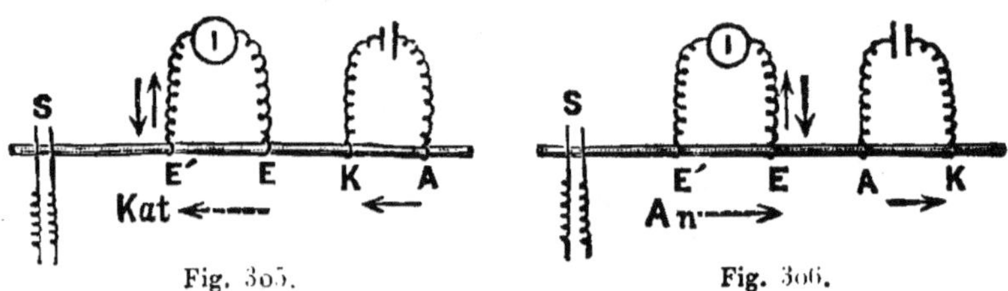

Fig. 305, 306. — Diagrammes illustrant la diminution électrotonique de Bernstein.

La figure 305 montre la diminution du courant catélectrotonique, et la figure 306, celle du courant anélectrotonique, par l'excitation de S. Dans cette figure et dans les suivantes, la flèche interne, en trait mince, indique la direction du courant polarisant; l'externe, en trait gras, celle du courant de réaction.

l'excitation, de la susceptibilité du nerf vis-à-vis de la polarisation.

Mais cette expérience est infirmée par une expérience de Hermann, qui montre l'augmentation de la polarisation pendant l'excitation. Dans les figures 307 et 308, on voit un circuit polarisant et un circuit excitant montés en série, l'excitation étant produite par le secondaire d'une bobine d'induction. Avec ce dispositif, le courant polarisant paraît subir une augmentation pendant l'excitation, quelle que soit sa direction. Hermann rapporte ces faits aux modifications de l'intensité de l'onde négative d'excitation, pendant son passage à travers le nerf, quand celui-ci est polarisé. «Elle est plus intense en un point du nerf, suivant que la polarisation de ce dernier est plus fortement positive, ou plus faiblement négative; elle augmente quand elle devient algébriquement plus positive et diminue quand elle s'avance vers des points plus négatifs » (loi de l'augmentation de la polarisation de l'excitation d'Hermann) ([1]).

Il semblerait donc que les observations faites jusqu'ici sur les modifications des réactions aux excitations par l'électrotonus aient été discordantes. Mais je pourrai montrer que leur complexité est due à la combinaison des divers effets du courant de polarisation sur la conductibilité et sur l'excitabilité. Ces effets peuvent, suivant les cas, s'ajouter ou se retrancher, d'où

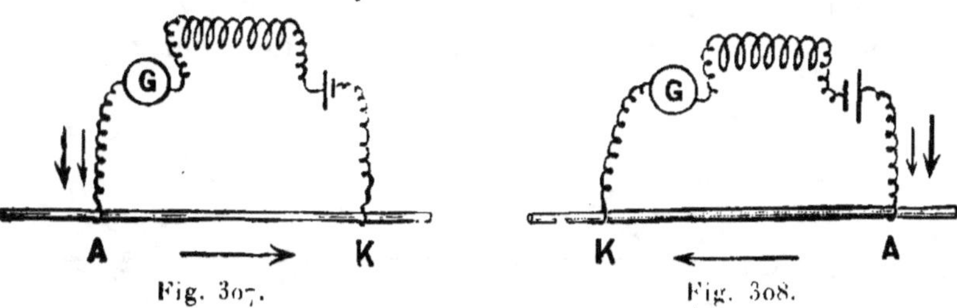

Fig. 307, 308. — Diagrammes représentant l'augmentation de la polarisation, de Hermann, sous l'action de chocs tétanisants.

La flèche interne, en trait mince, indique la direction du courant polarisant ; l'externe, en trait gras, celle du courant produit par l'excitation.

la grande variété des résultats qui, au premier abord, paraît inexplicable.

Pour déterminer les lois des variations de la conductibilité et de l'excitabilité sous l'action d'un courant, il faut envisager d'abord séparément l'action du courant sur la conductibilité, en dehors de toute variation résultant de l'excitation ; ensuite son action sur l'excitabilité, indépendamment de toute variation de la conductibilité.

Pour la conductibilité d'abord, le mode d'exploration idéal serait que les électrodes polarisantes en relation avec la région dont on veut étudier les variations de conductibilité en soient si éloignées qu'elles ne puissent pas exercer sur elle une action

---

([1]) BIEDERMANN, *Electrophysiologie*, trad. anglaise, vol. II, p. 315.

prédominante, anélectrotonique ou catélectrotonique. Bien
plus, dans un circuit dérivé, si l'on ne prend pas de précautions
particulières, on observe une action différentielle sur deux électrodes placées côte à côte. Il est donc utile d'éloigner l'une
d'elles au delà du rayon d'action. Après avoir, par ces précautions, éliminé les effets polaires et déterminé l'influence de la
direction du courant sur la conductibilité seule, je pris un
pétiole de fougère de 20^{cm} de long, et mis ses extrémités en
connexion par l'intermédiaire d'un inverseur avec une pile
Daniell (de force électromotrice de 1 volt). Le circuit du galva-

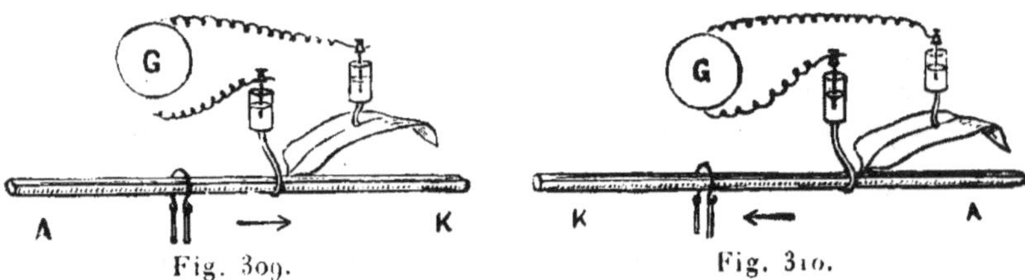

Fig. 309, 310. — Expérience avec un pétiole de Fougère, montrant
la variation de la conductibilité produite par un courant polarisant.

nomètre explorateur était relié par une électrode au milieu
du pétiole, près de l'insertion d'une foliole latérale, l'autre
étant reliée au limbe de cette même foliole, dont la nervure
médiane était sectionnée, pour empêcher la transmission des
effets d'excitation (*fig.* 309, 310). On voit qu'ainsi les électrodes
du circuit dérivé sont assez éloignées des électrodes polarisantes; et, de plus, l'une d'elles se trouvant en dehors, sur la
foliole latérale, et l'autre symétriquement entre l'anode et la
cathode, les actions polaires sont annihilées. L'excitation est
transmise à travers la région conductrice intermédiaire, soit
dans le sens du potentiel décroissant, c'est-à-dire d'un point
positif vers un point négatif, soit en sens inverse, c'est-à-dire
dans une direction ascendante, du point négatif vers le point
positif. Si la direction d'un courant électrique a une action sur
la conduction de l'excitation, on le verra par la modification
de la réaction normale observée pendant le passage du courant.

La réponse à cette question sera fournie par les résultats de l'expérience suivante : l'excitation était produite à l'aide de l'excitateur thermique, et les réactions normales étaient ascendantes, comme le montre la figure 311, *a*. On faisait passer le courant polarisant de gauche à droite; l'excitation était ainsi

Fig. 311. — Tracés photographiques des réactions enregistrées dans la dernière expérience, quand l'excitation était transmise dans le sens du courant polarisant, et en sens inverse.

a. **Réaction normale** d'un pétiole de Fougère à une excitation transmise; *b*. Inversion de la réaction, quand l'excitation est descendante dans le sens du courant. *c*. Réaction normale; *d*. Augmentation de la réaction, due à une augmentation de la conductibilité, quand l'excitation est ascendante, remonte en sens inverse du courant polarisant. La flèche ascendante ↑ indique que le courant polarisant est de même sens que la réaction normale. La flèche descendante ↓ montre que le courant polarisant est de sens opposé. Il en est de même dans les figures suivantes.

transmise dans la région intermédiaire dans le sens descendant, c'est-à-dire suivant les potentiels décroissants de l'anode vers la cathode ([1]). S'il en est ainsi, nous devrons le voir à la di-

---

([1]) Cette remarque s'applique à une diminution de potentiel faible ou moyenne.

minution d'amplitude de la réaction normale, ou même à son inversion. Car nous avons vu que, quand la réaction négative à l'excitation est suffisamment retardée, l'effet inverse, positif, apparaît souvent seul. C'est le cas de la figure 311, *b*. Dans d'autres cas encore, la diminution de la conductibilité n'étant pas trop considérable, on peut reconnaître la diminution d'amplitude de la réaction allant jusqu'à son inversion.

Fig. 312. — Tracé photographique des modifications de la conduction pendant le passage de l'excitation de l'anode vers la cathode, sous l'action d'une force électromotrice d'intensité croissante.

a. Réaction normale; *b.* Réaction diminuée, quand la force électromotrice finale était de 0,1 volt; *c.* Réaction encore diminuée et diphasique, avec 0,5 volt; *d.* Réaction inversée avec 1 volt.

Nous avons ensuite à déterminer l'effet sur la conductibilité du passage d'une excitation ascendante, c'est-à-dire allant de la cathode vers l'anode. On renverse pour cela le courant polarisant à l'aide d'une clef de Morse, l'extrémité gauche du pétiole passant ainsi à la cathode. Au préalable, j'avais interrompu le courant, et pris une seconde série de tracés de réactions normales. On voit qu'à cause de la suppression du courant dirigé auparavant de gauche à droite, et par suite d'un effet rémanent, ces réactions étaient un peu plus amples que les premières réactions normales (*fig.* 311, *c*). Puis, après renversement du courant, on trouvait une augmentation de la conductibilité, se traduisant par des réactions plus amples (*fig.* 311, *d*).

J'étudiai ensuite l'effet sur la conductibilité des variations d'intensité d'un courant polarisant d'intensité moyenne. On le voit dans la figure 312, où l'excitation suit le sens descendant, c'est-à-dire va de l'anode vers la cathode. On voit en *a* la réaction normale, avant le passage du courant. En *b*, la réaction est moins ample, par suite de la diminution de conductibilité

Fig. 313. — Tracé photographique montrant l'augmentation de la conduction de la cathode vers l'anode.

a. Réactions normales; *b, c, d, e*. Réactions graduellement croissantes avec un courant polarisant croissant.

consécutive à l'application d'un courant de polarisation de 0,1 volt. Après une application de 0,5 volt en *c*, il y avait tendance à l'inversion, la réaction comportant deux phases, une phase positive, suivie d'une phase négative. Enfin avec 1 volt, en *d*, nous voyons la réaction inversée devenir positive, la conduction de l'effet d'excitation vraie étant ici complètement abolie.

Dans une seconde série d'expériences faites avec un organe frais, je recherchai l'effet d'une intensité croissante du courant polarisant, quand l'excitation était ascendante, c'est-à-dire dirigée de la cathode vers l'anode. On voit, par la figure 313, que l'application d'un courant polarisant de 0,1 volt augmente la conductibilité, comme le montre l'augmentation d'amplitude des réactions en *b*, par rapport aux réactions normales de *a*. L'application d'une force électromotrice plus considérable, de 0,5, 1 et 1,5 volt successivement, déterminait des accrois-

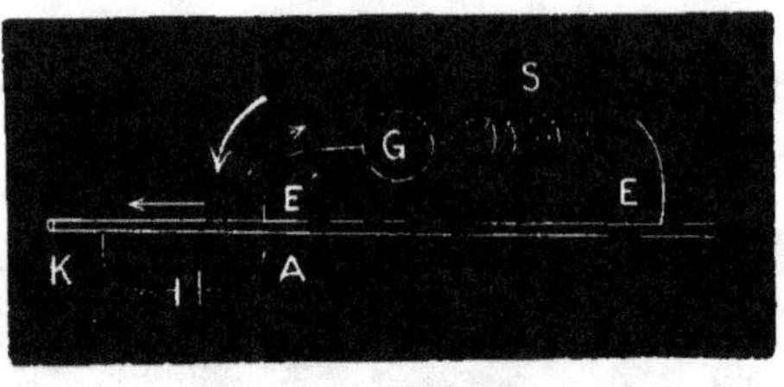

Fig. 314.

Fig. 315.

Fig. 314, 315. — Dispositif expérimental montrant l'augmentation de l'excitabilité à l'anode, et sa diminution à la cathode, quand la force électromotrice est faible.

La figure 314 montre l'augmentation de l'excitabilité à l'anode; la figure 315, la diminution de l'excitabilité à la cathode.

La flèche interne en trait mince indique le sens du courant polarisant. La flèche externe en trait gras indique le sens du courant produit par l'excitation. On notera qu'il y a pour ces deux courants une diminution due à la polarisation.

sements proportionnels de la conductibilité, visibles en *c*, *d*, *e*. Il m'a été impossible de dépasser 1,5 volt, parce que la tache lumineuse du galvanomètre devenait instable. Les échantillons étudiés dans ces expériences avaient une longueur de 20^{cm}, et l'augmentation de potentiel ne dépassait pas 0,07 volt par centimètre. Il faut se rappeler que dans les expériences sur les effets électrotoniques, la force électromotrice employée doit être faible.

Les résultats que nous venons d'indiquer nous amènent à formuler la loi suivante de l'action d'un courant constant moyen ou faible sur la conductibilité :

UNE FORCE ÉLECTROMOTRICE D'INTENSITÉ MOYENNE DÉTERMINE DES VARIATIONS DE LA CONDUCTIBILITÉ. LA CONDUCTIBILITÉ EST AUGMENTÉE PAR UN COURANT DIRIGÉ DE LA CATHODE VERS L'ANODE, ELLE DÉCROIT AVEC UN COURANT DE SENS OPPOSÉ.

Après avoir ainsi montré l'effet pur d'un courant constant sur la conductibilité, il nous reste à étudier l'effet pur du courant constant sur l'excitabilité. Nous avons vu que si deux points également excitables d'un même circuit sont soumis simultanément à une excitation identique, les deux effets d'excitation s'équilibrent, et il n'y a pas de réaction résultante : l'effet électrique est donc nul. Mais si l'un dés deux points a son excitabilité augmentée, le circuit sera traversé par un courant, le contact le plus excitable devenant négatif. Je pris donc une longue nervure isolée, et la reliai à un galvanomètre en E et en E', après avoir intercalé dans le circuit une bobine secondaire, donnant des secousses alternatives et égales (*fig.* 314). Les deux contacts longitudinaux E et E' étant plus ou moins également excitables, il n'y avait d'abord pas de réaction résultante après excitation. On faisait ensuite passer E' à l'anode, et, en employant une force électromotrice de 0,1 volt, on constatait dans le galvanomètre un courant dirigé suivant E'GE, indiqué par la petite flèche de droite, E' étant positif. En appliquant ensuite des chocs alternatifs et égaux, l'équilibre était détruit, et le courant passait dans le sens EGE', indiqué par la grosse flèche de gauche, le point E' devenant négatif. On voit que l'excitabilité de E' était augmentée quand ce point était à l'anode. On rendait ensuite E' négatif, et le courant permanent passait dans le galvanomètre suivant la direction EGE' (*fig.* 315) : on avait alors E' à la cathode et E à l'anode. Après excitation, le courant de réaction était de sens opposé à celui du courant permanent, par suite de la diminution de l'excitabilité à la cathode E', ou de l'augmentation à l'anode relative E. On voit dans la figure 316 la représentation de ces effets.

Fig. 316. — Tracés photographiques de réactions montrant l'augmentation de l'excitabilité à l'anode, et la diminution à la cathode, par une force électromotrice faible, dans deux échantillons de nerf de Fougère, *a* et *b*.

Avant l'application du courant polarisant, il n'y avait de réaction résultante dans aucun cas. Quand E' était à l'anode, il y avait une réaction ascendante, indiquant une augmentation de l'excitabilité en ce point. La flèche pointillée $\downarrow$ du bas de la figure montre la direction du courant polarisant. Le courant de réaction a alors une direction opposée à celle du courant polarisant. Quand E' est à la cathode, la réaction résultante est descendante, indiquant une diminution de l'excitabilité de ce point. Le courant de réaction est ici aussi de sens opposé à celui du courant polarisant.

Deux expériences différentes furent faites avec deux fragments de plantes différentes, et les tracés obtenus sont représentés en *a* et en *b* sur la figure 316. Dans chacun de ces cas, nous observons d'abord l'augmentation de l'excitabilité due à ce que E' devenait l'anode, ce qui déterminait des réactions ascendantes de sens inverse de celui du courant permanent, représenté par les flèches pointillées du bas de la figure. La seconde paire de réactions dans chaque cas montre la diminution de l'excitabilité au niveau de la cathode E', ce qui équivaut à une augmentation de l'excitabilité au niveau de l'anode relative E. Un examen des figures 314 et 315 montre que le courant de réaction est toujours de sens opposé à celui du courant polarisant existant, constituant ainsi la diminution due à la polarisation. Mais nous verrons que la direction du courant de réaction est ici le seul facteur constant, déterminée par les excitabilités relatives des deux électrodes. Une même variation d'excitabilité peut, comme je le montrerai, se présenter suivant les cas comme une augmentation ou comme une diminution produite par la polarisation.

J'ai obtenu les mêmes résultats que ci-dessus, avec le nerf sciatique d'une grenouille.

Il faut noter que ces effets s'obtiennent assez facilement aux premiers stades de la polarisation. Mais, si elle est prolongée, il y a quelques risques d'inversion.

Les expériences qui précèdent sur les variations de l'excitabilité par les actions polaires des courants nous permettent de formuler la loi suivante :

UNE FORCE ÉLECTROMOTRICE FAIBLE DÉTERMINE DES MODIFICATIONS DE L'EXCITABILITÉ DES TISSUS : L'ANODE AUGMENTE L'EXCITABILITÉ, LA CATHODE LA DIMINUE.

Ce résultat est paradoxal, en contradiction avec la loi de Pflüger. Mais un facteur, dont on n'avait pas tenu compte, est que cette loi ne se vérifie qu'entre certaines limites. Dans le cas actuel, la force électromotrice est relativement faible, et nous verrons que la loi de Pflüger n'est plus valable au-dessous d'une certaine limite.

Après avoir étudié les effets isolés des courants électriques sur la conductibilité et sur l'excitabilité respectivement, il nous reste à envisager les cas plus complexes, où les deux effets sur la conductibilité et sur l'excitabilité ne sont pas isolés, mais se combinent diversement. Nous l'avons cherché avec la balance pour la mesure de la conductibilité. Dans cette expérience, faite avec un pétiole de fougère, les points E et E' étaient séparés par un intervalle de 6^{cm}. La distance de chacune des électrodes polarisantes A et K de part et d'autre du circuit dérivé EE' était de 2^{cm} (*fig.* 317 et 318). L'excitateur thermique S était réglé avant le passage du courant de façon que les excitations en E' et en E fussent exactement égales, comme on le voit par le tracé horizontal de la figure 319, *a*. Rappelons

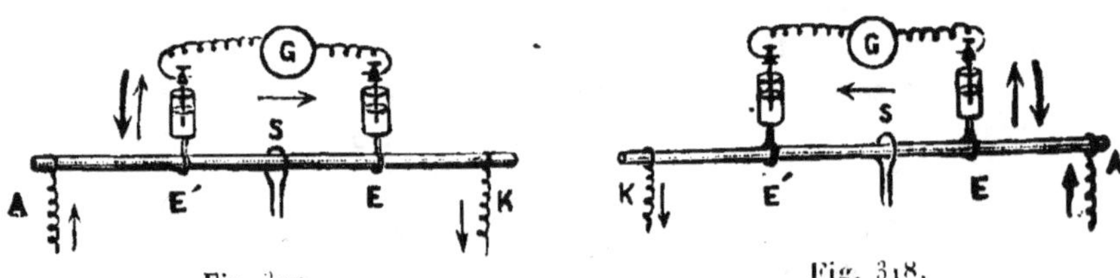

Fig. 317.   Fig. 318.

Fig. 317, 318. — Dispositif expérimental montrant les effets combinés des variations de la conductibilité et de l'excitabilité par le courant polarisant.

que les connexions du galvanomètre étaient disposées de sorte qu'une augmentation de l'excitabilité du contact de gauche E' se traduisait par une réaction descendante, et celle du contact de droite E par une réaction ascendante.

On obtenait alors la polarisation à l'aide d'une force électromotrice de 0,5 volt, l'anode se trouvant d'abord à gauche. L'excitabilité est alors plus grande en E', du fait de la proximité de l'anode, celle de E étant diminuée par suite du voisinage de la cathode. Des deux ondes d'excitation qui divergent à partir de l'excitateur S, celle qui va vers E' est ascendante; elle va vers l'anode, et, par suite de l'augmentation de la conductibilité dans ce sens, elle est mieux transmise que la deuxième onde, qui est descendante, et va vers la cathode, en E.

Rappelons aussi que, non seulement l'intensité de l'excitation qui atteint E' est plus grande que celle qui atteint E, mais le point E' lui-même est rendu plus excitable par le voisinage de l'anode, tandis que E l'est moins, par suite du voisinage de la cathode. Il en résulte que, par suite des actions concordantes, à chaque extrémité de la balance, des modifications de l'excitabilité et de la conductibilité, l'équilibre primitif est détruit, et nous obtenons une réaction dirigée de haut en bas, montrant que l'excitation est plus intense, et la variation négative plus grande en E' qu'en E, quand l'anode est à gauche

Fig. 319. — Tracé photographique des réactions obtenues avec le dispositif des figures 317 et 318, dans un nerf de Fougère.

a. Tracé d'équilibre avant le passage du courant polarisant; *b*. Réaction descendante, quand le courant polarisant va de gauche à droite, représenté par la flèche ⊦. On voit que l'excitabilité de E' et la conductibilité dans la direction SE' sont relativement augmentées; *c*. Réaction ascendante, quand le courant polarisant va de droite à gauche, ⊣ . On voit que l'excitabilité de E et la conductibilité dans la direction SE sont relativement augmentées.

et la cathode à droite. On le voit par la première paire de réactions descendantes de la figure 319, *b*. Si le courant de polarisation est inversé (*fig. 318*), l'excitation est relativement plus intense du côté droit, le point E étant plus près de l'anode, et les réactions résultantes sont dirigées de bas en haut, comme on le voit sur le troisième tracé de la figure 319, *c*. Pour revenir à la question des directions relatives des courants électrotoniques et des courants de réaction, nous trouvons, dans le cas où l'anode est à gauche, que E' est positif, et qu'à la suite de

l'excitation il devient négatif. Cela indique que la réaction
produite par l'excitation consiste en une diminution due à la
polarisation. Quand l'anode est de nouveau à droite, E, qui est
positif, tend par suite de l'excitation à devenir négatif : on le
voit par les flèches qui accompagnent le diagramme des
figures 317, 318. Les flèches du côté central représentent la
direction du courant polarisant, et les flèches externes, en traits
gras, celle du courant de réaction. Ces résultats montrent l'exis-

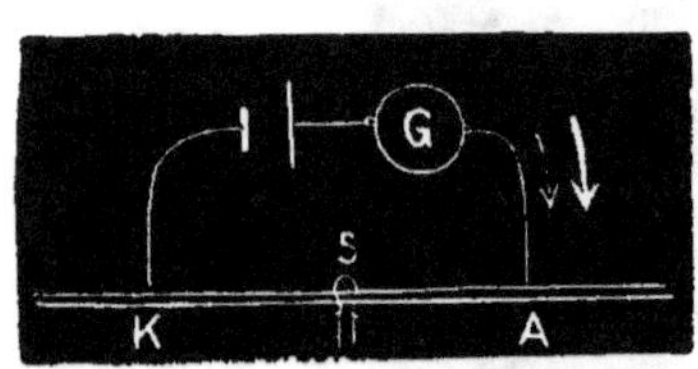

Fig. 320. 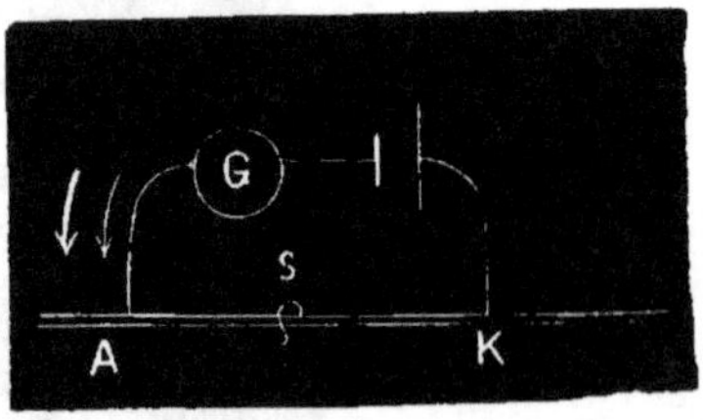   Fig. 321.

Fig. 320, 321. — Dispositifs expérimentaux montrant l'augmentation due à la polarisation par l'effet combiné de l'augmentation
de l'excitabilité à l'anode, et de l'augmentation de la conductibilité dans le sens ascendant.

tence de la diminution produite par la polarisation. Une autre
expérience va montrer que la même réaction à l'excitation peut
se présenter comme un résultat d'une augmentation produite
par la polarisation.

Le tissu étudié est ici une nervure isolée de fougère, et la
méthode employée est encore celle de la balance pour la mesure
de la conductibilité. Mais dans ce cas (*fig.* 320, 321), le galvanomètre est en série avec la force électromotrice polarisante,
au lieu d'être en dérivation comme dans le cas précédent. L'excitateur était d'abord réglé de façon à obtenir la position d'équilibre. La cathode était à gauche, l'anode à droite, la force électromotrice étant de 0,2 volt (*fig.* 320). Par suite de l'augmentation de l'excitabilité de A à l'anode, et de la plus grande
intensité d'excitation transmise vers ce point, l'équilibre était
rompu, et la réaction était une variation négative en ce point.

Le courant de réaction constituait ainsi une augmentation du courant polarisant, comme le montrent les flèches, dont l'interne, en traits minces, représente le courant de polarisation, et l'externe, en traits gras, le courant de réaction. En renversant le courant, on faisait passer à l'anode l'extrémité de droite, qui devenait plus excitable, la réaction résultante était une variation négative de ce point, qui correspondait encore à une

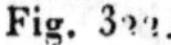
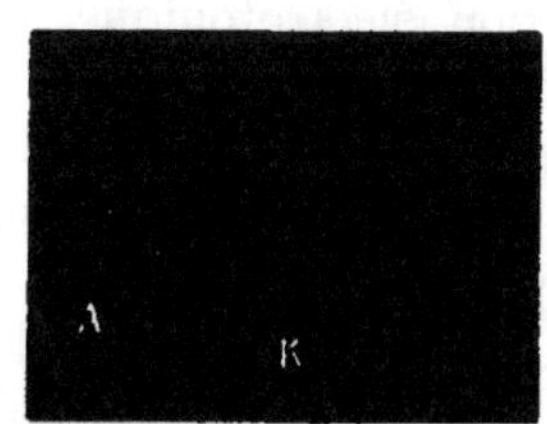

Fig. 322.

Fig. 323.

Fig. 322. — Tracé photographique des réactions d'un nerf de Fougère, sous l'action de l'anode et de la cathode, avec le dispositif des figures 320, 321. La déviation de la balance se fait en haut, quand l'extrémité de droite est à l'anode, montrant qu'il se produit ainsi une augmentation de l'excitabilité. La réaction est dirigée en bas, quand l'extrémité de droite de la balance est à la cathode.

Fig. 323. — Tracé photographique d'effets analogues avec un nerf de grenouille.

augmentation par polarisation (*fig.* 321). Je donne ici deux tracés obtenus avec une nervure de fougère et avec un nerf de grenouille respectivement. L'équilibre était d'abord obtenu au commencement du tracé, mais il était rompu au moment du passage du courant de polarisation. Quand la branche droite de la balance était à l'anode, la réaction à l'excitation était dirigée de bas en haut, montrant une augmentation de l'excitabilité du point anodique. Quand la branche droite était au contraire à la cathode, l'équilibre était rompu en sens inverse, et le point anodique de gauche devenait le plus excitable. La figure 322 montre les tracés obtenus avec la nervure de fougère, et la figure 323, ceux du nerf de grenouille. On remarquera que, dans les deux cas, les courants de réaction sont de même sens que le courant polarisant.

Dans les expériences que nous venons de décrire sur l'augmentation et sur la diminution produites par la polarisation, on remarquera que la réaction à l'excitation est la même dans les deux cas, et se traduit par une variation négative au point anodique, plus excitable. La différence apparente dans la variation électrotonique vient simplement de la disposition différente du galvanomètre dans les deux cas. Il était dans le premier cas en résistance dans le circuit de polarisation, tandis que, dans le second cas, il était en série.

Les recherches que nous venons de décrire nous permettent d'expliquer les diverses expériences d'Hermann et de Bernstein, et de montrer que leur contradiction n'est qu'apparente. D'abord, dans l'expérience d'Hermann (*fig.* 308 et 309) où le galvanomètre est en série avec le circuit polarisant, il s'agit d'un cas où l'action de l'anode et de la cathode sur l'excitabilité est prédominante. L'excitation simultanée des points anodique et cathodique par des courants d'induction alternatifs produit une excitation plus intense, donc une variation négative en A. Le courant de réaction, agissant dans le même sens que le courant électrotonique, s'y ajoute, et c'est l'augmentation due à la polarisation.

L'expérience de Bernstein, sur la diminution produite par la polarisation, est plus complexe, car elle met en jeu à la fois des variations de la conductibilité et de l'excitabilité. Prenons d'abord le cas où une électrode du circuit dérivé E est sous l'action du catélectrotonus. E' est donc relativement anodique, et, par suite, plus excitable. L'excitation produite par l'excitateur S, qui atteint E', ne peut pas atteindre E, parce qu'elle doit suivre pour cela le sens descendant de l'anode E' vers la cathode E. Ainsi, l'excitation qui atteint E' étant plus intense, et ce point, qui est anodique étant en outre plus excitable, la variation négative est plus importante en ce point. La flèche en traits gras de la figure indique le courant d'excitation, dont le sens est inverse de celui du courant de polarisation, indiqué par une flèche en traits minces. Dans le second cas, où le courant de polarisation est inversé (*fig.* 306), E est à l'anode, donc relativement plus excitable, et E' à la cathode, donc moins excitable. A l'encontre du cas précédent, l'excitation de S, pour atteindre E, doit à présent suivre le sens ascendant de la cathode vers l'anode. L'excitation de E n'est donc pas empêchée. Donc, l'excitabilité plus grande de E fait que ce point, après excitation, devient négatif, et que le courant de réaction, représenté par la flèche en traits gras, détermine une diminution du courant de polarisation.

Nous avons ainsi montré, au cours de ce Chapitre, que les mêmes effets électrotoniques se manifestent dans le cas du nerf végétal et dans celui du nerf animal. Nous avons montré que des résultats différents, et en apparence anormaux, peuvent être dus à des combinaisons simples de deux facteurs différents. Ainsi il n'y a pas de contradiction entre l'augmentation et la diminution du courant produites par la polarisation. Elles résultent, au contraire, des effets distincts et définis de l'électrotonus sur la conductibilité et sur l'excitabilité respectivement.

Pour ce qui est de la conductibilité, nous avons montré que l'excitation est le mieux transmise dans le sens ascendant, c'est-à-dire des potentiels les plus bas vers les plus élevés.

Par suite de ce fait, une excitation moyenne augmente d'intensité en allant de la cathode vers l'anode. La conductibilité est au contraire diminuée de l'anode vers la cathode. Une excitation est donc retardée quand elle est transmise dans le sens descendant. Pour ces raisons, un effet d'excitation négatif normal peut, pendant sa transmission, soit subir une diminution d'intensité, soit s'inverser et devenir positif.

Quant aux variations électrotoniques de l'excitabilité, nous avons vu qu'avec une force électromotrice faible, l'excitabilité est augmentée à l'anode, diminuée à la cathode. Cette conclusion est évidemment en désaccord avec la loi de Pflüger, que nous discuterons en détail dans le Chapitre suivant.

CHAPITRE XXXVIII.

CONTROLE ÉLECTRIQUE DE L'INFLUX NERVEUX.

Effets de courants homodromes et hétérodromes sur les variations de la conductibilité de l'*Averrhoa* et du *Mimosa*. — Effet secondaire immédiat produit par un rebondissement moléculaire. — Augmentation de la vitesse de l'impulsion transmise dans les plantes par les courants hétérodromes, ralentissement par les courants homodromes. — Effets analogues sur le nerf de grenouille. — Effet secondaire immédiat après interruption du courant. — Lois des actions directes et des effets secondaires des courants hétérodromes et des courants homodromes sur les transmissions de l'excitation dans les plantes et chez les animaux.

Les expériences que nous avons décrites dans le dernier Chapitre sur l'action du passage d'un courant électrique faible à travers un tissu conducteur nous ont amené à conclure que *la conduction de l'excitation se fait mieux en sens inverse du courant que dans le sens du courant*. En d'autres termes, par rapport au pouvoir de conduction normal, l'influence d'un courant électrique est de créer une conductibilité élective, le tissu devenant meilleur conducteur dans la direction ascendante. Dans la direction inverse, ou descendante, la conductibilité s'abaisse au-dessous de la normale. Ces résultats étaient si inattendus que je voulus vérifier l'exactitude de cette conclusion par des méthodes d'exploration différentes. Comme témoins de l'excitation transmise dans la plante, je me servis des folioles sensibles d'*Averrhoa bilimbi*, ou de la feuille de *Mimosa*; dans le cas de l'animal, j'employai une préparation de nerf et muscle de grenouille.

Le sens du courant pouvait être inversé à l'aide d'une clef de Morse. L'intensité du courant était mesurée à l'aide du micro-ampèremètre G (*fig.* 325) intercalé dans le circuit. J'appellerai *homodrome* un courant de même sens que la transmission de l'excitation, et *hétérodrome*, un courant de sens inverse de celui de la transmission de l'excitation. Ainsi, dans la figure 324, l'excitation produite par un choc d'induction est transmise de gauche à droite, et donne lieu à un abaissement en série

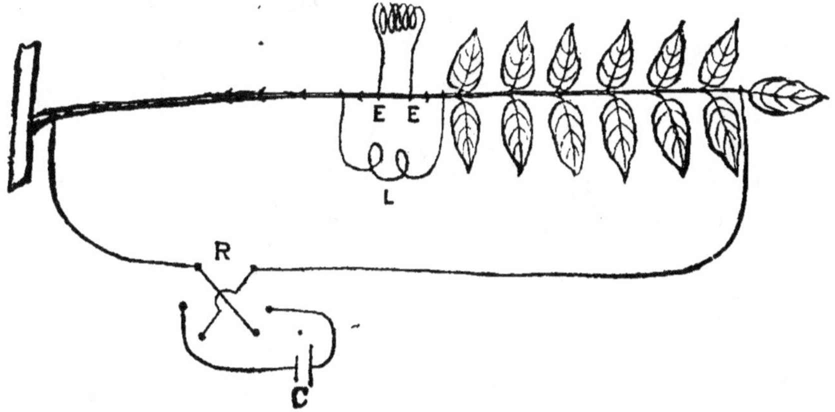

Fig. 324. — Diagramme du dispositif expérimental pour le contrôle électrique de l'excitation transmise dans *Averrhoa bilimbi*.

des folioles sensibles. Un courant électrique dirigé de gauche à droite est *homodrome* par rapport au sens de transmission de l'excitation. Un courant dirigé de droite à gauche est *hétérodrome*. Dans le premier cas, l'excitation se propage dans le sens du courant, dans le sens descendant. Dans le second cas, elle se propage dans la direction ascendante, en sens inverse du courant.

Deux facteurs de complication sont introduits par la fermeture du circuit électrique du courant constant : le premier est la possibilité d'actions secondaires du courant d'induction employé pour l'excitation; le second est la variation polaire d'excitabilité produite au niveau des électrodes en contact avec le tissu nu dans leur voisinage.

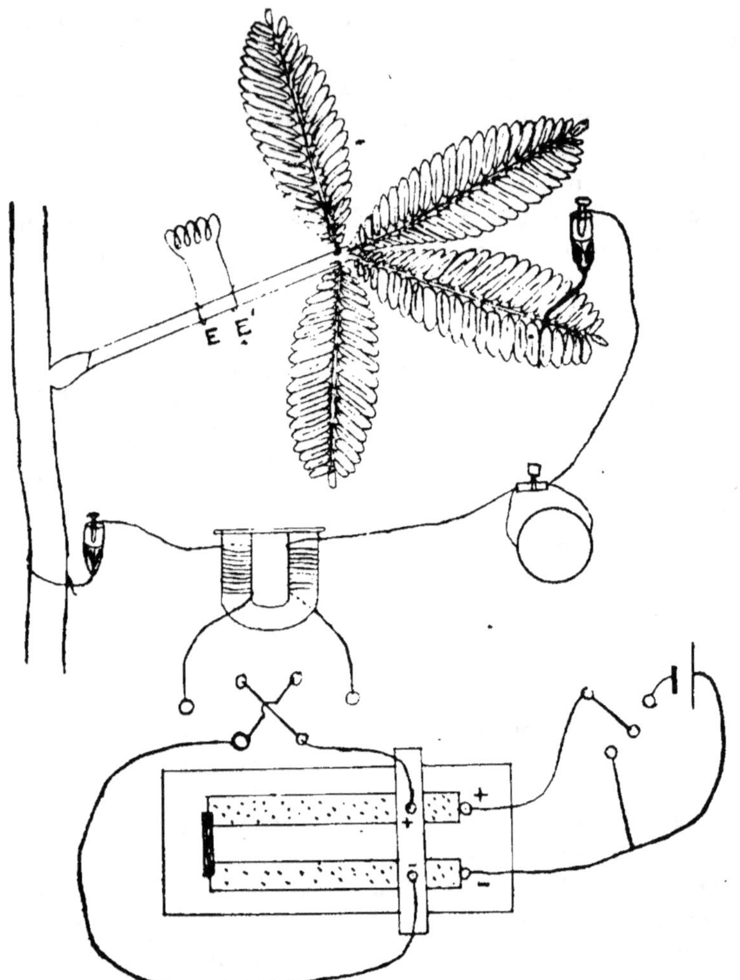

Fig. 325. — Dispositifs complets pour l'étude des variations
de la conductibilité du *Mimosa*.

A, accumulateur; S, potentiomètres dont le curseur permet, par
des déplacements alternatifs à droite ou à gauche, d'augmenter
ou de diminuer continuellement la force électromotrice; K, levier
permettant de fermer ou d'ouvrir le circuit sans déterminer
de variation de résistance; E, E', électrodes d'une bobine d'induction servant à l'excitation; C, bobine d'amortissement; G, micro-
ampèremètre.

Quant à la perturbation produite par le courant d'induction à alternances rapides, nous voyons qu'il traverse seulement le segment EE' avant la fermeture du circuit du courant constant. Mais une fois ce circuit fermé, le courant alternatif ne traverse pas seulement le court segment EE', mais aussi le circuit du courant constant. On évite cet inconvénient en intercalant un court fil d'argent L en dérivation en dehors de EE'. Le courant d'induction est ainsi dérivé à travers cette voie de résistance négligeable, plutôt qu'à travers le circuit plus long comprenant tout le pétiole, dont la résistance est de l'ordre de plusieurs millions d'ohms. Une méthode encore meilleure consiste à interposer dans le circuit du courant constant une bobine d'induction (*fig.* 325), qui offre la propriété d'amortir un courant à alternances rapides qui la traverse, tandis qu'elle laisse passer un courant constant.

Quant à la modification de l'excitabilité par l'action polaire des courants, on sait qu'un courant électrique produit une diminution locale de l'excitabilité au point de pénétration du courant dans le tissu, ou anode, et une augmentation de l'excitabilité au point de sortie, ou cathode. Mais l'excitabilité n'est pas modifiée, en un point également distant de l'anode et de la cathode. Ce point est connu sous le nom de point « indifférent ». Les électrodes excitatrices EE' sont placées au niveau du point indifférent.

Dans toutes les expériences qui suivent, le choc excitateur était appliqué au niveau du point indifférent, à une grande distance des électrodes servant à amener le courant au tissu ou à le ramener. Dans le cas d'une préparation animale, je me servis de grenouilles de très grande taille (*Rana tigrina*). Une préparation était faite, comprenant la moelle, le nerf afférent, le muscle et le tendon. Les électrodes servant au courant continu étaient appliquées aux deux extrémités, sur la moelle et sur le tendon (*fig.* 326). Nous indiquons ci-dessous les dimensions, dans un cas typique, des divers éléments de la préparation. La longueur de la moelle entre l'électrode et le nerf était de 40^{mm}; longueur du nerf, 90^{mm}; longueur du muscle, 50^{mm}; longueur du tendon, 30^{mm}. L'excitation est

appliquée dans tous les cas sur le nerf, à égale distance des .
deux électrodes, ce point étant à une distance minimum
de 100^{mm} de chaque électrode. Le point d'excitation est donc
situé dans une région indifférente.

L'augmentation de la conductibilité, pendant le passage

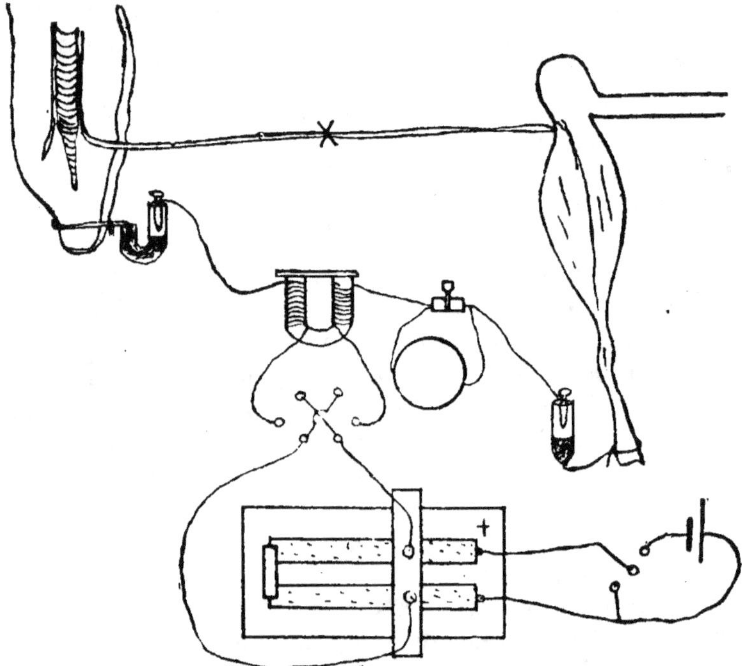

Fig. 326. — Dispositif expérimental pour l'étude des variations
de la conductibilité du nerf par l'action directrice d'un courant
électrique; *nn'*, nerf; S, point d'application de l'excitation dans
la région moyenne, ou indifférente.

d'un courant dans une direction donnée, peut être décelée de
plusieurs manières : 1º par le fait qu'une excitation inefficace
devient efficace; 2º par l'augmentation de l'excitation transmise, par suite de laquelle la réaction minimale normale
devient maximale; et 3º par l'augmentation de la vitesse de
l'impulsion transmise. La diminution de la conductibilité

par le courant de sens inverse peut, au contraire, être démontrée par le fait qu'une excitation auparavant efficace devient inefficace, par la diminution de l'excitation transmise qui rend minimale une excitation maximale, et par la diminution de la vitesse d'une excitation transmise.

Je vais d'abord décrire l'expérience plus simple, faite avec

Fig. 327. — Effet direct et effet secondaire de courants homodromes et hétérodromes.

Les deux premiers tracés, N, N, sont normaux. ↓, transmission améliorée par un courant hétérodrome; •↓, arrêt de la conduction par l'effet secondaire d'un courant hétérodrome. Le tracé suivant ↑ montre l'arrêt par un courant homodrome. Le dernier tracé ᵧ montre une augmentation de la conduction, qui devient supérieure à la normale, comme effet secondaire d'un courant homodrome. La flèche pointillée indique l'effet secondaire après cessation d'un courant donné, ' homodrome et ↓ hétérodrome.

les folioles mobiles d'*Averrhoa*. L'intensité de l'excitation était réglée de telle sorte que la propagation de l'impulsion ne déterminait l'abaissement que de deux paires de folioles : on obtenait ainsi une mesure de la conduction normale en dehors du passage d'un courant.

On faisait ensuite passer, de droite à gauche, un courant

hétérodrome, d'une intensité de 1,4 microampère. L'application d'une excitation de même intensité qu'auparavant donnait lieu à une grande augmentation de la conductibilité ; l'impulsion produite par l'excitation atteignait alors l'extrémité des pétioles, et donnait lieu à un abaissement des six paires de folioles. *La conductibilité est ainsi augmentée dans le sens ascendant par rapport au courant.* Le courant constant était ensuite inversé, et dirigé de droite à gauche. La transmission de l'excitation se faisait alors dans le sens descendant. En appliquant un choc d'induction de même intensité qu'auparavant, on trouvait une abolition de la conductibilité, les folioles ne présentant aucune réaction. La modification de la conductibilité se maintenait pendant toute la durée du passage du courant constant. Après interruption du courant, la conductibilité redevenait normale.

On voit que *la conductibilité peut subir des modifications, et que le passage d'un courant électrique d'intensité moyenne augmente la conductibilité dans le sens ascendant et la diminue dans le sens descendant.* Cette loi peut encore s'exprimer sous la forme suivante : un courant hétérodrome augmente, un courant homodrome diminue la conductibilité.

J'ai obtenu avec le *Mimosa* des résultats exactement parallèles. L'excitation transmise en sens inverse du courant paraissait augmentée. Un courant de même sens que la transmission de l'excitation diminuait, au contraire, l'intensité de cette excitation, ou la faisait disparaître complètement.

La conductibilité initiale est rétablie, comme nous l'avons montré, après disparition de l'effet du passage du courant. Cette disparition demande évidemment un certain temps, et l'on peut se demander comment se présente l'effet secondaire immédiat après interruption du courant. Cette recherche m'a permis d'obtenir des résultats intéressants, illustrés par la figure 327. Dans les expériences qui suivent, les excitations successives étaient toutes d'égale intensité. Les deux premières réactions minimales N, N'_1 à une excitation transmise avant le passage du courant, peuvent être considérées comme normales. Un courant hétérodrome appliqué en $_Y$ déterminait une augmentation de la conductibilité, et l'augmentation d'intensité de l'excitation transmise avait pour conséquence une réaction maximale. Le courant était interrompu en ⋮ : l'excitation ne déterminait alors pas de réaction, la conductibilité était abolie, par suite de l'effet secondaire *immédiat* d'un courant hétérodrome. La conductibilité initiale était rétablie après un certain délai, l'excitation donnant alors lieu à une réaction minimale

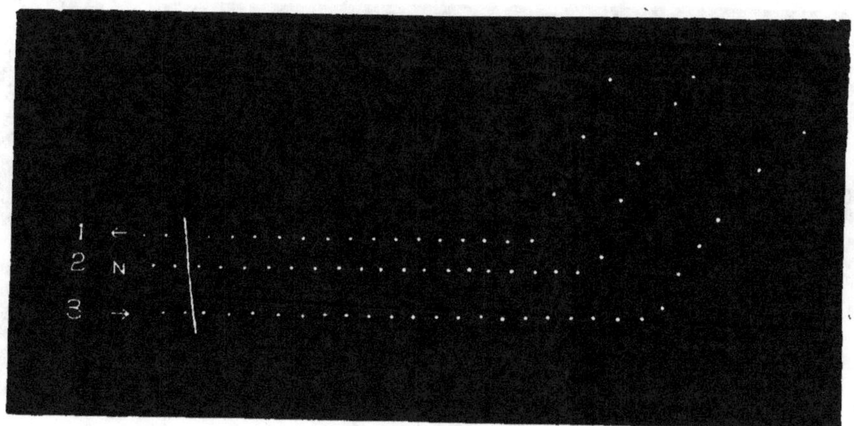

Fig. 328. — Tracé montrant l'augmentation de la vitesse de transmission dans le sens ascendant, ou contre le courant (courbe supérieure) et la diminution de la vitesse dans le sens descendant, suivant le courant (courbe inférieure). N, tracé normal en l'absence de tout courant. ← indique la transmission dans le sens ascendant ; → dans le sens descendant.

normale, qui n'est pas reproduite sur le tracé. On appliquait ensuite un courant homodrome en ↖, la conductibilité paraissait abolie, et il n'y avait pas de réaction. Mais, immédiatement après l'interruption du courant, en ⋮, l'excitation était suivie d'une réaction maximale. *On voit que l'effet direct et l'effet secondaire immédiat d'un courant électrique sont de signes opposés.* Un courant hétérodrome augmente la conductibilité, mais son effet secondaire immédiat est une diminution ou une abolition de la conductibilité. Un courant homodrome diminue ou abolit

la conductibilité; son effet secondaire est une augmentation
de la conductibilité, qui devient supérieure à la normale.

Nous pouvons peut-être expliquer ces réactions frappantes
en considérant les perturbations moléculaires produites par
le passage du courant.-Nous pouvons supposer qu'un regroupement moléculaire particulier produit par le courant polarisant
dans un sens donné a pour conséquence une augmentation de

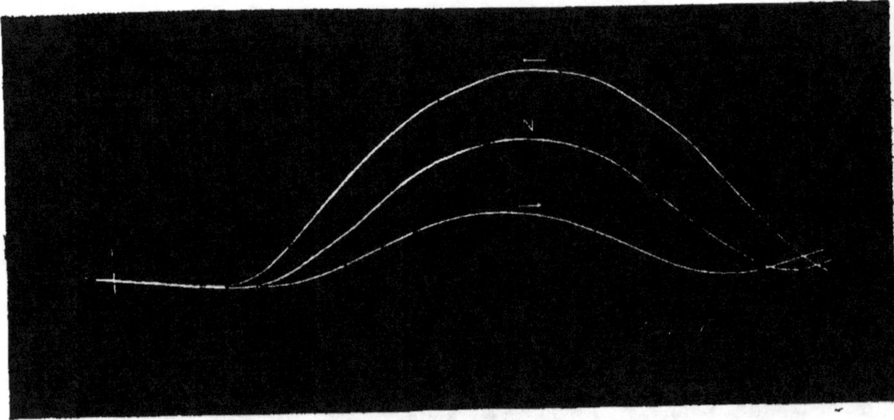

Fig. 329. — Variations de la vitesse de transmission à travers
un nerf par des courants homodromes et hétérodromes. N, écart
normal; le tracé supérieur montre une augmentation, et l'inférieur
une diminution de la vitesse de transmission par des courants
hétérodromes et homodromes respectivement.

la conductibilité. Le regroupement moléculaire de sens opposé,
produit par un courant inverse, aura évidemment pour conséquence une diminution de la conductibilité. Ce sont les résultats
que nous obtenons avec les courants hétérodromes et homodromes respectivement. Mais après interruption de l'action
polarisante, il y aurait un rebondissement moléculaire dans
la direction opposée, avec inversion concomitante de la variation de conductibilité. Nous trouvons ainsi que, tandis qu'un
courant hétérodrome diminue la conductibilité, l'effet immédiat
qui suit son interruption est une augmentation de la conductibilité. Les effets direct et secondaire d'un courant homodrome

sont inverses de ceux d'un courant hétérodrome. Le rétablissement de l'équilibre moléculaire normal, après le court rebondissement qui accompagne l'interruption du courant, se traduit
par un retour de la conductibilité normale.

J'ai montré que la variation de la conductibilité peut aussi
résulter des changements de la vitesse de l'impulsion transmise. On le voit par le tracé ci-dessus (*fig.* 328). Le tracé

Fig. 330. — Tétanos produit par une solution salée,
devenant, de latent, effectif, par l'action d'un courant hétérodrome.

médian N est normal: les points successifs du tracé correspondent à des intervalles de $\frac{1}{10}$ de seconde. Il y a 17 points
entre le point d'application de l'excitation et le commencement
de la réaction. Le temps total est 1,7 seconde. Si nous décomp-
tons 0,1 seconde, qui correspond à la période latente du renflement moteur, nous obtenons le temps véritable, 1,6 seconde.
On obtient la vitesse normale en divisant la distance, 15^{mm},
par le temps vrai, 1,6 seconde. Ainsi $V = \dfrac{15}{1,6} = 9^{mm},4$ par
seconde. J'étudierai ensuite la modification de la vitesse normale par le courant. Le tracé supérieur (1) a été obtenu par
l'action d'un courant hétérodrome d'une intensité de 1,4 microampère. On voit que l'intervalle de temps est ramené de 1,7
à 1,4 seconde; en tenant compte de la période latente, la

vitesse de transmission sous l'action d'un courant ascendant est $V^1 = \dfrac{15}{1.3} = 11^{mm},5$ par seconde. Dans le tracé inférieur (3) nous voyons l'effet d'un courant homodrome, l'intervalle de temps entre l'excitation et la réaction atteint alors 1,95 seconde, et la vitesse descend à $8^{mm},1$ par seconde. Ces résultats confirment pleinement cette conclusion, qu'un courant hétéro-

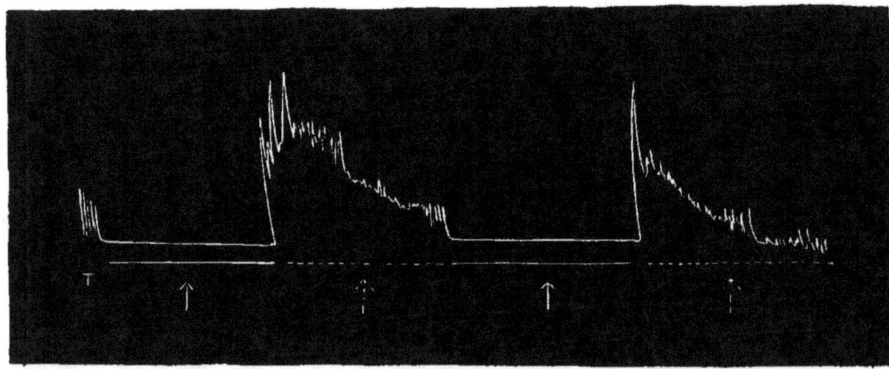

Fig. 331. — Effet direct et effet secondaire d'un courant homodrome. Une excitation transmise (tétanos produit par une solution salée) est arrêtée par un courant homodrome; après une interruption de courant représentée par un trait pointillé, il y a une augmentation transitoire au-dessus de la normale.

rodrome augmente la conductibilité, tandis qu'un courant homodrome la diminue.

Dans le cas du tissu conducteur de la plante, nous avons trouvé une preuve frappante de l'influence de la direction du courant sur la conductibilité dans la variation de la vitesse de transmission qui en résulte. J'ai obtenu un résultat aussi frappant avec un nerf de grenouille.

Les expériences qui suivent ont été faites par un temps froid. Les tracés (*fig.* 329), obtenus avec un myographe à pendule, montrent l'effet du sens du courant sur la période de transmission à travers une longueur donnée de nerf. Le tracé médian N est le tracé normal, en dehors de l'action d'un courant. Le tracé supérieur, marqué par une flèche dirigée vers la gauche, montre qu'un courant hétérodrome diminue la période de transmission et augmente donc la vitesse, qui devient supérieure à la normale. Le tracé inférieur, marqué par une flèche dirigée vers la droite, montre qu'un courant homodrome diminue la vitesse, qui devient inférieure à la normale. Un courant hétérodrome d'une intensité de 1,5 micro-ampère n'a paru augmenter la vitesse de 15 pour 100; un courant homodrome de même intensité diminuait cette vitesse de 19 pour 100.

J'ai fait d'autres recherches, où la variation d'intensité de l'excitation transmise est appréciée d'après l'amplitude de la réaction du muscle terminal. Sous l'action d'un courant hétérodrome de faible intensité, l'excitation transmise était toujours plus intense, quel que fût le mode d'excitation; un courant homodrome, au contraire, diminuait ou abolissait la transmission de l'excitation. On trouve une illustration intéressante de ces faits dans les deux tracés ci-dessus de l'effet de courants homodromes et hétérodromes sur l'excitation transmise résultant d'une application de sel en un point moyen indifférent d'un nerf. L'intensité de l'excitation tétanique causée par le sel dépend de l'intensité et de la durée de l'application.

Dans la première expérience, il n'y avait qu'un commencement d'excitation tétanique, dont la transmission ne se manifestait pas dans la réaction du muscle. Le tracé normal est donc horizontal. Après application d'un courant hétérodrome, l'excitation transmise était plus intense, et donnait lieu à un tétanos du muscle très prononcé. Ce tétanos disparaissait après interruption du courant, pour reparaître de temps en temps après application du courant hétérodrome (*fig.* 330).

Dans l'expérience suivante (*fig.* 331), nous voyons l'effet direct et l'effet secondaire immédiat d'un courant homodrome, On attendait dans ce cas assez longtemps après l'application de sel sur le nerf, de manière que le muscle réagit à l'excitation transmise par un tétanos faible et incomplet T. On faisait alors passer le courant homodrome, et il en résultait une abolition de la conductibilité et une disparition concomitante du tétanos. Le courant homodrome était ensuite ramené à zéro.

L'effet secondaire immédiat de l'interruption du courant homodrome se traduisait par une augmentation passagère de l'excitation transmise, qui déterminait une forte augmentation du tétanos du muscle. Cette augmentation se maintenait pendant 40 secondes, puis la conductibilité redevenait normale, avec son tétanos faible concomitant.

En répétant l'expérience, on retrouvait des résultats semblables (*fig.* 331). On voit donc qu'il existe un parallélisme parfait entre les variations de conductibilité produites dans la plante et celles de l'animal, sous l'action d'un courant constant de sens déterminé. Dans les deux cas, avec un courant d'intensité faible ou moyenne, la conductibilité est augmentée dans la direction opposée à celle du courant, et diminuée ou abolie dans le sens du courant. L'effet secondaire immédiat est inverse de l'effet produit pendant le passage du courant. Avec un courant intense, je trouve que les variations sont inverses de celles d'un courant faible ou moyen ([1]).

Les variations de la conductibilité produites par un courant électrique peuvent se résumer dans les lois suivantes, également applicables aux tissus conducteurs de la plante et aux nerfs de l'animal :

1º Le passage d'un courant produit une variation de la conductibilité, qui dépend du sens et de l'intensité du courant ;

2º Quand l'intensité du courant est faible, un courant hétérodrome augmente la conductibilité, un courant homodrome la diminue ;

3º L'effet secondaire d'un courant d'intensité faible est une variation passagère de la conductibilité, de sens inverse de celle produite par le passage même du courant ;

4º Un courant intense produit des effets inverses de ceux des courants faibles ou moyens.

([1]) Pour plus de détails, *cf.* Bose, *L'Influence des courants électriques homodromes et hétérodromes sur la transmission de l'excitation dans les plantes et chez les animaux* (*Proc. Royal Society,* vol. 88, 1915).

CHAPITRE XXXIX.

MODIFICATIONS DE LA RÉACTION SOUS L'INFLUENCE
DE VARIATIONS MOLÉCULAIRES CYCLIQUES.

Anomalies de la réaction. — Elles s'expliquent seulement en tenant
compte des modifications moléculaires antérieures. — Transformation continue de l'état d'hypotonicité à l'état d'hyperto-
nicité. — Réaction anormale, généralement caractéristique de
l'état A, d'hypotonicité. — Passage de la réaction anormale à la
réaction normale, après un stade de transition B. — Le stade B,
caractérisé par la réaction en escalier. — Réactions normales
et uniformes au stade C. — Aux stades D et E, les réactions
diminuent et s'inversent. — Particularité des réactions pendant
l'ascension de la courbe, se répétant dans l'ordre inverse pendant la descente. — Toutes ces particularités ne se voient pas
seulement dans les tissus vivants, mais aussi dans les corps
inorganiques, par les diverses méthodes d'observation. —
Explication de l'effet des médicaments. — Variations des
réactions par l'état tonique et par l'histoire antérieure.

Nous avons vu que, dans les conditions normales, le phénomène de réaction dans les tissus vivants, présente des caractères bien définis. Mais il y a d'autres conditions où il se trouve
modifié, ou même inversé. Ces effets anormaux peuvent être
dus, soit à une excitation faible, soit à des modifications dans
le tissu même qui réagit. Ainsi, bien qu'une excitation moyenne
produise une réaction négative normale, une excitation faible
produira souvent la réaction positive anormale, et ce fait
s'observe plus facilement dans le cas de certaines modifications
particulières du tissu, associées à l'hypotonicité. Les modifications dues à la fatigue résultant d'une excitation excessive

sont également susceptibles de déterminer une inversion du signe de la réaction.

Nous pouvons regarder ces anomalies comme le résultat d'actions vitales obscures, impossibles à analyser en détail, Ou, puisque le phénomène de réaction lui-même est considéré comme dû au bouleversement moléculaire produit par l'excitation, leurs origines peuvent être cherchées dans l'état moléculaire antérieur de la substance qui réagit.

Quant à la controverse interminable sur la nature physique ou chimique des phénomènes de réaction, j'ai déjà attiré l'attention sur le fait, qu'à la limite entre la physique et la chimie, il est impossible de tracer une démarcation nette entre ces deux ordres de phénomènes.

Des modifications, qui sont elles-mêmes certainement d'ordre physique, ou moléculaire, peuvent s'accompagner de modifications concomitantes de l'activité chimique. On pourra mieux s'en rendre compte par un exemple; nous pouvons prendre pour cela l'action photographique de la lumière sur une plaque sensible. Elle passe pour être due à une dissociation, ou à une destruction chimique. Mais s'il en était ainsi, l'effet serait permanent. Au lieu de cela, l'image latente peut disparaître et, sur une plaque daguerréotypique, l'effet secondaire de la lumière, c'est-à-dire la persistance de l'image, a seulement une durée de quelques heures. Ces images mêmes, dues à l'action de la lumière, ont paru se former même sur des substances chimiques élémentaires et inertes, comme l'or. Dans ce dernier cas, toute destruction chimique, au sens ordinaire du mot, est hors de question.

Nous avons vu qu'en général l'excitation produit une distorsion moléculaire, dont la persistance dépend de l'intensité de l'excitation, et aussi du pouvoir de rétablissement caractéristique de la substance étudiée. Nous avons vu aussi une différence de potentiel électrique s'établir entre une zone qui a subi une contrainte et une zone non contrainte.

Quand la substance ainsi soumise à une action différentielle est placée dans un électrolyte convenable, des actions volta-chimiques se produisent nécessairement, à la suite desquelles

la substance peut être concentrée en un point, et diluée ailleurs.
Ainsi peut se développer une image positive ou négative.

Nous avons vu également, dans les réactions des tissus
vivants, que, tandis qu'une excitation moyenne produit un
effet donné, la même excitation, prolongée, peut produire une
inversion par suite de la fatigue, ces inversions étant quelquefois
de type récurrent. Il est intéressant de noter que, de même,
une plaque photographique, soumise à des durées d'exposition
variables, donnera, suivant les cas, des images négatives ou
positives inversées, ou des récurrences de celles-ci ([1]).

On voit d'après ces faits que, pour expliquer la réaction et
ses variations, nous devons regarder l'état moléculaire antérieur.
Si les phénomènes de réaction en gérréral sont donc modifiés
suivant les conditions moléculaires, il s'ensuit que, pour démêler
les anomalies qui existent dans les réactions des tissus vivants,
nous devons essayer de déterminer les conditions qui provoquent
une variation donnée des réactions dans la matière en général.
Nous avons souvent répété, dans les Chapitres précédents, que
ces phénomènes ne sont pas particuliers à la réaction des tissus
vivants, mais qu'ils se retrouvent dans des circonstances
semblables dans la matière, quelle qu'elle soit ; et je l'ai montré
d'abord dans mes recherches sur les « Réactions de la matière
vivante et non vivante » ([2]).

Dans cet Ouvrage, je disais, à propos des anomalies de la
réaction :

« Appelons *négative*, pour plus de commodité, toute réaction
normale. Nous observons qu'elle subit une modification graduelle, correspondant à des changements dans l'état moléculaire
de la substance étudiée. Si nous prenons d'abord le cas où la
modification moléculaire est considérable, nous trouvons une
variation maxima de la réaction par rapport à la normale :
elle devient positive. La prolongation de l'excitation ramène

---

([1]) Bose, *On Strain Theory of Photographic Action* (*Proc. Roy.
Soc.*, 1902).

([2]) Cf. *Réactions de la matière vivante et non vivante*, édition
anglaise, 1902, p. 129-130.

l'état moléculaire normal, comme le montre la diminution progressive de la réaction positive, aboutissant au retour à la réaction négative normale.

» Ceci est également vrai pour le nerf et pour le métal. Dans la classe suivante de phénomènes, la modification de l'état moléculaire est moins importante. Elle se présente simplement comme une inertie relative, et les réactions, bien que négatives, sont faibles.

» Sous l'action d'une excitation prolongée, elles augmentent dans le même sens que dans le cas précédent, c'est-à-dire d'une réaction moins négative vers une réaction *plus négative*, cette variation se faisant en sens inverse de celle qui résulte de la fatigue. On le voit aussi par l'effet en escalier et par l'augmentation de la réaction après tétanisation, qu'on trouve, non seulement avec le nerf, mais aussi avec le platine et l'étain. La substance peut arriver ensuite à ce que nous appelons l'état normal. Des excitations uniformes successives donnent alors lieu à des réactions uniformes, égales et négatives, c'est-à-dire qu'il n'y a pas de fatigue. Mais, après une excitation intense ou prolongée, la substance subit une contrainte excessive. Les réactions négatives deviennent alors *moins négatives* : c'est-à-dire que la fatigue apparaît. Après une excitation très prolongée, la réaction peut tomber à zéro, ou même s'inverser et devenir positive, phénomène dont nous trouverons un exemple dans la réaction inversée de la rétine, sous l'excitation prolongée de la lumière.

» Nous devons donc reconnaître qu'une substance peut présenter des états moléculaires différents, dus à des modifications internes, ou à l'action de l'excitation. Les réactions donnent des indications sur ces états. On peut décrire un cycle complet de modifications moléculaires, allant de la réaction positive anormale à la négative normale, puis de nouveau à la positive, que reproduit l'inversion résultant d'une excitation prolongée (¹). »

(¹) Dans cette citation, d'accord avec la convention que j'observe toujours à présent, j'ai appelé négative la réaction normale, et positive, la réaction anormale.

C'est le cycle moléculaire, dont nous parlons ici, avec la variation cyclique concomitante de la réaction, qui forme le sujet de ce Chapitre. J'essaierai de montrer que les diverses anomalies de la réaction des tissus vivants, dont nous parlions plus haut, peuvent être expliquées par cette considération. J'ai montré, dans le premier Chapitre de cet Ouvrage, que la perturbation moléculaire de la matière consécutive à l'excitation peut être étudiée par l'enregistrement de l'une quelconque de plusieurs modifications physiques concomitantes. Ce sont : *a.* la modification de forme, contraction ou expansion ; *b.* la variation électromotrice ; et *c.* la variation de la résistance électrique. Avec la première de ces modifications, nous avons étudié les effets de réaction produits par l'excitation dans les tissus animaux et végétaux. A l'aide de la seconde (les variations électromotrices), nous avons étudié les modifications produites par l'excitation et ses variations dans les tissus vivants, animaux et végétaux, et dans les corps inorganiques, tels qu'un fil métallique. Enfin, à l'aide des variations de résistance, nous avons obtenu des tracés de modifications produites par l'excitation dans les tissus vivants, comme aussi dans des masses de particules métalliques.

Je vais aborder la question de la nature de ces modifications moléculaires mal connues que traduit la réaction d'une substance donnée, et du fait desquelles elle présente des variations d'intensité ou de signe. La seule explication plausible de ces modifications serait une transformation inconnue de l'état moléculaire antérieur. Cela étant, il s'agit de savoir si nous pouvons découvrir ce que sont ces transformations.

Les propriétés d'une substance à un moment donné ne sont pas déterminées seulement par la mesure de la substance, mais aussi par son histoire antérieure. Ainsi, la tonicité d'un tissu dépend du fait qu'il a vu ou qu'il n'a pas subi d'excitation préalable. Quand ce tissu est pendant longtemps privé d'une excitation normale, il tombe dans un état d'hypotonicité extrême. L'application d'une excitation réveille le tissu atonique et, « comme en léthargie », il tend à rétablir son état normal d'excitabilité. Une excitation intense et prolongée détermine de la fatigue et une perte de l'excitabilité. On observe toutes les transitions, depuis l'état d'atonie extrême, à une extrémité du cycle, jusqu'à l'état de fatigue et d'excitation excessive, à l'autre extrémité. Les modifications moléculaires internes, qui accompagnent cette variation cyclique du tissu, sont en dehors des limites des phénomènes visibles. Mais il est possible d'avoir un aperçu des modifications moléculaires progressives dont le tissu est le siège, par l'observation continue des caractères des réactions qu'il fournit, au cours de ses modifications, au choc d'une excitation témoin.

Je vais à présent décrire les réactions caractéristiques des divers états d'un tissu donné. Nous pouvons, par exemple, prendre d'abord le cas d'un nerf animal, qui, une fois isolé et privé des excitations normales, tombe dans un état d'hypotonicité extrême. Dans cet état atonique A, il présente une réaction positive anormale. S'il est ensuite soumis à une excitation, la tonicité normale et l'excitabilité reparaissent graduellement. La réaction positive anormale du tissu hypotonique fait donc place graduellement, avec les progrès de la transformation moléculaire, à la réaction négative normale, la réaction intermédiaire étant diphasique (cf. *fig.* 252). Le point de transition peut être considéré comme l'état B.

Si nous ne voulons pas enregistrer la série des réactions intermédiaires, mais seulement obtenir le dernier terme, négatif normal, nous pouvons soumettre le tissu à une série d'excitations rapides, ou à une tétanisation. Nous observerons alors, suivant le stade de transformation, soit : 1° une réaction positive anormale transformée en négative normale, ou 2° une réaction diphasique transformée en négative normale, ou 3° une augmentation de la réaction négative d'abord faible (cf. *fig.* 251, 252, 250).

On peut obtenir des résultats analogues avec d'autres tissus. C'est ainsi que la réaction électromotrice d'un nerf hypotonique de fougère est positive, et qu'elle se transforme en une réaction négative normale après tétanisation. Une réaction faible du nerf végétal est également augmentée après tétanisation (cf. *fig.* 259, 258).

Les réactions électriques que j'ai obtenues avec des substances inorganiques présentent un parallélisme remarquable avec les réactions des tissus vivants.

La figure 332 montre la transformation de la réaction électrique anormale descendant de l'étain, en une réaction normale ascendante après une période intermédiaire de tétanisation.

Fig. 332. — Tracé photographique montrant la conversion d'une réaction descendante anormale de l'étain en une réaction ascendante normale, après tétanisation.

La figure suivante (*fig.* 333) montre comment la réaction anormale du platine, à la suite d'excitations répétées, fait place à une réaction normale croissante, après un stade diphasique intermédiaire. La figure 334 montre l'augmentation, après tétanisation, de la réaction normale d'un fil d'étain.

Nous passons ensuite au troisième mode d'enregistrement, par les variations de la conductibilité ou de la résistance. J'ai observé qu'une cellule de sélénium se trouve quelquefois dans un certain état moléculaire, où elle réagira à des chocs élec-

triques de haute fréquence alternatifs et égaux, d'une fréquence
de l'ordre d'un million par seconde, par une augmentation de
résistance. La tétanisation donne lieu à une transformation,
caractérisée par une diminution, ou variation négative, de la
résistance. Ensuite, les réactions deviennent normales, c'est-
à-dire que l'on constate une diminution de la résistance. La
figure 335 montre ces effets. Des cellules de sélénium, dans les
conditions normales, réagissent à la lumière par une diminution

Fig. 333. — Transformation graduelle d'une réaction anormale
en réaction normale dans le platine.

On voit que la transformation a commencé à la troisième,
et s'est terminée à la septième réaction, de gauche à droite.

de leur résistance. Après tétanisation, ou à la suite d'une exposition prolongée à la lumière, les réactions normales subissent,
dans certaines circonstances, une augmentation.

J'ai également observé des effets semblables avec diverses
poudres métalliques, sous l'excitation produite par des radiations électriques. Le tracé de la figure 337 montre la réaction
positive anormale, par augmentation de la résistance, observée
avec le tungstène.

Après une courte période de tétanisation, on voit la ligne
de base s'élever, l'état moléculaire étant transformé dans le
sens négatif, et la résistance présentant ainsi une diminution
permanente. La réaction, à la suite de cette transformation

particulière, est diphasique, comprenant une phase positive, suivie d'une phase négative. Une nouvelle période de tétanisation accentue encore cette transformation dans le sens négatif, et les réactions isolées sont alors des réactions négatives normales augmentées d'amplitude. Je donne aussi une seconde paire de tracés, où la réaction normale d'amplitude moyenne

Fig. 334. — Réaction électromotrice normale de l'étain, augmentée après tétanisation.

de l'aluminium est augmentée, après une période intermédiaire de tétanisation (*fig.* 338).

Après une excitation modérée, nous arrivons au stade C, où la réaction est à son maximum, et reste uniforme pendant un certain temps. Mais une excitation poussée trop loin amène la substance étudiée aux stades D et E, où l'on voit la dépression, ou même l'inversion produite par la fatigue.

On le voit par la réaction mécanique du *Mimosa* et par les réactions électriques du *Céleri* et du *Mimosa* (cf. *fig.* 56, 57, 180).

L'inversion de la réaction à la suite d'une excitation exagérée se voit aussi dans les réactions de l'organe digestif de *Drosera*, et dans les réactions de l'estomac de *Gecko* (cf. *fig.* 187, 190). Cette inversion par la fatigue se voit aussi dans la réaction du tungstène à des radiations hertziennes (*fig.* 339).

Ces résultats, et d'autres déjà cités, ont été obtenus avec diverses substances inorganiques ou vivantes et avec tous les modes d'excitation. Les modifications de la réaction doivent

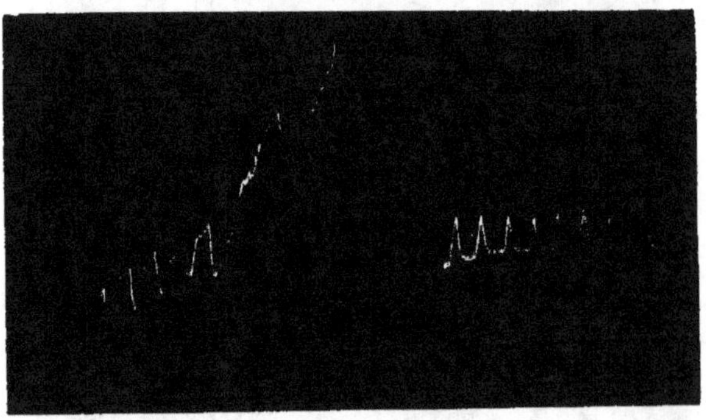

Fig. 335. — Tracé photographique de la réaction anormale d'une cellule de sélénium, rendue normale par la tétanisation.

L'excitation appliquée consistait en chocs électriques
de haute fréquence.

donc être dues à une transformation moléculaire fondamentale qui est commune à toutes ces substances.

Dans l'augmentation de la réaction par la tétanisation, ce n'était pas la tétanisation elle-même qui était le facteur déterminant, mais la transformation moléculaire phasique résultant de la tétanisation. Si la substance s'est trouvée être à la phase B, dans ce cas, et dans ce cas seulement, la tétanisation détermine une augmentation de la réaction. Mais si elle se trouve être à la phase optima C, la même tétanisation aura pour effet de l'amener aux stades D et E, stades de fatigue. Dans ce cas, la réaction, au lieu de croître, diminue ou s'inverse.

Nous trouvons ainsi qu'une excitation identique peut

donner. lieu à des effets opposés, suivant l'état moléculaire ou tonique du tissu qui réagit. La transformation d'un stade

Fig. 336. — Tracé photographique montrant l'augmentation de la réaction moyenne normale du sélénium après tétanisation.

L'excitation appliquée était une excitation lumineuse.

dans l'autre est déterminée, comme nous l'avons vu, par l'action antérieure de l'excitation même. Ces considérations pourraient

Fig. 337. — Tracé photographique de la réaction anormale du tungstène à des radiations électriques, devenant, après tétanisation, diphasique, puis normale.

contribuer à élucider la question très obscure des agents et des médicaments chimiques, et en particulier de l'action des doses fortes et des doses faibles. Puisqu'un agent chimique

agit d'une manière analogue à celle des autres agents **excitants**,
on pourrait prévoir qu'une dose très étendue d'un réactif
donné aura des effets analogues à ceux d'une excitation faible
et aura une action excitante. Une action prolongée, amenant
la substance étudiée aux phases D ou E, aura une action
déprimante.

On a vu qu'il en est bien ainsi dans la réalité, par plusieurs
expériences que nous avons décrites. Nous avons vu, par

Fig. 338. — Réaction moyenne normale de l'aluminium,
augmentée après tétanisation.

exemple (*fig.* 95), que l'action prolongée du carbonate de sodium,
agent modérément excitant, déterminait d'abord une augmentation de la réaction, suivie d'une dépression. Pour le nerf
végétal également (*fig.* 271), nous avons trouvé que le même
agent, à dose faible, déterminait d'abord une augmentation
de la conductibilité, suivie plus tard d'une dépression lente.
Une dose plus forte du même réactif nous a paru déterminer
une dépression rapide. Les mêmes faits se retrouvent même
dans le cas des poisons. Un agent, qui se montre toxique à
forte dose, agit comme stimulant à dose faible. Ainsi, en
étudiant l'effet des divers agents chimiques sur la réaction
de croissance, j'ai trouvé que, tandis qu'une solution à 1 pour 100
de sulfate de cuivre était toxique, le même agent se montrait
excitant à dose très faible.

Une revue des effets des médicaments, stimulants ou toxiques, montre ce fait frappant, que la différence entre eux est souvent

Fig. 339. — Tracé photographique de la réaction du tungstène, montrant l'augmentation de la réaction après une tétanisation modérée, et son inversion due à la fatigue, après une tétanisation énergique.

une question de quantité. Le sucre, par exemple, qui est un excitant quand il est en solution de 1 à 5 pour 100, devient

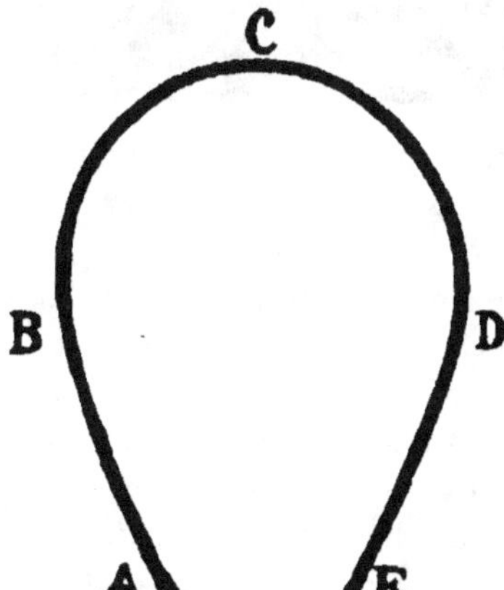

Fig. 340. — Diagramme de la courbe cyclique.

dépresseur, quand la solution est très concentrée. Le sulfate de cuivre, qui est considéré comme toxique, peut se montrer excitant, à doses faibles. La différence entre le sucre et le sulfate de cuivre est que, pour le second, les limites des doses inoffensives sont très étroites. Il faut aussi se rappeler, à ce propos, qu'une substance telle que le sucre est utilisée par la plante pour les processus métaboliques généraux, et ainsi éliminée de la zone d'action. Ainsi, une absorption prolongée de sucre ne pourrait pas, avant un temps assez long, déterminer une accumulation suffisante pour une action dépressive.

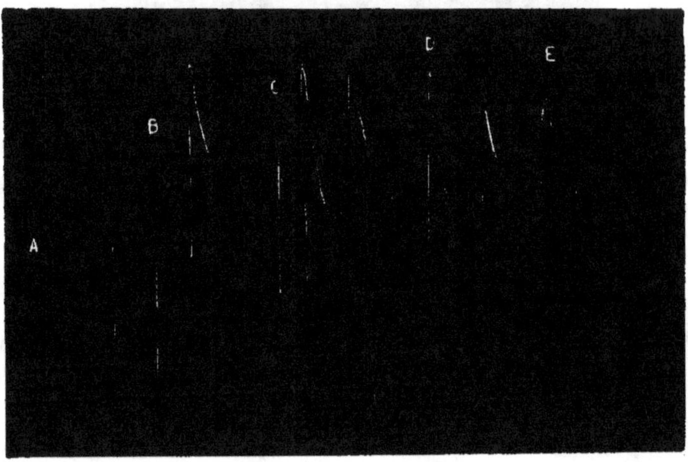

Fig. 341. — Tracé photographique montrant les réactions correspondant aux diverses parties de la courbe cyclique.

a. Réactions anormales hypotoniques; *b*. Ascension en escalier; *c*. Réactions uniformes; *d*. Diminution due à la fatigue; *e*. Inversion par la fatigue.

Il en est tout autrement pour le sulfate de cuivre. Ici, l'absorption constante de la faible dose excitante déterminerait une accumulation dans le système de la plante, et amènerait ainsi la mort.

Il ressort de tout ceci que les progrès de la médecine peuvent être hâtés si l'attention des auteurs est attirée sur l'importance des aspects moléculaires intimes des phénomènes qu'ils étudient. Ainsi, dans l'étude de l'action des médicaments, une triple question se pose. Il y a d'abord à déterminer quelle est la nature du phénomène de réaction produit par le médicament

étudié dans les conditions normales. En second lieu, il y a à
déterminer quelle est la dose critique, au-dessus et au-dessous
de laquelle on pourra observer des effets opposés. Enfin, comme
la nature de la réaction a paru influencée par le stade auquel
se trouve le tissu qui réagit à l'application d'un réactif chimique
donné, il s'ensuit qu'un élément important du problème réside
dans la détermination de la tonicité du tissu. Car la pratique

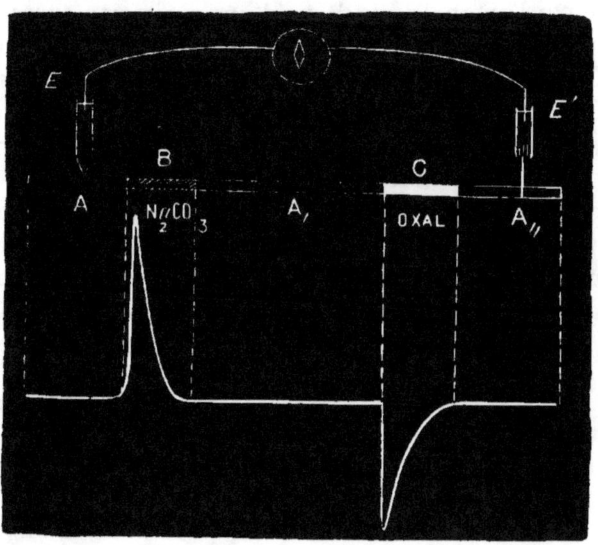

Fig. 342. — Reviviscence d'une image latente dans un métal.

médicale montre qu'un même médicament peut souvent causer
des effets exactement opposés, chez deux individus différents.
La cause de cette différence peut être attribuée à des différences dans l'état tonique de ces sujets. Il peut arriver ainsi
qu'un même traitement ranime un tissu qui se trouvera dans
un état de tonicité déterminé après une période d'inanition,
et que, pour un autre tissu, il précipite la mort.

Je donne (p. 548 et 549) une courbe (fig. 340) qui représente
les divers stades du cycle moléculaire et les réactions caractéristiques aux différents stades (fig. 341). Dans la première

moitié du cycle de A à B, l'excitation transforme la réaction positive anormale en une réaction négative normale, et détermine ainsi une ascension en escalier jusqu'au stade optimum C. Au delà de ce stade, pendant la descente, on observe une diminution progressive de la réaction qui aboutit au type positif anormal. Les deux moitiés du cycle sont ainsi étrangement semblables, l'une étant en quelque sorte une réflexion de l'autre. Le cycle commence par une diminution de la tonicité et se termine par l'anomalie résultant d'une excitation excessive. On peut supposer que le point de départ de l'une des moitiés se rencontre avec la terminaison de l'autre dans un résultat commun. Le tissu pourra mourir aussi bien par inanition d'une part, par défaut d'excitation, que par fatigue d'autre part, par un excès d'excitation. Mais, bien que l'une des moitiés reproduise l'autre, il y a en quelque sorte entre elles une différence polaire, du fait des différences entre leurs antécédents. Pour ranimer le tissu près de mourir, au commencement du cycle, une excitation est nécessaire; pour le ranimer à la fin du cycle, une période de repos est au contraire indispensable.

CHAPITRE XL.

LA MÉMOIRE.

La mémoire, effet secondaire de l'excitation. — La persistance
dépend de l'intensité de l'excitation. — Vitesse de l'oubli. —
Effets secondaires multiples dans la rétine. — Réapparition
spontanée d'images secondaires. — Théories de la mémoire. —
Images latentes, et leur réapparition. — Effet secondaire de
l'excitation sur l'excitabilité et la conductibilité. — Effet différentiel d'une excitation diffuse. — Réapparition d'une image
latente dans un métal. — Réapparition d'une image latente sur
une surface phosphorescente. — Image-souvenir, négative ou
inversée. — Interprétation psychophysiologique de cette expérience. — Excitation différentielle par une excitation diffuse,
interne ou externe. — Sa continuité se voit dans la réaction
mécanique de la tige plagiotropique et du renflement moteur
du *Mimosa*, dans la décharge électrique de certains poissons,
et dans la réaction psychique de la mémoire.

Jusqu'ici, nous avons considéré seulement les effets immédiats de l'excitation. Nous savons cependant que l'excitation
ne produit pas seulement un effet immédiat, mais aussi un
effet secondaire. Nous sommes ainsi amenés à envisager la
question des aspects physiques du phénomène appelé mémoire,
qui peut être considéré comme une sorte d'effet secondaire.
Même avec les dispositifs assez peu sensibles qui sont à notre
disposition pour la recherche des modifications nerveuses, le
galvanomètre et le kunchangraphe, nous trouvons que l'effet
secondaire d'une excitation intense est plus persistant que
celui d'une excitation faible. Dans le système nerveux, qui
présente une grande sensibilité, les modifications nerveuses
et leurs effets secondaires sont plus facilement reconnus. La

persistance physiologique d'une impression suit, en général, la courbe de la réaction et du retour à l'état initial. Le fait que le retour physiologique à l'état initial est moins rapide après une forte excitation qu'après une faible trouve sa correspondance dans le temps nécessaire à la disparition des impressions sensorielles, dont on peut dire que les plus fortes sont plus durables que les plus faibles.

Le fait que l'effet secondaire d'une excitation intense persiste plus longtemps que celui d'une excitation faible peut être montré d'une manière intéressante de la manière suivante : Un dessin simple est préparé avec de la poudre de magnésium et enflammé dans une chambre noire. Un second observateur, ne connaissant pas le dessin, observe la flamme et ferme les yeux. La lueur instantanée, observée par la fumée dense, ne produit pas tout de suite une impression nette. Mais, dans la rétine, l'image sombre de la fumée, ètant peu lumineuse, s'efface, et l'effet secondaire de la lueur brillante, ainsi dissocié de la fumée qui le masque, devient parfaitement distinct.

J'ai pu souvent ainsi, en fermant les yeux ensuite, observer distinctement des phénomènes lumineux de courte durée, qui auraient été impossibles à distinguer les yeux ouverts.

Nous avons ainsi touché à la question du temps nécessaire à l'effacement d'une impression mentale. Un autre aspect intéressant de cette question se trouve dans la vitesse de disparition, ou plutôt dans la vitesse de rétablissement de l'équilibre moléculaire. Par la courbe de rétablissement, nous voyons que cette vitesse est d'abord très rapide, et qu'elle devient de plus en plus lente avec la descente de la courbe. C'est aussi la caractéristique du processus de l'oubli : Ebbinghaus a trouvé par exemple que l'oubli d'une série de syllabes sans signification, d'abord rapide, devient de plus en plus lent avec le temps.*

Un tissu excitable, tel que le nerf, présente, après des excitations intenses, des réactions qui, comme nous l'avons vu, sont d'aspect multiple. La rétine aussi, à la suite d'une excitation lumineuse intense, présente des réactions secondaires multiples (*fig.* 222) qui peuvent être décelées à l'aide d'un galvanomètre.

Ce fait explique les images secondaires multiples que l'on voit souvent en fermant les yeux, à la suite d'une excitation lumineuse intense. Une autre preuve, que ces images secondaires multiples sont physiologiques, se trouve dans le fait que leur périodicité est modifiée suivant l'état antérieur de repos ou d'activité. Ainsi, je trouve que cette période est plus courte le matin de bonne heure, aussitôt après le repos, et que plus tard, dans la journée, elle devient de plus en plus longue, du fait de la fatigue croissante.

Dans un cas déterminé, la période était à 8^h du matin de 3 secondes; elle s'élevait à 5 secondes à 3^h de l'après-midi, et atteignait 6,5 secondes à 11^h du soir.

Un moyen de déceler les images secondaires dans la rétine consiste, comme nous l'avons dit déjà, dans l'emploi d'un stéréoscope présentant deux fentes découpées en croix au lieu des photographies. En regardant au travers pendant 10 secondes au moins un ciel bien éclairé, on voit se former une image composée d'une croix inclinée. On ferme ensuite les yeux, et le premier effet observé est l'obscurité résultant d'un rebondissement moléculaire. Par suite des alternances binoculaires de la vision, dont nous avons déjà parlé, une branche lumineuse de la croix inclinée se projette au travers de l'espace sombre et disparaît lentement; puis la seconde, perçue par l'autre œil, se dessine brusquement perpendiculairement à la première. Cette alternance multiple dure assez longtemps, et produit le curieux effet de deux rayons lumineux se croisant et se décroisant. D'abord, les images secondaires de la croix, vues avec les yeux fermés, sont très distinctes, au point que toute irrégularité des bords de la fente découpée se distingue nettement. Il n'y a pas de doute sur la nature objective de l'excitation de la rétine, qui, après cessation de l'excitation directe par la lumière, est le siège d'oscillations secondaires, avec des récurrences visuelles concomitantes. Cette récurrence peut être prise comme une preuve de l'existence d'une excitation physique de la rétine. L'image secondaire récurrente est très distincte au début, mais elle devient plus confuse à mesure qu'elle se répète.

Un temps vient où il est difficile de dire si l'image est un effet secondaire objectif dû à une excitation antérieure, ou simplement un effet de mémoire. Il n'y a, en fait, pas de démarcation précise entre les deux, l'une se continue simplement avec l'autre. Il est intéressant de noter, à ce propos, que certains phénomènes de mémoire sont aussi reconnus comme étant récurrents.

Les impressions visuelles et leurs récurrences persistent souvent longtemps. En général, par suite de la fatigue, on voit disparaître les images récurrentes; mais quelquefois, longtemps après cette disparition, elles reparaîtront d'une manière inattendue. Ainsi, dans un cas de l'expérience précédente, faite dans l'après-midi, le sujet perçut cette récurrence pendant quelque temps, puis les impressions alternantes semblèrent disparaître, et furent complètement oubliées. Mais, à la nuit, elles reparurent brusquement. Pensant qu'il s'agissait d'un effet de la lumière, l'observateur éteignit aussitôt sa lampe, mais les images récurrentes n'en devinrent que plus intenses.

Dans un autre cas, la récurrence fut observée dans un rêve, environ trois semaines après la production de l'impression causale; et, dans ce cas, elle se présenta sous l'aspect d'un croisement et d'un décroisement de lames brillantes. Ces exemples de retours nocturnes d'impressions produites pendant le jour, une fois que les influences susceptibles de détourner l'attention sont écartées, sont significatifs. Puisqu'une excitation intense du nerf est susceptible de reparaître spontanément, sans l'intervention de la volonté, ou même malgré elle, il s'ensuit que toute impression isolée, si elle est très intense, peut devenir prédominante et persister à reparaître spontanément. Les exemples de ce fait ne sont que trop communs.

Nous avons parlé jusqu'ici de cet aspect de la mémoire où elle se présente comme un effet secondaire plus ou moins immédiat d'une excitation sensorielle. Mais nous sommes en présence d'un problème beaucoup plus difficile, quand nous arrivons à la question du retour d'une image, longtemps après qu'elle a paru s'effacer. On a pensé que ce processus de retour dépend de l'existence d'une sorte de cicatrice, ou d'une impression fixée dans le cerveau, ou d'une certaine disposition persistante, ou d'une tendance à un mouvement se produisant en ce point. On peut rappeler ici que, quand un coup est récent, l'effet douloureux persiste pendant quelque temps; mais, une fois qu'il est calmé, aucune cicatrice ne pourrait par elle-même reproduire l'excitation originelle. Il est entendu que ces expressions sont métaphoriques et que le processus réel est mal connu. Nous serons plus à même d'arriver à une explication vraie de ce phénomène si nous y reconnaissons deux facteurs distincts : d'abord, le changement moléculaire, avec des changements de propriétés concomitants; en second lieu, l'effet d'une excitation interne appliquée comme un coup dirigé de dedans en dehors, par une impulsion de la volonté, sur la surface sensible où l'image est latente.

Nous allons observer en détail ces changements qui persistent comme un effet secondaire d'une excitation antérieure. L'effet différentiel produit par l'excitation initiale fixe l'image latente, et c'est seulement par la reproduction de la même excitation différentielle que l'image-souvenir peut être ultérieurement réveillée.

Nous rappellerons ici brièvement les résultats qui ont été établis dans le Chapitre XXXVIII sur la modification de la réaction par des variations moléculaires cycliques. Nous y avons montré que, sous l'action de l'excitation, l'état moléculaire d'une substance subit une variation progressive; qu'après la cessation de l'excitation, l'état moléculaire initial n'est pas exactement rétabli, à cause d'un certain effet rémanent.

Par suite de cet effet rémanent, les propriétés de la substance qui réagit sont modifiées. Nous avons vu également que, par suite du changement produit, la conductibilité et l'excitabilité de la substance pouvaient être augmentées. La répétition fréquente d'une excitation pouvait donc créer une disposition, par suite de laquelle là masse d'une substance, d'abord presque non conductrice, pouvait devenir conductrice de l'excitation.

Ces modifications moléculaires peuvent ne laisser après elles aucune impression visible. Nous allons voir les propriétés des réactions d'une substance donnée en divers points de la courbe cyclique. Dans un état A d'inertie, c'est-à-dire avant même qu'elle ait été excitée, la capacité de réaction de la substance à une excitation donnée sera faible ou négligeable. Supposons que, par l'action de l'excitation, la substance soit relevée jusqu'à un état B. Après cessation de l'excitation, il se fera un lent retour à l'état initial, dont la fin peut être éloignée à l'infini. La substance se rapprochera ainsi très près du point B de la courbe, sans l'atteindre réellement. Cette différence entre le point non excité A et le point excité B peut être assez faible pour ne pouvoir être appréciée par les procédés habituels. Nous dirons donc qu'il s'agit d'une impression « latente ». Mais les propriétés de cette zone B, qui a été excitée, ont été profondément modifiées, et elle est devenue plus excitable sous l'action de l'excitation antérieure.

Dans cette surface d'impression sensible, il y aura donc certaines zones à l'état A, d'autres à l'état B, celles-là plus lentes, celles-ci caractérisées par une augmentation de leur excitabilité. Le choc d'une excitation interne diffuse peut produire une différence d'excitabilité, exactement semblable à celle qui résultait de l'excitation primitive. Ce phénomène est la reviviscence de l'image-souvenir.

Nous pouvons faire une expérience physique qui montrera le processus de la naissance d'une impression latente rèvivifiée sous l'action d'une excitation diffuse. Nous pouvons prendre une surface sensible, dont diverses zones, par suite d'une excitation antérieure, présentent des différences latentes d'excitabilité. Ainsi, des parties indifférentes de la surface, A', A" peuvent avoir leur excitabilité représentée par zéro; une autre partie B, dont l'excitabilité a été augmentée par l'effet secondaire d'excitations préalables, aura son excitabilité normale augmentée. Dans une troisième partie, C, l'excitabilité est artificiellement diminuée ou abolie. La substance réagissante était un fil de laiton; une solution diluée de $CO^3 Na^2$, qui est un excitant, était appliquée en B. L'agent dépresseur ou toxique, l'acide oxalique, était appliqué en C. Après une courte période de cette application, le fil était lavé, et il n'y avait pas d'indication extérieure d'une différence entre les zones A, B et C.

Électriquement, également, il n'y avait que peu ou pas de différence permanente entre elles. Une électrode impolarisable, reliée à un galvanomètre, était appliquée en permanence sur la surface indifférente A″. La seconde électrode, électrode exploratrice, était alors déplacée le long du fil, et, pendant qu'elle restait en un point, le fil etait excité dans son ensemble par une vibration. Le galvanomètre montrait, dans ces conditions, des différences d'excitabilité. Tant que le fil explorateur se déplaçait le long de zones indifférentes, il n'y avait pas de déviation du galvanomètre. Mais dès que l'électrode exploratrice arrivait sur la zone B, l'augmentation latente de l'excitabilité se traduisait par un brusque mouvement de réaction du galvanomètre dirigé en haut. Quand l'électrode repassait au delà de B et atteignait une région indifférente A′, la réaction disparaissait. Mais quand elle atteignait C, où l'excitabilité était diminuée, on observait un autre mouvement de réaction, cette fois de sens inverse, ou descendant. On voit ainsi que l'impression produite par l'action de l'excitation, bien qu'elle reste latente et invisible, peut être réveillée par l'application d'une nouvelle impulsion excitatrice (*fig.* 342).

Cette renaissance de l'image latente. à la suite d'une excitation ultérieure, peut être montrée d'une manière plus simple et plus frappante. On prend une feuille de carton et on la recouvre d'une substance phosphorescente, par exemple d'un enduit lumineux. On le conserve pendant longtemps à l'obscurité, jusqu'à ce qu'il soit ramené à un état uniforme, A. Par une expérience préalable, on a déterminé quelle est la durée d'exposition T à une intensité lumineuse donnée, qui provoquera une réaction lumineuse ou phosphorescente. Un dessin découpé est alors placé sur le carton préparé, et le tout est exposé à la lumière pendant le temps T. En supprimant ensuite la lumière, et en enlevant le dessin découpé, on voit un dessin lumineux, qui constitue la réaction primaire. Cette impression s'efface lentement. Mais le carton contient une image latente, dont la renaissance sera analogue à celle de la mémoire. Les zones excitées, qui 'ont cessé de réagir, sont encore, par suite de l'excitation antérieure, plus excitables que dans l'état indifférent A. Une faible excitation diffuse est alors suffisante, par son action différentielle, pour ranimer l'image latente. Nous exposons donc le carton à une excitation lumineuse diffuse, d'une durée inférieure à T. L'excitation du fond indifférent sera ainsi inefficace, tandis qu'elle sera efficace partout où l'image a été imprimée. Nous aurons donc une réapparition de l'image positive, c'est-à-dire d'une image semblable à l'image originale.

Un cas intéressant se présente ici, montrant la possibilité théorique d'obtenir une image-souvenir négative ou inversée. On en comprendra la possibilité par les considérations qui suivent. Nous avons vu que, à la suite d'une excitation trop intense, des phénomènes de fatigue apparaissent, qui abaissent l'excitabilité au-dessous de la normale. Il résulte, de ce qui a été déjà dit, qu'une image présentant ces conditions pourra être ranimée par une excitation diffuse ultérieure, mais sous la forme négative, d'une image-souvenir inversée.

Je vais décrire à présent une traduction psychophysiologique de cette expérience. L'observateur fixe le filament incandescent d'une lampe électrique, de préférence avec un seul œil, par exemple le droit, le gauche restant toujours fermé. L'œil droit est ensuite fermé, puis couvert avec la main. Il verra alors pendant quelque temps des images secondaires multiples, jusqu'à ce que l'impression semble avoir complètement disparu. Aucune trace de l'image latente n'est alors perceptible dans le champ de la vision obscure. A ce moment, la main est brusquement retirée et découvre l'œil droit fermé. La lumière de la pièce filtre alors à travers la paupière translucide et produit brusquement sur la rétine une excitation diffuse modérée. Dans ces conditions, l'image latente est rappelée sous forme négative, c'est-à-dire qu'elle se présente comme un filament très sombre, sur un fond plus brillant. Ainsi la condition essentielle pour la renaissance de l'impression latente de l'excitation semblerait être l'exposition du tissu inégalement impressionné à une excitation diffuse. La renaissance de l'image se fera sous la forme positive ou négative, suivant que l'excitation aura été modérée ou intense.

J'ai déjà montré, par des expériences sur le tissu nerveux lui-même, que les différences d'excitabilité produites par l'effet secondaire d'une excitation modérée (impression-souvenir) donneront naissance, après une excitation diffuse, à une forme de réaction donnée, et les effets produits par une excitation intense, à la réaction inverse (*fig.* 285, 286).

Dans le premier cas, la zone modérément excitée, après une nouvelle excitation diffuse, présente une variation électrique négative, par rapport au contact indifférent, cette variation étant l'indice qu'elle est relativement plus excitée. Dans le second cas, le signe de la réaction est inversé, la zone hyper-excitée, lors d'une nouvelle excitation, devenant électriquement positive.

La renaissance des images-souvenirs se montre ainsi due à des différences de réactions, provoquées par une excitation diffuse, dans un organe rendu anisotropique par les impressions inégales résultant d'une excitation antérieure. On a vu un effet différentiel analogue à la suite d'une excitation diffuse dans les tiges plagiotropiques. Dans ce cas, la surface supérieure conserve une impression profonde, ou un souvenir, de la lumière solaire, hyperexcitante, après une excitation diffuse cette surface supérieure devient électriquement positive, et l'on trouve un courant de réaction dirigé de bas en haut. On voit ainsi qu'il y a une continuité entre les impressions produites sur les éléments nerveux sensitifs, et l'anisotropie physiologique résultant de l'action différentielle d'une excitation passée. Une excitation diffuse, interne ou externe, agissant sur un tissu qui présente des différences d'excitabilité, donne même naissance à une indication donnée, qui peut être motrice, électrique ou psychique.

Une excitation est appliquée sur la tige d'un *Mimosa*. Elle est transmise comme une impulsion excitatrice, et atteint l'organe qui présente des différences d'excitabilité, le renflement moteur. Au point de vue de cet organe, l'excitation transmise peut être considérée comme étant interne. Cette excitation interne donne donc naissance à un effet différentiel remarquable qui se manifeste par l'affaissement de la feuille. De même, chez les poissons électriques, l'excitation interne, appliquée par la volonté de l'animal sur l'organe qui présente des différences d'excitabilité, se manifeste par une décharge excitatrice.

Chez l'homme, la renaissance produite par la mémoire constitue une réaction psychique, due au jeu de l'excitation interne diffuse de la volonté sur une surface sensible présentant des différences d'excitabilité par suite de l'existence d'une image latente.

On voit que les divers effets secondaires de l'excitation se manifestent comme des phénomènes de mémoire. L'effet de l'excitation primaire ne disparaît pas d'un seul coup, mais s'efface graduellement, en même temps que s'efface l'impression sensible. Du fait que l'effet secondaire d'une excitation faible est moins persistant que celui d'une excitation intense, on comprend que l'impression-sensation, ou mémoire, dure aussi plus longtemps dans ce dernier cas que dans le premier. Une excitation très intense est susceptible de donner lieu comme effets secondaires à des réactions multiples, et l'on trouve le phénomène psychophysiologique correspondant dans les images secondaires récurrentes de la rétine.

Quand un temps considérable s'est écoulé après l'excitation primaire, il n'y a en apparence aucune trace de l'image latente. Mais les propriétés des parties impressionnées de la surface sensible ont subi une modification plus ou moins durable du fait de l'excitation. Certaines voies ont été rendues plus conductrices, et certaines zones plus excitables. Par une excitation interne diffuse, il est alors possible de produire une excitation différentielle, et ainsi de ranimer l'image latente.

CHAPITRE XLI.

REVUE GÉNÉRALE.

Une des conclusions les plus importantes, établies au cours de cet Ouvrage, est qu'une diminution de turgescence et une contraction se produisent dans le tissu végétal sous l'action d'une excitation, et que cette réaction à l'excitation s'accompagne d'une variation électrique négative. La réaction inverse d'augmentation de la turgescence produit inversement une expansion et une variation électrique positive. Le premier cas est facilement démontré par l'excitation directe du tissu. Pour démontrer le second, l'excitation est appliquée à une certaine distance du point qui réagit. Par suite d'une contraction locale brusque au niveau du point de réception, l'expulsion de sève donne lieu à une onde hydraulique qui chemine avec une vitesse relativement considérable. Cette onde d'hypertension chasse le liquide dans les cellules au niveau du point éloigné qui réagit, et y détermine une expansion et une variation électrique positive. A l'onde hydraulique succède l'onde d'excitation vraie, plus lentement transmise, qui, à son arrivée, détermine la réaction normale de contraction et de variation négative.

Les deux effets de réaction peuvent être ainsi dissociés, quand l'un est en retard sur l'autre. Quand le trajet intermédiaire est court, ou que la conductibilité est considérable, l'effet négatif d'excitation masque l'effet hydropositif; mais cet effet hydropositif peut, à son tour, être démasqué par diverses formes d'arrêt physiologique sélectif, qui diminue la conduction de l'onde d'excitation vraie, sans s'opposer d'une manière appréciable au passage de l'onde hydraulique. Ainsi, la réaction positive peut être séparée de la réaction négative retardée, la réaction finale étant ainsi rendue diphasique, avec une phase positive suivie d'une phase négative. Ou, par la suppression complète de l'onde négative d'excitation, une réaction primitivement négative peut être rendue purement positive (*fig.* 45, 46, 49).

Dans un tissu isotropique, dont tous les points sont également excitables, une excitation diffuse détermine une égale réaction négative aux deux points reliés au galvanomètre, et la réaction résultante est nulle. Mais il est possible d'obtenir une réaction électromotrice résultante après excitation par trois procédés différents : 1° par la méthode d'arrêt, où l'excitation, appliquée à l'un des points, est empêchée d'atteindre l'autre. Le point excité donne alors une réaction électromotrice négative (Chap. III); 2° par production d'une anisotropie artificielle dans un organe primitivement isotropique, en déterminant une lésion à l'une de ses extrémités, le contact lésé étant rendu inexcitable, ou moins excitable, que le contact normal. La négativité du contact lésé persiste pendant un temps considérable, le contact normal étant ainsi relativement positif. Après une excitation diffuse, le contact lésé est relativement plus excité, et devient électronégatif. La réaction résultante est donc une variation négative du courant existant de repos ou de lésion; 3° enfin, certains tissus sont naturellement anisotropiques, et l'on y peut trouver un point plus excitable qu'un autre. Ainsi, dans le renflement moteur du *Mimosa*, la moitié supérieure est plus excitable et, après une excitation diffuse, la contraction plus forte de la moitié inférieure de l'organe, plus excitable, détermine la réaction par abaissement de la feuille. La contraction plus forte de la moitié inférieure est associée à une réaction électrique négative plus intense à son niveau. Dans les conditions normales de repos, la moitié inférieure plus excitable est électriquement positive. L'excitation donne donc lieu à une variation négative du courant de repos.

La réaction électrique par variation négative prête à des

erreurs sérieuses. Car la négativité électrique du contact excité par la lésion disparaît progressivement tandis que l'excitabilité de ce contact peut partiellement se relever après la dépression initiale. Aussi, la réaction par variation négative peut-elle être diminuée ou abolie. En outre, bien qu'un tissu lésé, ou près de mourir, soit électronégatif, une lésion excessive détermine la mort du tissu, et le contact mort devient électropositif, déterminant ainsi une inversion du courant de lésion. La réaction résultante à l'excitation se présente alors comme une variation positive du courant de lésion (Chap. III).

Dans un organe naturellement anisotropique, le point le plus excitable est électropositif; après excitation, il devient électronégatif, et l'on constate une variation négative du courant de repos. Mais, par suite de l'irritation causée par la préparation de l'expérience, le point plus excitable devient électronégatif, et peut rester négatif pendant un temps considérable, donnant lieu ainsi à une inversion du sens du courant de repos normal. Après excitation, la négativité produite au niveau du point le plus excitable détermine ainsi une variation positive apparente. C'est ainsi qu'on constate des effets en apparence anormaux dans la réaction des organes glandulaires et dans la réaction de la rétine.

De nombreuses erreurs interviennent ainsi dans les recherches sur la réaction électrique à l'excitation par variation négative du courant de repos. Les erreurs et les incertitudes sont éliminées par l'établissement de cette loi fondamentale, que l'excitation produit une variation négative du point relativement le plus excité, et que ce courant électrique, résultant de l'excitation, s'additionne algébriquement avec le courant de repos normal ou inversé.

Les lois des réactions électriques peuvent se formuler de la manière suivante :

1° Une excitation qui détermine une diminution de turgescence, une contraction et une perte d'énergie, donne lieu à une variation électrique négative.

2° La réaction opposée d'augmentation de turgescence,

d'expansion et d'accroissement d'énergie potentielle, s'accompagne d'une variation électrique positive.

3° En cas d'excitation simultanée de deux points A et B, le point le plus excitable B devient relativement plus excité, et il devient électronégatif par rapport au point moins excité A.

4° Inversement, si, en cas d'excitation simultanée, le point B devient électronégatif par rapport à A, c'est que B est plus excitable que A.

La réaction électrique négative normale à l'excitation s'observe avec tous les modes d'excitation, mécanique, thermique ou lumineuse. Une excitation mécanique quantitative peut être appliquée à l'aide d'une vibration rapide de torsion; une excitation thermique, à l'aide d'un courant chauffant passant, pendant quelques instants, dans une bobine électrique qui entoure le tissu. Une excitation électrique par des chocs d'induction donne lieu à des complications liées à la force contre-électromotrice de polarisation; on peut les éviter par l'emploi des chocs électriques alternatifs et égaux.

Le signe et l'intensité de la réaction sont modifiés par l'état tonique du tissu, qui dépend de son histoire antérieure. S'il est maintenu à l'abri des excitations de son milieu habituel, sa tonicité tombe au-dessous de la moyenne. Dans cet état d'hypotonicité A, la réaction à l'excitation consiste dans une expansion et une variation électrique positive. On trouve un exemple de réaction positive anormale de tissu hypotonique dans la réaction érectile de la feuille de *Mimosa*, et. dans la réaction électrique positive des nerfs animaux et végétaux. Mais, sous l'action de l'excitation, la tonicité s'améliore, et au stade B, nous obtenons une transition entre la réaction positive anormale et la négative normale. Au stade B même, le tissu présente une ascension en escalier des réactions après des excitations successives et égales, jusqu'à ce que nous arrivions au stade C, où les réactions sont uniformes et atteignent leur maximum. La continuation de l'excitation détermine la fatigue, avec diminution de la réaction normale au stade D, ou même une inversion de la réaction, qui devient positive, au stade E. L'excitation est nécessaire pour transformer la réaction positive anormale d'un tissu hypotonique au stade A, en une réaction négative normale. Au stade de fatigue E, au contraire, une période de repos est nécessaire, pour transformer la réaction positive anormale en une réaction négative normale.

En outre des deux méthodes d'enregistrement des réactions par un mouvement mécanique ou par une variation électromotrice, une troisième méthode a été celle des variations de résistance. Ici, la réaction à l'excitation est décelée et enregistrée grâce à la diminution de la résistance électrique qui apparaît dans le tissu. La méthode des quadrants pour la mesure des variations de résistance a été rendue assez sensible pour qu'on puisse obtenir le tracé de la réaction de la feuille à une excitation par une étincelle lumineuse dont la durée ne dépasse pas $\frac{1}{100\,000}$ de seconde (Chap. XXXVI).

Le point de transition exact entre la vie et la mort a été déterminé par l'emploi de trois méthodes indépendantes : la réaction mécanique, la réaction électromotrice et la réaction par variation de résistance. Cette recherche nous a fourni une démonstration frappante du fait que c'est une seule et même réaction à l'excitation qui s'exprime de diverses manières dans les divers modes de tracés. Nous avons montré que, quand le tissu étudié est soumis à une élévation de température graduelle, il y a un point déterminé où se produit un spasme d'excitation qui marque l'apparition de la mort. Si l'on prend un tracé continu de la variation de longueur concomitante, on trouve qu'une expansion croissante se transforme en ce point en une contraction brusque. Dans un organe anisotropique, tel que le renflement moteur du *Mimosa*, le mouvement d'érection de la feuille est brusquement transformé en un mouvement d'abaissement. Une vrille enroulée se déroule brusquement en ce point. Si nous essayons de déceler le point de la mort par la méthode électromotrice d'enregistrement, nous voyons que la positivité croissante de l'organe étudié subit une inversion spasmodique, et qu'il devient négatif. Enfin, en employant pour l'inscription du phénomène la méthode des variations de résistance, nous voyons la résistance qui croissait jusque-là se mettre à diminuer subitement. La température fatale qui détermine l'inversion brusque des tracés mécanique et électrique est la même pour toutes les nombreuses plantes que nous avons examinées.

La réaction de contraction, qui apparaît au point de mort, est convertie ensuite en un relâchement *post mortem*, et la négativité électrique qui est apparue à ce moment devient ensuite une variation positive *post mortem*.

Quant au courant dit de lésion, nous avons montré qu'il se présente comme l'effet secondaire d'une excitation énergique. Il convient de rappeler qu'une section, ou l'application d'un fil chauffé, constituant des sections mécaniques ou thermiques respectivement, agiront comme des excitations énergiques, et que l'effet secondaire électronégatif d'excitation est persistant quand l'excitation est énergique. L'effet d'excitation est, de plus, transmis du point d'application jusqu'à des distances plus ou moins grandes, suivant l'intensité de l'excitation et la conductibilité du tissu. Comme cet effet transmis subit une diminution avec la distance, il est évident que la négativité sera maxima au niveau du point de section, et diminue graduellement à mesure qu'on s'en éloigne. Si nous prenons une longueur donnée d'un tissu isotropique, et que nous pratiquions deux sections aux extrémités, nous aurons évidemment une distribution symétrique du potentiel électrique par rapport à la zone médiane ou équatoriale, les deux extrémités étant au potentiel négatif maximum, tandis que l'équateur est relativement positif (*fig.* 95). Deux points symétriques par rapport à cet équateur seraient ainsi équipotentiels, tandis que des points dyssymétriques présenteraient des différences de potentiel appropriées, une zone rapprochée de l'équateur étant relativement positive par rapport à une zone plus éloignée, ou plus proche de la section terminale. Ces considérations, que viennent confirmer les résultats expérimentaux, rendent bien compte de la distribution électrique particulière d'un cylindre musculaire.

A propos de la réaction électrique des tissus anisotropiques, j'ai montré qu'une réaction électrique bien définie s'obtient avec des excitations diverses, mécanique, thermique ou électrique, et que, dans tous ces cas, le courant de réaction est dirigé à travers le tissu du côté le plus excité vers le moins excité, la variation négative étant relativement plus considérable du côté le plus excité. Cette loi générale peut s'appliquer à tous les tissus anisotropiques, tels que la peau, l'épithélium, les glandes, les organes digestifs et les organes électriques en général.

Nous avons d'abord montré avec la peau de Tomate que les réactions isolées de chaque surface, externe et interne, sont inégales. La surface externe, par suite de modifications cellulaires produites par les excitations venant du milieu extérieur, ne fournit qu'une faible réaction négative, tandis que la surface interne fournit une réaction négative normale beaucoup plus énergique.

Après excitation simultanée de deux surfaces, externe et interne, le courant de réaction est dirigé de dedans en dehors, et va de la surface interne vers l'externe. Ici, le courant de réaction résultant est représenté par la différence entre la réaction négative plus énergique de la surface interne, et la réaction négative moins énergique de la surface externe. Cette conclusion a été vérifiée expérimentalement pour des téguments divers, végétaux et animaux.

Nous avons montré que le *Népenthe*, qui peut être considéré comme un estomac ouvert, nous offre une commodité exceptionnelle pour l'observation des réactions normales des organes digestifs. Pour expérimenter avec l'estomac d'un animal, il faut le sectionner et l'ouvrir pour établir les connexions nécessaires ; et, par suite de la très grande excitabilité de cet organe, il se produit une action d'excitation intense, dont l'effet secondaire est nécessairement d'inverser le courant de repos normal. Avec un *Népenthe* à l'état frais, le courant naturel de repos est dirigé de la surface externe vers l'interne, et le courant de réaction est de sens opposé (*fig.* 184). Les organes digestifs ont une tendance à présenter des réactions multiples ; ils réagissent à une seule excitation énergique, telle qu'une section thermique ou mécanique, par une série de réactions qui peut durer près d'une heure, qu'il s'agisse d'organes animaux ou végétaux (*fig.* 191). Quand l'organe de *Népenthe* contient un grand nombre de mouches capturées, c'est-à-dire quand il a été soumis à une excitation prolongée, il présente une transformation phasique, ses réactions s'inversent et deviennent positives (*fig.* 186). Ce fait, comme nous l'avons montré plus haut, indique probablement une absorption. Avec la *Drosera*, la réaction normale de la surface glandulaire est négative; mais après une excitation prolongée, elle s'inverse et devient positive (*fig.* 187).

J'ai trouvé d'une façon constante que l'effet normal d'excitation dans l'estomac, dans diverses espèces telles que la grenouille, le gecko, la tortue, est une variation électrique négative de la surface muqueuse (*fig.* 186, 189, 190). En appliquant une excitation thermique énergique à un estomac de grenouille, j'ai obtenu une série intéressante de réactions, dont les premières étaient négatives, les suivantes diphasiques, tandis que les dernières, inversées, étaient positives (*fig.* 191).

Un problème difficile, qui se rattache à la question des réactions électriques, est celui de la décharge des organes électriques de certains poissons. Dans un grand nombre de cas, dont la *Torpille* est le type, la décharge est dirigée de la surface antérieure, nerveuse, vers la postérieure, non nerveuse. La loi formulée par Pacini, d'après laquelle la réaction serait toujours dirigée de la surface antérieure vers la postérieure, se trouve infirmée par le cas du *Malaptérure*, où elle est dirigée de la surface postérieure glandulaire modifiée vers l'antérieure. Une autre particularité de la réaction des organes électriques en général est que le courant de réaction suit toujours la même direction — celle de la décharge de l'organe — que le choc excitant soit homodrome ou hétérodrome. Aucune théorie n'a pu jusqu'ici expliquer complètement ces particularités.

J'ai montré que ce phénomène n'est pas seul de son espèce. et qu'il ne dépend pas d'un caractère spécifique d'un ensemble neuromusculaire ou d'une glande animale, dont les divers organes électriques ne sont que des modifications. La réaction de. l'organe électrique constitue simplement un cas extrême d'excitabilité différentielle, et est conforme à la loi générale des réactions des organes anisotropiques, d'après laquelle, après une excitation diffuse, le courant de réaction est dirigé du point le plus excitable vers le moins excitable. Le caractère particulier de cet organe provient seulement de ce que, par suite de la disposition en série des plaques anisotropiques élémentaires, l'effet électromoteur final est très ample, du fait de la sommation. Nous trouvons chez les végétaux des types analogues aux plaques électriques de la *Torpille* et du *Maleptérure*, dans les feuilles de *Pterospermum* et dans l'organe du *Népenthe*. Dans le *Pterospermum*, comme chez la *Torpille*, la surface nerveuse antérieure est relativement plus excitable que la masse de tissu indifférent de la surface postérieure. Aussi, le courant de réaction est-il dirigé de la surface antérieure, plus excitable, vers la postérieure, moins excitable. Dans le second type, l'organe du *Népenthe* et la plaque électrique du *Maleptérure*, la surface postérieure étant glandulaire, et par conséquent très excitable. le courant de réaction est dirigé de la surface postérieure vers l'antérieure.

Une particularité frappante, observée dans les organes électriques, est que la réaction est toujours de même sens, que l'excitation soit due à des courants homodromes ou hétérodromes. Ce n'est pas un caractère spécial aux organes électriques, ni même aux tissus vivants en général, mais à tous les corps anisotropiques. On voit, en effet, des réactions de sens constant se produire également à la suite de chocs homodromes ou hétérodromes, avec un morceau de plomb anisotropique convenablement préparé (*fig.* 151).

J'ai ensuite étudié les pulsations multiples et automatiques, et la continuité entre les deux classes de phénomènes. On trouve souvent, en appliquant une intensité d'excitation croissante, que l'amplitude de la réaction ne dépasse pas une certaine limite. Au delà, une augmentation de l'excitation n'augmente pas l'amplitude de la réaction. Après application d'une excitation très énergique, il y a donc une certaine quantité d'énergie qui ne peut trouver son expression dans la réaction unique présentée par le tissu. Dans ce cas, l'excès d'énergie reste à l'état latent, et s'exprime ultérieurement dans une série de réactions multiples. Ce phénomène des réactions multiples consécutives à une seule excitation énergique me paraît être d'une très grande extension.

J'ai aussi montré qu'il n'y a pas de démarcation nette entre les phénomènes de réactions multiples et la réaction dite autonome. C'est ainsi que le *Biophytum*, qui, habituellement, présente une réaction unique à la suite d'une excitation unique d'énergie moyenne, et une réaction multiple après une excitation énergique, peut, dans des conditions de tonicité exceptionnellement favorables, c'est-à-dire quand il a reçu du milieu extérieur une quantité d'énergie excessive, présenter des réactions en apparence autonomes. Une plante autonome typique, telle que le *Desmodium gyrans*, si des circonstances défavorables l'ont privée de l'excès d'énergie nécessaire, pourra être réduite à l'état d'une plante à réactions multiples. Elle réagira alors par une seule réaction à une excitation modérée, et par des réactions multiples à une excitation énergique. Quand l'énergie apportée par les excitations antérieures est épuisée, ces réactions multiples s'arrêtent, pour reparaître à la suite d'une nouvelle excitation énergique.

C'est par la provision d'énergie venant du milieu extérieur que la tonicité de la plante est élevée suffisamment pour maintenir son activité dite autonome. On voit par là qu'au sens strict du mot, il n'existe pas de véritable automatisme. Le mouvement peut être produit seulement par l'action immédiate de l'excitation, ou par l'énergie absorbée antérieurement.

Un tissu présentant des pulsations automatiques peut être reconnu à l'aide des épreuves suivantes. Une certaine pression hydrostatique interne est nécessaire pour l'apparition de pulsations automatiques, de même que le cœur, isolé et à l'arrêt, de l'escargot peut être rendu pulsatile si l'on augmente la pression intracardiaque. De même, dans la foliole pulsatile de *Desmodium*, une diminution de la pression hydrostatique interne entraîne l'arrêt des pulsations, qui reparaissent au retour de la turgescence et de la pression normales. Dans les deux types de tissus, animal et végétal, la fréquence des pulsations augmente, entre certaines limites, avec l'élévation de la température, et elle diminue avec un abaissement de celle-ci jusqu'à ce que, à un certain minimum thermométrique, il y ait arrêt des pulsations. Le chloroforme également détermine, au premier stade de son application, une grande augmentation de l'activité pulsatile. Si son action est prolongée, le tissu est tué, et les pulsations s'arrêtent. Tous ces caractères se retrouvent avec les pulsations électriques de la foliole de *Desmodium gyrans*. Dans les pulsations électriques de cette foliole, les mouvements d'élévation et d'abaissement correspondent aux alternatives d'accroissement et de diminution de turgescence, avec variations électriques concomitantes, positives et négatives. On a la preuve que ces pulsations électriques sont dues aux pulsations internes du tissu, et non à un mouvement mécanique de la foliole, par le fait que si l'on oppose un obstacle physique à la réaction des folioles, les pulsations électriques ont lieu comme d'habitude. Les réactions électrique et mécanique sont ainsi deux expressions indépendantes de l'activité pulsatile interne (Chap. XV).

L'ascension de la sève a été considérée comme le problème le plus difficile en physiologie végétale. Les théories non physiologiques proposées sont insuffisantes à expliquer ce phénomène. Strasburger avait pensé que l'ascension de la sève n'est pas influencée par l'action du toxique, et l'on en avait conclu que le mouvement de la sève ne pouvait pas être dû à l'activité de cellules vivantes. Les résultats de mes expériences sont en contradiction formelle avec ces conclusions, car j'ai montré que des solutions toxiques causent un arrêt et une abolition de l'ascension de la sève. Le mouvement de la sève est donc dû à l'activité physiologique des tissus vivants. La circulation du sang est entretenue par l'activité pulsatile du tissu cardiaque. J'ai montré que de même la propulsion de la sève est due aux pulsations automatiques d'un tissu particulier à l'intérieur de la plante. On en a la preuve par le fait que tous les agents physiologiques, qui augmentent l'activité pulsatile, augmentent aussi la vitesse d'ascension de la sève; inversement, d'autres agents, qui diminuent ou arrêtent les pulsations, diminuent aussi la vitesse d'ascension de la sève, ou l'arrêtent. Ainsi, une élévation de température modérée augmente cette vitesse, tandis qu'un abaissement de la température la fait diminuer, et que le mouvement de la sève s'arrête au-dessous d'une certaine température critique minima. Une application de chloroforme détermine une augmentation préliminaire de la vitesse, suivie d'un ralentissement. J'ai pu localiser le siège de ces pulsations actives dans les tissus à l'aide de l'explorateur électrique. La couche la plus active est la couche interne de l'écorce, au contact du bois jeune. L'activité interne qui détermine l'ascension de la sève a été enregistrée électriquement. On voit que les pulsations internes qui entretiennent le mouvement de la sève sont augmentées sous l'influence de divers agents excitants, qui accélèrent ainsi la vitesse d'ascension de la sève.

Des agents dépresseurs, au contraire, déterminent un arrêt des pulsations, et par conséquent un arrêt de l'ascension de la sève. Nous avons reproduit un tracé très intéressant de l'action du chloroforme, qui montre une augmentation préliminaire de l'activité pulsatile, suivie d'un arrêt (*fig.* 199). L'effet correspondant du chloroforme sur la vitesse de l'ascension nous a paru être également une augmentation préliminaire, suivie d'un arrêt.

La réaction des plantes à l'excitation par la pesanteur a été étudiée à l'aide de la méthode de la réaction électrique. Quand une tige est placée horizontalement, elle s'incurve en haut, jusqu'à ce que la pousse terminale redevienne verticale. Des recherches électriques ont été faites, en pratiquant les connexions convenables avec un galvanomètre, les contacts étant pris sur deux faces diamétralement opposées d'une tige verticale; dans cette situation verticale, il n'y a pas de différence électrique entre les deux faces. Mais quand on place la tige horizontalement et qu'elle est soumise à l'excitation de la pesanteur, on constate l'existence d'une réaction électrique au bout de quelques secondes.

La face supérieure devient électriquement négative, ce qui

indique une diminution de turgescence et une contraction ; la face inférieure, au contraire, présente un potentiel positif, qui est la réaction caractéristique d'un accroissement de turgescence et d'une expansion. L'incurvation en haut de la tige par l'excitation de la pesanteur est donc déterminée par les effets combinés de contraction de la face supérieure et d'expansion de la face inférieure. Après retour à la position verticale, l'excitation géotropique est écartée, et, avec elle. la réaction géoélectrique qui en résulte.

Le point à préciser ensuite est la localisation des cellules sensitives qui perçoivent l'excitation de la pesanteur. Chez certains animaux inférieurs, on a trouvé que le poids de particules pesantes agissant sur une couche sensitive est la cause de la perception du sens de la pesanteur. Nemec et Haberlandt, en se basant sur des considérations histologiques, sont arrivés à cette conclusion, que des particules pesantes, telles que des grains d'amidon, pourraient remplir une fonction semblable dans un grand nombre de plantes. Mais il n'y avait pas de preuve directe de l'excitation physiologique produite par la chute de grains d'amidon. J'ai entrepris des recherches électrophysiologiques pour localiser exactement la couche sensorielle *in situ et dans les conditions de l'activité biologique normale.* J'ai pu y parvenir à l'aide de mon explorateur électrique, qui m'a mcntré une réaction géoélectrique maxima dans une certaine couche sensible déterminée, qui était la couche des cellules à grains d'amidon, contenant un certain nombre de grains d'amidon de gros calibre.

Dans la production de l'incurvation héliotropique par l'application unilatérale de la lumière, on trouve que l'incurvation se fait d'abord dans le sens positif, c'est-à-dire vers la lumière. Une lumière plus intense et prolongée détermine : 1° une neutralisation, et 2° une inversion ou incurvation négative. en sens inverse de la lumière. Une exploration électrique montre que le côté proximal, sous l'action de la lumière, est électronégatif, ce qui indique une contraction, tandis que le côté distal présente une variation positive, correspondant à une augmentation de turgescence et à une expansion. Le mouvement héliotropique positif, vers la lumière, est ainsi produit par l'action contractile de l'excitation directe de la face proximale, et par l'effet d'expansion de l'excitation indirecte de la face distale. Sous l'action prolongée de la lumière, la réaction produite par l'excitation est propagée à travers l'organe, et produit ainsi une contraction de la face distale. Il en résulte une neutralisation et une inversion du mouvement héliotropique positif (Chap. XXIV).

En outre de l'effet D produit par l'excitation lumineuse, et généralement associé à une oxydation respiratoire plus intense aboutissant à une perte d'énergie, il y a une réaction A inverse, aboutissant à un gain d'énergie. Dans les feuilles vertes, la lumière détermine une assimilation d'acide carbonique. Dans ce processus d'édification, il y a réduction du CO^2 et formation d'hydrates de carbone, l'énergie potentielle du système étant ainsi accrue. Comme la manifestation électrique de l'effet D est une réaction négative, l'effet opposé A doit donner lieu à une réaction positive. L'effet D négatif est en général plus énergique que l'effet A, l'effet positif est ainsi masqué par l'effet négatif. Mais il peut être mis en évidence par suppression de la lumière, et se présente comme un effet secondaire positif, ou comme une réaction exagérée dans le sens positif. Dans des feuilles d'*Hydrilla verticillata* assimilant énergiquement, l'effet positif est relativement prédominant, et la réaction électrique des feuilles est positive (*fig.* 216).

Les divers types d'effets directs et d'effets secondaires de la lumière, observés dans les tissus végétaux, ont leur correspondant exact dans les réactions de la rétine. Dans le type I, qui est celui du limbe très excitable de *Bryophyllum* et de la rétine de l'*Ophiocéphale*, on observe la même succession d'effets directs et d'effets secondaires. La réaction est modifiée par l'état de fatigue, et nous obtenons alors le type II, qui est celui de l'œil de grenouille, observé par Kuhne et Steiner. Un état d'hypotonicité détermine le type III, où l'on observe des effets directs et secondaires comme avec le limbe de *Bryophyllum* et la rétine d'*Ophiocéphale* (Chap. XXVI).

L'effet polaire d'un courant électrique sur des tissus végétaux

est le même que sur des tissus animaux. Une force électromotrice d'intensité moyenne détermine une excitation à la
cathode au moment de la fermeture du courant, et il n'y a
pas d'excitation à l'anode. A la rupture du courant, il n'y a
d'effet ni à la cathode, ni à l'anode. En augmentant la force
électromotrice, on trouve que l'excitation a lieu à la fermeture
du courant à la cathode, et qu'il n'y a rien à l'anode. A la
rupture du courant, il se produit une excitation à l'anode, et
rien à la cathode. Ces résultats démontrent que l'excitation
protoplasmique, produite par l'action d'un courant électrique,
est la même pour l'animal et pour le végétal (Chap. XXVIII).

Un autre résultat remarquable que j'ai obtenu est la possibilité de contrôler l'influx nouveau par le sens de l'action d'un
courant électrique. J'ai montré que sous l'action d'un courant
d'intensité faible ou moyenne, la conduction de l'excitation
se fait plus facilement dans le sens ascendant que dans le
sens descendant. Aussi les réactions à une excitation transmise augmentent quand le sens du courant électrique n'est
pas le même que le sens de la transmission de l'excitation.
Un courant dirigé dans le même sens que la transmission de
l'excitation détermine, au contraire, un retard ou un arrêt de
cette transmission. Le rebondissement moléculaire causé par
l'arrêt du courant donne lieu à un effet secondaire immédiat,
qui est de signe opposé. Un courant plus intense détermine
aussi une inversion de l'effet normal d'un courant d'intensité
moyenne (Chap. XXXVIII).

Nous avons aussi montré que des courants de polarisation
déterminent des effets extrapolaires sur le nerf végétal, exactement semblables à ceux observés avec les nerfs des animaux.
Quant à l'effet des courants électrotoniques sur l'excitabilité,
les résultats obtenus jusqu'ici ont été contradictoires. Mes
recherches ont permis d'expliquer ces anomalies. Elles m'ont
montré que les diverses réactions sont dues à la combinaison
des effets du courant électrique sur les deux facteurs, conductibilité et excitabilité (Chap. XXXVII).

Nous devons passer ensuite à une revue de la conduction de
l'excitation vraie dans les plantes. On a supposé que les plantes

ne possèdent pas de tissus conducteurs analogues au nerf de l'animal, pour la transmission à distance des modifications protoplasmiques résultant de l'excitation. Même dans le cas bien connu du *Mimosa,* où l'on voit l'excitation produire un mouvement à distance, on a supposé que ce mouvement était le résultat d'une perturbation hydromécanique. Nous avons montré que cette conclusion était erronée. Car l'excitation peut être produite dans des plantes sans qu'il y ait aucune perturbation hydromécanique, comme c'est le cas pour l'excitation protoplasmique causée par la fermeture à la cathode, ou par l'ouverture à l'anode. Cette excitation protoplasmique, sans perturbation mécanique, est propagée à distance, et détermine un abaissement en série des folioles d'une plante sensitive. Il y a encore divers caractères qui permettent de distinguer un influx nerveux. Nous citerons entre autres : 1º l'effet transmis à distance produisant une réaction électrique négative, et 2º l'effet de divers arrêts physiologiques qui arrêtent la transmission de l'excitation. Parmi ces derniers, citons le courant d'arrêt produit par un froid excessif, ou par l'action anesthésiante du chloroforme. Plus frappant encore est l'arrêt électrotonique qui arrête la transmission de l'excitation; l'arrêt persiste tant que dure le courant électrotonique, et disparaît après interruption du courant. Ces effets caractéristiques de l'influx nerveux de l'animal se retrouvent dans l'impulsion qui suit l'excitation dans les plantes. L'influx produit par l'excitation dans les plantes doit donc être regardé comme analogue à l'influx nerveux de l'animal (Chap. XXIX).

Des recherches faites avec l'explorateur électrique montrent que le liber, dans le faisceau fibrovasculaire, est la voie de conduction de l'excitation dans les plantes. Il est facile d'isoler ces voies conductrices dans les fougères; elles sont susceptibles à un haut degré de transmettre l'excitation; la vitesse de transmission, dans les cas favorables, atteignant 50^{mm} par seconde.

On peut dire, en présence des divers caractères de leurs réactions et des modifications semblables de leurs réactions par des facteurs semblables, que le tissu conducteur de la plante est fonctionnellement le même que le nerf de l'animal. Les analogies de leurs réactions se voient par ce qui suit :

Après un isolement prolongé, le nerf végétal, comme le nerf animal, est susceptible d'arriver à un état d'hypotonicité. Dans cet état, l'effet transmis de l'excitation donne lieu à une réaction positive anormale dans le nerf animal et dans le nerf végétal. Une excitation prolongée convertit, dans les deux cas, la réaction positive anormale en une réaction négative normale. Dans un état d'hypotonicité légère, la tétanisation a pour effet, dans les deux cas, d'amplifier la réaction. Les effets de l'éther, de l'acide carbonique et de l'alcool sont les mêmes dans les deux cas. Les effets de divers médicaments sur la réceptivité, la conductibilité et la réactivité des nerfs animaux et des nerfs végétaux sont exactement les mêmes (Chap. XXXI).

Pour étudier les variations des effets de l'excitation dans les nerfs, j'ai pu réaliser un instrument très délicat, la Balance pour la mesure de la conductibilité (*fig.* 265). Cet appareil ne nous permet pas seulement d'étudier séparément les modifications de la conductibilité, de l'excitabilité et de la réactivité, produites par un agent donné, mais il nous permet aussi de comparer les variations relatives de deux de ces propriétés, par exemple de la conductibilité par rapport à l'excitabilité, ou de l'excitabilité de réception par rapport à la réactivité.

Il nous permet aussi de comparer l'action de deux agents différents, appliqués simultanément en deux points différents d'un même nerf. Ainsi le facteur d'incertitude, apporté par les différences individuelles inconnues entre deux nerfs, est éliminé (Chap. XXXII).

Quant à la place que tient le nerf végétal dans l'économie de la plante, on peut dire que l'excitabilité normale d'un tissu, nécessaire à l'accomplissement de ses fonctions, ne peut être entretenue que par un apport d'énergie, qui doit lui être fournie par le milieu extérieur. Nous avons montré que les nerfs, aussi bien animaux que végétaux, perdent, quand ils sont isolés, leur conductibilité et leur excitabilité normales, et que leur réaction devient anormale ou disparaît. Ce n'est que par un apport d'énergie nouvelle par une excitation, que la conductibilité et l'excitabilité normales sont rétablies. On sait aussi que, quand le nerf perd son excitabilité et dégénère, le muscle qu'il innerve dégénère aussi rapidement. On voit ainsi que les divers tissus de l'organisme sont entretenus dans leur activité fonctionnelle normale grâce à l'énergie que leur apportent les nerfs.

Une des principales formes d'énergie qui maintiennent la tonicité d'une plante verte est la lumière solaire; si on la lui retire, ses diverses formes d'activité normales finissent par s'arrêter, et la plante meurt. Mais si une partie de la plante reste exposée à la lumière, même les parties maintenues dans l'obscurité conserveront leur vigueur naturelle. Le fait qu'une plante meurt si on la prive de lumière solaire, montre l'importance de l'énergie lumineuse pour la conservation de sa tonicité. Le fait que tant qu'une partie de la plante est maintenue à la lumière, l'ensemble reste vigoureux, démontre l'existence d'une transmission de l'énergie d'un point à un autre; et cette transmission devient compréhensible quand on sait qu'elle se fait par l'intermédiaire des nerfs végétaux, dont j'ai démontré l'existence. Dans le cas des arbres, les tissus profonds dont les fonctions sont importantes à des titres divers, sont inaccessibles à une énergie d'origine externe comme la lumière. Mais aucun point ne reste à distance des nerfs végétaux, dont les extrémités périphériques se trouvent dans les réseaux ramifiés des feuilles. Les limbes de la plante forment ainsi dans leur ensemble un réceptacle étendu, pour qui reçoit l'énergie de l'extérieur, et la transmet à l'intérieur de la plante.

La dernière question à étudier dans cette revue est le phénomène de la mémoire, qui est un effet secondaire de l'excitation. L'effet secondaire d'une forte excitation est, en général, plus durable que celui d'une excitation faible. De même, le souvenir d'une impression énergique est plus persistant que celui d'une impression plus faible. Une excitation très énergique donne lieu, comme nous l'avons vu, à des réactions multiples. Dans la rétine, elles sont perçues sous la forme d'images secondaires multiples, qui paraissent quelquefois se renouveler spontanément. Ce fait paraîtra souvent être une explication suffisante des fantômes visuels et des hallucinations. Mais ce n'est pas le procédé habituel par lequel reparaissent les images-souvenirs. Longtemps après la disparition de toute trace de l'excitation initiale, nous pouvons la ranimer par un effort de volonté.

Pour que la mémoire intervienne, l'excitation initiale doit être reproduite, en l'absence de la cause initiale de l'excitation. Si donc, nous rapportons l'impression primitive à des teintes différentes de lumière et d'obscurité, nous voyons qu'une telle image était produite par des intensités différentes d'action de l'excitation initiale sur la surface sensible, en d'autres termes, à une excitation différentielle. Pour reproduire l'image, nous devons reproduire, en l'absence de l'excitation initiale, le même état d'excitation différentielle qu'elle avait provoqué.

Cette reproduction est rendue possible, comme nous l'avons déjà montré, par l'action combinée de deux facteurs différents. Nous avons montré que, quand un tissu isotropique est soumis à une excitation localisée, la manifestation de l'excitation produite disparaît au bout d'un certain temps. Il n'y a alors aucun signe visible qui permette de distinguer les parties excitées de celles qui ne l'ont pas été. Il y a eu, par suite de cette excitation, une transformation de l'état moléculaire des parties excitées. Le tissu, qui était isotropique à l'origine, est donc devenu anisotropique, du fait de l'impression de cette image latente. Après une excitation diffuse, ce tissu, qui présente alors une excitabilité différentielle, représentera l'image latente, sous l'action de diverses formes d'excitation différentielle, dont une manifestation déterminée sera plus facilement appréciable pour chaque organe différent.

Ainsi, dans une plaque métallique contenant des impressions latentes positives et négatives à l'état latent, nous obtiendrons, après application d'une excitation diffuse, des réactions électriques correspondantes positives et négatives. Dans une plaque phosphorescente, une petite zone peut être soumise à l'action de la lumière. Après cessation de l'excitation, elle sera le siège d'une réaction lumineuse, qui peut être considérée comme l'effet immédiat de l'excitation primaire. Après effacement de cette image, si la plaque entière est soumise à une illumination diffuse faible, pendant un temps très court, l'image latente apparaîtra encore comme un tracé brillant sur un fond sombre. C'est que, par suite de l'effet secondaire de l'excitation, la zone B impressionnée est devenue plus excitable. Aussi une excitation diffuse détermine-t-elle une réaction plus intense de cette zone que du fond plus inerte. De même, l'image-souvenir est susceptible de reviviscence sous l'influence de l'impulsion interne de la volonté, agissant comme une excitation diffuse, et déterminant une sensation différentielle, qui reproduit les clartés et les ombres de l'image primaire.

Les phénomènes de réaction qu'on observe dans la matière vivante sont, sans doute, surprenants et mystérieux; mais ceux que présente la matière inorganique ne le sont pas moins.

En rapportant tous les phénomènes physiologiques à des réactions spécifiques, et en supposant constamment l'intervention de forces d'un ordre nouveau, on ferme la voie à tout progrès de la science. Au contraire, en considérant la matière même comme douée de sensibilité — c'est-à-dire de réactivité moléculaire — nous arrivons à avoir immédiatement une notion profonde des actions physiques réciproques qui doivent constituer les termes d'une analyse complète. Nous sommes amenés ainsi à découvrir la continuité frappante qui existe entre les réactions des tissus vivants les plus complexes, et celles de la matière inorganique la plus élémentaire. Si nous nous limitons au domaine de la matière vivante, nous sommes amenés à reconnaître un parallélisme entre les réactions de la plante et celles de l'animal, dont il nous aurait été impossible autrement de découvrir la rigueur. Tous les phénomènes de réaction de l'animal se trouvent ainsi ébauchés dans la plante, à un degré tel qu'on ne peut distinguer les uns des autres sur des graphiques de réactions. Dans les deux cas, nous observons une série analogue d'effets d'excitation, qu'ils se manifestent électriquement ou mécaniquement. Dans les deux cas, nous observons des réactions semblables aux diverses formes d'excitation qui les atteignent. Dans un cas comme dans l'autre, nous nous élevons des réactions isotropiques simples jusqu'aux réactions complexes anisotropiques; et les lois de ces réactions isotropiques et anisotropiques sont les mêmes dans les deux cas. Les particularités de la réaction de l'épiderme, de l'épithélium et des glandes; la réaction de l'organe digestif, avec ses phases alternantes, et la décharge électrique produite par l'excitation d'une plaque anisotropique, sont les mêmes pour la plante et pour l'animal. La plante, comme l'animal, forme un tout organique, dont les divers éléments sont reliés, dont les activités sont coordonnées, par l'intermédiaire des voies conductrices qu'on appelle des nerfs. C'est la nature de l'indicateur de la réaction qui détermine, dans chaque cas, le mode d'expression de la réaction. Une modification moléculaire déterminée peut ainsi se manifester par un changement de forme, par une variation de l'état électrique, et par une sensation subjective. Enfin, l'exemple peut-être le plus significatif de l'effet d'une anisotropie provoquée est l'impression différentielle produite par l'excitation sur les surfaces sensibles, impression qui reste latente, et peut être ranimée, telle que l'image-souvenir.

La démonstration de cette continuité entre les divers ordres de phénomènes montre la disparition des frontières qui séparaient la physique, la physiologie et la psychologie.

FIN.

ANGLAS (J.), Docteur ès sciences. — **Les phénomènes des Métamorphoses internes**. In-8 (20-13) de 90 pages, avec 16 figures, cartonné. (*C. S.*); 1902.. 10 fr.

BERGONIÉ, Professeur à la Faculté de Médecine de Bordeaux. — **Physique du Physiologiste et de l'Etudiant en Médecine**........ 7 fr.

CAUSSE (X.), Docteur ès sciences, Chef des travaux de Chimie organique à la Faculté de Médecine de l'Université de Lyon. — **De la constitution des alcaloïdes végétaux**. In-8 (25-16); 1899......... 12 fr.

CHATIN (A.), Préparateur chef adjoint du Laboratoire d'Electrothérapie à l'hôpital Saint-Louis, et **CARLE (M.)**, ancien Chef de Clinique des maladies cutanées à la Faculté de Médecine de Lyon. — **Phototérapie. La lumière, agent biologique et thérapeutique** (7 figures)...... 7 fr.

CUÉNOT, Chargé de Cours à la Faculté des Sciences de Nancy. — **L'influence du milieu sur les animaux**........................ 7 fr.

— **Les moyens de défense dans la série animale** (42 figures)... 7 fr.

DUCLAUX (J.), Chef de laboratoire à l'Institut Pasteur. — **Les Colloïdes**. (*Ouvrage couronné par l'Académie des Sciences.*) 3e édition mise à jour et augmentée. (*Actualités scientifiques.*) Un volume in-8 avec figures dans le texte; 1925.. 20 fr.

KOLTHOFF (I. M.), Conservateur au Laboratoire pharmaceutique de l'Université d'Utrecht. — **La Détermination colorimétrique de la concentration des Ions hydrogène.** (*L'Emploi des Indicateurs colorés.*) Traduit de la 3e édition allemande, avec l'autorisation de l'Auteur, par Edmond **VELLINGER**. Vol. in-8 de 250 pages, avec tableau; 1926. 60 fr.

KOPACZEWSKI (W.), Docteur en Médecine, Docteur ès Sciences, Professeur à l'Institut des Hautes Etudes de Belgique. — **Introduction à l'étude des Colloïdes. Etat colloïdal et ses applications.** Un vol. in-16 (18,5 × 12) de 220 pages, avec 36 figures dans le texte et 2 portraits hors texte; 1926 .... 20 fr.

BOSE. — *Électrophysiologie.*

MAZÉ (P.), Docteur ès sciences, Préparateur à l'Institut Pasteur. — **Évolution du carbone et de l'azote dans le monde vivant**. In-8 (20-13) de 110 pages, cartonné (*C. S.*)............................ 10 fr.

OSTWALD (Wo), Professeur à l'Université de Leipzig. — **Manipulations de Chimie colloïdale**, en collaboration avec P. WOLSKI et A. KULM. Traduit de la 4ᵉ édition allemande avec la permission de l'auteur, par Edmond VELLINGER, Professeur à l'Institut de Chimie de Strasbourg. Un volume in-8° carré (23-14) de 202 pages avec 21 figures ; 1924. 15 fr.

SPALLANZANI (Lazare). — **Observations et expériences faites sur les animalcules des infusions**. (*Collection des Maîtres de la Pensée scientifique.*) Deux volumes in-16 double couronne (180-115) de VIII-106 et 122 pages, broché ; 1920............................ 8 fr.

TERROINE (Émile-F.), Professeur à la Faculté des Sciences de Strasbourg et **COLIN** (H.), Professeur à l'Institut Catholique. *Préface* de LÉON FREDERICQ, Professeur émérite à l'Université de Liége de Physiologie et de Chimie végétales. — **Données numériques de Biologie**. (Extrait du tome V — années 1917 à 1922 — des TABLES ANNUELLES DES CONSTANTES.). In-4 (28-23) de VII-138 pages ; 1926.

Broché............ 40 fr. | Cartonné............ 55 fr.

WEISS (le Dʳ), Ingénieur des Ponts et Chaussées, Professeur agrégé à la Faculté de Médecine de Paris. — **Technique d'Electrophysiologie**, avec un avant-propos de M. GARIEL (56 fig.)................ 7 fr.

Science & Civilisation

Collection d'Exposés synthétiques du savoir humain publiée sous la direction de Maurice SOLOVINE

Volumes in-8 couronne (14-19) se vendant séparément

La Collection « Science et Civilisation » forme une bibliothèque de culture générale.

Ouvrages parus :

BEZANÇON (F.), Professeur à la Faculté de Médecine de Paris, Membre de l'Académie de Médecine — **Les bases actuelles du probléme de la Tuberculose.** Un vol. de VI-200 pages ; 1922............... 15 fr.

CLOUARD (Henri), Homme de lettres. — **La Poésie française moderne. Des Romantiques à nos jours.** Un volume de 401 pages ; 1924. 15 fr.

FICHOT (E.), Membre de l'Institut, Ingénieur hydrographe en chef de la marine, Membre du Bureau des Longitudes. — **Les marées et leur utilisation industrielle.** Un volume de 256 pages ; 1923...... 15 fr.

GRANET (M.), Chargé de cours à la Sorbonne, Professeur à l'École des Hautes Études. — **La religion des Chinois.** Un volume de 204 pages ; 1922........ .... 15 fr.

JEANSELME (E.), Professeur à la Faculté de Médecine de Paris, Membre de l'Académie de Médecine. — **La Syphilis. Son aspect pathologique et social.** Un volume de VII-405 pages avec figures ; 1925..... 15 fr.

LHERMITTE (J.), Professeur agrégé de Psychiatrie à la Faculté de Médecine de Paris. — **Les fondements biologiques de la Psychologie.** Un volume de 242 pages ; 1925................................ 15 fr.

ROUSSY (G.), Professeur à la Faculté de Médecine de Paris, Médecin de l'Hospice Paul Brousse. — **L'état actuel du Problème du cancer.** Un volume de 192 pages, avec 20 figures ; 1924................. 15 fr.

THIRRING (H.), Professeur de physique théorique à l'Université de Vienne. — **L'Idée de la Théorie de la relativité.** Traduit de l'allemand par M. SOLOVINE. Un volume de x-186 pages, avec 8 figures 1923.. 15 fr.

THOMSON (J.-J.), Professeur de physique expérimentale à l'Université de Cambridge, Membre de la Société royale de Londres. — **Électricité et Matière.** Traduit de l'anglais par M. SOLOVINE. Préface de M. Paul LANGEVIN. Un volume de x-136 pages, avec 19 figures et un portrait de l'auteur ; 1922.................................... 10 fr.

THOULET (J.), Professeur honoraire à la Faculté des Sciences de Nancy. — **L'Océanographie.** Un vol. de x-288 p., avec 8 figures ; 1922.. 15 fr.

URBAIN (G.), Membre de l'Institut, Président de la Commission internationale des Eléments chimiques. — **Les Notions fondamentales d'Élément chimique et d'Atome.** Un vol. de 11-172 pages, avec 14 fig. et un tableau ; 1925 .... 15 fr.

Paraîtront successivement :

JOUBIN (L.), Professeur au Muséum et à l'Institut Océanographique, Membre de l'Institut. — **La Biologie marine.**

SOLOVINE (M.), — **L'évolution des problèmes philosophiques dans la Grèce antique.**

77165 Paris. — Imp. GAUTHIER-VILLARS et Cie, quai des Grands-Augustins, 55.

www.ingramcontent.com/pod-product-compliance
Lightning Source LLC
LaVergne TN
LVHW010558180726
843502LV00001B/72